JN183830

カラー版

レベル別に学べる 物理学 I 改訂版

末廣一彦　斉藤　準　鈴木久男　小野寺　彰 著

丸善出版

本書で学ぶ方へ

本書で学ぶ目的は？

本書は大学初年度の理系学生のための教科書として書かれたものです。物理学はさまざまな実験・観測から有用な物理学的概念を導入して自然界の普遍的性質や基本法則を見いだし、その基本法則に基づいて複雑な自然現象を理解することを目的としています。理系分野の範囲は広いため、皆さんの中にはこれから進もうと考えている分野に物理学は直接関係ないと考えている人もいるでしょう。しかし、どのように複雑な現象を扱う分野であれ、その背後では自然界の基本法則が必ず成立しており、物理学は基盤となります。また、複雑な現象を基本法則により理解しようとする物理学的思考法はどのような分野に進むにせよ身につけておきたい資質です。この点を忘れずにしっかりと学んでほしいと思います。

本書で学ぶ上での注意点は？

物理学を学ぶ際は次の三つの点に注意しながら進むとよいでしょう。

（1）物理学的概念と基本法則を十分理解しよう

物理学的思考をするためには物理学的概念（物理量）と基本法則の理解が必要です。しかし、大学に入学してきた学生を見ると、受験勉強の弊害で、公式を使って問題を解くことはできても、公式に現れる物理量が何を表すのか、また、その公式はどのような意味を持ち、何故成立するのか理解できていない人が多いのです。これでは複雑な現象の本質を自分の力で見いだすことはできません。本書では物理学的概念と基本法則がどのように導入され、また、導かれたかという経緯を丁寧に説明し、それらが用いられる例を通じてその有用性を理解することを心がけました。たとえば、いろいろな現象、物理量、法則について物質を構成する原子・分子のミクロの世界からの説明には、それらの本質を理解してほしいという意図が込められています。それぞれの章を学んだ後に、出てきた基本概念や基本法則の意味を自問してみることをお勧めします。

（2）定性的に理解する考察力を身につけよう

入試問題などでは単純化、理想化したモデルを扱い厳密な答えを求めさせます。しかし、現実の現象では多くの要素が関係し、厳密な答えなど求めようもありません。こうしたとき、どの要素が重要な役割を果たしているかを見極め、基本法則に基づいて現象の本質を理解しようとするのが定性的理解であり、このような考察力を身につけることが理系の基礎的素養となります。入試問題を解くときに何が起こるかイメージすることが大切ということをわかっている人もいるとは思いますが、このことは、現象を定量的に解析する準備段階としても重要な役割を果たすのです。

(3) 定量的理解、さらに発展的理解へ

科学・技術としては現象を精度よく説明できるかどうかは、理論の検証の面からも応用的な面からも重要です。高校物理では出てこない数学的手法を用いると、より一般的な状況の問題も厳密に解くことができるようになります。これは複雑な現象からより多くの要素を取り入れた近似を行うことができるという点でも重要な意味があるのです。物理学を基礎とする専門課程に進む場合、数学的手法とその応用能力を身につけることが必要となります。

レベル別に学べる!

このようなことを念頭に本書では各節に対して3段階のレベルづけをしました。

B (Basic) の節は各章の中で基本となる現象、概念、法則を扱っています。高校物理と重複する内容も含まれていますが、基本概念・法則を確認し、すべての内容をしっかり理解することが望まれます。

I (Intermediate) の節は高校物理にはなかった現象、概念やBasicレベルを超える数学を用いた展開などを含んでいます。理系学生として標準的にはBasicおよびIntermediateの内容を理解することが目標です。

A (Advanced) の節は必要とする数学の難易度が高い内容あるいは複雑な物理的現象を扱っています。時間的制約や難易度の関係で講義では扱われない場合でも、BやIの節で学んだ内容がどのように発展・応用されるか、意欲のある学生は学んでほしいと思います。

また、高校物理で学んだ内容との対応がわかるように、高校物理で学んだ概念、法則が中心となる節には**高校物理基礎**、**高校物理**の目印をつけてあるので、内容の整理に役立ててください。

演習も重要!

演習問題は理解を深める上で重要な役割を果たします。本書では問題に対しては詳しい解答をつけるよう心がけました。各節に含まれる例題は本文の内容と密接にかかわり、理解の手助けとなるでしょう。また、章末問題には一般的状況や現実的応用を扱う問題が多く含まれ、本書で学んだ内容の有用性を再確認できます。章末問題に対してもB、I、Aのレベルづけをしてありますので、学習範囲の目安にしてください。

本書で教える方へ

本書は大学初年度の理系学生の基礎教育のための教科書です。近年の基礎教育の多様化に伴い、基礎物理学のコースにおいては、高校で物理を履修していない、あるいは、大学受験科目として物理学を学んでいない学生から、物理学を基礎とする専門分野へ進もうとする学生まで多様な学生が混在する中で教えなければならない場合があります。このような状況に対し、本書は幅広い学習レベルの学生に対応できる教科書となることを目指しています。そのため、各節はB (Basic)、I (Intermediate)、A（Advanced）の３段階のレベルづけをしました。

Basicの節は各章の中で基本となる現象、概念、法則を扱っています。これは、高校物理との重複あるいは時間的制約によるテーマの省略のため講義で扱わない場合でも、すべての学生に学んでほしいという位置づけです。ただし、高校物理との過度の重複は避けているので、高校物理を履修していない学生がいる場合には講義で高校物理の内容を一部補う必要があります。

一方、Intermediateの節は高校物理にはなかった現象、概念やBasicレベルを超える数学を用いた展開などを含んでいます。理系学生の標準コースとしてはBasicおよびIntermediateの内容を教えればよいという位置づけです。これらBasicおよびIntermediateの節で内容としては閉じるようになっています。

Advancedの節は必要とする数学の難易度が高い内容あるいは複雑な物理的現象を扱っています。これは、上級コースなどで数学的にきちんとした取り扱いを説明する場合の利用および発展的内容を学びたい学生向けの自習用教材という位置づけです。

また、高校物理で学んだ内容との対応がわかるように、高校物理で学んだ概念、法則が中心となる節には高校物理基礎、高校物理の目印をつけてあります。内容としては、１年間でコースを終えるとして、I巻は前期（力学・波動)、II巻は後期（熱力学・電磁気学）の教科書として使うためのものとなっています。

そもそも物理学はさまざまな実験・観測から有用な物理学的概念（物理量）を導入して自然界の普遍的性質や基本法則を見いだし、その基本法則に基づいて複雑な自然現象を理解することを目的としています。その観点から、本書では以下の二つの方針を取り入れました。

一つは物理学的概念や基本法則を説明する際に天下り的になるのではなく、導入の経緯や簡単な例での有用性に触れることでその理解を深めさせることです。BasicやIntermediateの節ではこの点に注意しています。色刷りとし、図や写真を豊富に取り入れていることは理解の助けになるでしょう。また、例題の解答では公式への代入ではなく物理学的考察で答えを導いている場合が多いのもそのためです。

もう一つは一般的状況、現実的応用も取り扱うことです。これらはAdvancedの節に含まれていますが、単純化された理想的モデルだけでなくより一般的な状況、現実的な応用の取り扱いを学ぶことは物理学の有用性の理解を深めます。また、そのために必要となる数学的手法は専門課程に進んでも役立つでしょう。そのような観点から書かれているため、Advancedの節には初年度の標準的物理学コースの水準を超える内容もかなり含まれています。難易度および時間的制約により、講義ですべてを扱うことはできませんが、一冊の教科書に含まれていることで、講義で学んだ内容の発展を自習しやすくなるという利点があります。また、完全に理解できない場合でもどのような発展の方向があるのかを知ることにも意義があるでしょう。

本書を教科書として用いる際には、履修学生のレベルに応じて内容を取捨選択していただく必要があります。学生に応じた学習範囲を設定することで授業目標の達成につなげていただければ幸いです。

謝　辞

本書は日本の大学教育のカリキュラムのもとで、海外のテキストに負けないテキストとなることを目標に制作されました。制作を支えてくださった北海道大学大学院理学研究院の野嵜龍介先生や根本幸児先生をはじめ、多くの物理担当教員の方々に深く感謝申し上げます。

特に本書の改良のためにパイロット授業を担当された北海道大学大学院理学研究院の松永悟明先生、武貞正樹先生には、改訂のために多くのご助言をいただきました。そして、受講された学生のみなさんには貴重なご意見をいただきました。また北海道大学大学院理学院素粒子論研究室の皆さんには原稿の段階でチェックをしていただきました。ここに厚くお礼申し上げます。最後に、丸善出版 企画・編集部の佐久間弘子氏をはじめとするスタッフの方々には、パイロット版の準備から本書の完成まで長期にわたりご助言いただきましたことに、感謝申し上げます。

2015年1月　　　　著　者

目　次

1　運動の概念と数学　1

1－1　運動の分類……2
1－2　質点の考え方……2
1－3　位置と変位……2
1－4　スピードと速度……3
1－5　運動学とは？……5
1－6　運動の記述……5
1－7　運動を表すグラフ……5
1－8　等速直線運動……7
1－9　速度が時間的に変化する運動……8
1－10　加速度……9
1－11　等加速度運動……10
1－12　自由落下……11
1－13　一般の運動……13
1－14　単位……14
1－15　SI 接頭語とは？……15
1－16　ギリシャ文字……15
1－17　概算する……15
1－18　科学的方法……16
1－19　実験科学……17
1－20　測定と科学的表記法……18
1－21　誤差の表し方……19
1－22　和や積での誤差の伝搬……20
1－23　偏微分……22
1－24　偏微分での変数変換……24
1－25　一般的な変数での誤差評価法……25

2　二次元以上の運動　29

2－1　ベクトルと運動……29
2－2　ベクトルの内積……30
2－3　ベクトル積とは？……31
2－4　ベクトルの内積とベクトル積の等式……34
2－5　ベクトル表記による変位、速度、加速度……34

2－6　内積やベクトル積の微分 36
2－7　相対運動とは？ 38
2－8　放物運動 39
2－9　同じ速さでの放物運動 40
2－10　等加速度運動とベクトル表示 41
2－11　等加速度運動と相対速度 42
2－12　円運動 42
2－13　等速円運動の加速度の性質 44
2－14　等速円運動の加速度 45
2－15　振動と単振動 46
2－16　数式を用いた理解 47

3　力と運動の法則　52

3－1　運動を起こすのは何か？ 52
3－2　力 54
3－3　力の種類 55
3－4　力と運動 59
3－5　ニュートンの第二法則 59
3－6　力の単位　ニュートン (N) 62
3－7　ニュートンの第三法則とは？ 63
3－8　ニュートンの第三法則と重心の運動 67
3－9　推進力 68
3－10　相対性とは？ 69
3－11　自然界の力 71

4　ニュートンの法則の応用　74

4－1　力学的平衡状態 74
4－2　加速しているときの力 76
4－3　摩擦力 77
4－4　静止摩擦力 77
4－5　動摩擦力 78
4－6　転がり抵抗 79
4－7　ポールにロープをまく 80
4－8　空気抵抗 81
4－9　空気抵抗の詳細 81
4－10　粘性抵抗下での運動 82
4－11　圧力抵抗下での運動 84

4－12　向心加速度と向心力 87
4－13　最大歩行速度 88
4－14　慣性力 89
4－15　円運動での慣性力 90
4－16　スペースシャトルの地球周回速度 91
4－17　コリオリ力 92
4－18　大気の循環とコリオリ力 93

5　仕事とエネルギー　98

5－1　運動エネルギーとポテンシャルエネルギー 98
5－2　ポテンシャルエネルギーのゼロ点 99
5－3　エネルギーに寄与しない力 100
5－4　力学的エネルギー保存の法則 101
5－5　復元力とフックの法則 102
5－6　仕事と運動エネルギー 103
5－7　仕事の性質 106
5－8　仕事によるエネルギーの定義 106
5－9　重力による仕事と保存力 106
5－10　保存力と非保存力 108
5－11　ポテンシャルエネルギーから力を導く 109
5－12　仕事率 110
5－13　現実世界の効率 112
5－14　物体の重力的ポテンシャルエネルギー 112
5－15　空気抵抗 113
5－16　三次元的な力とポテンシャルエネルギー 114
5－17　勾配 115
5－18　保存力である条件 116

6　力積と運動量　123

6－1　力積と運動量 123
6－2　力積 124
6－3　運動量保存の法則 126
6－4　運動量が保存しない系とは？ 128
6－5　衝突 129
6－6　完全非弾性衝突 129
6－7　完全弾性衝突 130
6－8　中性子の減速 133

6－9　ビリヤード……133
6－10　質量中心の運動……134
6－11　連続的な物体の重心……135
6－12　衝突と重心座標系……136
6－13　跳ね返り係数……137
6－14　ロケットの推力……137

7　円運動の動力学と惑星の運動　143

7－1　ケプラーの法則……143
7－2　ニュートンの万有引力の法則……143
7－3　地球と私たちの間に働く力……145
7－4　緯度による重力加速度の差……146
7－5　月での重力加速度……147
7－6　重力と円軌道……147
7－7　二つの天体の円運動……148
7－8　重力的ポテンシャルエネルギー……149
7－9　脱出速度……151
7－10　ブラックホール……152
7－11　潮汐力……153
7－12　質点に働く重力と天体に働く重力……154
7－13　暗黒物質の発見……156
7－14　中心力と角運動量……157
7－15　二次元極座標……158
7－16　ケプラーの第一法則の導出……160
7－17　ケプラーの第一法則の別証明……163
7－18　ケプラーの第三法則……164
7－19　二体問題と換算質量……164

8　剛体　171

8－1　固体の弾性……171
8－2　固体の変形……172
8－3　剛体の回転……173
8－4　トルク（力のモーメント）……174
8－5　剛体での力学的平衡状態……175
8－6　重力によるトルク……177
8－7　質点回転運動の動力学……178
8－8　剛体の回転動力学……178

8－9　慣性モーメントの計算 179
8－10　球殻と球の慣性モーメント 180
8－11　重心以外を軸とした場合の慣性モーメント 181

9　剛体の運動　185

9－1　ロープと滑車 185
9－2　回転エネルギー 186
9－3　転がり運動 188
9－4　転がる物体の力学的エネルギー 189
9－5　坂を転がる 190
9－6　ベクトルとしての角速度 191
9－7　角運動量とその変化 192
9－8　質点系の角運動量とその変化 192
9－9　重力によるトルク 193
9－10　角速度ベクトルと角運動量 194
9－11　ジャイロスコープ 195

10　流体　199

10－1　流体とは？ 199
10－2　密度と非圧縮性流体 199
10－3　圧力 199
10－4　圧力が方向によらないことの証明 200
10－5　圧力の起源は？ 201
10－6　大気圧 202
10－7　液体での圧力 203
10－8　パスカルの原理 205
10－9　浮力 205
10－10　圧力と浮力の関係の証明 206
10－11　浮き沈み 207
10－12　表面張力 208
10－13　球体の中の圧力 209
10－14　流体の動力学 210
10－15　連続の式 211
10－16　ベルヌーイ方程式 212
10－17　穴から吹き出る流体のスピード 214
10－18　粘性 215

11　振動　220

11－1　単振動 220
11－2　単振動と円運動 221
11－3　単振動のための力 222
11－4　単振動のエネルギー 223
11－5　振り子 224
11－6　減衰振動 225
11－7　指数関数と三角関数の関係 226
11－8　減衰振動の解 227
11－9　臨界減衰 228
11－10　強制振動と共鳴 229
11－11　二原子分子の振動 230

12　波の物理　236

12－1　さまざまな波 236
12－2　進行波 237
12－3　一次元的な波 237
12－4　一般的な波 238
12－5　正弦波 238
12－6　平面波と球面波 240
12－7　弦での波の運動 241
12－8　弦における波のエネルギー 243
12－9　波の重ね合わせ 245
12－10　重ね合わせの原理と波動方程式 246
12－11　波の干渉 246
12－12　波の反射と透過 247
12－13　定常波 250
12－14　一般的な定常波 251

13　音の物理　257

13－1　音波 257
13－2　耳の構造 257
13－3　音波のパワーと強度 258
13－4　音色 259
13－5　ドップラー効果 260
13－6　うなり 261
13－7　音の波動方程式 262

13－8　音速 263
13－9　衝撃波 264

14　光の波動性と粒子性　266

14－1　光の干渉とヤングの二重スリット実験 266
14－2　干渉縞の光の強度 267
14－3　回折格子 267
14－4　回折格子の光の強度 268
14－5　ホイヘンスの原理 270
14－6　単スリットによる干渉 270
14－7　単スリットによる光の強度 271
14－8　円形スリットによる回折 272
14－9　光学機器の解像度 272
14－10　エックス線回折 273
14－11　光子 274
14－12　物質波 275
14－13　エネルギーの量子化 276

索　引　281

1 運動の概念と数学

私たちの住む宇宙は変化と運動にあふれている。街角を見渡せば人々が歩き、自転車が通り、車道に車が走るのが見られるだろう。部屋の中では時計の針が絶えず動き、蛇口をひねれば水の流れを見ることができる。また、机のように一見すると運動とは無関係と思われるものでも、ミクロに見ると分子は絶えず振動しており、目に見えない空気分子は非常に速いスピードで移動している。地球も太陽の周りを秒速30 km で移動しているし、静止しているように見える太陽そのものも銀河系中心の周りを秒速200 km で移動しているのだ。

図1－1 カーブを曲がる自動車

運動を理解する試みは、古代からすでに始まっていた。特に天空の星の運動について関心が持たれ、中国、バビロニア、ギリシャなどで観測が行われていた。そうした中で、ギリシャの哲学者アリストテレス（前384－前322）が記述した運動論は、その後1000年以上にわたって信じられてきたが、実験に基づかない思弁的な考えも多く含んでいた。その後ガリレオ（1564－1642）に至って運動の本質的な理解が始まり、ニュートン（1642－1727）によってその基本的枠組みが与えられた。彼らは運動の数学的な記述を初めて行い、その後のサイエンスの発展にきわめて大きな影響を与えた。

サイエンスにおける重要な第一の過程はモデル化である。日常生活に現れる現象は非常に複雑な場合が多い。そこで、その特徴的な要素をとらえて記述することが重要である。たとえば、オリンピックで滑降するスキー選手は転倒しないようさまざまな力を働かせてバランスをとっている。しかし、滑降する運動そのものは、そうした要素を抜きにして重力と斜面から受ける力だけを使って記述することができるだろう。

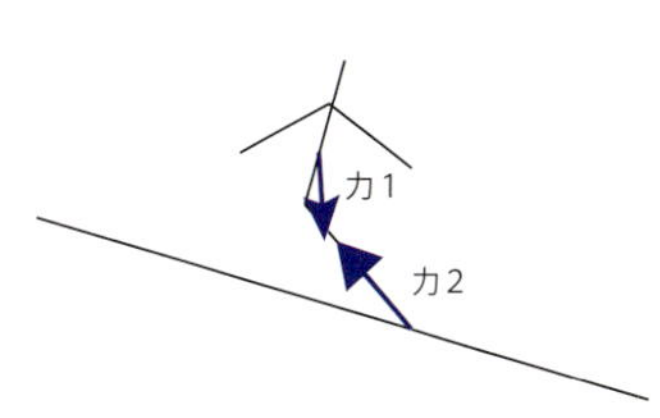

図1－2 斜面を滑るスキー選手の運動に重要となる力

このようにモデル化したものを数学的に記述することが、サイエンスにおける第二の重要な過程である。正確な数値を数学によって予言できるということは、物理の本質を知る上で重要である。ただし、日常生活やサイエンスの他の分野に物理を応用するときには、数学的に厳密な計算を行わなくても、どのような現象が生じるか定性的に予想できることの方が有用な場合もある。そのため、物理の学習では定量的な理解と定性的な理解の両方が重要となる。

この章ではまず運動の概念を導入し、運動の記述の方法を調べていこう。速度や加速度など運動にとって重要となる考え方を見やすくするために、扱うのは直線上の運動に限定する。また、数値やその誤差の扱い方についてもまとめておこう。

1−1　運動の分類　Ⓑ

まず運動を定義しておこう。**運動**とは物体が時間と共にその位置や向きを変化させていくことである。自転車、自動車、飛行機などの乗り物の移動は運動の例である。運動する物体のある点が時間と共に移動するとき、その位置をたどると一本の線になる。これを物体の**軌跡**という。

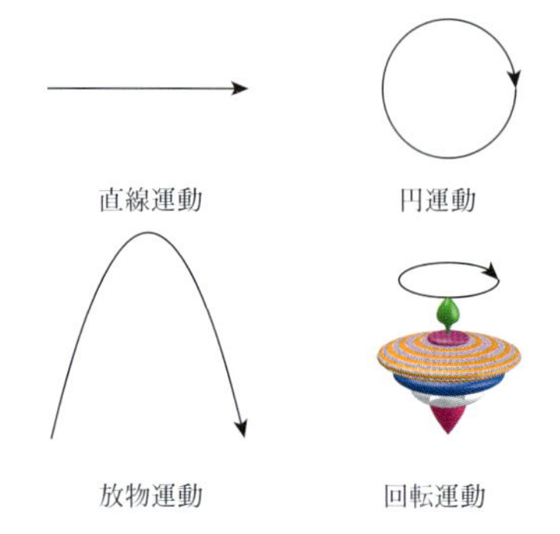

図1−3　運動の分類

運動は千差万別だが図1−3のようなものが代表的である。まず、一直線上を運動する直線運動や円上を回る円運動、投げられた物体が行う放物運動、そしてコマなどが回転する回転運動がある。もう一つ重要な運動が、バネなどの振動である。日常ではバネを用いることは少なく、振動運動はなじみがないかもしれない。しかし、たとえば風呂の水面に水が落ちて波が立つときにも、水面の一点だけに注目するとほぼ上下に振動していることがわかるだろう。またミクロに見ると分子のほとんどは、空気中の分子に衝突されるなどして振動しているのである。

1−2　質点の考え方　Ⓑ

図1−4　ボールも回転運動を考えないときには大きさのない質点でモデル化できる。

日常生活で目に見える物体は大きさを持っている。手に持っているシャープペンシルを放り投げると、ある点を中心に回転しながら上昇し落下してくる。ペンの上昇と落下に注目する場合には、どのくらい回転したかの情報はあまり重要ではないだろう。そこで物体の回転などを無視して、物体を点としてモデル化する。この点に物体の全質量があるとしてとらえ、これを**質点**という。質点には大きさもないし、形状もなく、上下左右もないのである。このように物体を点としてとらえると運動は単純化される。

もちろん物体の向きが重要となる運動もある。その場合には質点の考え方をした後に向きの情報を付け加えることで運動を扱う。

高校物理基礎

1−3　位置と変位　Ⓑ

位置

物体が移動するとき時間に応じてその所在が変わる。適当な基準に対して定義した物体の所在を**位置**という。この位置を特定するために、基準となる原点と方向を定め空間に**座標系**を設ける。すると図1－5のように(x, y, z)という三つの数字によって物体の位置を指定することができる。これらの数値を位置の**座標**という。位置を計るための単位としてはメートル(m, meter)を用いることにする。

直線的な運動は一方向だけに進むので、この方向をx方向ととることで一つだけの変数によって位置を指定できることになる。このような運動を一次元的な運動という。また、平らな地面の上だけを進む車の運動は、高さ方向の変化がない運動である。このような運動は(x, y)という二つの座標を指定することで位置が特定されるため、二次元的な運動という。空中を移動するような一般的な運動は三次元的な運動となる。

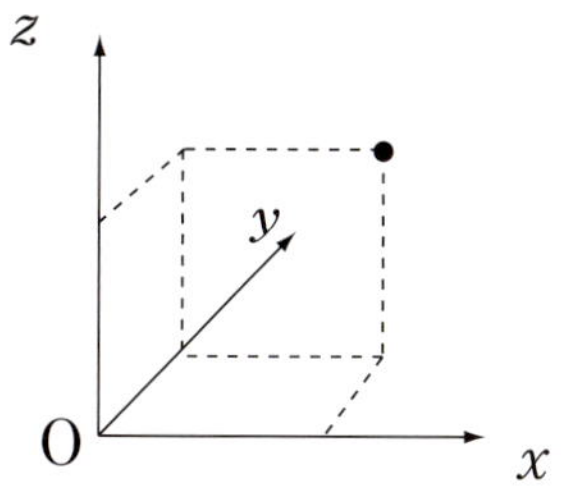

図1－5 座標系

時間

私たちは、たとえば「2013年4月1日6時30分32秒」のようにある時点を共通の基準に選んで現在の時刻を表現する。このような共通の基準に基づく時間の表現の仕方は日常的には便利であるが、運動を記述するときには、運動がスタートした時点を時間(time)の原点$t=0$とするのが便利である。運動がスタートした時点を$t=t_i$(iはinitialを表す添字)のように形式的にのみ表すこともある。時間の単位としては秒(s, second)を用いる。

変位

ここではまず一次元的な運動を見てみよう。

質点がある点x_iから点x_f(fはfinalを表す)に移動したとしよう。このとき

$$\Delta x = x_f - x_i \tag{1.1}$$

を**変位**という。高校の数学でも現れたように、差を表す量にはデルタΔを用いる。これは時刻$t=t_i$から$t=t_f$までの時間間隔を

$$\Delta t = t_f - t_i \tag{1.2}$$

とするのと同様である。

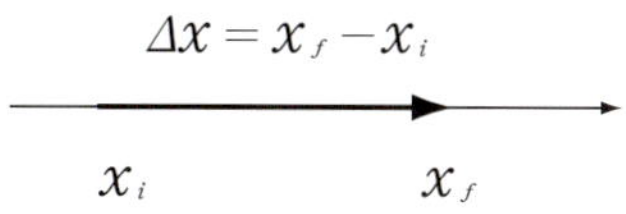

図1－6 一次元的な変位

1－4 スピードと速度 Ⓑ

高校物理基礎

時間ごとに一定の割合で移動距離の増加していく運動は最も単純な運動である。このときの**スピード**（速さ）は

$$\text{スピード} = \frac{\text{時間間隔の間に移動した距離}}{\text{時間間隔}} \tag{1.3}$$

で定義される。たとえば、原点を出発して5s後に$x=100$ mの地

点に到達した場合、スピードは

$$\frac{100\,\mathrm{m}}{5\,\mathrm{s}} = 20\,\mathrm{m/s}$$

となる。このように、スピードは1秒間に移動した距離を表す。スピードの単位m/sはメートル毎秒あるいは英語読みしてメーターパーセカンド(meter per second)という。

速度

ある地点を出発してからある時間たったときの位置を特定するには、スピードがわかるだけでは不十分である。それは、移動する方向が指定されていないからである。たとえば図1－7のように5s後に$x=-100\,\mathrm{m}$の地点に到達した場合にもスピードは先ほどと同じく20 m/sになってしまう。

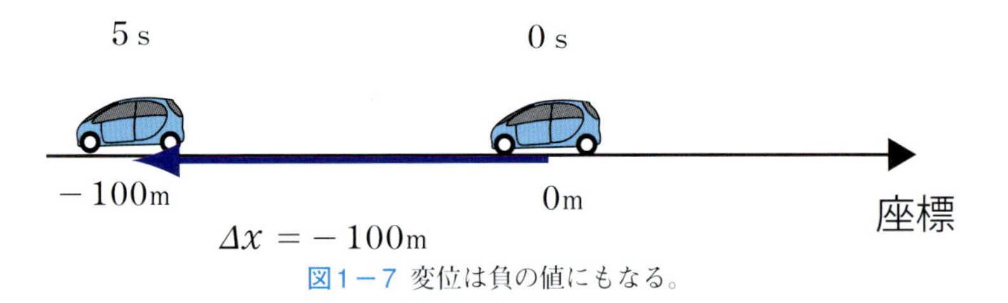

図1－7 変位は負の値にもなる。

これらの運動はスピードではなく速度によって区別できる。サイエンスに現れる速度は、変化する大きさだけでなく方向も用いて定義される。すなわち速度(v, velocity)は

$$v = \frac{\text{変位}}{\text{時間間隔}} = \frac{\Delta x}{\Delta t} \tag{1.4}$$

と定義される。単位はスピードの単位と同じである。

たとえば図1－7のように5s後に$x=-100\,\mathrm{m}$の地点に到達した場合の速度は

$$v = \frac{-100\,\mathrm{m}}{5\,\mathrm{s}} = -20\,\mathrm{m/s}$$

となる。

このように、**スピードは単位時間あたりの移動の大きさのみの概念であるのに対して、速度は移動する方向も含んだ概念なのである。**この違いの認識は非常に重要である。たとえば、カーブで一定のスピードで車が曲がるときには、スピードは一定だが、方向が変化するため速度は変化することになる。

速度のように大きさと方向を持つ量を**ベクトル量**という。

1－5　運動学とは？　Ⓑ

陸上競技で順位をつけるときには運動の記録が行われている。現在ではストップウォッチやビデオ判定などが用いられるが、もちろんこれは最近のことである。運動の記録を最初に行ったのはガリレオであり、17世紀初期の頃であった。ガリレオは時間の測定に最初は脈拍を用いたが、後にバケツにあけられた孔から流れ出る水によって時間を計った。

運動における原因と結果を初めて分けたのもガリレオである。つまり、それまでは運動は原因なのか結果なのかもわからない状態であった。第3章以降で運動は力という原因の結果として生じるものであることを見るが、それまではまず運動が起こる原因を考えず、運動そのものを見ていこう。原因を考えずに運動のみを考える学問を運動学(kinematics)という。このkinematicsの語源は運動を意味するギリシャ語のkinemaである。ちなみに、このギリシャ語のもう一つの派生語はcinemaつまり映画である。

この章では主に一直線上の運動、つまり一次元の運動を考える。運動についての基本的な記述は一次元の運動に集約されている。

図1－8 100m走は一次元の運動の例である。

1－6　運動の記述　Ⓑ

高校物理基礎

一直線上の運動とはいえ、その向きにはいろいろな場合がある。たとえば、ボールを真上に放り投げた場合と、地面を自動車がまっすぐ走るような場合とでは、運動の向きは異なっている。1－4で見たように、速度はこうした運動の方向を含めた概念として定義される。たとえば、水平面での運動の場合、右を正の方向とすれば、速度が正というのは右に向かって移動することであり、速度が負というのは左向きの運動を表す。また垂直（鉛直）方向の運動では上を正の方向とすれば、上昇する運動は速度が正であり、下降する運動は速度が負ということになる。一方、スピードは速度の大きさを表し、スピードと速度は異なることに注意しよう。

1－7　運動を表すグラフ　Ⓑ

高校物理基礎

運動とは時間によって位置を変えていくことである。したがって各時刻の位置を書くことで運動を記述することができる。

たとえば１秒おきに図1－9のような位置にいる車の運動を見てみよう。それぞれの１秒間における速度はその間の変位ベクトルと

図1－9 運動は時間ごとの位置の変化

して表されるため、このような位置のプロットにより速度の変化を見ることができる。しかし、この車はそれぞれの1秒間の中でも徐々に速度が変化し運動の仕方が変化しており、1秒を時間間隔にとって求めた速度はその間の**平均速度**である。より詳しい変化を見るためにはより短い時間間隔に対する位置の点を空間に書いていく必要があり、見通しがわるい。

そこで図1－10のように時間を横軸に位置を縦軸にとり、時間tにおける位置$x(t)$という関数をグラフにすることにより、運動を見通しよく記述することが可能になる。時間は連続的であるのでこの$x(t)$は連続な関数である。このように時間－位置グラフを用いると運動の様子が見やすくなる。

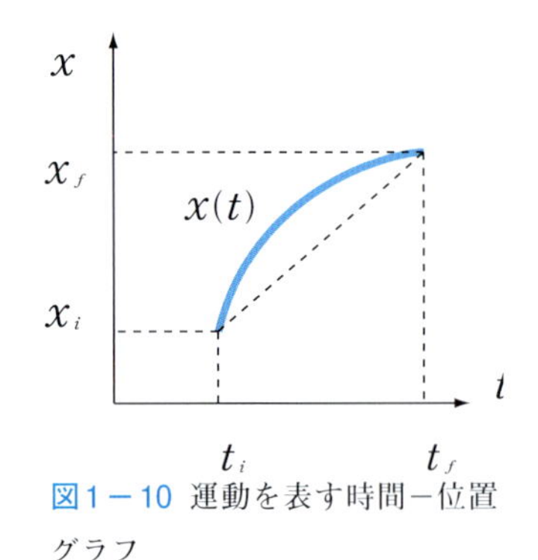

図1－10 運動を表す時間－位置グラフ

時間－位置グラフでの速度

時間－位置グラフで二つの時刻t_i, t_fにおける位置をそれぞれx_i, x_fとするとき、この間の平均速度は

$$v_{平均}=\frac{x_f-x_i}{t_f-t_i}=\frac{\Delta x}{\Delta t} \tag{1.5}$$

で定義される。平均速度は時間－位置グラフ上での二点間の傾きとなっていることがわかる。

例題1－1　グラフと速度

図1－11の三つのグラフについて、時刻0 sから2 sまでの平均速度の大きさが最も大きいものを答えなさい。

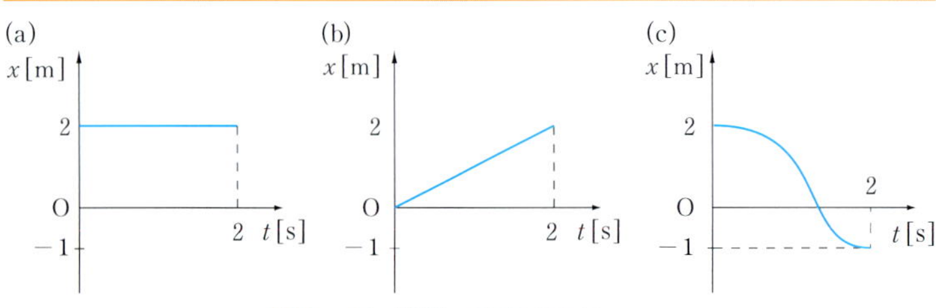

図1－11 時間－位置グラフ

解答 平均速度は考えている時刻間のグラフの傾きになる。(a)は傾きが0であり速度も0である。(b)の平均速度は1 m/s、(c)は−3/2 m/sであるからその大きさは1.5 m/sとなるので、答えは(c)

である。ただし(c)は途中で傾きが変化しており、平均速度だけでは運動の様子はわからない。■

1－8　等速直線運動　Ⓑ 高校物理基礎

一定速度の直線的な運動を**等速直線運動**という。この等速直線運動の場合、平均速度はそのまま速度となる。速度とは単位時間あたりの変位であるので、等速直線運動ならば時間Δtでの変位は$\Delta x = v\Delta t$である。したがって、最初の時刻$t = t_i$で位置x_iにあった質点が速度vで等速直線運動をすると、時刻tでの位置は

$$x(t) = x_i + v\Delta t = x_i + v(t - t_i) \tag{1.6}$$

となることがわかる。これを時間－位置グラフで表すと図１－12のように傾きが一定の直線になる。

例題１－２　運動の時間

等速直線運動(1.6)に対し、任意の時刻t_1とt_2の間の平均速度が一定であることを確かめなさい。

解答　平均速度は

$$\frac{x(t_2) - x(t_1)}{t_2 - t_1} = \frac{v(t_2 - t_1)}{t_2 - t_1} = v$$

となり、一定である。この値は速度に一致している。■

時間－速度のグラフ

等速直線運動の速度は一定であり、図１－13のように各時刻における速度が一定のグラフとなる。このとき変位は$\Delta x = v\Delta t$と表されるから、時間－速度のグラフでは面積で表されることになる。

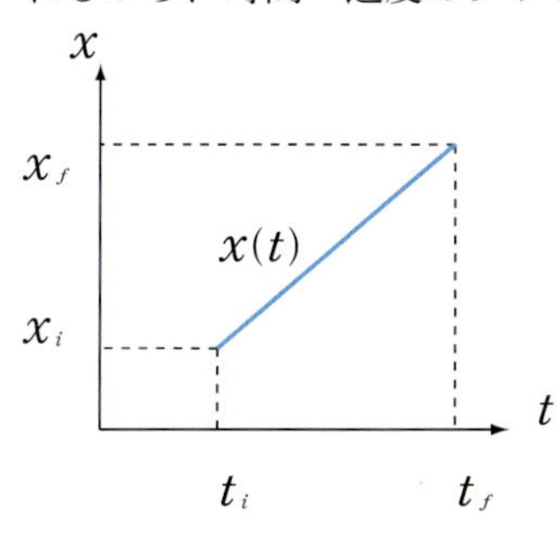

図１－12 等速直線運動の時間－位置グラフ

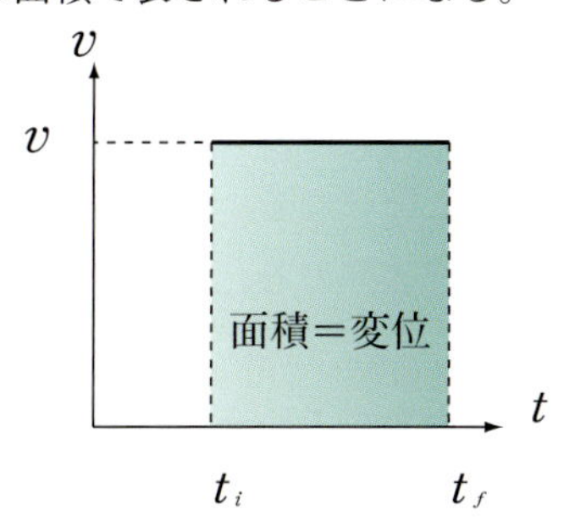

図１－13 等速直線運動の時間－速度グラフ

1－9　速度が時間的に変化する運動 B

図1－14 速度メーター

信号で止まっていた車が加速し、次の信号が赤になってまた停車する場合のように、ほとんどの運動は速度が時間と共に変化する。このようなときは非常に短い時間間隔での変位を考え、この変位の割合を用いて1秒での変位に換算する。たとえば、0.01 sで0.2 m進む運動ならこの割合で1秒間に進むのに100倍の時間がかかるので速度は20 m/sということになる。式で表すと

$$v = \frac{\Delta x}{\Delta t} = \frac{0.2\,\mathrm{m}}{0.01\,\mathrm{s}}$$

となる。もちろん速度は時間的に変化しているので、これは1秒後に実際の変位が20 mであることを意味しているわけではない。

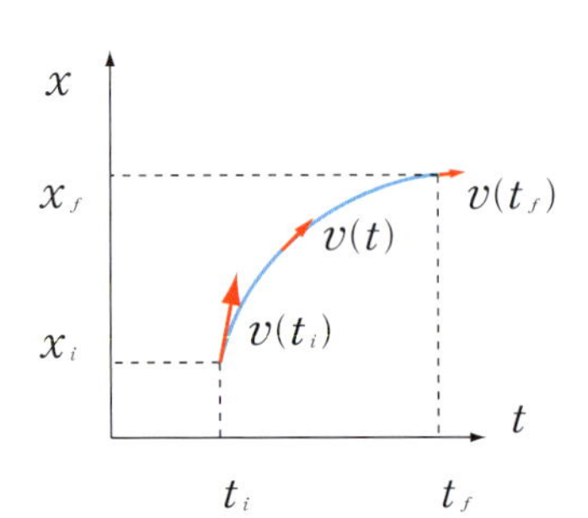

図1－15 速度はグラフの接線の傾きに対応する。

より厳密には速度は時間間隔を非常に短くした極限として定義される。つまり、速度は

$$v = \lim_{\Delta t \to 0} \frac{\Delta x}{\Delta t} = \frac{dx}{dt} \tag{1.7}$$

と定義され、位置の微分で求められる。このように定義される速度を平均の速度と区別するために**瞬間速度**と呼ぶこともある。

(1.7)は時間と位置のグラフで速度は接線の傾きであることを意味している。

例題1－3　速度の計算

$x = t^2 - 4t + 3$という運動をする物体がある。この物体の速度を求めなさい。

解答　速度は位置を微分して

$$v = \frac{dx}{dt} = 2t - 4$$

となる。■

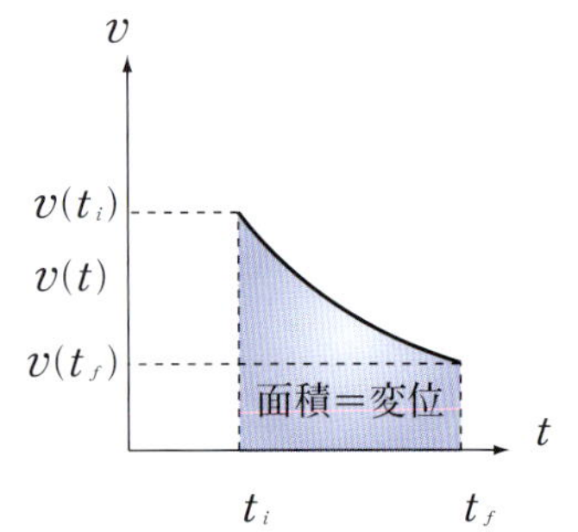

図1－16 変位は時間–速度グラフの面積で与えられる。

また逆に、時間と速度のグラフでは、変位はグラフの面積で与えられることになる。高校数学IIで見たようにこのような面積は積分によって表される。つまり、短い時間間隔での微小な変位は

$$\Delta x(t) = v(t)\Delta t \tag{1.8}$$

と表されるので、全体の変位はこれらを足し合わせて

$$x(t_f) - x(t_i) = \sum \Delta x(t) = \sum v(t)\Delta t = \int_{t_i}^{t_f} v(t)dt \tag{1.9}$$

となる。

例題1－4　速度から位置を求める

$v=2t-3$であり、$x(t=0)=2\,\mathrm{m}$であるとき、時刻$t=3\,\mathrm{s}$のときの位置を求めなさい。

解答　速度を積分すると、

$$x(3)-x(0)=\int_0^3 v(t)\,dt=\int_0^3 (2t-3)dt=(3^2-3^2)\mathrm{m}=0\,\mathrm{m}$$

となるから、求める位置は $x(3)=2\,\mathrm{m}$ である。■

1－10　加速度　Ⓑ

高校物理基礎

加速度とは単位時間あたりの速度の変化である。速度がベクトル量であるので、加速度もベクトル量である。一直線上の運動では

$$a=\frac{dv}{dt} \tag{1.10}$$

と表される。速度が(1.7)で表されることを用いると、加速度は

$$a=\frac{d^2x}{dt^2} \tag{1.11}$$

のように位置を時間で2回微分した量であることがわかる。

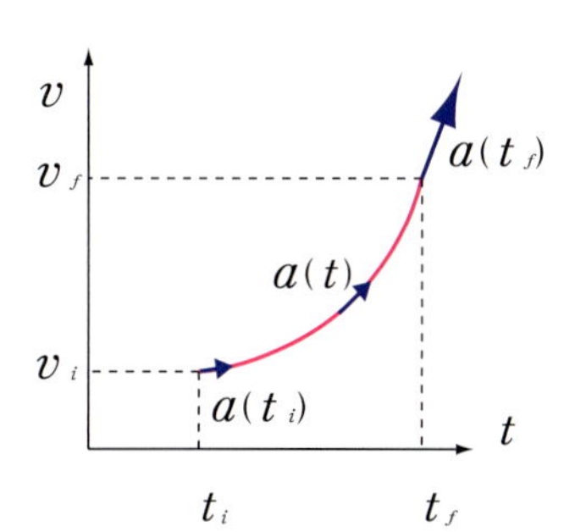

図1－17　加速度は時間と速度のグラフで接線の傾きに対応する。

時間－速度のグラフでの加速度

加速度は単位時間あたりの速度の変化であるので、時間－速度のグラフにおける接線の傾きで表される。

たとえば、図1－15のような時間と位置のグラフでは、傾きは徐々に減少している。傾きは速度であったのでこれは速度の減少を意味する。そのため加速度は負の値となる。日常生活ではこれは減速を意味する。このように、サイエンスにおける加速度とは、加速だけでなく減速も含む。これは加速度が方向を持つことに起因しており、速度が正のとき正の加速度は日常的な意味での加速を、負の加速度は減速を意味するのである。

例題1－5　加速度の計算

$x=3\sin 2\pi t$という運動をするとき、この物体の加速度を求めなさい。

解答　加速度は速度の微分であるから、

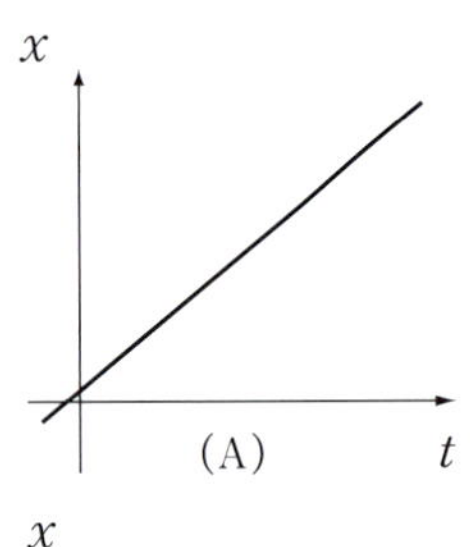

$$v = \frac{dx}{dt} = 3(2\pi)\cos 2\pi t$$

$$a = \frac{dv}{dt} = -3(2\pi)^2 \sin 2\pi t$$

となる。■

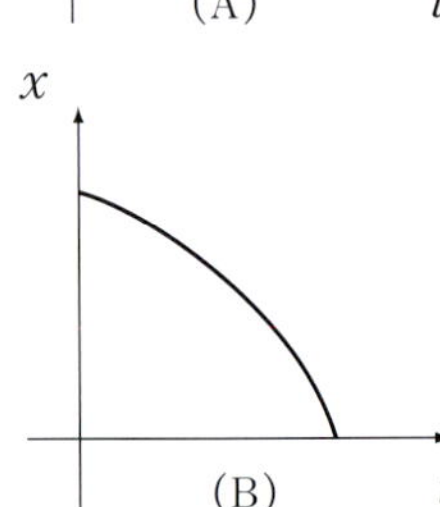

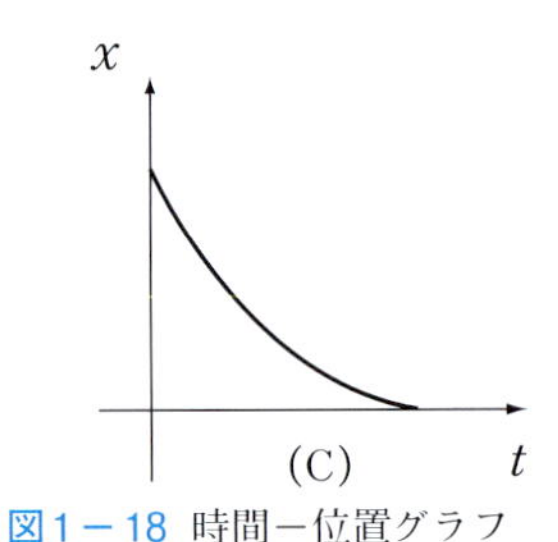

図1－18 時間－位置グラフ

例題1－6　速度と加速度

次の(a)から(c)のうち直後のスピードが大きくなる運動はどれか。またそれらはそれぞれ図1－18の(A)から(C)のどれに対応するか。ここでv, aはそれぞれ運動の速度、加速度を表す。

(a) $v<0$, $a>0$　(b) $v>0$, $a=0$　(c) $v<0$, $a<0$

解答　速度の向きと加速度の向きが同じならば直後のスピードは増加する。ここでは(c)がそのような運動であり、対応するグラフは(B)である。(a)は直後のスピードが減小（十分長い時間経過後は増加）し、グラフでは(C)に対応する。(b)は速度は変化せず、(A)のグラフに対応する。■

高校物理基礎

1－11　等加速度運動　B

一定の加速度の運動について見てみよう。

図1－19 一定の加速度での運動

一定の加速度では加速度の本来の意味がそのまま成り立つ。つまり、加速度は単位時間あたりの速度の変化であるので、時間Δtの間に$\Delta v = a\Delta t$だけ速度が変化する。そのため初速度をv_iとするとΔtだけたった後の速度は

$$v_f = v_i + a\Delta t \tag{1.12}$$

となる。

それでは変位はどのようになるのであろうか？　変位は(1.9)で見たように時間－速度グラフの面積である。これは図1－20のように下底が$v_f = v_i + a\Delta t$で上底がv_i、高さがΔtとなる台形の面積である。この面積が変位であるので

$$\Delta x = \frac{v_f + v_i}{2} \times \Delta t \tag{1.13}$$

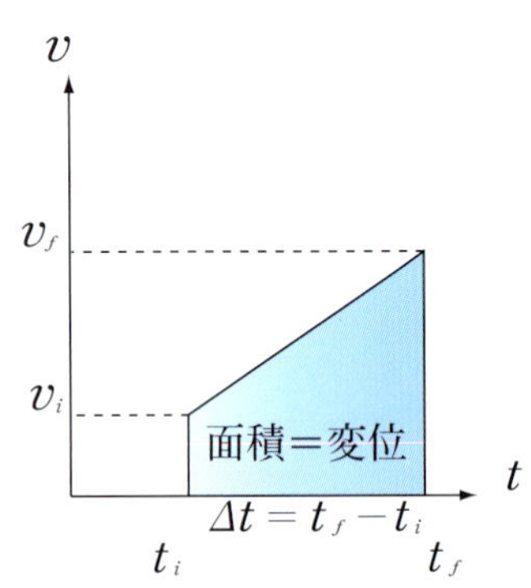

図1－20 等加速度運動の時間－速度グラフ

である。$v_f = v_i + a\Delta t$を用いてv_fを消去して初速度だけで書き直すと、変位は

$$\Delta x = v_i \Delta t + \frac{1}{2} a \Delta t^2 \tag{1.14}$$

となることがわかる。

また時間の代わりに最初と最後の速度で変位がどのように表されるのかを見てみよう。これには、(1.13)に$\Delta t = \dfrac{\Delta v}{a}$を代入すればよい。すなわち、

$$\Delta x = \frac{(v_f + v_i)(v_f - v_i)}{2a}$$

となり、これより

$$v_f^2 = v_i^2 + 2a\Delta x \tag{1.15}$$

という関係があることがわかる。

例題1－7　等加速度運動

ある初速度から一定の加速度で減速して止まる。初速度が2倍になると、

(1) 静止するまでにかかる時間は何倍になるか？

(2) 静止するまでの距離は何倍になるか？

解答 (1) 加速度は単位時間あたりの速度の変化であるので、2倍のスピードであれば2倍の時間がかかる。

(2) 最初から最後までの平均速度は2倍であり、停止するまで2倍の時間進むので、距離は4倍になる。■

1－12　自由落下　Ⓑ

高校物理基礎

十円硬貨や百円硬貨などを落とすと速度がほぼ同じ割合で加速する運動となる。スピードが速くなると空気による抵抗があるが、重力のみが働く理想的な落下を**自由落下**といい、等加速度運動の代表的な例となる。ガリレオが発見したのは斜面などを転がるボールは一定の加速度で落下していくことであった。

自由落下では、いかなる物体もその質量にかかわらず一定の加速度で落下する。この加速度を**重力加速度**という。その向きは地球に鉛直方向である。つまり鉛直方向をz方向にとると

$$\vec{g} = (0,\ 0,\ -g) \tag{1.16}$$

というベクトルとなる。この重力加速度の大きさは地球上の位置に

図1－21　真空中ではボールも羽も同じ加速度で落下する。

よって異なり、9.78 m/s^{2}から9.82 m/s^{2}の間の値をとる。平均的には

$$g = 9.8\,\mathrm{m/s^2} \tag{1.17}$$

という値である。なぜこのように位置によって異なるのかは第7章で見てみよう。

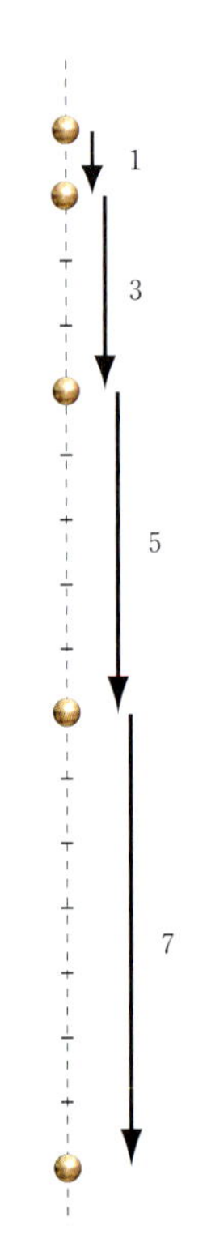

図1－22 時間ごとの落下距離

例題1－8　自由落下の速度

地球上の重力加速度で速度0から10 s間加速したとすると、速度はいくらになるか。重力加速度の大きさは約10 m/s^{2}としてよい。

解答 (1.12)より、速度はおよそ10 m/s^2×10 s＝100 m/sとなる。これは時速360 kmであり、新幹線並みの速度である。■

加速度の単位 g

重力加速度は加速度の単位としても用いられる。

例題1－9　加速度の見積もり

飛行機が離陸するときの速度を360 km/h、離陸までの滑走距離を2 kmとして加速度を見積もり重力加速度を用いて表しなさい。

解答 (1.12)より、加速度は

$$a = \frac{(360\ \mathrm{km/h})^2}{2\times 2\ \mathrm{km}} = 32400\ \mathrm{km/h^2} = 2.5\ \mathrm{m/s^2}$$

となるから、およそ0.25gである。■

例題1－10　等加速度運動での変位

時速60 kmのスピードで走っていた車が、前を横切る猫を見て急ブレーキをかけ0.4gの大きさの加速度で減速した。このとき、ブレーキをかけてから完全に止まるまでにどれだけ進むか。

解答 (1.15)より

$$\Delta x = \frac{-(60\ \mathrm{km/h})^2}{-2(0.4\,g)} = 450\,\frac{\mathrm{km^2/h^2}}{\mathrm{m/s^2}} = 35\ \mathrm{m}$$

である。ここでは$g = 10\ \mathrm{m/s^2}$とした。■

1－13　一般の運動　Ⅰ

加速度が一定でないときの運動はどのようになるのかを見てみよう。時刻tでの加速度が$a(t)$で、$t=t_i$における初速度がv_iのとき、時刻tでの速度$v(t)$は加速度の定義(1.10)より

$$v(t)-v(t_i)=\int_{t_i}^{t}a(t')dt' \tag{1.18}$$

となる。また、速度の定義(1.7)より

$$\begin{aligned} x_f-x_i&=\int_{t_i}^{t_f}v(t)dt \\ &=\int_{t_i}^{t_f}\left(v(t_i)+\int_{t_i}^{t}a(t')dt'\right)dt \\ &=v(t_i)(t_f-t_i)+\int_{t_i}^{t_f}\left(\int_{t_i}^{t}a(t')dt'\right)dt \end{aligned} \tag{1.19}$$

と表されることがわかる。

また

$$a\frac{dx}{dt}=av=\frac{dv}{dt}v=\frac{1}{2}\frac{d}{dt}(v^2)$$

と表されるので

$$v_f^2-v_i^2=\int_{t_i}^{t_f}\frac{d}{dt}(v^2)dt=2\int_{t_i}^{t_f}a\frac{dx}{dt}dt \tag{1.20}$$

となる。特に等加速度運動で、加速度aが定数の場合には

$$v_f^2=v_i^2+2a\Delta x$$

となり、(1.12)に一致することがわかる。

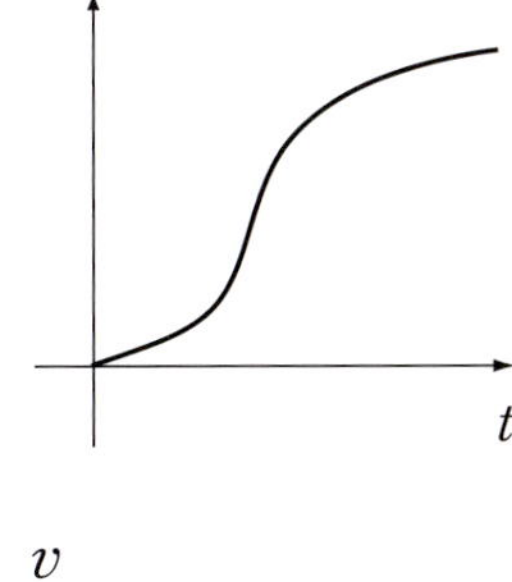

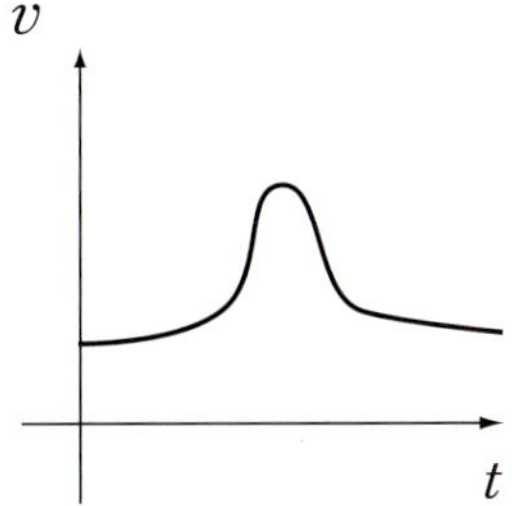

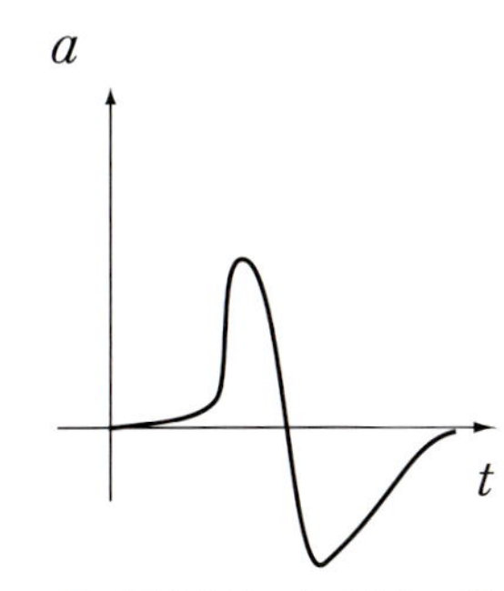

図1－23　加速度が一定ではない運動の例

例題1－11　加速度の変化する運動

$a=-4x\,\mathrm{m/s^2}$という、位置によって変化する加速度のもとで運動する粒子がある。$t=0$で$x=3\mathrm{m}$, $v=-6\mathrm{m/s}$の位置および速度にあるとき、$v=4\mathrm{m/s}$の速度となる位置を求めなさい。

解答　式(1.20)より

$$\begin{aligned} 4^2-(-6)^2&=-8\int_0^{t_f}x\frac{dx}{dt}dt=-4\int_0^{t_f}\frac{d}{dt}(x^2)dt \\ &=-4(x_f^2-3^2) \end{aligned}$$

となるから、$x_f=\pm\sqrt{14}\,\mathrm{m}=\pm3.7\mathrm{m}$となる。■

高校物理基礎

1－14　単位　B

表1－1　SI単位系の七つの基本単位

長さ	メートル m
質量	キログラム kg
時間	秒 s
温度	ケルビン (kelvin) K
電流	アンペア (ampere) A
光量	カンデラ (candela) cd
物質量	モル (mole) mol

昔は単位とはそれぞれの文化に固有のものであった。たとえば日本では長さとして尺などが使われていた。しかし、さまざまな単位系を用いているとその比較が困難になってくる。そのため、国際的に統一された単位系が決められている。長さをメートル(m, meter)、質量をキログラム(kg, kilogram)、時間を秒(s, second)とするMKS単位系を基に作られた単位系を**国際単位系**あるいは**SI単位系**(Le Système International d'Unités, SI)と呼ぶ。フランス語を基に呼ばれるのは、18世紀末に長さの単位meterを国内に普及させる努力をいち早く行い、その後世界に普及させたのはフランスであり、そうした歴史的経緯から国際単位の制定にはフランスの影響が強くなったためである。現在ではより精密な定義とするため、SI単位系は自然界の普遍定数を用いて定められている。相対性理論や量子力学などがその礎になっており、物理学の発展の重要性がこのようなところにも表れている。

図1－24　メートル原器。現在は1メートルを、光が299792458分の1秒間に真空中で進む距離と定義しこの原器は使用しない。

図1－25　デンマークのキログラム原器のレプリカ。現在の1キログラムはプランク定数に基づいて定義されている。

表1－2　典型的な長さ（左）と質量（右）のスケール

典型的な長さ	m	典型的な質量	kg
最も遠いクエーサーまでの距離	$\sim 10^{26}$	観測できる範囲の宇宙全体	$\sim 10^{52}$
最も近い銀河(アンドロメダ）までの距離	$\sim 10^{22}$	銀河系	$\sim 10^{42}$
太陽から最も近い恒星までの距離	4×10^{16}	太陽	2.0×10^{30}
1光年	9.46×10^{15}	地球	6.0×10^{24}
太陽から地球までの平均距離	1.50×10^{11}	月	7.4×10^{22}
地球の平均半径	6.37×10^{6}	バクテリア	$\sim 10^{-15}$
細胞の大きさ	$\sim 10^{-4}$	水素原子	$\sim 10^{-27}$
水素原子の大きさ（電子軌道）	$\sim 10^{-10}$	電子	$\sim 10^{-30}$
原子核の大きさ	$\sim 10^{-15}$		

例題1－12　次元解析

半径Rで長さがLの管を流れる１秒あたりの流体の流量Q（単位：$\mathrm{m^3/s}$）は、粘性η（単位：$\mathrm{kg/m\,s}$）と圧力P_1, P_2（単位：$\mathrm{kg/m\,s^2}$）とにより$Q=\dfrac{\pi R^n(P_2-P_1)}{8\eta L}$となる。$n$の値を求めなさい。

解答　質量、長さ、時間の次元をそれぞれM, L, Sで表すと、左辺の次元はL^3S^{-1}である。一方、右辺は$L^{n-1}S^{-1}$となる。両辺の次元を比較して、$n=4$であることがわかる。■

1－15　SI接頭語とは？　Ⓑ

国際単位系（SI）において、SI単位の十進の倍量・分量単位のために、単一記号で表記する接頭語を**SI接頭語**という。たとえば、キロ（kilo-）はkgやkmなどで用いられ、10^3を表す。典型的な接頭語は表1－3に示した通りである。ただし、kgだけは基本単位であるので注意しよう。

表1－3 SI接頭語

10^2	h　ヘクト（例：ヘクトパスカル、ヘクタール）
10^3	k　キロ
10^6	M　メガ（例：メガトン）
10^9	G　ギガ（例:ギガバイト）
10^{12}	T　テラ
10^{-3}	m　ミリ
10^{-6}	μ　マイクロ
10^{-9}	n　ナノ
10^{-12}	p　ピコ
10^{-15}	f　フェムト

1－16　ギリシャ文字　Ⓑ

物理においてはさまざまなギリシャ文字を用いることが慣例になっている。すぐに覚えなくてもよいが、現れた順に覚えていくようにしていこう。

例題1－13　ギリシャ文字

次のギリシャ文字の読みを書きなさい。

(A) ρ　(B) ω　(C) ϕ　(D) δ　(E) β

解答　表1－4を参照。■

1－17　概算する　Ⓑ

科学者や技術者が課題に取り組むとき、ざっとした計測や計算によって物理量の概算を行うことがある。概算しただけでこれは測定可能か、あるいは製品開発可能かなどを素早く判断できる。そしてもし開発が可能かどうか概算できたら次に込み入った計算や実験を

表1−4 ギリシャ文字

大文字	小文字	読み方
Α	α	alpha（アルファ）
Β	β	beta（ベータ）
Γ	γ	gamma（ガンマ）
Δ	δ	delta（デルタ）
Ε	ε	epsilon（イプシロン）
Ζ	ζ	zeta（ゼータ）
Η	η	eta（イータ）
Θ	θ	theta（シータ）
Κ	κ	kappa（カッパ）
Λ	λ	lambda（ラムダ）
Μ	μ	mu（ミュー）
Ν	ν	nu（ニュー）
Ξ	ξ	xi（クサイ）
Π	π	pi（パイ）
Ρ	ρ	rho（ロー）
Σ	σ	sigma（シグマ）
Τ	τ	tau（タウ）
Φ	ϕ	phi（ファイ）
Χ	χ	chi（カイ）
Ψ	ψ	psi（プサイ）
Ω	ω	omega（オメガ）

図1−26 科学的方法のサイクル

行っていくことになる。また日常生活においても、物理で行う細かな計算よりも概算程度で間に合うことが多い。この意味で概算は非常に重要なものなのである。

たとえば、ボールを高い位置から落下させると1秒後にどのくらいのスピードになるかを重力加速度の大きさから秒速約10 mと概算する。また、最初はスピードがゼロであったのでこの間の平均スピードは5 m/sであり、これから1秒間に5 m落下したと概算できる。このようにだいたいの大きさがどれくらいかを見積もることを概算見積もり(order of magnitude estimation)という。このような概算を記号～で表す。たとえば1秒間に落下する距離は～5 mと表す。このような評価は、将来科学者や技術者となる人にとっても重要となるので、後の章の問題でも練習をしていくことになるだろう。

Note. 数学記号について

数学記号については、高校で学んだものを多く採用する。しかし、高校で学んだもののなかには科学技術の世界で多く使われている記号と異なるものも少なくない。たとえば、logについては、高校では$\log_e$と$\log_{10}$を使い分けていたが、国際標準ではlogとすると$\log_{10}$のことを示す。一方$\log_e$はlnで表す。ここでは、この表式を用いることにする。また、等号付き不等号については、$\leqq$, $\geqq$の代わりに$\leq$, $\geq$を用いる。

1−18 科学的方法 Ⓑ

自然科学とは再現可能な観測や実験を元に、自然界に関しての知見を得ることである。自然科学の多くは次の科学的方法というサイクルに基づいている。まず、さまざまな観測や実験から、問題を認識する。そしてその問題認識に基づいて仮説を立てるのである。そしてその仮説が新たな予測をし、それを実験で確かめることになる。もし実験に合わなかったら仮説は修正されるか、捨てられることになる。もし、新たな実験が仮説に基づいた予測と等しく、多くの類似の実験もその仮説により説明できた場合、その仮説は法則と呼ばれる。そして新たな実験がその法則に基づいていない場合、新たな問題認識を元に仮説を立て、その予言を実験で確かめる。このように、問題認識、仮説、予測、実験のサイクルにより自然科学は発展してきた。

例を挙げよう。プトレマイオスの天動説とコペルニクスの地動説は、1500年代には同程度の予言しかできなかった。しかし、ティコ・ブラーエにより精度よい観測がなされると、プトレマイオスの天動説とコペルニクスの地動説のどちらもが観測と食い違う結果となった。それを元にケプラーは惑星が円軌道をとるというコペルニクスの地動説を修正し、ケプラーの法則といわれる惑星軌道のルールを打ち立てた。その後、このルールがどうして成り立つかを力と運動の観点から解析する試みが、フック、ハリー、ニュートンの手によってなされ、それは運動の法則と、万有引力の法則によって説明されたのである。ハリーはそれを元に、彗星の軌道の予言をし、その予言はハリーの死後に確かめられた。その後、ニュートンの法則はアインシュタインの特殊相対性理論により修正を受け、万有引力の法則はアインシュタインの一般相対性理論により修正を受けることになった。そして現在は、ミクロな世界においてアインシュタインの一般相対性理論を修正する試みが模索されているのである。このように、サイエンスとは実験や整合性の要求により、より包括的な理論へ進展しているのである。

図1－27 惑星運動も科学の発展と共に、より正確に理解されてきた。

1－19 実験科学 Ⓑ

誤差とは不確定性

誤差とは誤りではない。科学において測定における誤差はすべての実験に不可避なものである。誤差を完全に取り除く実験はできないのである。唯一できるのは誤差をできるだけ小さくすることである。サイエンスでは誤差の大きさを評価することは、新しい仮説による予言を決定するときや、新しい現象をはっきりと示すために重要なことである。

例を挙げてみよう。アインシュタインは、特殊相対性理論と重力理論の融合のために、一般相対性理論を打ち立てた。一般相対性理論はそれまで謎であった水星の運動のずれ（歳差運動）を説明することに成功したが、これは予言ではない。一般相対性理論によれば、光は重力によって曲がる。光が太陽の近くを横切る場合、その曲がりは1.8"であり、一方ニュートンの重力理論では、0.9"の角度で曲がる。この光の曲がりは、1919年の日食のときにダイソン、エディントン、ダビットソンによって測定された。かれらは曲がりの角度は$\alpha = 2'' \pm 0.3''$と発表した。この結果はアインシュタインの理論の成功を意味していた。しかし、その後多くの科学者は、データから見てこの誤差評価は小さすぎると判断し、実際にこの結果からでは誤差が多く、ニュートンの結果とアインシュタインの結果とは区別できないと結論づけたのである。後に、より精密な測定によってアインシュタインの理論の正しさは示されたが、このように、新しい知見を得るときには誤差の評価は非常に重要なのである。

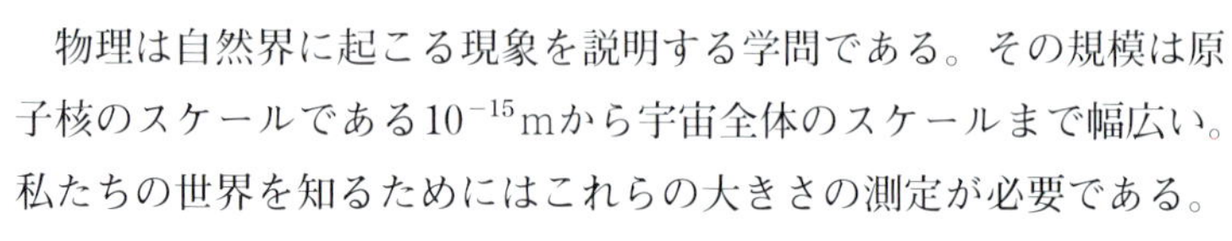

1－20 測定と科学的表記法 Ⓑ

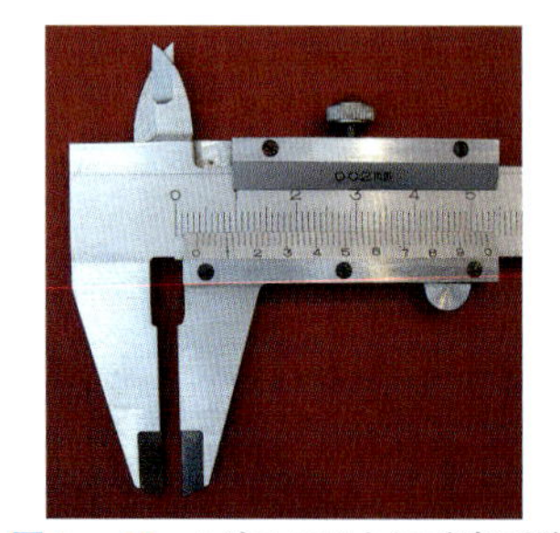

図1－28 ノギスにはより正確に測るための副尺がついている。

物理は自然界に起こる現象を説明する学問である。その規模は原子核のスケールである10^{-15} mから宇宙全体のスケールまで幅広い。私たちの世界を知るためにはこれらの大きさの測定が必要である。

物理的な量を扱うときに注意しなければならないことが三つある。第一に、量の測定は特定の正確さの範囲内でしか行うことができないという点である。これによって有効数字という考え方が必要になる。第二に、非常に大きな数字や小さな数字を簡潔に表すために、科学的表記法を用いる必要があるということである。

そして第三に、量に対して単位をつけなければならないことである。たとえば、長さにはmをつける。物理で測定するほぼすべての量には単位があるのである。

測定と有効数字

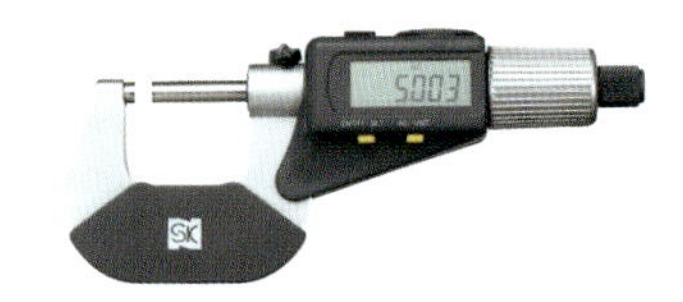

図1－29 マイクロメーター

図1－29のようなマイクロメーターは、長さを±0.00001 mという非常によい精度で測ることができる。たとえば、0.02352 mという測定結果であったとしたら真の値は0.02352 ±0.00001 mということになる。一方、日常用いられる巻き尺で長さを測る場合には±1 mmの誤差がある。気温によって巻き尺の長さが変化することも誤差の原因となる。

図1－30 ストップウォッチ

これらの測定の誤差は、測定器によるものばかりではない。たとえば、0.01 sの精度で時間を計ることのできるストップウォッチを用いる場合も、脳から指令が出て、指がストップウォッチを押すまでには時間がかかるために、ストップウォッチの持つ精度では時間を計ることができない。

このようにさまざまな要因による誤差があるので、ある物体の長さを測ったときに3 cmであるというだけでは測定結果は意味をなさない。つまり3.0 ±0.1 cmなどのように実際にどの範囲に真の値があるのかを指定しなければならない。このとき、有効数字が重要である。たとえば、ある測定で3.125±0.2 cmであったなら、これは小数点以下1桁までしか信用できないのであるから、3.1±0.2 cmと書く。このように信用できる桁までの数値を**有効数字**という。

有効数字を用いた計算で一つの量が1.53と有効数字3桁であり、もう一つが3.2と2桁であったとする。このとき、これらの積は、$1.53 \times 3.2 = 4.896$である。しかし、一つが上2桁しか信用できない値であるので、この積もまた上2桁しか信用できない。そのため、この積は4.9とする必要がある。このように、有効数字の異なる量を用いた場合、有効数字の桁の小さなものが誤差の大きさを決定する。逆に言えば有効数字の一番低い桁の測定の精度を上げる努力をすれば、それらの演算によって得られた精度はよりよいものになる。

科学的表記法

地球から太陽までの距離は150,000,000,000 mであり、水素原子の大きさは0.000000000053 mである。このようにゼロを多量に書くのは煩雑なのでこれらを1桁目から始まる小数と10の何乗かとの積で表す。たとえば、太陽までの距離は1.5×10^{11} mであり、水素原子の大きさは5.3×10^{-11} mと書くことができる。このような表記法を**科学的表記法**という。

1－21　誤差の表し方　Ⓑ

測定とはどの範囲に真の値が入るかを示すものである。そのための誤差評価をする。たとえば重力加速度の測定の実験で、$g = 9.8123\ \mathrm{m/s^2}$という値を得たとしよう。そして誤差を評価したところ$\delta g = 0.027548\ \mathrm{m/s^2}$となったとする。するとこれは

$$g = 9.8123 \pm 0.027548\ \mathrm{m/s^2}$$

と書ける。しかし、通常は誤差の2桁目にはほとんど意味はないので、誤差の2桁目を四捨五入して1桁にする。またそれに合わせてその中心の値の桁をそろえる。つまり

$$g = 9.81 \pm 0.03\ \mathrm{m/s^2}$$

とするのである。ただし、非常に精度よい実験の場合には誤差の2桁目までとることもある。

またたとえば

$$2031.41 \pm 40\ \mathrm{m/s}$$

という表現もおかしい。基本的に精度に合わせて

$$(2.03 \pm 0.04) \times 10^3\ \mathrm{m/s}$$

とするべきである。

このように、実験結果の最終桁は、誤差の最高の桁に合わせる。

例題1－14　誤差の表記

次の測定結果を適切な形にしなさい。

(i) $x=3.3234\pm0.02$ m　(ii) $m=6.37592\times10^6\pm3\times10^3$ kg

解答　どちらも誤差の精度に合わせる。(i) は $x=3.32\pm0.02$ m とする。(ii) は $m=(6.376\pm0.003)\times10^6$ kg であるが、これを単に $m=6.376\pm0.003\times10^6$ kg と書くことが多い。■

1－22　和や積での誤差の伝搬 Ⅰ

さまざまな量を測定してもそれが結果的に欲しい物理量であることは少ない。むしろそれを用いてそれらの組み合わせで物理量を計算することが多い。このようなとき独立な二つの量からあらたな量を計算するとき、誤差はどのようになるのであろうか？

二つの和の誤差

たとえば、$x=x_{\rm best}+\Delta x$, $y=y_{\rm best}+\Delta y$ という二つの量があって $\Delta x=\pm\delta x$, $\Delta y=\pm\delta y$ であるとき、$x+y$ の誤差はどのようになるのかを考えてみよう。

この場合、最も大きな値になるのは

$$x+y=x_{\rm best}+\delta x+y_{\rm best}+\delta y$$

であり、最も小さいのは

$$x+y=x_{\rm best}-\delta x+y_{\rm best}-\delta y$$

であるので、$x+y$ の誤差は $\pm(\delta x+\delta y)$ となるように見える。しかし、このように二つとも大きな値や二つとも小さな値になるのは50％の確率である。よってこうしたことも考慮して誤差を決定する必要がある。

具体的には二乗の平均を考える。

$$\begin{aligned}(x_{\rm best}+\Delta x+y_{\rm best}+\Delta y)^2=&(x_{\rm best}+y_{\rm best})^2\\&+2(\Delta x+\Delta y)(x_{\rm best}+y_{\rm best})\\&+(\Delta x)^2+(\Delta y)^2+2(\Delta x)(\Delta y)\end{aligned}$$

において $\Delta x=+\delta x,\ -\delta x$, $\Delta y=+\delta y,\ -\delta y$ となる場合の平均をとってみよう。すると $\langle\Delta x\rangle=\dfrac{\delta x-\delta x}{2}=0$, $\langle\Delta y\rangle=\dfrac{\delta y-\delta y}{2}=0$ および $\langle(\Delta x)^2\rangle=(\delta x)^2$, $\langle(\Delta y)^2\rangle=(\delta y)^2$ となるので

$$\langle(x_{\rm best}+\Delta x+y_{\rm best}+\Delta y)^2\rangle=(x_{\rm best}+y_{\rm best})^2+(\delta x)^2+(\delta y)^2$$

が得られる。これより $q=x+y$ という量の誤差は

$$\delta q = \sqrt{(\delta x)^2 + (\delta y)^2} \qquad (1.21)$$

と評価する。導出過程からわかるように差の場合も同様である。

例題1－15　和の誤差

二つの質量m_1, m_2を測定したところ、

$$m_1 = 3.20 \pm 0.03\ \text{kg}, \quad m_2 = 2.12 \pm 0.04\ \text{kg}$$

であった。$m_1 + m_2$の誤差を求めなさい。

解答　(1.21)より

$$\sqrt{\left(\frac{3}{100}\right)^2 + \left(\frac{4}{100}\right)^2} = \frac{5}{100} = 0.05\ \text{kg}$$

となる。■

二つの積の誤差

立方体の体積などのように二つ以上の長さの積で求める物理量も多い。このような積についての誤差はどのようになるのであろうか？

二つの物理量x, yの測定が$x = x_{\text{best}} + \Delta x$, $y = y_{\text{best}} + \Delta y$で、$\Delta x = \pm\delta x$, $\Delta y = \pm\delta y$であるとすると、これらの積は

$$(x_{\text{best}} + \Delta x)(y_{\text{best}} + \Delta y) = x_{\text{best}}\, y_{\text{best}} \left(1 + \frac{\Delta x}{x_{\text{best}}}\right)\left(1 + \frac{\Delta y}{y_{\text{best}}}\right)$$

となる。$|\Delta x / x_{\text{best}}| \ll 1$, $|\Delta y / y_{\text{best}}| \ll 1$とするとこれは

$$(x_{\text{best}} + \Delta x)(y_{\text{best}} + \Delta y) = x_{\text{best}}\, y_{\text{best}} \left(1 + \frac{\Delta x}{x_{\text{best}}} + \frac{\Delta y}{y_{\text{best}}}\right)$$

となる。

通常、誤差を評価するときは物理量とその測定結果の中心値は区別せずに表記することが多い。よって$q = xy$とするとき上式は

$$\frac{\Delta q}{q} = \frac{\Delta x}{x} + \frac{\Delta y}{y} \qquad (1.22)$$

となる。つまり、積のときには、全体の量との比をとることによって、誤差は和のときの誤差の評価に帰着される。このことは、

$$\ln q = \ln x + \ln y$$

を用いて積を和の形に表して理解することもできる。

先の和のときと同様にして、二乗平均を用いて誤差を評価すると

$$\frac{\delta q}{q} = \sqrt{\left(\frac{\delta x}{x}\right)^2 + \left(\frac{\delta y}{y}\right)^2} \qquad (1.23)$$

となることがわかる。なお$\delta q/q$はqの相対誤差とよばれる。

例題1－16　積の誤差

長方形の各辺の長さが

$$l_1 = 10.0 \pm 0.4\ \mathrm{cm},\quad l_2 = 20.0 \pm 0.6\ \mathrm{cm}$$

と測定されたとして、面積$l_1 l_2$の誤差を求めなさい。

解答　相対誤差は(1.23)より

$$\sqrt{\left(\frac{0.4}{10.0}\right)^2 + \left(\frac{0.6}{20.0}\right)^2} = 0.05$$

となるから、誤差は$10.0\ \mathrm{cm} \times 20.0\ \mathrm{cm} \times 0.05 = 10\ \mathrm{cm}^2$である。■

1－23　偏微分　Ⓐ

ある物理量xの関数として他の物理量が$y = f(x)$として表されたとしよう。このとき、xの値にΔxという微小なずれがあったときの値は、傾き$df/dx(x)$とずれ幅Δxにより

$$f(x+\Delta x) \approx f(x) + \frac{df}{dx}(x)\Delta x \tag{1.24}$$

と近似できる。

一般的な物理量はいくつかの物理量の関数になっていることが多い。たとえばx, yを二つの物理量として、求める物理量が$q = f(x, y)$と表されていたとしよう。このときx, yの値がそれぞれΔx, Δyだけずれたときの値は

$$q = f(x+\Delta x,\ y+\Delta y) \tag{1.25}$$

である。(1.24)と同様に、この値とずれがないときの値$f(x, y)$との関係を見るために、高校数学では学ばなかった新しい記号

$$\frac{\partial f(x,\ y)}{\partial x} = \lim_{\Delta x \to 0} \frac{f(x+\Delta x,\ y) - f(x,\ y)}{\Delta x} \tag{1.26}$$

を導入しよう。この量を関数$f(x, y)$のxについての**偏微分**という。同様にyについての偏微分は

$$\frac{\partial f(x,\ y)}{\partial y} = \lim_{\Delta y \to 0} \frac{f(x,\ y+\Delta y) - f(x,\ y)}{\Delta y} \tag{1.27}$$

であり、変数が三つ以上ある場合も同様にして偏微分が定義される。結局は他の変数を止めてその変数について通常の微分を行うと思えばよいのである。また同様にして、二階偏微分なども定義される。

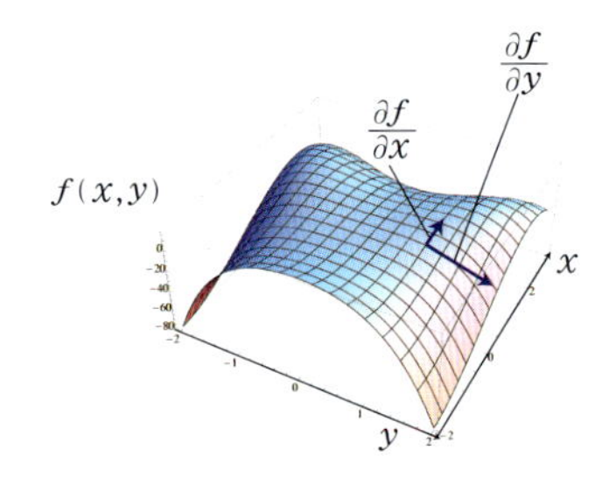

図1－31　偏微分は各変数方向の傾きである。

例題1－17　偏微分

関数$f(x, y) = x^2 y$について次の偏微分を求めなさい。

(i) $\dfrac{\partial f}{\partial x}$　(ii) $\dfrac{\partial f}{\partial y}$　(iii) $\dfrac{\partial^2 f}{\partial x^2}$　(iv) $\dfrac{\partial^2 f}{\partial y^2}$

(v) $\dfrac{\partial}{\partial y}\left(\dfrac{\partial f}{\partial x}\right)$　(vi) $\dfrac{\partial}{\partial x}\left(\dfrac{\partial f}{\partial y}\right)$

解答　(i) の結果より (iii)、(v) を求め、(ii) より (iv)、(vi) を求めると

$$\text{(i)}\ \frac{\partial f}{\partial x} = 2xy,\quad \text{(iii)}\ \frac{\partial^2 f}{\partial x^2} = 2y,\quad \text{(v)}\ \frac{\partial}{\partial y}\left(\frac{\partial f}{\partial x}\right) = 2x,$$

$$\text{(ii)}\ \frac{\partial f}{\partial y} = x^2,\quad \text{(iv)}\ \frac{\partial^2 f}{\partial y^2} = 0,\quad \text{(vi)}\ \frac{\partial}{\partial x}\left(\frac{\partial f}{\partial y}\right) = 2x,$$

となる。■

上の例題からもわかるように微分の作用はx, yで別であるので結果は微分する順序によらず、

$$\frac{\partial}{\partial y}\left(\frac{\partial f}{\partial x}\right) = \frac{\partial}{\partial x}\left(\frac{\partial f}{\partial y}\right) \equiv \frac{\partial^2 f}{\partial x \partial y} \tag{1.28}$$

である。また偏微分の定義から、ずれ$\Delta x, \Delta y$が微小のときには、

$$\begin{aligned} f(x+\Delta x, y) &\approx f(x, y) + \frac{\partial}{\partial x} f(x, y)\Delta x, \\ f(x, y+\Delta y) &\approx f(x, y) + \frac{\partial}{\partial y} f(x, y)\Delta y, \end{aligned} \tag{1.29}$$

が成り立つことがわかる。

これより(1.25)の値は、まずyについての近似式を用いると

$$f(x+\Delta x, y+\Delta y) \approx f(x+\Delta x, y) + \left(\frac{\partial}{\partial y} f(x+\Delta x, y)\right)\Delta y$$

となり、さらにこの右辺にxについての近似式を用いると

$$\begin{aligned} &f(x+\Delta x, y+\Delta y) \\ &\approx f(x, y) + \left(\frac{\partial}{\partial x} f(x, y)\right)\Delta x + \left[\frac{\partial}{\partial y}\left(f(x, y) + \frac{\partial f}{\partial x}\Delta x\right)\right]\Delta y \\ &\approx f(x, y) + \left(\frac{\partial}{\partial x} f(x, y)\right)\Delta x + \left(\frac{\partial}{\partial y} f(x, y)\right)\Delta y \end{aligned} \tag{1.30}$$

と評価される。ここで$\Delta x \Delta y$の項は非常に小さくなるので無視した。(たとえば、$\Delta x = \Delta y = 0.01$なら$\Delta x \Delta y = 0.0001$となり無視できる。)

このように、それぞれの変数にずれが生じたときには、それぞれ

の偏微分を傾きとしてずれの評価をし、それらの和をとることで関数を近似できる。このことは、変数の物理量が三つ以上のときにも同様である。たとえば3変数の場合には

$$\Delta f(x,\ y,\ z) = \frac{\partial f}{\partial x}\Delta x + \frac{\partial f}{\partial y}\Delta y + \frac{\partial f}{\partial z}\Delta z \qquad (1.31)$$

が成り立つ。

例題1－18　変化量の評価

関数$f(x,\ y)$の各変数$x,\ y$を$(\Delta x,\ \Delta y)$だけ微小変化させたとき、関数の変化を求めなさい。

(i) $f(x,\ y) = x + y$　(ii) $f(x,\ y) = x^2 y^3$

(iii) $f(x,\ y) = A\sin(x-y)$　(iv) $f(x,\ y) = 1/\sqrt{x^2+y^2}$

解答　(1.30)を用いて変化量$f(x+\Delta x,\ y+\Delta y) - f(x,\ y)$を求める。(i) $\Delta x + \Delta y$, (ii) $2xy^3\Delta x + 3x^2y^2\Delta y$, (iii) $A\cos(x-y)(\Delta x - \Delta y)$, (iv) $-\dfrac{x\Delta x + y\Delta y}{(x^2+y^2)^{3/2}}$である。■

1－24　偏微分での変数変換　Ⓐ

物理では$f(x-y)$という関数形を持つ物理量がよく出てくる。関数$f(x-y)$のxについての偏微分はyについての偏微分に書き直すことができる。この偏微分での変数変換はよく用いられるので、ここで調べておこう。

例題1－19　偏微分での変数変換

関数$f(x-y)$について

$$\frac{\partial}{\partial x}f(x-y) = -\frac{\partial}{\partial y}f(x-y)$$

が成り立つことを示しなさい。

解答　$u = x - y$とすると、合成関数の微分により

$$\frac{\partial}{\partial x}f(u) = \frac{\partial u}{\partial x}\frac{df}{du} = \frac{df}{du}$$

である。一方、同様にして

$$\frac{\partial}{\partial y}f(u) = \frac{\partial u}{\partial y}\frac{df}{du} = -\frac{df}{du}$$

となる。よって

$$\frac{\partial}{\partial x}f(x-y) = -\frac{\partial}{\partial y}f(x-y)$$

となる。■

1－25　一般的な変数での誤差評価法 Ⓐ

もし物理量qが測定量x, …, zで決められているとすると測定量の微小な変化で$q(x, y, \cdots, z)$は

$$\Delta q = \frac{\partial q}{\partial x}\Delta x + \frac{\partial q}{\partial y}\Delta y + \cdots + \frac{\partial q}{\partial z}\Delta z \tag{1.32}$$

だけずれる。これより

$$\begin{aligned}(\Delta q)^2 &= \left(\frac{\partial q}{\partial x}\Delta x + \frac{\partial q}{\partial y}\Delta y + \cdots + \frac{\partial q}{\partial z}\Delta z\right)^2 \\ &= \left(\frac{\partial q}{\partial x}\right)^2(\Delta x)^2 + \left(\frac{\partial q}{\partial y}\right)^2(\Delta y)^2 + \cdots + \left(\frac{\partial q}{\partial z}\right)^2(\Delta z)^2 \\ &\quad + 2\left(\frac{\partial q}{\partial x}\right)\left(\frac{\partial q}{\partial y}\right)(\Delta x)(\Delta y) + \cdots\end{aligned}$$

となる。ここで、ずれ方には

$$\Delta x = +\delta x,\ -\delta x,\ \Delta y = +\delta y,\ -\delta y,\ \cdots,\ \Delta z = +\delta z,\ -\delta z$$

という取り方がある。よって全体を平均することにより、qの誤差δqは

$$(\delta q)^2 = \left(\frac{\partial q}{\partial x}\right)^2(\delta x)^2 + \left(\frac{\partial q}{\partial y}\right)^2(\delta y)^2 + \cdots + \left(\frac{\partial q}{\partial z}\right)^2(\delta z)^2 \tag{1.33}$$

により求まる。

例題1－20　一般的な関数の誤差

$q = x^3y - xy^3$を決めるのに、$x = 5.0 \pm 0.1$, $y = 3.0 \pm 0.1$という結果であった。qの値を誤差も入れて求めなさい。

解答　(1.33)から

$$(\delta q)^2 = (3x^2 - y^2)^2 y^2 (\delta x)^2 + (x^2 - 3y^2)^2 x^2 (\delta y)^2$$

となる。これより、$q = 2.4 \pm 0.2 \times 10^2$と求められる。■

演習問題1

Ⓑ **1.1**　(1)　一定速度で移動する自動車が、時刻1 sに原点からの変位1 m、時刻3 sに原点からの変位 −9 mの地点を通り過ぎた。こ

の自動車のスピードと時刻t [s]での位置を求めなさい。(2) 一定の加速度で運動する自動車が、時刻0である位置で静止しており、ある時刻にこの位置からの変位-10 mの位置を速度-5 m/sで通り過ぎた。この自動車の加速度と、時刻t [s]での速度と位置を求めなさい。

Ⓑ **1.2** 地震の揺れ（波）には、速く伝わる縦波（P波と呼ばれる）と、遅く伝わる横波（S波と呼ばれる）とがある。それぞれの速さをv_p、v_sとするとき、震源からの距離Lの地点にこれらの波が伝わる時間の差Δtを求めなさい。例として、地殻を伝わる波の速さがそれぞれ$v_p = 6$ km/s、$v_s = 3.5$ km/sであるとすると、震源からの距離が40 kmの地点に、P波とS波の伝わる時間の差はいくらになるか。

Ⓘ **1.3** 加速度がaで一定の運動を、時刻0からtまで時間をn等分し、時間間隔$\Delta t = t/n$ごとに考えてみよう。分割されたi番目の時刻$t_i = i\Delta t$における位置とi番目の時間間隔での平均速度をそれぞれx_i, v_iとする。このとき、(1) 平均加速度一定の条件からv_iに関する方程式（漸化式）を導き、この方程式を解いて時刻tにおける平均速度$v(t)$を求めなさい。(2) 平均速度の定義式よりx_iに関する方程式（漸化式）を導き、この方程式を解いて時刻tにおける位置$x(t)$を求めなさい。

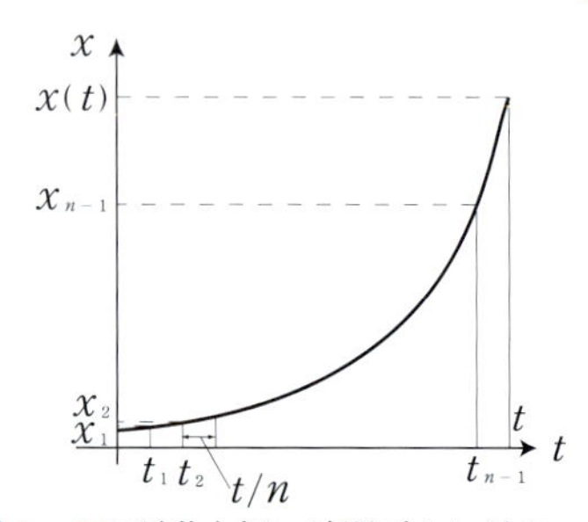

図1－32 運動を短い時間ごとに見る

Ⓑ **1.4** ボールの受ける空気抵抗Fは、空気の密度ρと、ボールの断面積Aおよびボールの速度vによって決まると考えられる。次元解析によりFがどのように与えられるかを予想しなさい。

Ⓐ **1.5** 関数$f(x, y) = x\sin y - x^2 y$について次の量を求めなさい。

(i) $\dfrac{\partial f}{\partial x}$　(ii) $\dfrac{\partial f}{\partial y}$　(iii) $\dfrac{\partial^2 f}{\partial x^2}$　(iv) $\dfrac{\partial^2 f}{\partial y^2}$

(v) $\dfrac{\partial}{\partial y}\left(\dfrac{\partial f}{\partial x}\right)$　(vi) $\dfrac{\partial}{\partial x}\left(\dfrac{\partial f}{\partial y}\right)$

Ⓐ **1.6** 長さlの振り子で周期を測定したところ、振り子の長さと周期はそれぞれ、$l = 92.96 \pm 0.10$ cm, $T = 1.933 \pm 0.005$ sであった。$g = 4\pi^2 l/T^2$より重力加速度が求められるとして、重力加速度の測定結果を評価しなさい。

演習問題解答

1.1 (1) 速度は$(-9-1)/(3-1)=-5$[m/s]であり、スピードは5[m/s]である。自動車は等速直線運動をするから時刻tでの位置は(1.6)より$x=1+(-5)(t-1)=6-5t$[m]と求められる。(2) 等加速度運動で成り立つ式(1.15)を用いると加速度は

$$a=\frac{(-5)^2-0^2}{2\times(-10)}=-\frac{5}{4}\,[\mathrm{m/s^2}]$$

と求められる。(1.12)と(1.14)を用いて、速度と位置は

$$v=-\frac{5}{4}t\,[\mathrm{m/s}],\quad x=-\frac{5}{8}t^2\,[\mathrm{m}]$$

と表される。

1.2 地震波が震源から観測地点まで等速で直線経路で伝わったとする。P波、S波の伝わる時刻はそれぞれ$t_p=L/v_p$, $t_s=L/v_s$となるから、これらの時間差は$\Delta t=[(v_p-v_s)/v_p v_s]L$となる。与えられた数値のもとでは$\Delta t\simeq 4.8$ sとなる。実際には地震波の速度は一定でなく、伝わる経路も複雑であるが、多数の観測地点でデータをとって解析することで、P波が観測された後のS波の到達予想を行うことができ、緊急地震速報などに応用されている。

1.3 (1) 加速度は一定だから、各時間間隔での平均加速度も一定であり、

$$\frac{v_i-v_{i-1}}{\Delta t}=a,\quad \text{i.e. } v_i-v_{i-1}=a\Delta t$$

である。この両辺で$i=1$から$i=n$まで和をとれば

$$v_n-v_0=an\Delta t,\quad \text{i.e. } v(t)=v_0+at$$

と求められる。

(2) 平均速度は

$$\frac{x_i-x_{i-1}}{\Delta t}=v_i,\quad \text{i.e. } x_i-x_{i-1}=v_0\Delta t+ai(\Delta t)^2$$

である。この両辺を$i=1$から$i=n$まで和をとれば

$$x_n-x_0=v_0 n\Delta t+\frac{n(n+1)}{2}a(\Delta t)^2,$$

$$\text{i.e. } x(t)=x_0+v_0 t+\frac{1}{2}at^2+\frac{1}{2}at\Delta t$$

と求められる。もちろん$n\to\infty$として分割の幅を小さくとれば、この結果は等加速度運動のものに一致する。このとき、平均加速度、

平均速度の条件式は、それぞれ加速度、速度の条件式に収束し、また和は積分に収束する。

1.4 $[F]=MLS^{-2}$である。aを係数として$F=a\rho^x A^y v^z$とおくと、$MLS^{-2}=M^x L^{-3x+2y+z} S^{-z}$より、$x=1, y=1, z=2$であるから、$F=a\rho A v^2$と予想できる。次元解析からは係数を決めることはできないが、係数を除けばこの式は実際に正しい。

1.5 (i) の結果を用いて (iii)、(v) を求め、(ii) より (iv)、(vi) を求めると

$$\frac{\partial f}{\partial x}=\sin y-2xy,\ \frac{\partial^2 f}{\partial x^2}=-2y,\ \frac{\partial}{\partial y}\left(\frac{\partial f}{\partial x}\right)=\cos y-2x,$$

$$\frac{\partial f}{\partial y}=x\cos y-x^2,\ \frac{\partial^2 f}{\partial y^2}=-x\sin y,\ \frac{\partial}{\partial x}\left(\frac{\partial f}{\partial y}\right)=\cos y-2x,$$

となる。

1.6 計算量の偏差は、$\Delta g/g=\Delta l/l-2\Delta T/T$となることがわかる。これより、相対誤差は

$$\frac{\delta g}{g}=\sqrt{\left(\frac{\delta l}{l}\right)^2+4\left(\frac{\delta T}{T}\right)^2}$$

となる。実際の値を代入して、重力加速度は

$$\delta g=9.82\pm0.05\ \mathrm{m/s^2}$$

と見積もられる。

2 二次元以上の運動

バスケットボールを投げると放物線を描く。サーキットのコーナーを曲がる自動車のように、平面内の円軌道を描く運動もある。こうした放物運動や円運動は二次元的な運動の代表例である。もちろん一般の運動は二次元の面内にとどまることはないが、二次元的な運動を理解するとより一般の三次元的な運動も同様にして調べることができるのである。そこで、この章では主に二次元的な運動を見ていくことにしよう。

2－1 ベクトルと運動 Ⓑ

高校物理
高校数学 B

これから現れる多くの物理量、たとえば、時間、質量、温度などは、数値と単位だけで記述することのできる量である。たとえば、挽き肉300 gであるとか、気温27℃などのように表現される。このような量を**スカラー量**と呼ぶ。

それに対して、方向を持った量は一つの数だけでは指定できない。たとえば、自転車で走るとき距離を指定するだけではどこに行ったらよいのかわからない。そのため距離と共に向きも指定することで目的地を表現する。高校数学Bで学んだように大きさと方向を持つものをベクトルといい、ベクトルで表される量を**ベクトル量**と呼ぶ。そして、ベクトルの長さを**ベクトルの大きさ**という。変位や速度、加速度、第3章で学ぶ力などは大きさだけでなく方向を持つのでベクトル量である。また、位置も原点からその位置へ向かうベクトルにより表すことができ、これを**位置ベクトル**と呼ぶ。

図2－1 バスケットボールを投げると放物線を描く。

Note. ベクトルの表記法

高校数学では$\vec{A}$のように文字の上に矢印をつけてベクトルを表した。海外での物理学標準テキストにもほぼすべてでこの表記が採用されている。したがってこのテキストでもこの表記法を用いることにしよう。ただし、学部レベルの力学、電磁気学では標準的な表記法は$\boldsymbol{A}$というように太字でベクトル量を表すのが標準になっているので注意しよう。

位置ベクトルの表し方にはいくつかの方法があるが、最も単純なのは、三つのたがいに垂直な方向に座標軸を設定して、その点の座

標を用いて

$$\vec{r}=(x,\ y,\ z)$$

と表すものである。これは、x, y, z方向の長さ1のベクトルをそれぞれ$\hat{\boldsymbol{i}}, \hat{\boldsymbol{j}}, \hat{\boldsymbol{k}}$と表すとき、

$$\vec{r}=x\hat{\boldsymbol{i}}+y\hat{\boldsymbol{j}}+z\hat{\boldsymbol{k}} \tag{2.1}$$

と表されることを意味する。$\hat{\boldsymbol{i}}, \hat{\boldsymbol{j}}, \hat{\boldsymbol{k}}$のような長さ1のベクトルを**単位ベクトル**という。$\hat{\boldsymbol{i}}, \hat{\boldsymbol{j}}, \hat{\boldsymbol{k}}$はベクトルを三つの方向に分解して表す役割を果たすので**基底ベクトル**と呼ばれ、x, y, zはそれぞれの方向へのベクトルの**成分**と呼ばれる。位置ベクトルの長さはピタゴラスの定理より

$$|\vec{r}|=\sqrt{x^2+y^2+z^2} \tag{2.2}$$

である。ベクトルの大きさを表すにはこのように絶対値記号を用いる。

一般のベクトルも位置ベクトルと同様に$\vec{\mathrm{A}}=(A_x,\ A_y,\ A_z)$のように表す。$\vec{\mathrm{A}}$と$\vec{\mathrm{B}}=(B_x,\ B_y,\ B_z)$との和と差は

$$\vec{\mathrm{A}}+\vec{\mathrm{B}}=(A_x+B_x,\ A_y+B_y,\ A_z+B_z), \tag{2.3}$$

$$\vec{\mathrm{A}}-\vec{\mathrm{B}}=(A_x-B_x,\ A_y-B_y,\ A_z-B_z), \tag{2.4}$$

と表される。また、cをスカラー量として$\vec{\mathrm{A}}=(A_x,\ A_y,\ A_z)$をベクトルとするとそれらの積は、

$$c\vec{\mathrm{A}}=(cA_x,\ cA_y,\ cA_z) \tag{2.5}$$

となる。たとえば$\vec{a}=(0,\ 0,\ 10)$というベクトルに対して$2\vec{a}=(0,\ 0,\ 2\times 10)=(0,\ 0,\ 20)$となる。

高校数学B

2－2　ベクトルの内積　Ⓑ

高校数学Bで学んだ内積を復習しておこう。二つのベクトル$\vec{\mathrm{A}}, \vec{\mathrm{B}}$の間のなす角を$\theta$とするとき、その内積を

$$\vec{\mathrm{A}}\cdot\vec{\mathrm{B}}=|\vec{\mathrm{A}}||\vec{\mathrm{B}}|\cos\theta \tag{2.6}$$

と定義する。またこの定義により

$$\vec{\mathrm{A}}\cdot\vec{\mathrm{A}}=|\vec{\mathrm{A}}|^2 \tag{2.7}$$

となる。これより表記法として

$$(\vec{\mathrm{A}})^2=\vec{\mathrm{A}}\cdot\vec{\mathrm{A}}=A_x{}^2+A_y{}^2+A_z{}^2 \tag{2.8}$$

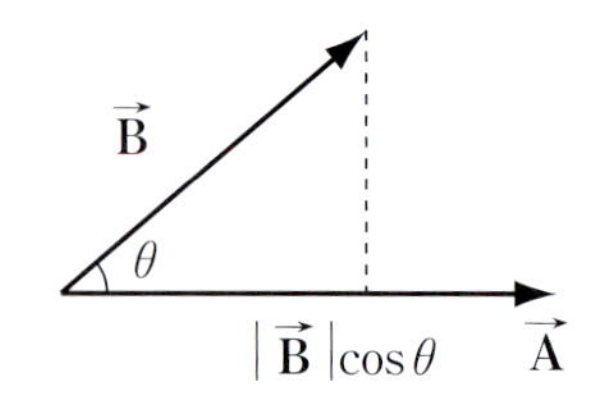

図2－2 内積に関係する量

を用いることにする。

単位ベクトルはたがいに垂直であるので、この内積の定義により

$$\hat{\boldsymbol{i}}\cdot\hat{\boldsymbol{i}}=\hat{\boldsymbol{j}}\cdot\hat{\boldsymbol{j}}=\hat{\boldsymbol{k}}\cdot\hat{\boldsymbol{k}}=1,\qquad \hat{\boldsymbol{i}}\cdot\hat{\boldsymbol{j}}=\hat{\boldsymbol{j}}\cdot\hat{\boldsymbol{k}}=\hat{\boldsymbol{k}}\cdot\hat{\boldsymbol{i}}=0, \tag{2.9}$$

となる。

内積には次のような性質がある。

$$(\vec{\mathrm{A}}+\vec{\mathrm{B}})\cdot\vec{\mathrm{C}}=\vec{\mathrm{A}}\cdot\vec{\mathrm{C}}+\vec{\mathrm{B}}\cdot\vec{\mathrm{C}} \tag{2.10}$$

このような性質を**線形性**という。この性質によりたとえば

$$(\vec{\mathrm{A}}+\vec{\mathrm{B}})\cdot(\vec{\mathrm{C}}+\vec{\mathrm{D}})=\vec{\mathrm{A}}\cdot\vec{\mathrm{C}}+\vec{\mathrm{A}}\cdot\vec{\mathrm{D}}+\vec{\mathrm{B}}\cdot\vec{\mathrm{C}}+\vec{\mathrm{B}}\cdot\vec{\mathrm{D}}$$

のように通常の数の場合の演算$(a+b)(c+d)=ac+ad+bc+bd$と同様の操作が可能になる。

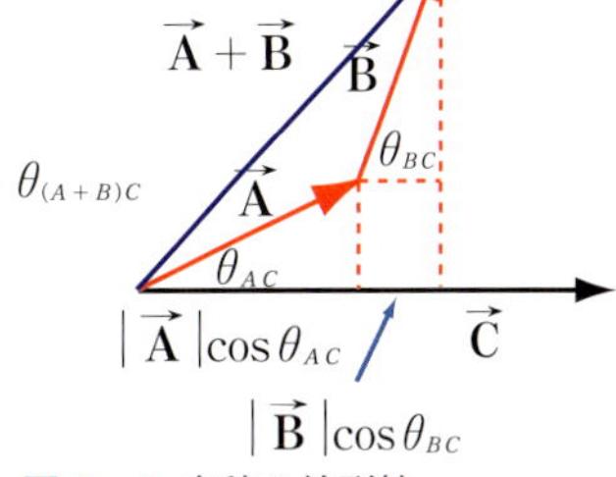

図2−3 内積の線形性

この線形性と単位ベクトルの直交性から、二つのベクトル

$$\vec{\mathrm{A}}=A_x\hat{\boldsymbol{i}}+A_y\hat{\boldsymbol{j}}+A_z\hat{\boldsymbol{k}},\quad \vec{\mathrm{B}}=B_x\hat{\boldsymbol{i}}+B_y\hat{\boldsymbol{j}}+B_z\hat{\boldsymbol{k}},$$

の内積が、

$$\begin{aligned}\vec{\mathrm{A}}\cdot\vec{\mathrm{B}}&=(A_x\hat{\boldsymbol{i}}+A_y\hat{\boldsymbol{j}}+A_z\hat{\boldsymbol{k}})\cdot(B_x\hat{\boldsymbol{i}}+B_y\hat{\boldsymbol{j}}+B_z\hat{\boldsymbol{k}})\\&=A_xB_x+A_yB_y+A_zB_z\end{aligned} \tag{2.11}$$

となることがわかる。

例題2−1　内積と直交性

ベクトル$\vec{\mathrm{A}}$と$\vec{\mathrm{B}}-\dfrac{(\vec{\mathrm{B}}\cdot\vec{\mathrm{A}})}{|\vec{\mathrm{A}}|}\dfrac{\vec{\mathrm{A}}}{|\vec{\mathrm{A}}|}$が直交することを確かめなさい。

解答　内積を計算すると

$$\begin{aligned}\vec{\mathrm{A}}\cdot\left(\vec{\mathrm{B}}-\frac{(\vec{\mathrm{B}}\cdot\vec{\mathrm{A}})}{|\vec{\mathrm{A}}|}\frac{\vec{\mathrm{A}}}{|\vec{\mathrm{A}}|}\right)&=\vec{\mathrm{A}}\cdot\vec{\mathrm{B}}-\frac{(\vec{\mathrm{B}}\cdot\vec{\mathrm{A}})}{|\vec{\mathrm{A}}|}\frac{\vec{\mathrm{A}}\cdot\vec{\mathrm{A}}}{|\vec{\mathrm{A}}|}\\&=\vec{\mathrm{A}}\cdot\vec{\mathrm{B}}-\vec{\mathrm{B}}\cdot\vec{\mathrm{A}}=0\end{aligned}$$

となる。よってこれらのベクトルはたがいに直交していることがわかる。■

2−3　ベクトル積とは？　Ⅰ

物理では、面積に関係した量が必要になることがある。そのための準備として、面積と関係するベクトル積について見ておこう。

ベクトル$\vec{A}$, $\vec{B}$があるとき図2－4のようにこの二つのベクトルから決まる平行四辺形を考えよう。この面には面積という大きさがある。また面には方向もある。この面の方向を面に垂直な方向で指定することにする。このように、二つのベクトルに対して大きさがそれらのベクトルの作る平行四辺形の面積となり、方向がその平行四辺形の面に垂直となるベクトルを、これらのベクトルが作る**ベクトル積**という。これを

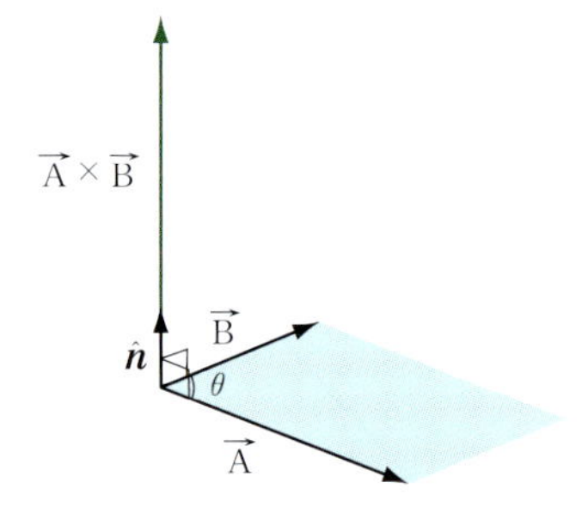

図2－4 二つのベクトルが作る面とベクトル積

$$\vec{A}\times\vec{B}=|\vec{A}||\vec{B}|\sin\theta\,\hat{\boldsymbol{n}} \tag{2.12}$$

と書く。ここで単位ベクトル$\hat{\boldsymbol{n}}$は二つのベクトルに垂直なベクトルである。

この$\hat{\boldsymbol{n}}$の方向は図2－4のようにベクトル$\vec{A}$, $\vec{B}$が作る面にねじがあるつもりで$\vec{A}$から$\vec{B}$へと回したときそのねじの進行方向にあたるように決めておく。これを右ねじの規則という。たとえば基底ベクトルに対して、

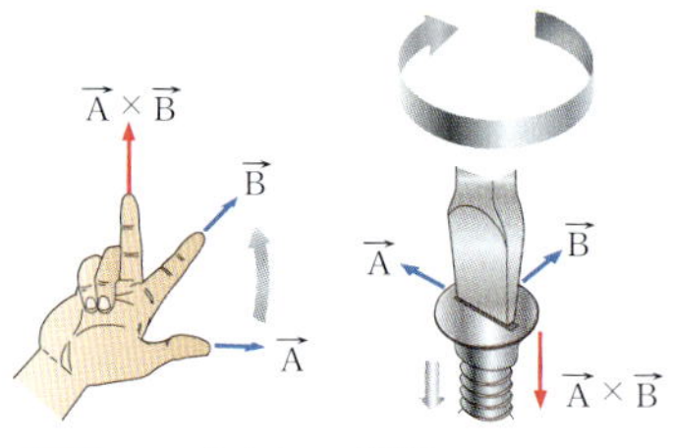

図2－5 右ねじの規則

$$\begin{aligned}
&\hat{\boldsymbol{i}}\times\hat{\boldsymbol{i}}=\hat{\boldsymbol{j}}\times\hat{\boldsymbol{j}}=\hat{\boldsymbol{k}}\times\hat{\boldsymbol{k}}=0,\\
&\hat{\boldsymbol{i}}\times\hat{\boldsymbol{j}}=\hat{\boldsymbol{k}},\ \hat{\boldsymbol{j}}\times\hat{\boldsymbol{k}}=\hat{\boldsymbol{i}},\ \hat{\boldsymbol{k}}\times\hat{\boldsymbol{i}}=\hat{\boldsymbol{j}},\\
&\hat{\boldsymbol{j}}\times\hat{\boldsymbol{i}}=-\hat{\boldsymbol{k}},\ \hat{\boldsymbol{k}}\times\hat{\boldsymbol{j}}=-\hat{\boldsymbol{i}},\ \hat{\boldsymbol{i}}\times\hat{\boldsymbol{k}}=-\hat{\boldsymbol{j}},
\end{aligned} \tag{2.13}$$

となる。つまり、$\boldsymbol{x}\to\boldsymbol{y}\to\boldsymbol{z}\to\boldsymbol{x}$という順に並んでいるとプラスになり、逆順ではマイナス符号がつくことになる。

同じベクトルでは面積がゼロとなるので、任意のベクトル$\vec{A}$に対して

$$\vec{A}\times\vec{A}=0 \tag{2.14}$$

である。また、図2－6のように面積について和の関係が存在するので

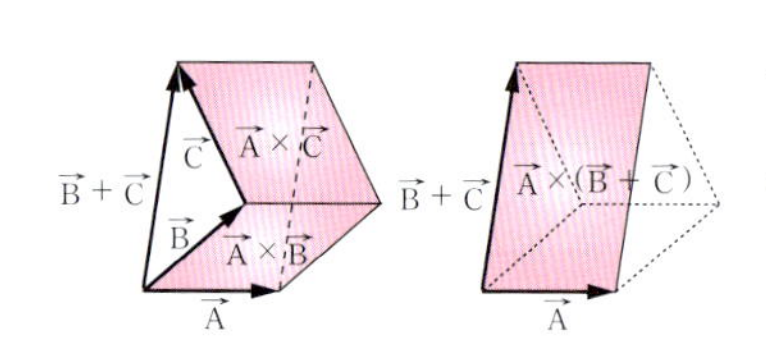

図2－6 ベクトル積の線形性

$$\vec{A}\times(\vec{B}+\vec{C})=\vec{A}\times\vec{B}+\vec{A}\times\vec{C} \tag{2.15}$$

という関係がある。つまり、内積同様に通常の分解の規則を用いることができるのである。

この線形性と同じベクトルのベクトル積がゼロになるという性質(2.14)から$(\vec{A}+\vec{B})\times(\vec{A}+\vec{B})=0$を展開すると

$$\vec{A}\times\vec{A}+\vec{A}\times\vec{B}+\vec{B}\times\vec{A}+\vec{B}\times\vec{B}=0$$

となり、$\vec{A}\times\vec{A}=\vec{B}\times\vec{B}=0$を用いると

$$\vec{B}\times\vec{A}=-\vec{A}\times\vec{B} \tag{2.16}$$

という性質があることがわかる。これはベクトル積の方向は右ねじの規則で決まるため、$\vec{B}$から$\vec{A}$に回したときと$\vec{A}$から$\vec{B}$へ回したときでは向きが逆転することを表している。

また、ベクトル$\vec{A}$, $\vec{B}$のベクトル積の方向は、定義によりそれらのベクトルに垂直である。よって

$$(\vec{A}\times\vec{B})\cdot\vec{A}=(\vec{A}\times\vec{B})\cdot\vec{B}=0 \tag{2.17}$$

となる。

内積の場合と同様にして成分表示での$\vec{A}$, $\vec{B}$のベクトル積の具体的な表式を求めておこう。

$$\begin{aligned}\vec{A}\times\vec{B}&=(A_x\hat{\boldsymbol{i}}+A_y\hat{\boldsymbol{j}}+A_z\hat{\boldsymbol{k}})\times(B_x\hat{\boldsymbol{i}}+B_y\hat{\boldsymbol{j}}+B_z\hat{\boldsymbol{k}})\\&=A_xB_x\hat{\boldsymbol{i}}\times\hat{\boldsymbol{i}}+A_xB_y\hat{\boldsymbol{i}}\times\hat{\boldsymbol{j}}+A_xB_z\hat{\boldsymbol{i}}\times\hat{\boldsymbol{k}}\\&\quad+A_yB_x\hat{\boldsymbol{j}}\times\hat{\boldsymbol{i}}+A_yB_y\hat{\boldsymbol{j}}\times\hat{\boldsymbol{j}}+A_yB_z\hat{\boldsymbol{j}}\times\hat{\boldsymbol{k}}\\&\quad+A_zB_x\hat{\boldsymbol{k}}\times\hat{\boldsymbol{i}}+A_zB_y\hat{\boldsymbol{k}}\times\hat{\boldsymbol{j}}+A_zB_z\hat{\boldsymbol{k}}\times\hat{\boldsymbol{k}}\\&=0+A_xB_y\hat{\boldsymbol{k}}+A_xB_z(-\hat{\boldsymbol{j}})\\&\quad+A_yB_x(-\hat{\boldsymbol{k}})+0+A_yB_z\hat{\boldsymbol{i}}\\&\quad+A_zB_x\hat{\boldsymbol{j}}+A_zB_y(-\hat{\boldsymbol{i}})+0\end{aligned}$$

となる。つまり

$$\begin{aligned}&\vec{A}\times\vec{B}\\&=(A_yB_z-A_zB_y)\hat{\boldsymbol{i}}+(A_zB_x-A_xB_z)\hat{\boldsymbol{j}}+(A_xB_y-A_yB_x)\hat{\boldsymbol{k}}\end{aligned} \tag{2.18}$$

となることがわかる。

このルールは$\hat{\boldsymbol{i}}\to\boldsymbol{x}$, $\hat{\boldsymbol{j}}\to\boldsymbol{y}$, $\hat{\boldsymbol{k}}\to\boldsymbol{z}$として$\boldsymbol{x}\to\boldsymbol{y}\to\boldsymbol{z}\to\boldsymbol{x}$という順番で係数を計算し、逆順のものにはマイナスをつける、つまり

$$\vec{A}\times\vec{B}=(\underset{\boldsymbol{x}}{A_yB_z-A_zB_y},\ \underset{\boldsymbol{y}}{A_zB_x-A_xB_z},\ \underset{\boldsymbol{z}}{A_xB_y-A_yB_x})$$

となっている。

このベクトル積は、後で登場する回転する物体や磁場中の運動などにおいて非常に有用な道具となる。

例題2－2　ベクトル積の計算

次の$\vec{A}$, $\vec{B}$に対してベクトル積$\vec{A}\times\vec{B}$を求めなさい。またその二つのベクトルの作る平行四辺形の面積を求めなさい。

(i) $\vec{A}=(2,\ 3,\ 4)$, $\vec{B}=(1,\ 3,\ 0)$

(ii) $\vec{A}=(0,\ 3,\ -2)$, $\vec{B}=(0,\ 1,\ 4)$

解答 (i) $\vec{\mathrm{A}}\times\vec{\mathrm{B}}=(-12,\ 4,\ 3)$で、面積は$|\vec{\mathrm{A}}\times\vec{\mathrm{B}}|=13$となる。
(ii) $\vec{\mathrm{A}}\times\vec{\mathrm{B}}=(14,\ 0,\ 0)$で、面積は$|\vec{\mathrm{A}}\times\vec{\mathrm{B}}|=14$となる。■

2－4 ベクトルの内積とベクトル積の等式 Ⓐ

ベクトル積は面積に関する量であった。それでは、三つのベクトルから作られる立体である（平行）六面体の体積はどのように表されるのだろうか？

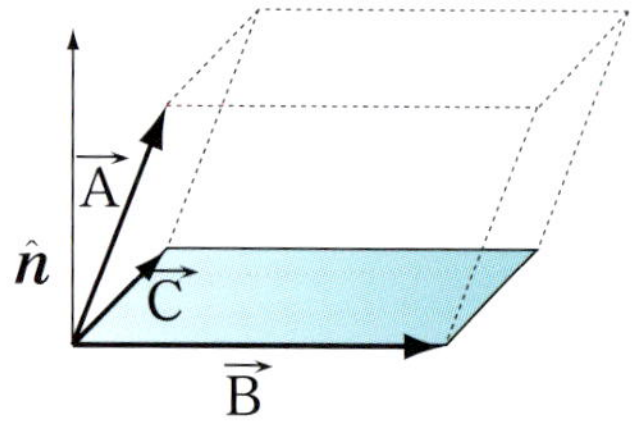

平行六面体の体積は底面積と高さの積である。高さは、底面に垂直方向の単位ベクトルとの内積として表現できる。そのため、三つのベクトルが作る立体の体積は

$$\vec{\mathrm{A}}\cdot(\vec{\mathrm{B}}\times\vec{\mathrm{C}}) \tag{2.19}$$

の大きさとなる。これを**ベクトルの三重積**と呼ぶ。

図2－7 平行六面体

平行六面体の体積はどれを底面ととっても同じであることから

$$\vec{\mathrm{A}}\cdot(\vec{\mathrm{B}}\times\vec{\mathrm{C}})=\vec{\mathrm{B}}\cdot(\vec{\mathrm{C}}\times\vec{\mathrm{A}})=\vec{\mathrm{C}}\cdot(\vec{\mathrm{A}}\times\vec{\mathrm{B}}) \tag{2.20}$$

となる。ベクトル三重積は線形代数で学ぶ行列式を用いると

$$\vec{\mathrm{A}}\cdot(\vec{\mathrm{B}}\times\vec{\mathrm{C}})=\begin{vmatrix} A_x & A_y & A_z \\ B_x & B_y & B_z \\ C_x & C_y & C_z \end{vmatrix} \tag{2.21}$$

と書くことができる。

またベクトル積については、

$$(\vec{\mathrm{A}}\times\vec{\mathrm{B}})\times\vec{\mathrm{C}}=\vec{\mathrm{B}}(\vec{\mathrm{A}}\cdot\vec{\mathrm{C}})-\vec{\mathrm{A}}(\vec{\mathrm{B}}\cdot\vec{\mathrm{C}}) \tag{2.22}$$

という関係がある。

高校物理

2－5 ベクトル表記による変位、速度、加速度 Ⓘ

変位ベクトルと速度

ある位置$\vec{r}_i$から位置$\vec{r}_f$まで移動したときその差

$$\Delta\vec{r}=\vec{r}_f-\vec{r}_i \tag{2.23}$$

を**変位ベクトル**という。

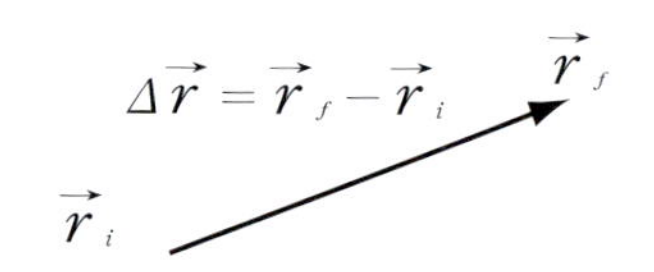

図2－8 変位ベクトル

単位時間あたりの変位量を**平均速度**という。つまり平均速度$\vec{v}_{平均}$は最初と最後の時刻をt_i，t_fとすると

$$\vec{v}_{平均}=\frac{\vec{r}_f-\vec{r}_i}{t_f-t_i}=\frac{\Delta\vec{r}}{\Delta t} \tag{2.24}$$

である。

加速している車の速度は刻々と変化していく。このとき各時刻tにおける瞬間的な**速度**は、$\vec{r}(t)$を時刻tにおける物体の位置ベクトル、微小な時間Δtの間の微小な変位を$\Delta\vec{r}=\vec{r}(t+\Delta t)-\vec{r}(t)$として

$$\vec{v}(t)=\lim_{\Delta t\to 0}\frac{\Delta\vec{r}(t)}{\Delta t}=\frac{d\vec{r}(t)}{dt} \tag{2.25}$$

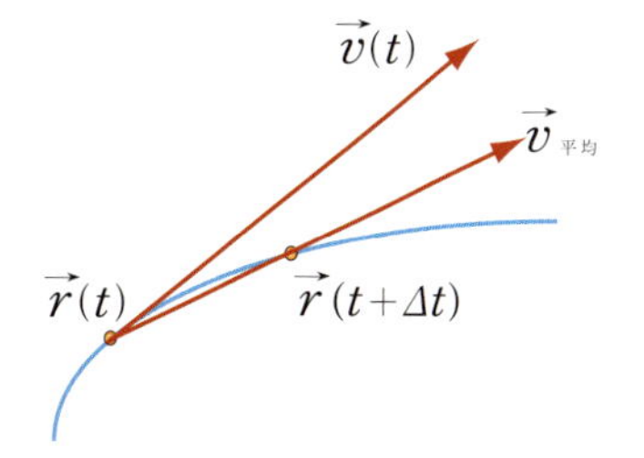

図2－9 平均速度ベクトルと速度ベクトル

によって定義される。ここで位置ベクトルは

$$\vec{r}(t)=x(t)\hat{\boldsymbol{i}}+y(t)\hat{\boldsymbol{j}}+z(t)\hat{\boldsymbol{k}}$$

と書け、単位ベクトル$\hat{\boldsymbol{i}}, \hat{\boldsymbol{j}}, \hat{\boldsymbol{k}}$は時間によって変化しないから、

$$\frac{d\vec{r}}{dt}=\frac{dx}{dt}\hat{\boldsymbol{i}}+\frac{dy}{dt}\hat{\boldsymbol{j}}+\frac{dz}{dt}\hat{\boldsymbol{k}} \tag{2.26}$$

となり、これより速度ベクトル$\vec{v}=(v_x, v_y, v_z)$の成分は

$$v_x=\frac{dx}{dt},\quad v_y=\frac{dy}{dt},\quad v_z=\frac{dz}{dt} \tag{2.27}$$

となることがわかる。言い換えると、速度の成分は位置ベクトルの各成分を時間で微分することで計算できる。

なお、スピードは速度の大きさであるので(2.7)より$v^2=\vec{v}^2$の関係があることにも注意しておこう。

加速度

単位時間あたりの速度の変化を**加速度**(acceleration)という。速度は大きさと向きを持つベクトル量であったのでその変化である加速度もベクトル量となる。

一般的な運動では刻々と速度が変化するので、加速度$\vec{a}$は$\Delta\vec{v}=\vec{v}(t+\Delta t)-\vec{v}(t)$として

$$\vec{a}(t)=\lim_{\Delta t\to 0}\frac{\Delta\vec{v}(t)}{\Delta t}=\frac{d\vec{v}(t)}{dt}$$

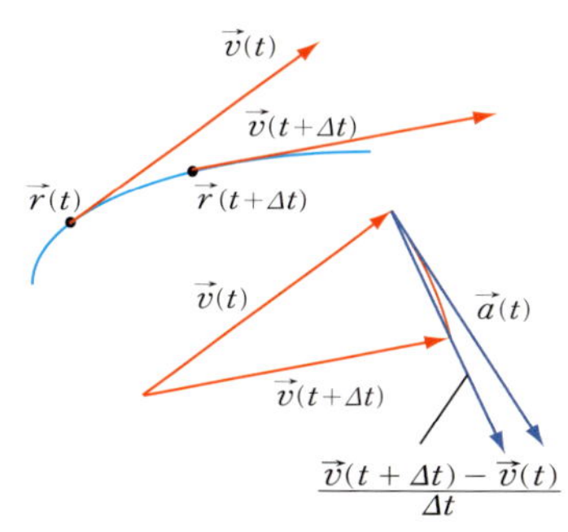

図2－10 速度の変化と加速度ベクトル

と定義される。

位置と速度の関係と同様にして加速度$\vec{a}=(a_x, a_y, a_z)$は速度$\vec{v}=(v_x, v_y, v_z)$と

$$a_x=\frac{dv_x}{dt},\ a_y=\frac{dv_y}{dt},\ a_z=\frac{dv_z}{dt} \tag{2.28}$$

という関係があることがわかる。(2.27)と(2.28)を組み合わせると

$$a_x=\frac{d^2x}{dt^2},\quad a_y=\frac{d^2y}{dt^2},\quad a_z=\frac{d^2z}{dt^2} \tag{2.29}$$

となる。

例題2－3　速度・加速度の計算

時刻tでの車の位置が$\vec{r}=(4t^2-3,\ 3t+3,\ t^2-2t)$であるとき、$t$におけるこの車の速度と加速度を求めなさい。

解答　速度は位置を微分したものである。ベクトルの微分は成分ごとに微分すればよいから、

$$\vec{v}=\frac{d\vec{r}}{dt}=(8t,\ 3,\ 2t-2)$$

である。同様に、加速度は速度を微分して

$$\vec{a}=\frac{d\vec{v}}{dt}=(8,\ 0,\ 2)$$

となる。■

例題2－4　速度・加速度から位置を求める

粒子の加速度が$\vec{a}=(3,\ 4,\ 0)$で時刻$t=0$における位置と速度がそれぞれ$\vec{r}(t=0)=(2,\ 2,\ 3)$, $\vec{v}(t=0)=0$である。時刻$t=4$における位置を求めなさい。

解答　加速度を$t=0$からtまで積分すると、

$$\vec{v}(t)-\vec{v}(0)=\int_0^t\frac{d\vec{v}}{dt}dt=\int_0^t\vec{a}\,dt=(3t,\ 4t,\ 0)$$

と計算される。ここでベクトルの積分は、成分ごとに積分を行ったものである。次に速度を$t=0$から$t=4$まで積分して、

$$\vec{r}(4)-\vec{r}(0)=\int_0^4\frac{d\vec{r}}{dt}dt=\int_0^4\vec{v}(t)\,dt=(24,\ 32,\ 0)$$

となるから、求める位置は$\vec{r}(4)=(26,\ 34,\ 3)$となる。■

2－6　内積やベクトル積の微分 ①

位置や速度ベクトルの微分について見てきたが、一般のベクトルの微分も同様に求めることができる。つまり、ベクトルの微分は成分ごとの微分で表される。それでは、内積やベクトル積の微分はどのように表されるのであろうか？

ベクトル$\vec{\mathrm{A}}(t)$, $\vec{\mathrm{B}}(t)$が時間的に変化するベクトルとする。その内積は$\vec{\mathrm{A}}\cdot\vec{\mathrm{B}}=A_xB_x+A_yB_y+A_zB_z$であるので、この微分は

$$\frac{d}{dt}(\vec{A}\cdot\vec{B})$$

$$=\frac{dA_x}{dt}B_x+A_x\frac{dB_x}{dt}+\frac{dA_y}{dt}B_y+A_y\frac{dB_y}{dt}+\frac{dA_z}{dt}B_z+A_z\frac{dB_z}{dt}$$

$$=\frac{dA_x}{dt}B_x+\frac{dA_y}{dt}B_y+\frac{dA_z}{dt}B_z+A_x\frac{dB_x}{dt}+A_y\frac{dB_y}{dt}+A_z\frac{dB_z}{dt}$$

となる。したがって、

$$\frac{d}{dt}(\vec{A}\cdot\vec{B})=\left(\frac{d\vec{A}}{dt}\right)\cdot\vec{B}+\vec{A}\cdot\left(\frac{d\vec{B}}{dt}\right) \tag{2.30}$$

となることがわかる。つまり、通常の関数の積に対する微分 $\frac{d}{dt}(fg)=\frac{df}{dt}g+f\frac{dg}{dt}$ と同様の演算が可能なのである。たとえば、これを利用すると速度の２乗の微分は

$$\frac{d}{dt}\vec{v}^2=2\vec{v}\cdot\left(\frac{d\vec{v}}{dt}\right)=2\vec{v}\cdot\vec{a} \tag{2.31}$$

と表されることがわかる。

また同様にしてベクトル積に対しても

$$\frac{d}{dt}(\vec{A}\times\vec{B})=\left(\frac{d\vec{A}}{dt}\right)\times\vec{B}+\vec{A}\times\left(\frac{d\vec{B}}{dt}\right) \tag{2.32}$$

となることがわかる。

このように内積やベクトル積についての微分は通常の関数のように計算ができることになり、さまざまな量の評価が簡単になる。

例題２－５　速度と加速度の性質

二次元以上の運動では、速度の大きさ（スピード）が一定でも加速度は0とは限らない。これはなぜだろうか。

解答　速度の大きさが一定でも、その向きが変化するような運動では、加速度は0ではない。速度の大きさが一定のとき $\vec{v}^2$ が一定である。このとき(2.31)から、速度と加速度が直交してさえいれば、加速度が0でなくとも速度の大きさが一定であることがわかる。■

例題２－６　ベクトル積の微分

ベクトル $\vec{A}(t)$, $\vec{B}(t)$ が、

$$\frac{d\vec{A}}{dt}=-\vec{B},\quad \frac{d\vec{B}}{dt}=\vec{A}$$

という関係を満たすとき、$\vec{A}\times\vec{B}$ は時間によらないベクトルとなることを示しなさい。

解答 (2.32)と与えられた関係式を用いると、

$$\frac{d}{dt}(\vec{A}\times\vec{B})=(-\vec{B})\times\vec{B}+\vec{A}\times\vec{A}=0$$

となるから、ベクトル$\vec{A}\times\vec{B}$は時間によらない。■

高校物理

2－7 相対運動とは？ Ⓑ

私たちの日常生活においては地面を基準にして物体の運動をとらえることが多いが、一定の速度で進む電車の中や飛行機の中にいる場合には、それらを基準にして運動をとらえることもできる。これは、一定速度の電車や飛行機は、振動などの影響をのぞいてはそれらが静止している場合と運動の状況はまったく変わらないからである。そもそも、実際には地球も自転しながら太陽の周りを回っているし、太陽も銀河系の周りを回り、銀河系も他の銀河と共に運動している。運動はこれらを基準に相対的にとらえられるのである。

速度そのものも、静止しているとした何かを基準にして定義されるものである。速度は座標系を決めれば位置の微分として計算されるが、この場合は座標系の原点が静止の基準になっている。座標系O′の原点が別のある座標系Oに対して速度$\vec{v}_0$で移動しているとすると、O′での位置ベクトル$\vec{r}'$とOでの位置ベクトル$\vec{r}$には

$$\vec{r}\,'=\vec{r}-\vec{v}_0 t \tag{2.33}$$

という関係がある。(簡単のため時刻0で両者の原点が一致しているとした。) このためこの座標系O′での物体の速度は

$$\vec{v}\,'=\frac{d\vec{r}\,'}{dt}=\frac{d}{dt}(\vec{r}-\vec{v}_0 t)=\vec{v}-\vec{v}_0 \tag{2.34}$$

となる。このように動く座標系を基準にとったときの速度を**相対速度**という。相対速度は座標系自身の速度からの差で表される。

図2－11 走行する自転車

例題2－7 相対速度

写真のようにサイクリングをしている。自転車の車輪の最上部の地面に対する速度は、走行する自転車の速度の何倍か？

解答 自転車に乗っている人から見ると、地面は自転車のスピードで逆向きに進む。このときタイヤが回転するスピードは車輪上の各点で等しいので、車輪上部の速度は地面に対する自転車の速度と等しい。したがって、地面に静止している観測者にとっては、車輪上

部の速度は速度の合成より自転車の速度の２倍となる。■

例題２－８　相対速度

図のように最大スピードが川の流れのスピードと等しいボートが川を横切る。このとき、最も早く横切るボートの経路はどれか？

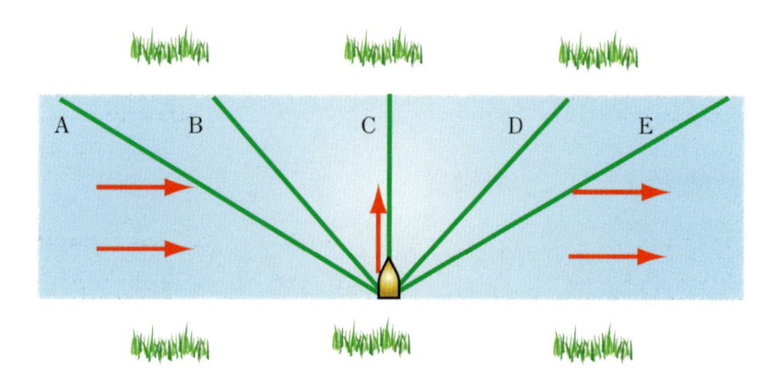

図２－12 川を横切るボート

解答　ボートが最も早く到達できるのは、川に垂直方向の速度の成分が最も大きくなるときである。これは、川に垂直に向けて渡るときである。しかし、川の流れにより流されるので二つの速度が合成され、45°の角度で進むことになる。よってＤが答え。■

２－８　放物運動　Ⓑ 高校物理

２－５節でベクトルの微分は成分ごとに微分して求められることを見た。つまり、成分ごとに運動を見ることにより全体の運動を調べることができるのである。成分ごとに見ると、変位や速度、加速度の関係は一次元でのものとまったく同じである。ここではまず、高さhの位置からスピードvで水平面に対する角度がθの方向に物体を投げたときに、物体の運動を成分ごとに調べてみよう。

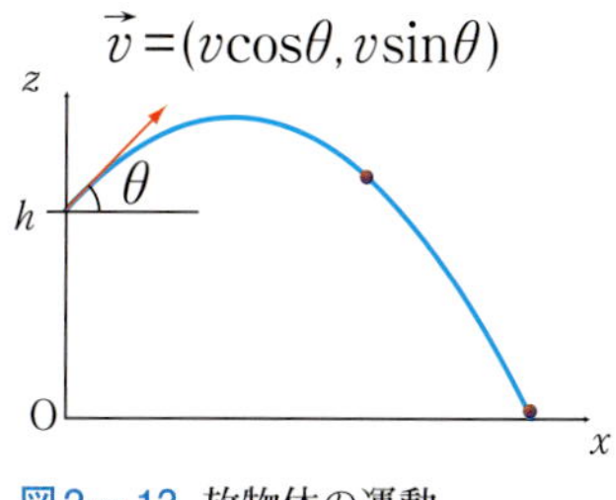

図２－13 放物体の運動

鉛直方向をz座標とし、投げたときの時刻を$t=0$としよう。まず、初速度は図２－13のように$\vec{v}=(v\cos\theta,\ 0,\ v\sin\theta)$である。加速度は$\vec{g}=(0,\ 0,\ -g)$であるので、$x$方向には加速度はなく、等速運動する。つまり時刻$t$において

$$v_x = v\cos\theta \tag{2.35}$$

$$x = (v\cos\theta)t \tag{2.36}$$

である。

一方、z方向には加速度$-g$の等加速度運動であるので、

$$v_z = v\sin\theta - gt \tag{2.37}$$

$$z = h + v\sin\theta t - \frac{1}{2}gt^2 \qquad (2.38)$$

となる。

例題2－9　放物体の軌道

式(2.36)と(2.38)で表される運動の軌跡が放物線であることを確かめなさい。

解答　時刻を消去して、軌跡は

$$z = h + x\tan\theta - \frac{g}{2v^2\cos^2\theta}x^2$$

となり、たしかに放物線である。■

高校物理

2－9　同じ速さでの放物運動

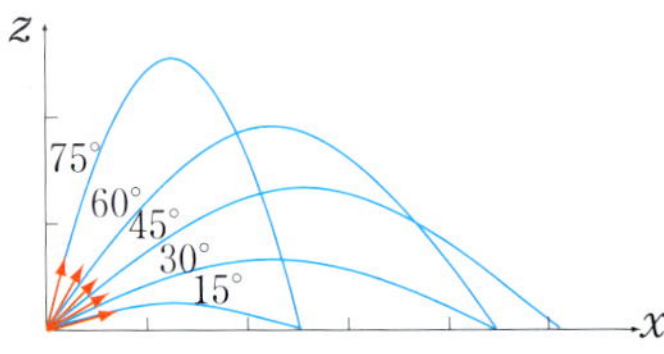

図2－14　初速度の角度と飛距離

一定の大きさの加速度で角度を変えて重い物体を投げる場合を考える。空気抵抗が無視できるとして、どの方向に投げると一番遠くまで届くのかを見てみよう。

計算をする前に推測するのが重要である。まず、小さい角度で投げるとすると、水平方向の速度成分が大きいので遠くに飛びやすく見える。しかし鉛直方向の速度が小さいので落下するまでの時間が短くなる。そのためあまり角度が小さいと遠くに飛ばなくなる。また、角度を大きくして80°くらいにすると滞空時間は非常に長くなる。しかし、水平方向の速度が小さいのであまり遠くまで飛ばなくなるだろう。したがって、間の角度で最も遠くまで飛ぶことが推測される。

ここでは2－8節の状況で物体を地面から投げる場合($h=0$)を見てみよう。このとき、着地する時間は高さがゼロとなる点であることから

$$v\sin\theta t - \frac{1}{2}gt^2 = 0$$

を満たす。これより落下する時刻は

$$t = \frac{2v\sin\theta}{g} \qquad (2.39)$$

である。これを(2.36)に代入すると、落下点の位置は

$$x_f = \frac{2v^2\sin\theta\cos\theta}{g} \qquad (2.40)$$

となり、$\sin 2\theta = 2\sin\theta\cos\theta$の関係を用いると

$$x_f = \frac{v^2 \sin 2\theta}{g}$$

と書くことができる。これより$\theta = 45°$のときに一番遠くまで届くことがわかる。

ただし、この計算にはいくつか注意が必要である。一つは初速度の大きさが等しいと仮定していることである。たとえば、走り幅跳びでは、地面を蹴ることにより跳躍する。このとき、鉛直方向への初速度は助走スピードにあまりよらない傾向がある。この場合角度を気にすることなくタイミングが狂わない範囲でできるだけ助走スピードを上げた方が有利である。また、ボールを投げるときには角度によって体の姿勢が変化するため、初速度の大きさも角度によって変化してしまう。もう一つの重要な要素は、ボールには重力以外に空気分子との衝突による力が働くことである。ボールの重さや大きさにもよるが、一般に浮力や空気抵抗のため45°以下の方向に投げた方が遠くに飛ぶことになるのである。

2－10　等加速度運動とベクトル表示 I

成分ごとに演算をしていくと式が多くなる。そのためここでは加速度$\vec{a}$の等加速度運動をベクトル的に書いてみよう。

まず、$\Delta\vec{v} = \vec{a}\Delta t$より時刻$t$での速度は、時刻$t_i$における速度を$\vec{v}_i$とすると

$$\vec{v}(t) - \vec{v}_i = \vec{a}(t - t_i) \tag{2.41}$$

より求められる。

$$\vec{v} = \frac{d\vec{r}}{dt}$$

であることに注意して両辺をtで積分するとt_iからt_fまでの変位は

$$\begin{aligned} \vec{r}_f - \vec{r}_i &= \int_{t_i}^{t_f} \vec{v}(t)dt = \int_{t_i}^{t_f} (\vec{v}_i + \vec{a}(t - t_i))dt \\ &= \vec{v}_i(t_f - t_i) + \frac{1}{2}\vec{a}(t_f - t_i)^2 \end{aligned} \tag{2.42}$$

となる。成分ごとに見ると、加速度の成分のない方向については等速運動となることがわかる。

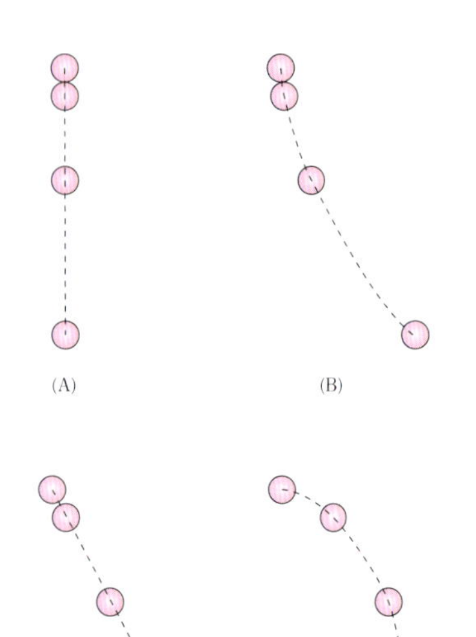

図2－15 横風を受けて落下するボール

例題2－10　等加速度運動

上空から重いボールを落下させたが、横からの風が強く、水平方向に0.5 g の加速度で加速していくものとする。落下していくボールの軌跡を図2－15の中から選びなさい。

解答　ボールは、鉛直下方に重力加速度 g、水平方向に0.5 g の加速度で運動する。このとき加速度は斜め下方を向き、その大きさは時間によって変化しない。ボールはこの加速度の向きに等加速度運動をすることになるから、(C)の軌跡を描くと考えられる。■

2－11　等加速度運動と相対速度 Ⅰ

物体1と物体2がどちらも同じ等加速度運動をしているとしよう。そのとき、二つの物体の速度の変化は同じになるので、二つの物体の相対速度つまり速度の差は変化しない。つまり、相対速度が一定の運動となる。式で表すと $\vec{v}_1=\vec{v}_{1i}+\vec{a}\,t,\ \vec{v}_2=\vec{v}_{2i}+\vec{a}\,t$ という等加速度運動をしているとき、その相対速度は

$$\begin{aligned}\vec{v}_1-\vec{v}_2&=(\vec{v}_{1i}+\vec{a}\,t)-(\vec{v}_{2i}+\vec{a}\,t)\\&=\vec{v}_{1i}-\vec{v}_{2i}\end{aligned}\tag{2.43}$$

となり、一定になる。

この典型的な例がモンキーハンティングである。銃で猿を狙って撃つと同時に驚いた猿が落下すると、猿に銃弾が当たってしまう。これは、銃と猿の相対速度が変化しないためであり、最初に初速度が猿の方向に向けられていれば猿から見て銃弾は等速直線運動をしてくるのである。したがって、猿に銃弾が当たってしまう。

高校物理

2－12　円運動 

振動数と周期

地球は太陽の周りを回り、1周すると同じ点に戻ってくる周期的な運動をすることになる。このとき1周して元の点に戻ってくるまでの時間を**周期**という。たとえば、1秒間に10回回るような円運動なら、1周するのに1/10 sかかることから周期は0.1 sである。

また1秒間に回った回数を**振動数**(frequency)という。たとえば、1秒間に10回回るのなら振動数は10 s^{-1} である。SI単位系で

は1秒間あたりの回数であるので単位はs^{-1}である。通常この単位をヘルツ（Hz）という。

周期Tと振動数fの間には

$$f = \frac{1}{T} \tag{2.44}$$

の関係があることがわかるだろう。つまり1周するのにかかった時間がTであれば、1秒間あたりの回数は1秒がTの何倍であるのかで計算ができるのである。

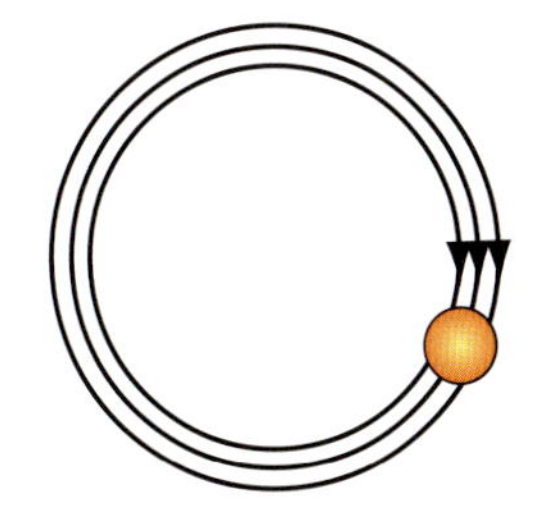

1秒間に3周
振動数 3Hz

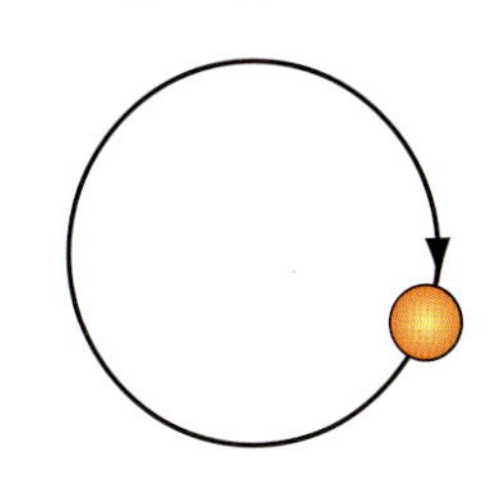

1周 1/3 秒
周期 1/3 s

図2－16 振動数と周期

角度と長さ

高校の数学で学んだように、角度の単位ラジアンは半径rの円弧の長さをsとするとき、中心角の大きさを

$$\theta = \frac{s}{r}$$

と表すように定義されている。逆にいうと円弧の長さは角度と半径により

$$s = r\theta \tag{2.45}$$

となる。

半径rの円運動を見てみよう。円周上を回る質点は運動によってその角度を変化させる。1秒間あたりに変化した角度を**角速度**という。角速度が一定でなく変化する円運動においては、角速度ωは

$$\omega = \frac{d\theta}{dt} \tag{2.46}$$

として定義される。円運動の向きが変化しないときは、$\omega>0$となるように角度をとるか角速度の大きさを角速度と呼びωを正として扱うことが多い。

単位時間あたりωだけ回転すると、質点は円周上を単位時間あたり$r\omega$の長さだけ移動する。したがって、質点のスピードは

$$v = r\omega \tag{2.47}$$

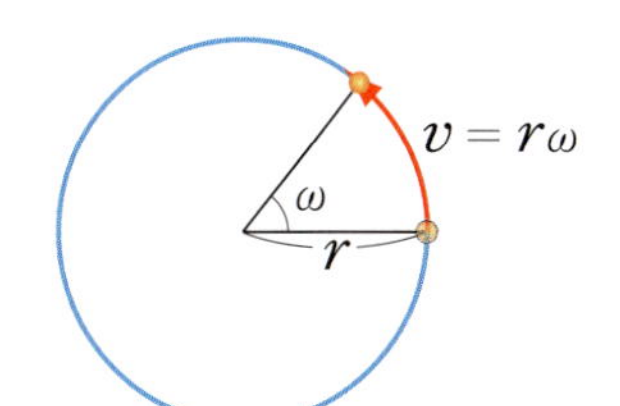

図2－17 角速度とスピード

と表される。このことは式で示すこともできる。円運動ではrが時間的に変化しないので、(2.45)より

$$v = \frac{ds}{dt} = r\frac{d\theta}{dt} \tag{2.48}$$

となることから$v = r\omega$となることがわかる。この速度の方向は、円の接線方向である。

例題2－11　角速度と速度

地球の自転、公転を円運動と見て、それぞれの回転の角速度と速度の大きさ（自転の場合は赤道上で）を求めなさい。ただし地球半径を$R_{\oplus}=6.38\times10^{6}$ m、公転半径を$R=1.50\times10^{11}$ mとする。

解答　地球は１日で自転し、１年で公転するから、角速度はそれぞれ

$$\omega_{自転}=\frac{2\pi}{24\times3600\ \mathrm{s}}=7.27\times10^{-5}\ \mathrm{rad/s},$$

$$\omega_{公転}=\frac{2\pi}{365\times24\times3600\ \mathrm{s}}=1.99\times10^{-7}\ \mathrm{rad/s}$$

であり、したがって速度の大きさはそれぞれ

$$v_{自転}=R_{\oplus}\omega_{自転}=4.64\times10^{2}\ \mathrm{m/s},\quad v_{公転}=R\omega_{公転}=2.98\times10^{4}\ \mathrm{m/s}$$

となる。それぞれおよそ時速1700 km, 10^{5} kmである。■

高校物理

2－13　等速円運動の加速度の性質 Ⓑ

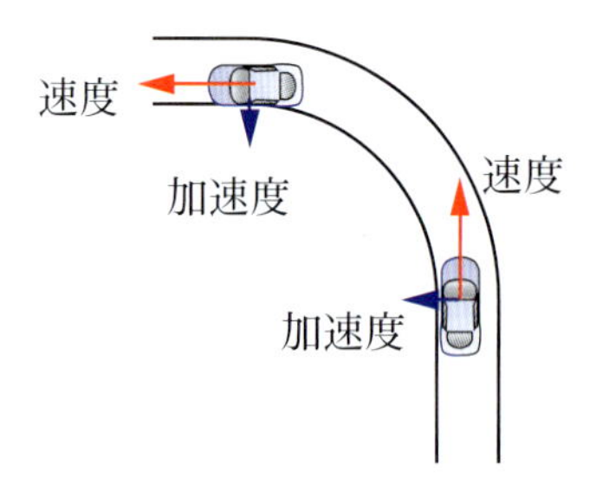

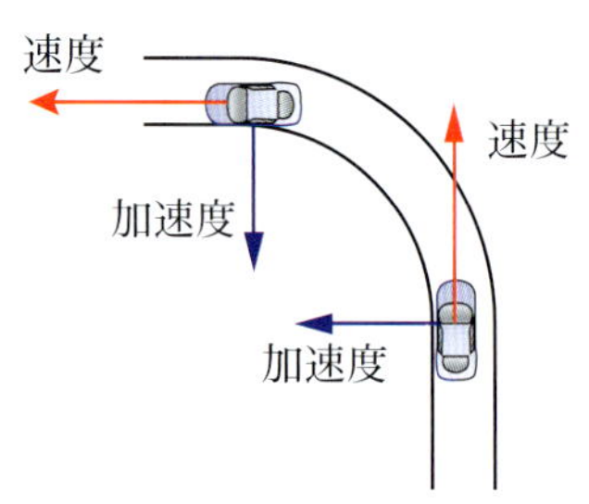

図2－18　カーブを曲がる自動車

同じスピードで行う円運動を**等速円運動**という。等速円運動ではスピードは変化しないが、移動する方向は変化するので速度は変化している。そのため等速円運動には加速度がある。この加速度について見てみよう。

図2－18のように、車がカーブを等速で曲がっていく場合を考えてみよう。このカーブに２倍のスピードで入ると、コースを抜けるまでに２倍の量のベクトルが向きを変えるので、ベクトルの変化は２倍になる。そのため加速度は２倍になるのではないかと考えてしまいがちである。しかし、加速度とは単位時間あたりの速度の変化である。２倍のスピードではコースを抜けるのにかかる時間が半分になる。したがって単位時間あたりの速度の変化はさらに２倍になる。つまり、２倍の速さでコースを抜けるとそのときの加速度は４倍になる。

次に、半径が２倍であるコースを先と同じスピードで抜ける場合を考えてみよう。すると、コースを抜けるまでの速度の変化は同じだが、コースを抜けるまでにかかる時間は２倍になる。このため、加速度は半分になる。

このように、円運動の加速度の大きさは、そのスピードの２乗に比例し、半径に反比例するのである。

例題2－12　円運動の速度と加速度

車でカーブを曲がる。カーブを曲がるときのスピードを半分にすると、加速度は何倍になるか？

解答　スピードが半分になれば加速度は1/4になる。■

2－14　等速円運動の加速度　Ⅰ

図2－19のように一定の角速度ωで行う円運動を考えよう。速度は大きさを保ちながら向きを変えるので回転する。物体が1周すると速度も1周するので、速度も物体と同じように角速度ωで回転することがわかる。速度の変化の大きさはこの速度ベクトルの円運動の円弧の長さから求めることができ、加速度の大きさは

$$a = v\omega \tag{2.49}$$

となることがわかる。またその方向は、速度のベクトルに垂直な方向となるため、中心方向となる。(2.47)の関係を用いて角速度をv, rで書き直すと、この加速度の大きさは

$$a = \frac{v^2}{r} \tag{2.50}$$

となることがわかる。

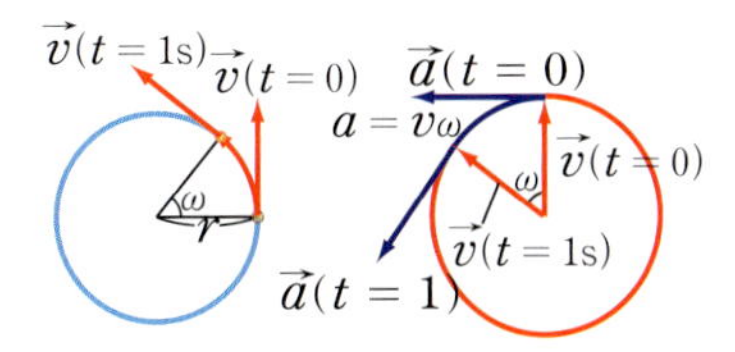

図2－19 円運動の加速度

次にベクトルを用いて加速度を求めてみよう。半径rの円周上の点の位置ベクトルは

$$\vec{r} = (r\cos\theta,\ r\sin\theta) \tag{2.51}$$

と表される。円運動ではrは定数となりθが時間によって変化する関数となる。このため速度は

$$\begin{aligned}\vec{v} &= \frac{d\vec{r}}{dt} = \left(-r\frac{d\theta}{dt}\sin\theta,\ r\frac{d\theta}{dt}\cos\theta\right) \\ &= r\frac{d\theta}{dt}(-\sin\theta,\ \cos\theta)\end{aligned} \tag{2.52}$$

となる。これよりスピードは(2.47)のように$v = r\omega$であることがわかる。

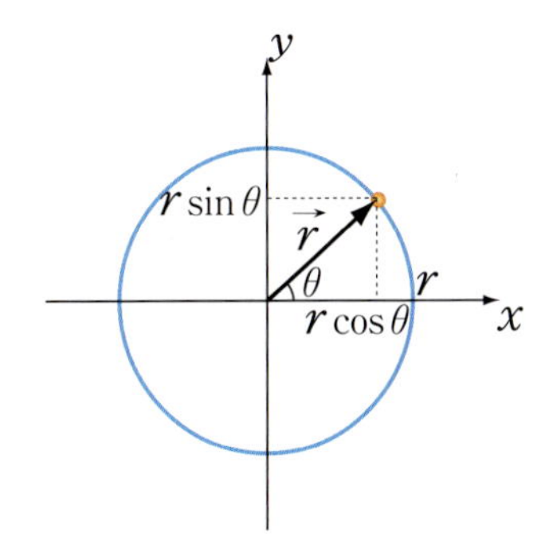

図2－20 円運動のベクトル表記

また加速度は速度の時間微分であるので、

$$\vec{a} = \frac{d\vec{v}}{dt} = r\frac{d^2\theta}{dt^2}(-\sin\theta,\ \cos\theta) - r\left(\frac{d\theta}{dt}\right)^2(\cos\theta,\ \sin\theta) \tag{2.53}$$

となる。角速度が一定($\frac{d^2\theta}{dt^2} = 0$)の場合、

$$\vec{a} = -\left(\frac{d\theta}{dt}\right)^2 \vec{r} \tag{2.54}$$

となり、加速度は中心方向を向き、その大きさは$a = r\omega^2$であることがわかるのである。

角速度の時間変化$\alpha = \dfrac{d^2\theta}{dt^2}$を**角加速度**という。角加速度がゼロでないとき、中心方向の加速度に加えて、速度と同じ方向の加速度があることが(2.53)からわかる。

例題2－13　円運動の応用

自動車が半径40 mのカーブを一定のスピード40 km/hで曲がる。この運動を円運動と見て、その角速度と加速度の大きさを求めなさい。

解答　角速度は(40 km/h)/40 m = 0.28 s^{-1}であり、加速度は(2.50)から(40 km/h)^2/40 m = 3.1 m/s^{2}と計算できる。

高校物理

2－15　振動と単振動　I

円運動は円周上を移動する運動である。このように繰り返される運動を周期的な運動という。円運動の他に典型的な周期運動は、振動である。

最も単純な振動は、円運動を横から見たような運動である。図2－21のように一定の角速度の等速円運動において、y方向の位置は

$$y = A\sin(\omega t) \tag{2.55}$$

という運動をする。このように、正弦関数や余弦関数で表されるような振動を**単振動**という。これはAから$-A$の間を繰り返す運動である。このAを振動の振幅という。

この単振動において速度と加速度はどのようになるのかを見てみよう。単振動の角速度が2倍になると、元に戻ってくるまでの時間が半分になるため、速度は2倍になる。そのため速度の変化量は2倍になる。加速度は単位時間あたりの速度の変化であるので、角速度が2倍なら加速度は4倍になることがわかる。このように、単振動の加速度は、角速度の2乗に比例する。

また振幅が2倍になると、速度は2倍になり、速度の変化も2倍になる。角速度が同じであれば、加速度も2倍になる。よって単振動の加速度は、振幅に比例する。

このように、単振動の加速度は、振幅に比例し、角速度の2乗に

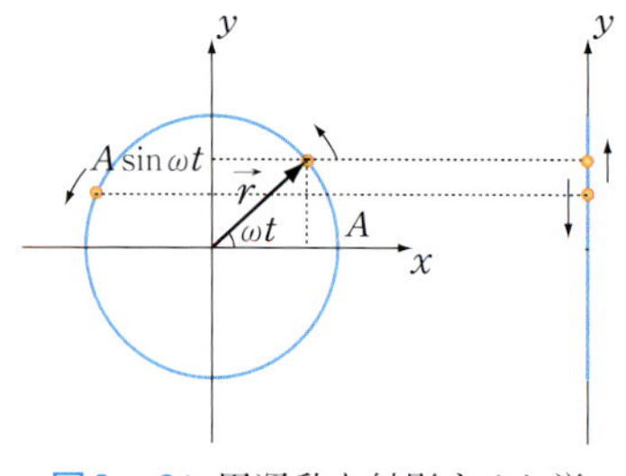

図2－21 円運動を射影すると単振動になる。

比例する。このことを数式を用いて導いてみよう。(2.55)を時間で微分することにより速度は

$$v = \frac{dy}{dt} = A\omega\cos\omega t \tag{2.56}$$

となる。これをさらに時間で微分して加速度は

$$a = \frac{dv}{dt} = -A\omega^2\sin\omega t = -\omega^2 y \tag{2.57}$$

となる。(2.57)から振動の加速度は中心からの変位yと角速度の2乗に比例することがわかる。

例題2－14　単振動

単振動$x(t) = 5\sin(4\pi t + \pi/2)$における、周期、振動数、振幅、加速度の値を求めなさい。

解答　周期Tは、任意の時刻tに対して$x(t+T) = x(t)$を満たす最小の正の実数である。この条件から、$T = 1/2$となる。振動数は、円運動と同じく(2.44)が成り立つから$f = 2$である。振幅は最大変位の大きさであり、5である。加速度は

$$\frac{d^2x}{dt^2} = -80\pi^2\sin(4\pi t + \pi/2)$$

となる。■

2－16　数式を用いた理解　Ⓐ

加速度を受けると一般にスピードと速度の方向が変化する。加速度によってスピードがどのように変化するのか見てみよう。

スピードの2乗$\vec{v}^2$の時間変化は、内積の微分が通常の関数の積の微分と同様にして行うことができることを利用すると

$$\frac{d}{dt}\vec{v}\cdot\vec{v} = 2\vec{v}\cdot\vec{a} \tag{2.58}$$

となる。

加速度を速度の方向のベクトルとそれに垂直な方向のベクトルの和として表すことにする。このように分解したベクトルの各方向の値を**成分**という。つまり、加速度を速度方向の成分とそれに垂直な方向の成分とで表す。例題2－1で$\vec{A}=\vec{v}$, $\vec{B}=\vec{a}$とするとこの分解は次のように表されることがわかる。

$$\vec{a} = \frac{\vec{a}\cdot\vec{v}}{|\vec{v}|}\frac{\vec{v}}{|\vec{v}|} + \left(\vec{a} - \frac{\vec{a}\cdot\vec{v}}{|\vec{v}|}\frac{\vec{v}}{|\vec{v}|}\right) \tag{2.59}$$

(2.58)より、スピードの変化には加速度の速度方向の成分のみが寄与することがわかる。逆に、もし加速度がいつでも移動方向に対して垂直であればそのスピードは変化しないことがわかる。

演習問題2

Ⓑ **2.1** 等速度で運動する物体が、時刻$t=1$で位置$(2, 3)$に、$t=3$で$(-2, 0)$にいた。この物体の速度とスピードを求めなさい。

Ⓐ **2.2** (1) (2.18)を用いて、$\vec{A}\times\vec{B}$の大きさが、$\vec{A}, \vec{B}$のつくる平行四辺形の大きさになることを確かめなさい。(2) (2.21)が成り立つことを確かめ、(2.20)を示しなさい。(3) (2.22)が成り立つことを確かめなさい。また、単位ベクトル$\vec{e}$に対し、任意のベクトル$\vec{x}$を$\vec{e}$に平行な部分と垂直な部分に分解して、$\vec{x} = (\vec{e}\cdot\vec{x})\vec{e} + (\vec{e}\times\vec{x})\times\vec{e}$と書けることを示しなさい。(4) (2.32)が成り立つことを確かめなさい。

Ⓑ **2.3** 地球から銀河を観測すると、あらゆる銀河は地球から遠ざかっていることがわかる。遠ざかる速度は、地球からその銀河までの変位に比例している。この比例係数をハッブル定数といい、H_0で表す。またこの事実をハッブルの法則という。ハッブルの法則が、地球以外の任意の銀河から他の銀河を観測するときにも、同様に成り立っていることを示しなさい。

Ⓘ **2.4** 高さhの位置から、一定のスピードv_0、角度θでボールを投げる。(1) ボールの最高点の高さを求めなさい。(2) 角度θを変化させたとき、ボールの飛距離の最大値を求めなさい。

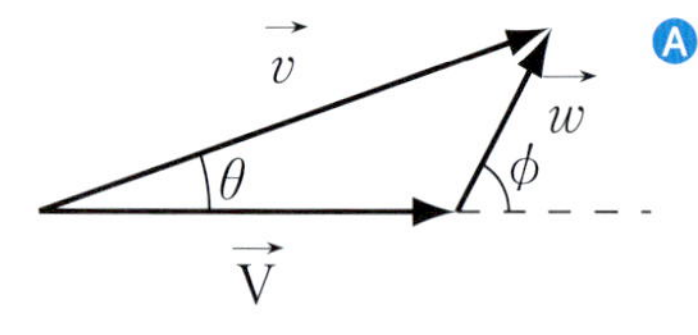

図2−22 走り幅跳びのジャンプの速度

Ⓐ **2.5** 走り幅跳びの選手が、十分助走して速度$\vec{V} = (V, 0)$になり、図2−22のように上方に速度$\vec{w} = (w\cos\phi, w\sin\phi)$で踏み出してジャンプした。(1) 踏み出した直後の選手の速度$\vec{v}$をw, V, ϕで表しなさい。(2) ジャンプした後の選手は放物運動に従うとして、ジャンプから着地までの水平到達距離を求めなさい。この距離を最大にするには、踏切の角度ϕをどのようにとればよいか。(3) $V = 10\ \mathrm{m/s} = 2\sqrt{2}\,w$とするとき、最大水平距離を見積もりなさい。

2.6 3次元の運動$\vec{r}(t)=(a\cos\omega t,\ a\sin\omega t,\ v_0 t)$を考える。この運動の速度と加速度を求めなさい。また、この運動はどのような軌跡を描くか。

演習問題解答

2.1 速度は

$$\frac{(-2,\ 0)-(2,\ 3)}{3-1}=(-2,\ -3/2)$$

であり、スピードはその大きさとして

$$\sqrt{(-2)^2+\left(-\frac{3}{2}\right)^2}=\frac{1}{2}\sqrt{16+9}=\frac{5}{2}$$

となる。

2.2 (1) ベクトルの大きさを計算すると、

$$\begin{aligned}|\vec{\mathrm{A}}\times\vec{\mathrm{B}}|^2&=(A_yB_z-A_zB_y)^2+\cdots\\&=(A_x{}^2+A_y{}^2+A_z{}^2)(B_x{}^2+B_y{}^2+B_z{}^2)\\&\quad-(A_xB_x+A_yB_y+A_zB_z)^2\\&=|\vec{\mathrm{A}}|^2|\vec{\mathrm{B}}|^2-(\vec{\mathrm{A}}\cdot\vec{\mathrm{B}})^2=|\vec{\mathrm{A}}|^2|\vec{\mathrm{B}}|^2(1-\cos^2\theta)\\&=|\vec{\mathrm{A}}|^2|\vec{\mathrm{B}}|^2\sin^2\theta\end{aligned}$$

である。ここで$0\leq\theta\leq\pi$は$\vec{\mathrm{A}}$, $\vec{\mathrm{B}}$のなす角である。

(2) 行列式は線形代数で学ぶように

$$\begin{aligned}&A_xB_yC_z+A_yB_zC_x+A_zB_xC_y\\&-A_xB_zC_y-A_yB_xC_z-A_zB_yC_x\end{aligned}$$

と計算される。これは

$$A_x(B_yC_z-B_zC_y)+A_y(B_zC_x-B_xC_z)+A_z(B_xC_y-B_yC_x)$$

と整理できるから、$\vec{\mathrm{A}}\cdot(\vec{\mathrm{B}}\times\vec{\mathrm{C}})$になっていることがわかる。

(3) ここではx成分のみ示すと、左辺は

$$\begin{aligned}&(A_zB_x-A_xB_z)C_z-(A_xB_y-A_yB_x)C_y\\&=(A_yC_y+A_zC_z)B_x-(B_yC_y+B_zC_z)A_x\\&=(A_xC_x+A_yC_y+A_zC_z)B_x-(B_xC_x+B_yC_y+B_zC_z)A_x\end{aligned}$$

となるから、右辺のx成分に一致している。他の成分も同様である。後半の式はこの結果を用いて$(\vec{e}\times\vec{x})\times\vec{e}=\vec{x}(\vec{e}\cdot\vec{e})-\vec{e}(\vec{x}\cdot\vec{e})$とし、$\vec{e}$が単位ベクトルであることを用いると示すことができる。

(4) も同様に(2.18)を用い、成分ごとに微分を実行すればよい。

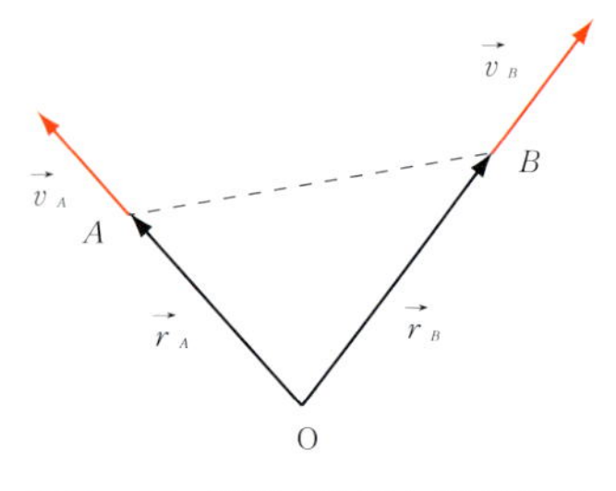

図2－23 銀河の位置と遠ざかる速度

2.3 地球からの位置がそれぞれ$\vec{r}_A$, $\vec{r}_B$である銀河A, Bが、それぞれ速度$\vec{v}_A$, $\vec{v}_B$で地球から遠ざかっているとすると、ハッブルの法則より$\vec{v}_A=H_0\vec{r}_A$, $\vec{v}_B=H_0\vec{r}_B$である。銀河Aから見た銀河Bの遠ざかる相対速度は

$$\vec{v}_{AB}=\vec{v}_B-\vec{v}_A=H_0(\vec{r}_B-\vec{r}_A)$$

である。ここで$\vec{r}_B-\vec{r}_A$は銀河Bの銀河Aからの位置であるから、地球上と同じハッブルの法則が銀河A上でも成り立つことがわかる。

2.4 (1) 鉛直方向の座標は(2.38)で表される。この値が最大になるのは時刻で微分して0となるときで、$t=v\sin\theta/g$となる。これは鉛直方向の速度が0になるときと考えてもよい。最大値は

$$z=h+\frac{(v\sin\theta)^2}{2g}$$

と求められる。

(2) 落下するのは$h+v\sin\theta t-gt^2/2=0$となる時刻である。これは$\beta=2gh/v^2$を用いて

$$t=\frac{v}{g}(\sin\theta+\sqrt{\sin^2\theta+\beta})$$

となる時刻である。そのときの水平方向の距離は

$$x=v\cos\theta t=\frac{v^2}{g}\cos\theta(\sin\theta+\sqrt{\sin^2\theta+\beta})$$

となる。これが最大となる角度では

$$\frac{dx}{d\theta}=0$$

となるので、これを実行すると

$$\sin\theta_{\max}=\frac{1}{\sqrt{2+\beta}}=\frac{1}{\sqrt{2+2gh/v^2}}$$

となる。これをxの式に代入すると

$$x_{\max}=\frac{v^2}{g}\sqrt{1+\frac{2gh}{v^2}}$$

となる。

2.5 (1) 選手から見て$\vec{w}$で踏み出すとき、地面から見た速度は図のように合成されるから、$\vec{v}=(V+w\cos\phi,\ w\sin\phi)$となる。

(2) 水平到達距離は、(2.40)より$x_{\max}=(2|\vec{v}|^2/g)\cos\theta\sin\theta$である。ここで、$\cos\theta=(V+w\cos\phi)/|\vec{v}|$, $\sin\theta=w\sin\phi/|\vec{v}|$であるから

$$x_{\max}=(2/g)w\sin\phi(V+w\cos\phi)$$

となる。この距離を最大にする角度を$\phi_{\max}$とすると、

$$\frac{dx_{\max}}{d\phi}(\phi_{\max})=0 \text{ より } 2w\cos^2\phi_{\max}+V\cos\phi_{\max}-w=0$$

である。求める解は$\cos\phi_{\max}>0$であるので、

$$\cos\phi_{\max}=\frac{-V+\sqrt{V^2+8w^2}}{4w}$$

となる$\phi_{\max}$にとればよい。

(3) $g\simeq 10\ \mathrm{m/s^2}$とする。与えられた条件で計算すると（関数電卓などを用いよ）$\theta_{\max}\simeq 17°$, $\phi_{\max}\simeq 73°$となり、

$$x_{\max}=\frac{V^2}{g}\frac{3+\sqrt{2}}{8}\sqrt{2\sqrt{2}-1}\simeq 7.5\ \mathrm{m}$$

となる。なお、現在の男子の世界記録はおおよそ9 mである。実際の幅跳びでは、踏み出しの角度だけでなく着陸態勢（特に重心位置）が距離を伸ばすために重要である。

2.6 速度は

$$\vec{v}=(-a\omega\sin\omega t,\ a\omega\cos\omega t,\ v_0)$$

で、加速度は

$$\vec{a}=(-a\omega^2\cos\omega t,\ -a\omega^2\sin\omega t,\ 0)=-\omega^2\vec{r}_2$$

となる。ここで$\vec{r}_2$は二次元部分の位置ベクトルである。二次元部分の速度と加速度は等速円運動のときと同じであるから、xy平面方向には等速円運動をすることがわかる。この円運動の1周期でz軸方向への変位は$2\pi v_0\omega^{-1}$となり、一定である。よってこの軌跡は、円軌道を描きながらz軸方向に等速で移動するらせん曲線を描くことがわかる。なお、$\vec{v}\cdot\vec{a}=0$からスピードは時間によらず一定である。

3 力と運動の法則

物体の運動は運動学によって記述できる。物体の軌跡を知ればその速度や加速度がわかり、逆に速度や加速度から運動を調べることができるのである。では、どうして物体は運動するのであろうか？こうした運動の理由づけをする学問が力学である。力学により物体の運動に対して理由づけを行うとともに、これからの物体の運動を予言することができるようになるのである。

力学の理論は17世紀にアイザック・ニュートンによって初めてまとめられた。ニュートンの力学はその後ミクロな現象や高エネルギー現象では変更を受けている。にもかかわらず、日常生活における運動の記述には現在でも当時の法則が成り立ち、現代的な物理学においても基本となる考え方を示してくれる。この章からは、この力学について学んでいこう。

サイエンスとは基本的に実験に基づいた学問である。そのため、力学の基本法則はそれ自身がなぜ成り立つかを問うことは困難であると共に、私たちの直感に反することも起こってくる。そのため一度は自分で法則を体験する機会が必要になってくるだろう。それが自然界を知ることにつながるのである。

高校物理基礎 3－1 運動を起こすのは何か？ Ⓑ

机の上に本を置き、横から押してみよう。少し力を加えるだけでは本は動かないが、ある程度強い力を加えると、本は机の上を滑り出す。しかし、力を加えるのをやめると、本は止まってしまう。これは、誰もが知っている現象であり、このことから次のように考えるのは当然である。物体は**力**を加えれば動き、力を加えなければ止まる。このとき自分の潜在意識の中で、力と運動を区別することが非常に重要である。科学での運動は、物体が動くということだけでなく静止しているということも含む。そして力と運動は別物である。つまり、力は物体に加えられる作用であって、動くとか止まるとかというのが運動である。

さて、このような力による運動という考え方を最初にしたのは紀元前のアリストテレスである。そして彼の考え方は非常に長い間支持された。アリストテレスの考え方をまとめると次のようなものになる。

1. すべての運動には原因がある。この原因は力である。力がなければ物体は止まる。
2. 力には２種類ある。一つは物体を押したり引いたりする力で、接触することによって働く力である。もう一つは物体に内在する力で、坂で転がり落ちるときなどに原因となる力である。
3. 重力とは物体が落ちようとする傾向によって生じる。重い物体の方がその傾向がより強くなる。つまりは、重力こそ物体に内在する力である。
4. 重い物体は、軽い物体よりも速く落ちる。つまり落下のスピードは重い物体の方が大きくなる。

この考え方でほとんどの運動は定性的に説明可能である。しかし次のような運動もある。物体は放り投げると、一度上昇して最高点に達し、地面に落ちるまで動き続ける。放り投げた後の物体には下方向への重力しか働かないと思われるのに、なぜ上昇することができるのであろうか。アリストテレスによると、これは次のように説明される。たとえば砂場の砂に石を投げると、砂に石がめり込んで跡ができる。そこで同様に、空気中に投げた石の後方には空気の渦ができ、これが石を押し続けると考えるのである。もちろん現在では、真空中でも運動が続くことが確かめられるから、空気を用いるアリストテレスの考え方が間違っているのは明らかである。

アリストテレスに代わって新たに運動を考え直したのがガリレオである。物体を地面で滑らせると止まる。しかし、氷の上では長い間動き続ける。私たちが机の上で手を滑らすと動きを止めようとする力を感じるが、氷などの上ではこうした力は弱い。ガリレオはこれらのことから、外からの力が働いていない理想的な状態では、物体は等速直線運動を続けると考えた。この考え方は、力が働かなければ物体はただちに止まるという古代ギリシャの考え方とまったく異なる。しかし、速度を変化させるのは力であることを明確に示す考え方である。ガリレオのこの考え方は水平面での現象に特化されていた。これを一般的に拡張したのがニュートンである。**ニュートンの第一法則**とは次のようなものである。「力を受けていない物体を考えると、もしそれが静止していれば静止し続け、動いていれば等速直線運動を続ける。」

車などに乗っているとこの法則を体験することができる。電車や車が等速直線運動している状態では、中に乗っている私たちは、静止している場合とほぼ同じ状態でいる。つまり、地面に引きつけられる重力だけを感じており、重力は椅子からの抗力とつり合って全体として力がゼロである状態が実現している。この状態を外部から見ると私たちは等速直線運動しており、車が信号などで止まると私たちの体はそれまでと同じ速度で進もうとして前のめりになるのである。

高校物理基礎

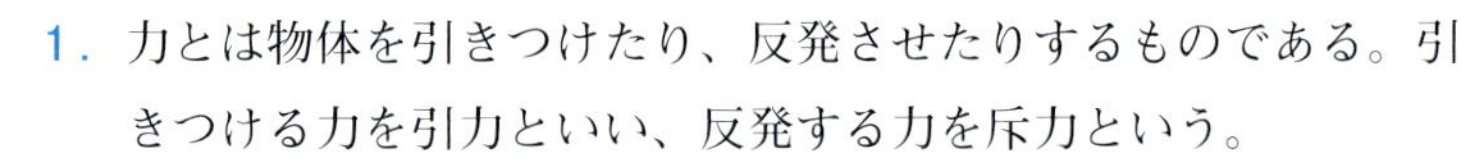

3－2 力 Ⓑ

ニュートンの第一法則によると力が働かない限り、物体は等速直線運動をする。しかし、これは力が具体的にどのようなものかを指定していない。ここでは力に関して共通している性質を見てみよう。

力には以下のような性質がある。

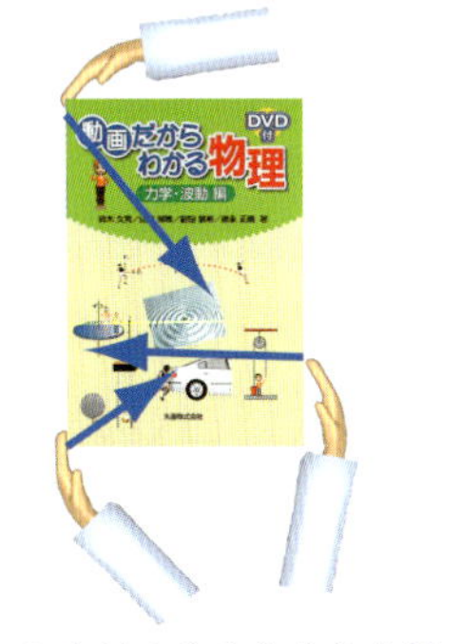

図3－1 力は大きさと向きを持つベクトル

1. 力とは物体を引きつけたり、反発させたりするものである。引きつける力を引力といい、反発する力を斥力という。
2. 力はベクトル量であり、大きさと方向がある。
3. 力は物体なしには生まれない。一つの物体に働く力というのはなく、必ず物体同士の力として働く。ある物体が別の物体から力を受け、その逆もある。
4. 力は壁を押すことなど接触することで働く力もあれば、重力のように離れた物体に働く力もある。

力にはまだ他にも重要な性質がある。たとえば、私たちが壁を押さえつけると、壁も私たちを押し返す。後で見るように、物体同士では一方がもう一方に力を与えるとその逆の力も生じるのである。そのため、力を**相互作用**ともいう。しかし、最初から相互作用としての力を考えると複雑になるため、当面は一つの物体に働く力に着目してその性質を見ていくことにする。その後で相互作用としての性質を見ることにしよう。

机の上の物体を押して動かすとき、重い物体を押す方がより大きな力が必要になる。またこのとき、さまざまな方向に物体を押すことができる。このことから、力は大きさと方向を持つ、ベクトル量であることがわかる。

私たちは荷物を片手で持つよりも両手で持った方が楽になることを経験している。これは図3－2のように、荷物の重さを二つの手で分配しているからである。

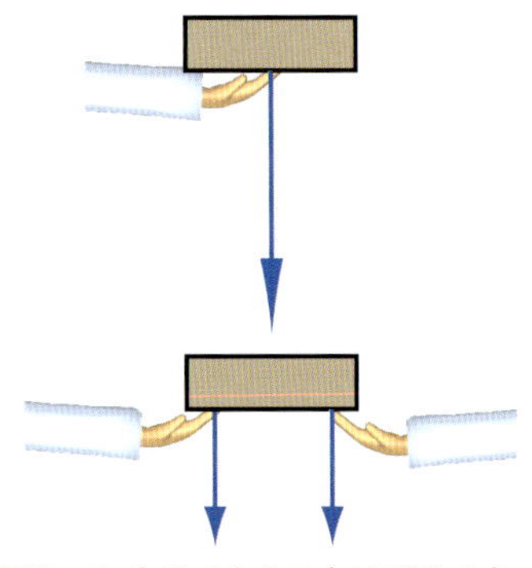

図3－2 片手で支える力は両手で支える力を合わせたものに等しい。

実験的に確かめられるのは次のことである。物体にいくつかの力

$\vec{F}_1, \vec{F}_2, \vec{F}_3, \cdots$が働くと全体としてそのベクトルの和としての力

$$\vec{F}_{合} = \vec{F}_1 + \vec{F}_2 + \vec{F}_3 + \cdots \tag{3.1}$$

が働くことになる。物体に働く力全体の和を、**合力**という。合力がゼロになっていると、個々の力は働いてはいるが、全体としては力が働いていないことになる。つまり、ニュートンの第一法則は、より正確には次のようにいうことができる。

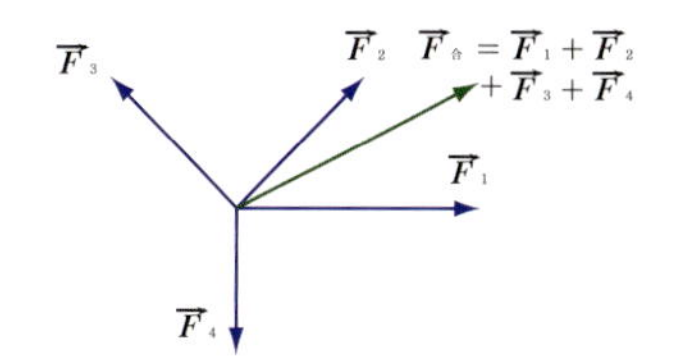

図3－3 合力はベクトルとしての力の合成である。

ニュートンの第一法則
物体に働く合力がゼロであれば、その物体は等速直線運動を続ける。

実際には物体には大きさがあるため、合力がゼロであっても回転運動などをするかもしれない。しかし、後で見るように、物体の代表点として特定の点（重心）をとると、合力がゼロのときその点は等速直線運動をする。この意味でニュートンの第一法則は、大きさのある物体においても成り立つのである。

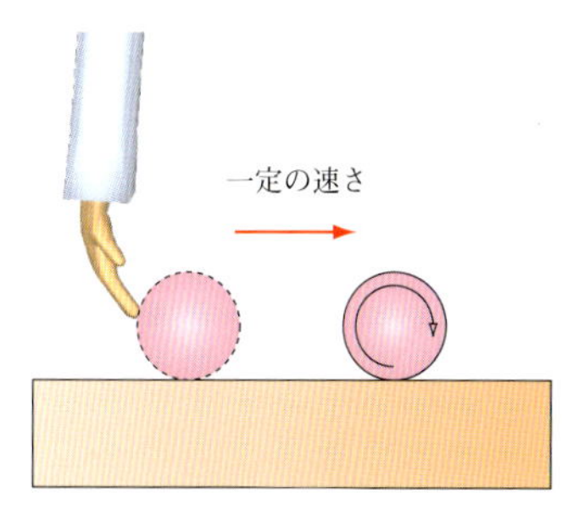

図3－4 合力が0のとき重心の運動は等速直線運動になる。

3－3 力の種類 B

高校物理基礎

重力と重さ

地球が私たちを引きつける力は地上ではいつでも感じることができる。重力は私たちを地上にとどめているだけでなく、惑星が太陽の周りを回ったり、太陽が銀河系の周りを回ったりするのも重力が原因である。重力は、宇宙の大規模構造を形成する主たる要因となる力である。

物体が地球や惑星などに引きつけられる力を**重さ**(weight)という。サイエンスでは重さと質量とは異なる概念であるので注意しよう。つまり、質量とはその物体固有の量であり、重さとは力というベクトルである。二つの同じ物体を合体させるとそれぞれに重力が働くので合力は2倍となる。この意味で質量と重さは比例関係にあることが力の性質からわかる。また、ある物体を月に持っていくと月による重力が弱いためその物体の重さは地上の約1/6になる。しかし、その物体の質量は変わらない。

例題3－1　重力と質量

地上の石を月の上に持っていくと、質量は何倍になるか？　ただし、月の上の重力加速度の大きさは、地上の約1/6であるとする。

解答 質量は物体に固有の量であり、重力が変わっても変化しない。よって、答えは1倍。なお、重さは1/6になる。■

バネの力

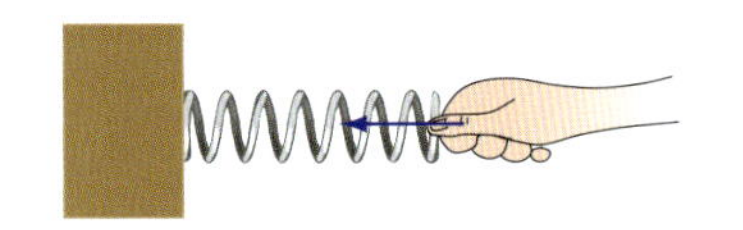
図3－5 バネには伸び縮みを元に戻そうとする復元力が働く。

バネは中学理科にも登場した。バネの力は基本的で典型的な力である。バネを伸ばすと元の長さに縮もうとする方向に力が働き、縮めると伸ばす方向に力が働く。一般に、元の形状になろうとする力を**復元力**という。バネの力は典型的な復元力である。

分子レベルでは復元力はどのようにして生じるのであろうか？化学で学ぶように、分子同士には電気的な力による分子間力が働いている。バネを形成している物質の分子は結晶構造により安定な位置が決まっているため、バネを変形させると分子間力により元に復元しようとする力が働くのである。

張力

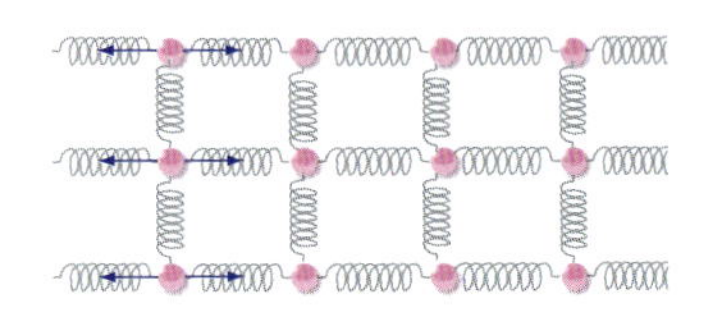
図3－6 ミクロに見た張力は分子間力による復元力である

ロープを物体につけて引っ張るとロープが物体を引く力が生まれる。これをロープの**張力**(tension)という。張力は通常その英語の頭文字を用いて$\vec{T}$と表される。ロープは自由にその向きを変え、力を加える方向に伸びようとする。そのため、張力の向きはロープの向きと等しくなる。

ミクロに見ると張力もやはり分子間力である。ロープを引っ張ると分子の間の距離が離れるため分子をたがいに引き戻す力が働く。

垂直抗力

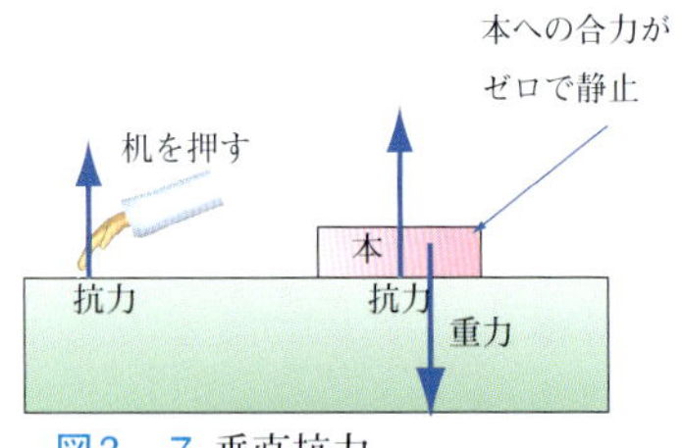

図3－7 垂直抗力

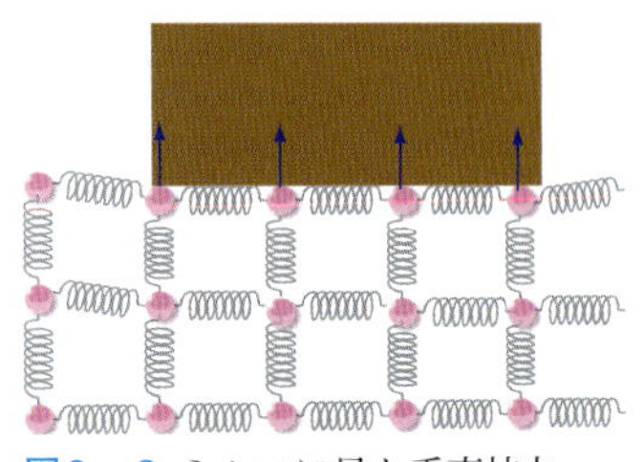
図3－8 ミクロに見た垂直抗力

本を机の上に置くと、本には重力により下に移動させようとする力が働く。実際に本が下に移動するには机を突き破っていく必要があるが、机はその形の変形を拒んで本に対して上向きの力を与える。本が静止しているのは、重力と机から受ける力の合力がゼロになるからである。

ミクロに見ると、机の上の物体が机に対して力を加えると、分子間の配置が崩れて分子間力により元に戻ろうとする力が働くことになる。このような力は一般に物体の表面に対して垂直に働くため、**垂直抗力**(normal force)という。垂直抗力は通常$\vec{N}$と表される。

摩擦力

斜面に物体を置いても物体が滑り落ちない場合がある。また机の上の物体を横向きに押しても少しの力では移動しないし、移動させてもすぐに止まってしまう。このような現象にかかわる力を**摩擦力**(friction)という。この摩擦力は面に平行な方向に働く。

もっとも、多くの場合、垂直抗力と摩擦力は共に働くことになり、両者を合わせて抗力という。つまり、抗力を面に垂直な方向と平行な方向の和として表すと、垂直な方向の力を垂直抗力といい、平行な方向の力を摩擦力というのである。

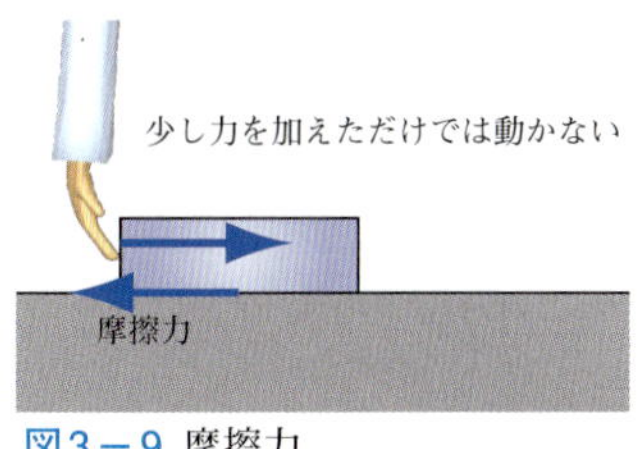

図3−9 摩擦力

ミクロに見ると、物体表面の形状によって摩擦力の原因はさまざまであるが、多くの場合以下のような要因で生じている。非常に磨かれてなめらかな物体でもミクロサイズでは分子の配置は突起がある構造となっている。二つの物体を接触させるとたがいの分子が非常に接近する部分ができる。こうした部分は接触面全体の10^{-4}程度であり、接触面はきわめて小さい。そしてこの部分が分子間力で引き合うことによって摩擦力が生まれる。物体を水平方向に移動させようとするときこの部分が引き合うことにより、移動に抵抗するのである。

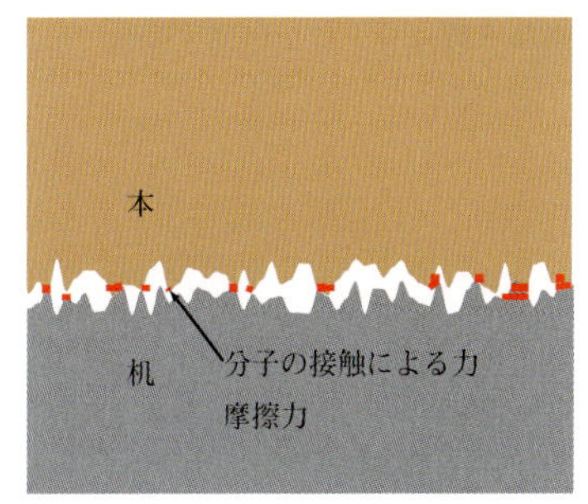

図3−10 ミクロに見た摩擦力

接触する二つの物体が押し合う力を大きくすると、すなわち、垂直抗力を大きくすると、突起がつぶれて二つの物体はより接近するためたがいに接触する部分が増加する。この部分は垂直抗力にほぼ比例して多くなる。そのため摩擦力は垂直抗力に比例する。

机の上で静止した物体に横向きの力を加えるとその状態を保つための摩擦力が生まれる。さらに力を加えると物体は動き始めるが、突起の部分は分子間力による衝突などで細かく振動しながら次の突起の部分と引き合うため、やはり移動に抵抗する摩擦力が働く。しかし、こうした分子の振動などのおかげで突起同士がたがいに離れる機会が増加するので、動き始める直前の状態と比べてミクロな接触部分が引き合う力の平均は小さくなる。したがって、静止した状態と動いている状態の摩擦力とでは力の強さが異なる。静止している場合の摩擦力を**静止摩擦力**といい、動いている場合の摩擦力を**動摩擦力**という。

タイヤなどが水平な地面を転がるときには、滑ることなく動くにもかかわらず地面からブレーキとして働く力を受ける。このような力を**転がり抵抗**または回転摩擦力という。これはタイヤの重さおよび回転によりタイヤおよび地面が変形することで、タイヤの回転を妨げるような力が働く結果生じる。しかし、滑る場合に働く動摩擦力と比べると転がり抵抗はかなり弱い。

空気抵抗

私たちが自転車で走っていると空気が私たちの移動を妨げる力を感じる。またプールの水の中を移動しようとするときも抵抗を感じ

図3－11 速さを競う競技は空気抵抗を抑えることが重要になる。

る。空気や水など分子が移動できる物体を一般に流体という。このような流体の中での移動を妨げる力を抗力(抵抗、drag)という。特に空気による抗力を**空気抵抗**という。抗力は一般に移動する方向と逆の方向に働く。

ミクロに見ると空気抵抗はどのように説明されるだろうか？　物体が空気中を移動するためには空気の分子を移動させる必要がある。このとき空気の分子との衝突によって物体は力を受けるのである。この衝突を引き起こす力は物体と空気分子の間の分子間力による反発である。したがって、空気抵抗も分子間力に起因している。

空気抵抗はスピードが速くなると非常に大きな力になる。スピードが出ている車の窓を開け手を出すとその強い空気抵抗を感じることができる。空気中を高速で移動する物体に働く力としては主要な力となり、高速での物体の移動を阻む。

それに対して、非常に小さい物体や質量の大きな物体で、スピードが遅い移動であれば、重力などの他の力が優勢になり、空気抵抗は合力の中で無視できるようになる。そのため今後特に断らない限り空気抵抗は無視することにする。

図3－12 ロケットは物質を噴出して推力を得る。

推力

国内の長距離の移動や海外旅行にはジェット機の利用が欠かせないものである。ジェット機やロケットが移動するための力は、気体を後方に噴出することによって生み出される**推力**によってもたらされる。この推力がどのようにして起こるかについてはニュートンの第三法則の理解が欠かせないのでここでは原理を述べないでおく。

電気的力と磁気的力

電荷を持った物体の間に力が働くことは高校化学でも学んでいる。たとえば、陽子はプラスの電荷を、電子はマイナスの電荷を持ちそれらの間には電気的な力による引力が働いている。イオン結合や共有結合など分子を結合させる力や、ファンデルワールス力などのような分子間力も電気的な力によるものである。またマクロに見ても電荷を持った物体同士ではたがいが比較的離れていても力を及ぼし合う。

磁気的力も磁石が鉄を引きつけることなどでよく知られている力である。これらの二つの力は、電磁気力という力の二つの側面となっている。

3－4　力と運動　Ⓑ

高校物理基礎

力が加えられたとき物体はどのように運動するのであろうか？机の上の物体に力を加えると動き出す。アリストテレス的に考えると、強い力を加えるほどスピードが大きくなるので、力と速度の間には関係がありそうである。しかし、力により物体が動き出すときは、静止した状態からスピードが上がるという加速度運動が起こっていることに注意しなければならない。より強い力を加えるほどより素早くスピードが上がる。したがって、力と加速度の間に関係があると推定するのが自然な考え方である。

図3－13のように、摩擦のほとんどないなめらかな面上でビデオカメラにより加速度を測定すると、加える力と加速度の間には比例関係が成り立つことがわかる。また、加速の方向は力の方向と一致する。つまり、力と加速度とはベクトルとして比例するのである。

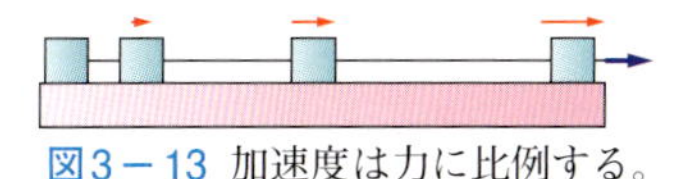

図3－13　加速度は力に比例する。

それでは、物体の質量を変えたときには加速度はどのように変化するのであろうか？　これは力の合成からその性質を導くことができる。

図3－14のように二つの物体をある力で引く場合を考えてみよう。この力は二つの物体それぞれに働く力の合力となるので、一つの物体に働く力は、元の力の半分になる。このため、加速度は半分になるのである。三つの場合は同様に加速度は1/3となり、力が一定の場合、加速度は質量に反比例することがわかる。

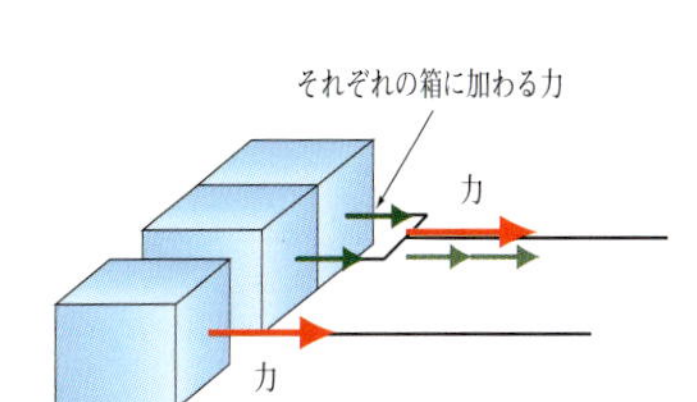

図3－14　二つの物体に働く力はそれぞれの物体に働く力の合力となる。

3－5　ニュートンの第二法則　Ⓑ

高校物理基礎

ニュートンの第二法則は次のようなものである。力は物体を加速させる。その加速度は力に比例している。そして、異なる質量の物体を同じ力で加速させるとき、加速度は物体の質量に反比例する。したがって、加速度は単位質量あたりに加えられる力に比例する。力の単位をこの比例係数が１となるようにとることにしよう。つまり加速度$\vec{a}$は質量mと物体に作用する合力$\vec{\mathrm{F}}_{合}$により

$$\vec{a} = \frac{\vec{\mathrm{F}}_{合}}{m} \tag{3.2}$$

となる。以上のことは次のようにまとめられる。

ニュートンの第二法則

物体に生じる加速度は、物体に働く合力に比例し、物体の質量に反比例する。

通常はこれを$\vec{F} = m\vec{a}$または

$$\vec{F} = m\frac{d^2\vec{r}}{dt^2} \tag{3.3}$$

のように表す。これを**ニュートンの運動方程式**という。しかし、加速度と質量から力の大きさを見積もる場面は少ない。むしろ力と質量からその加速度を求め、そこから物体の運動を予測するのに用いるのである。したがって、初学者には特に$\vec{a} = \frac{\vec{F}_{合}}{m}$の書き方の方がわかりやすいだろう。

たとえば図3－15のように左から右へボールが空気中を運動するとき、ボールに働く力は重力と空気抵抗である。重力は下向きの力であるから、これにより下向きの加速度が生じる。それに対して空気抵抗は移動する方向と逆の方向に働くので、落下していくときには上向きの成分があり、重力による加速は弱められる。また空気抵抗の水平方向の成分は水平方向の速度を減少させる効果がある。

このように、物体に働く力から加速度や運動の様子がわかるのである。

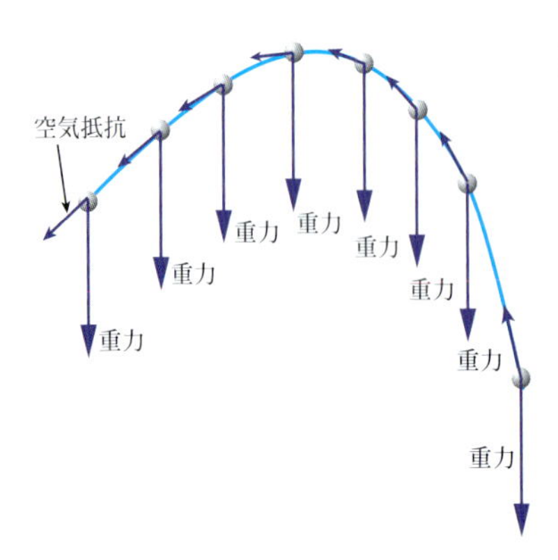

図3－15 ボールに働く力が運動の加速度を決定する。

例題3－2　力と運動

次のそれぞれの文章の正誤を答えなさい。

(1) 運動している物体には合力が働いている。

(2) 真空中では、物体は質量によらず同じ加速度で落下するので、真空中で物体に働く重力は質量によらず同じである。

(3) 物体に合力が働いているとき、その物体の速度の向きは力の向きと同じである。

解答 (1) その運動が等速度運動ならば合力は働いていない。よって誤り。ただし、合力が0でも力は働いている可能性はある。

(2) 加速度が同じでも質量が違えば働いている重力は違う。よって誤り。

(3) 合力の向きと速度の向きに直接の関係はない。合力の向きと同じなのは加速度の向きである。よって誤り。■

例題3－3　重力

質量mの物体に働く重力が$m\vec{g}$であることを確かめなさい。$\vec{g}$は自由落下の加速度（重力加速度、物体によらない）とする。

解答 物体に働く重力を$\vec{F}_{重力}$とするとき、運動方程式から、自由落下の加速度は$\vec{a} = \vec{F}_{重力}/m$と定まる。この加速度が$\vec{g}$でなければならないから、$\vec{F}_{重力} = m\vec{g}$となる。■

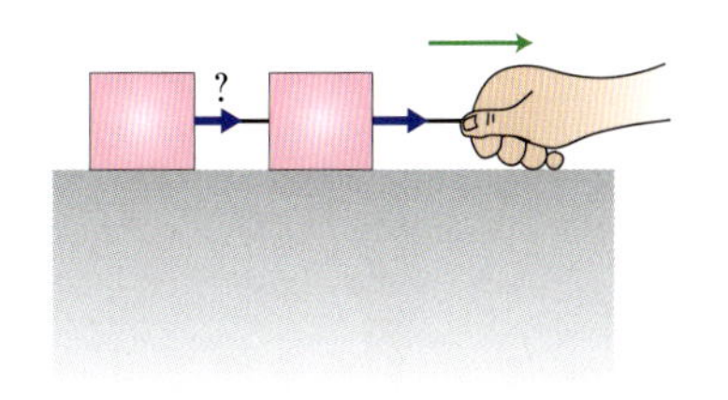

図3－16 糸でつないだ物体を加速する。

例題3－4　力と加速度

図のようになめらかな床の上で、二つの同じ物体を結びつけ、右側の糸を引いて加速する。左側の糸の張力は、右側の糸の張力の何倍か。

解答 右側の糸は左側の二つの物体全体を加速させる。左側の糸は一つの物体を加速させる。両者の加速度は等しいので、左側の糸の張力は右側の糸の張力の半分となる。■

例題3－5　空気抵抗と投げ上げ

ピンポン球が上昇下降するときには、重力に加えて空気抵抗が働く。ピンポン球を上に投げたとき、最高点に達するまでの時間と、最高点から元の位置に戻るまでの時間はどちらが短いか？

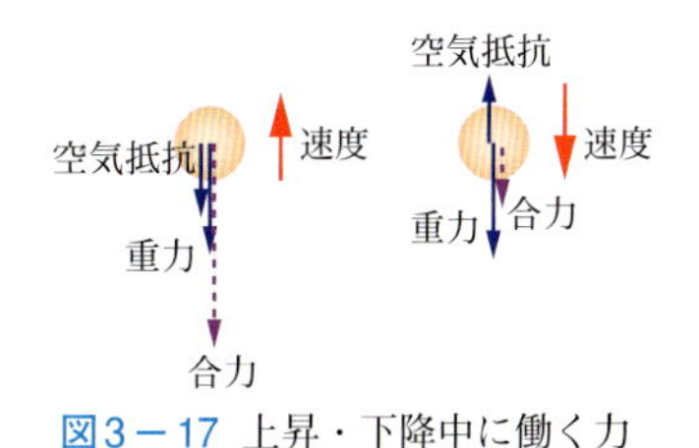

図3－17 上昇・下降中に働く力

解答 空気抵抗は、ピンポン球が上昇するときは下向き、下降するときは上向きに働くが、重力は常に下向きである。よって上昇するときの方が合力は大きく、加速度も大きい。上昇と下降とでは同じ距離を移動するから、加速度の大きい上昇のときの方が速度変化が大きく、平均速度も大きい。よって、上昇し最高点に達するまでの時間の方が短い。■

例題3－6　ニュートンの第二法則

なめらかな床の上に置かれ静止している箱をある時間だけ水平方向に引っ張る。

(1) 引く力を2倍にすると最終的な速度は何倍になるか？

(2) 箱を二つに増やして引くと、最終的な速度は何倍になるか？

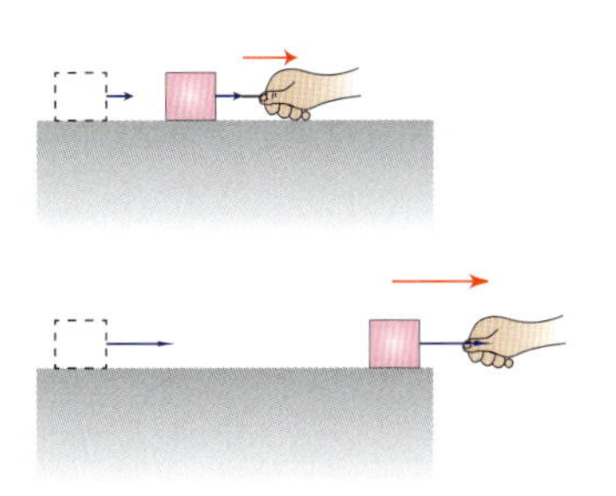
図3－18 箱を引く力と運動の様子

解答 (1) このとき箱に与えられる加速度（速度変化）が2倍になるから、速度も2倍になる。

(2) 同じ力を2倍の質量に与えるから、加速度は半分になり、よって速度も半分になる。それぞれの箱に加わる力が半分になると考えてもよい。■

例題3－7　滑車

図のようになめらかに動く滑車に女の子と男の子がぶら下がっている。男の子がロープを引いて上に上ると女の子はどうなるか？(A)下に下がる、(B)上に上がる、(C)高さは変化しない。

図3－19 滑車

解答 はじめ男の子に働く重力と、地面からの垂直抗力、ロープが男の子を引く張力がつり合っている。この張力は、ロープが女の子を引く張力と等しく、女の子の重力とつり合っている。男の子がロープを上るとき、男の子はロープを引いて、少なくとも自分にかかる重力より大きな上向きの力を、ロープから得なければならない。ロープにかかる張力の大きさはどの部分も等しく、このとき女の子にも、少なくとも男の子の重力以上の上向き張力がかかることになる。条件からこの力は女の子の重力より大きい。よって(B)女の子も上に上がる。■

例題3－8　力と加速度

図のようにおもりを天井から糸でつるして、おもりの下に同じ糸をつけて引っ張る。糸は張力が大きくなると伸びていき、切れる。

(1)ゆっくり引っ張るとき最初に切れるのはどちらの糸か？

(2)素早く引っ張るときに切れるのはどちらの糸か？

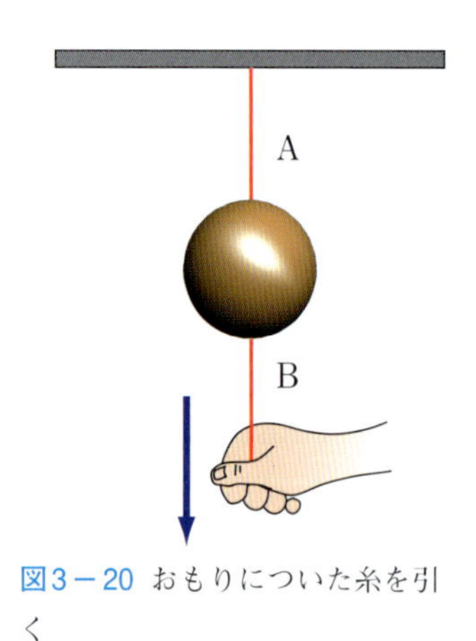

図3－20 おもりについた糸を引く

解答 Bの糸には手で引っ張る力が働く。Aの糸には、この力とおもりの重力（を支える力）とが働く。(1) ゆっくり引くとき、AとBはほぼ同じ速さで伸びていくが、Aにはより大きな力が働いているからAの伸びの方が大きく、Aが先に切れる。(2) 素早く引くとき、Bの加速度の方がおもりやAの加速度より大きく、Aよりも速く伸びる。したがってBが先に切れる。■

高校物理基礎

3－6　力の単位　ニュートン(N) Ⓑ

力は$\vec{F}_{合} = m\vec{a}$の関係を用いて決めることができるので、1 kgの物体に1 m/s^{2}の加速度を与える力が単位量となるように力の単位N（ニュートン）を定める。すなわち

$$1\mathrm{N} = (1\mathrm{kg})\times(1\mathrm{m/s^2}) = 1\,\frac{\mathrm{kg\cdot m}}{\mathrm{s^2}} \qquad (3.4)$$

とする。ニュートンという単位は、補助単位であり、基本単位kg, m, sなどを用いて上のように表すことができる。物理ではこのよ

うな補助単位を必要に応じて導入していく。

力の強さを実感しておくのも重要である。重力は、その質量によらず物体を重力加速度$\vec{g}$で加速させる。その大きさgはおよそ9.8 m/s^{2}であった。今は概算として$g \cong 10$m/s^{2}とする。1 kgの物体の重さは約10 Nである。たとえばスーパーなどで100 gの挽き肉を持ったときの重さが約1 N、つまり

$$100\text{g}の重さ \cong 1\text{N}$$

となる。車のエンジンによる力は約5000 Nであり、ロケットの推力はおよそ5,000,000 Nである。

ニュートンの第二法則によって加速度がわかると、物体の速度の変化がわかることになる。そのため、運動の最初の時刻での速度がわかっていれば物体のその後の速度が決定される。また、速度が決定されると、最初の時刻における位置からの変位が決定できることになる。そのため、最初の位置がわかっていればその後の位置がわかることになるのである。このようにニュートンの第二法則により物体の運動が決定されるので、第二法則を表す(3.3)は運動方程式と呼ばれるのである。

例題3－9　力の大きさ

止まっていた質量 1500 kg の自動車が 10 s 間一定の加速度で加速し、時速 72 km に達した。この自動車に加えられた力を求めなさい。

解答　加速度の大きさは (72 km/h)/(10 s) = 2 m/s^2 であるから、この加速のための力は 1500 kg×2 m/s^2 = 3000 kg m/s^2 = 3000 N と計算できる。■

3－7　ニュートンの第三法則とは？ Ⓑ

高校物理基礎

ここまで一つの物体について力の法則を見てきた。ゲレンデでスキーをすると、重力、抗力、そして空気抵抗を感じる。これらの力がわかればニュートンの第二法則によりどのような運動をするかがわかる。しかし、実世界では、一般に二つ以上の物体が相互作用しながら運動することがある。たとえば、相撲では、たがいに力を与えながら運動する。月と地球、そして太陽もたがいに引き合って運動している。ニュートンの第二法則はこうした力がどのように働くのかについては教えてくれない。この節では、ニュートンの第三法則を見ていこう。

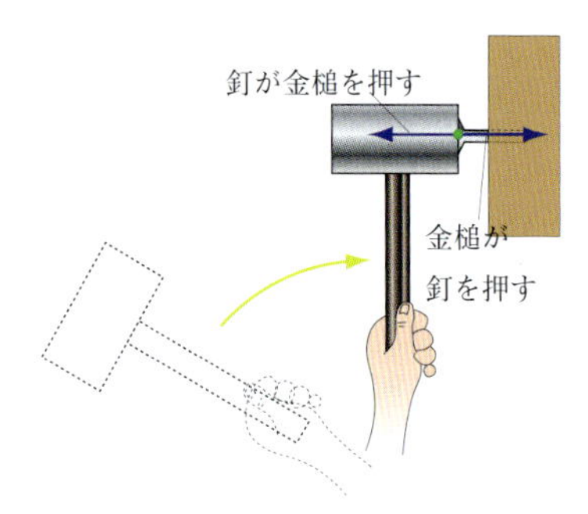

図3－21 金槌が釘を打つときの作用と反作用

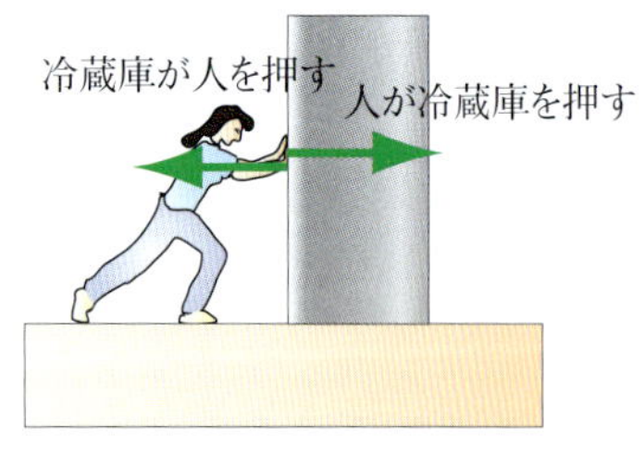

図3－22 人が冷蔵庫を押すときの作用と反作用

相互作用する物体

金槌と釘を見てみよう。金槌は釘を打ちつけ、釘が壁に食い込んでいく。それと同時に釘から金槌に力が与えられ、金槌はその力で減速する。同様の対応は机に手を押しつけることでも感じることができる。机を押すと逆に机が手を押し返す。このような抗力は外部からの力と対になって現れ、どのような力に対してもこの相互作用が現れる。物体Aから物体Bに力が与えられると、物体Bから物体Aにも必ず力が与えられる。この意味で力のことを相互作用ともいうことについては、3－2節でも説明した。

このたがいの力の強さを見てみよう。両方の手のひらを胸のあたりで合わせて手のひらを押さえつけるようにしてみよう。そして左手の力を抜いてみると、右手と左手は左側に移動してしまう。これは右手の力が左手の力よりも勝って合力がゼロでなくなったためと思うかもしれない。しかし、もう一度同じことをして、手のひらの感覚を見てみると、左手の力を抜いたときには左の手のひらの感覚と右の手のひらの感覚とは両方とも力が抜けた状態になっている。つまり右手が左手を押す力の大きさと左手が右手を押す力の大きさは同じなのである。

このように、すべての力は二つの物体の間で相互に及ぼし合うように起こる。一方が他方に及ぼす力を**作用**と呼ぶとき、反対に相手の物体から受ける力を**反作用**と呼ぶ。つまり、力は必ず作用・反作用の対で起こり、それらの対の力はそれぞれ相手の物体に対して作用し、その力の大きさは等しく、方向は反対である。

これを**ニュートンの第三法則**という。具体的に物体Aと物体Bがあったとき、物体Aから物体Bに作用する力を$\vec{\mathrm{F}}_{A\to B}$とし、物体Bから物体Aに作用する力を$\vec{\mathrm{F}}_{B\to A}$とすると

$$\vec{\mathrm{F}}_{A\to B} = -\vec{\mathrm{F}}_{B\to A} \tag{3.5}$$

となる。

たとえば、釘と金槌では$\vec{\mathrm{F}}_{\text{釘から金槌}}$と$\vec{\mathrm{F}}_{\text{金槌から釘}}$とは、大きさは等しく方向は逆であることがわかる。

注意したいのは作用と反作用が働くと力がつり合うと誤解しやすいことである。力がつり合う状態というのは、一つの物体に対して合力がゼロということである。一方ニュートンの第三法則は、異なる二つの物体に作用する力の関係であるので力のつり合いとはまったく異なる。改めてまとめると次のようになる。

ニュートンの第三法則

物体Aから物体Bに作用が働くとき、それと大きさが等しく向きが反対の反作用が、物体Bから物体Aに働く。

例題3－10　作用と反作用

次のうち、作用反作用のペアとなっているのはどれか？

(A) 本の重力 (B) 本が机を押す力 (C) 机に働く重力 (D) 机の抗力

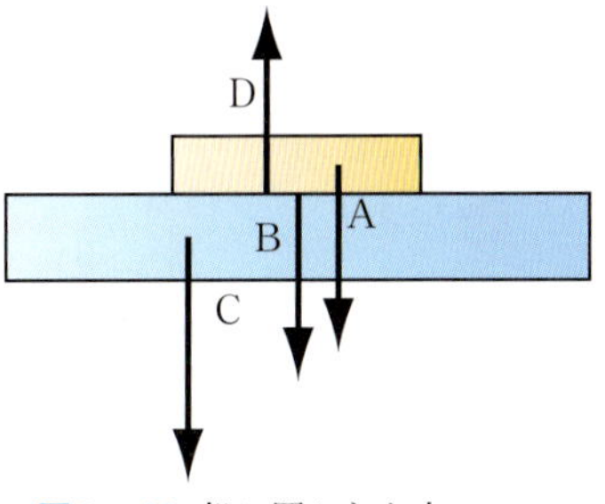

図3－23 机に置かれた本

解答 反作用は、力を作用される物体から、その力を及ぼした物体に対して働く。よって (B) に対して (D) が反作用になる。後の章で見るように、重力を本や机に力を及ぼしているのは地球であるから、重力の反作用は本や机が地球を引く引力である。■

それでは、手を合わせた状態で片方の力を抜いたとき、両者の力が同じであるにもかかわらず両方の手が左に移動してしまうのはなぜだろうか？　まず左手についてみると、同じ強さで押さえつけているとき左手は腕の部分からの力と右手からの力がつり合った状態になる。右手も同様に、右腕からの力と左手からの力がつり合っている。左手の力を抜くと、左腕からの力がほとんどなくなり、右手から受ける力で左に運動する。また右手は、弱くなった左手からの力と右腕からの力の合力により左に運動する。したがって、作用反作用の法則が成り立ったままでも手は左に移動できるのである。一方、右手と左手は手を合わせた状態では手という一つの系と見ることができる。すると外からこれに加えられる力は右腕からの力と左腕からの力であり、この優劣で手全体が運動すると見ることもできる。

このような見方の違いは私たちがどこまでを対象とするかによっている。物体など私たちが対象とするものを**系**といい、それ以外を**環境**という。系の内部で働く力を**内力**といい、系の外から系に働く力を**外力**という。

たとえば、左手を系とすると、右手からの力と左腕からの力とが外力にあたる。両手を系とすると、左腕と右腕からの力が外力であり、右手が左手を押す力と左手が右手を押す力が内力となる。このような内力は、作用反作用の法則により系全体に働く力としては打ち消し合ってしまうので、系全体の運動には関与しなくなる。

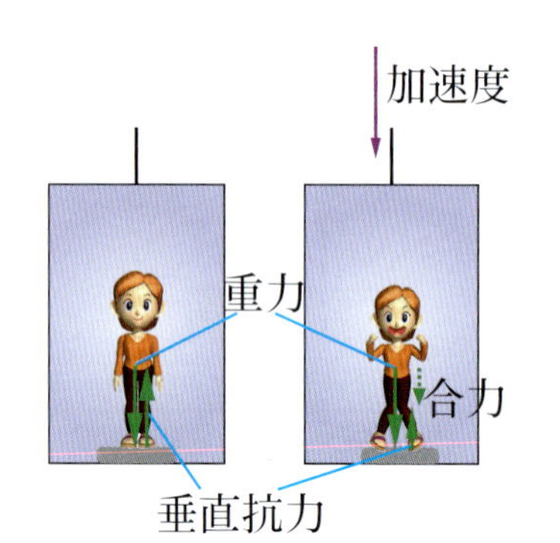

図3－24 エレベータの中の人に働く力

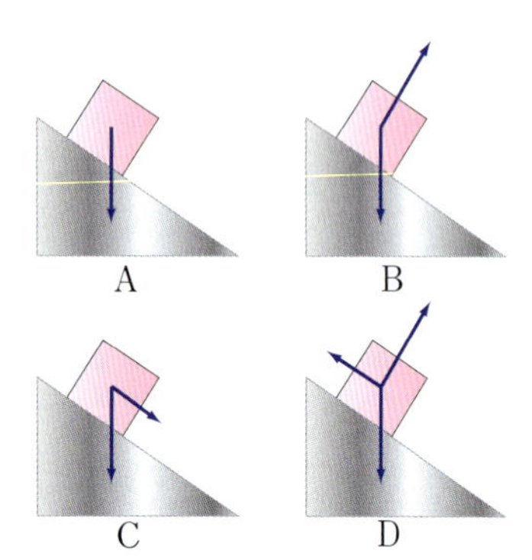

図3－25 斜面上の物体に働く力

例題3－11　反作用と外力

エレベータの中で体重計に乗ったとする。エレベータが下がり始めるとき、体重の目盛りは、エレベータが止まっているときと比べて(A)変わらない、(B)増える、(C)減る、のどれか。

解答　体重計に乗った人は、自身の重力とつり合う垂直抗力を体重計から受ける。この抗力の反作用が体重計にかかり、その大きさに応じて目盛りが決まる。エレベータが下がり始めるとき、この人は下向きの加速度を得るから、下向きの合力を受けなければならない。重力は変化しないから、垂直抗力が小さくなったことになる。その反作用も小さくなり、よって目盛りは（C）減る。■

例題3－12　反作用と抗力

なめらかな斜面の上に箱がある。この箱にかかる力として正しいのはどれか？

解答　箱には重力と、斜面からの垂直抗力がかかる。よってBが正しい。もし斜面がなめらかでなければDのように摩擦力も加わることになる。■

例題3－13　反作用と内力

トラックと軽自動車が正面衝突した。

(1) トラックが軽自動車を押す力と軽自動車がトラックを押す力はどちらが大きいか？

(2) 中に乗っている人に加わる力はどちらが大きいか？

解答　トラックは軽自動車より質量が十分大きいとする。乗っている人の質量は、これらの質量の違いと比べてそれほど違いがない。(1) これらの力はたがいに作用と反作用の関係にあるから、大きさは等しい。(2) 乗っている人は、衝突後たとえばシートベルトなどから力を受け、進行方向と逆向きの加速度を得ることになる。トラックと軽自動車に同じ大きさの力が加わるため、加速度は、質量の小さい軽自動車の方が大きくなる。よって、軽自動車に乗っている人により大きな力がかかる。■

3−8 ニュートンの第三法則と重心の運動 I

二つの質点1と質点2があり、その質量をそれぞれm_1, m_2とし、その位置をそれぞれ$\vec{r}_1$, $\vec{r}_2$とする。外部からそれらに働く力をそれぞれ$\vec{F}_1^{外部}$, $\vec{F}_2^{外部}$として1と2には内力$\vec{F}_{1\to2}$, $\vec{F}_{2\to1}$が働くとしよう。

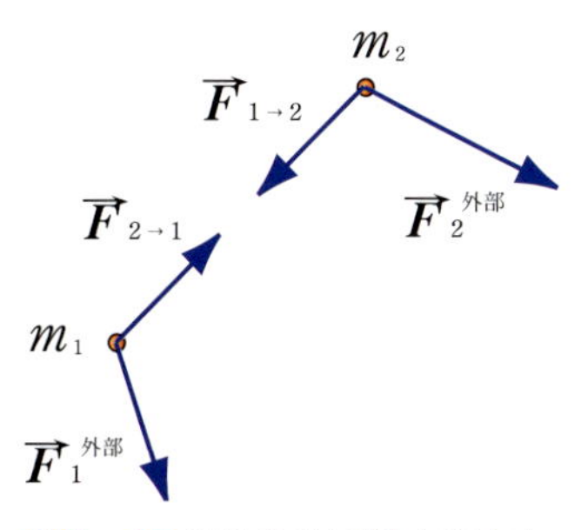

図3−26 2質点系に働く内力と外力

このとき質点1に働く力は$\vec{F}_1^{外部}+\vec{F}_{2\to1}$であり、質点2に働く力は$\vec{F}_2^{外部}+\vec{F}_{1\to2}$である。このためそれぞれの粒子の運動方程式は

$$m_1\frac{d^2\vec{r}_1}{dt^2}=\vec{F}_1^{外部}+\vec{F}_{2\to1}$$
$$m_2\frac{d^2\vec{r}_2}{dt^2}=\vec{F}_2^{外部}+\vec{F}_{1\to2} \tag{3.6}$$

となる。これらの両辺を足し合わせると、ニュートンの第三法則$\vec{F}_{1\to2}+\vec{F}_{2\to1}=0$により

$$\frac{d^2}{dt^2}(m_1\vec{r}_1+m_2\vec{r}_2)=\vec{F}_1^{外部}+\vec{F}_2^{外部}$$

となる。質点1と質点2の全体を一つの系とすると、その質量は$M=m_1+m_2$である。そこで、方程式を

$$(m_1+m_2)\frac{d^2}{dt^2}\frac{m_1\vec{r}_1+m_2\vec{r}_2}{m_1+m_2}=\vec{F}_1^{外部}+\vec{F}_2^{外部}$$

と書き直すと、位置

$$\vec{r}_{cm}=\frac{m_1\vec{r}_1+m_2\vec{r}_2}{m_1+m_2}$$

にある質量Mの物体が外力$\vec{F}_1+\vec{F}_2$を受けて運動する方程式として、

$$M\frac{d^2\vec{r}_{cm}}{dt^2}=\vec{F}_1^{外部}+\vec{F}_2^{外部}\equiv\vec{F}^{外部} \tag{3.7}$$

と表されることがわかる。$\vec{r}_{cm}$は系を代表する位置で質量中心と呼ばれ、(3.7)は系全体の運動を記述する方程式という意味を持つ。

このことは容易に三つ以上の質点の系に対して応用することができる。つまりN個の質点の系に対してその総質量を$M=m_1+m_2+m_3+\cdots+m_N$とし、その**質量中心**を

$$\boxed{\vec{r}_{cm}=\frac{m_1\vec{r}_1+m_2\vec{r}_2+\cdots+m_N\vec{r}_N}{m_1+m_2+\cdots+m_N}} \tag{3.8}$$

とすると、外力$\vec{F}^{外部}=\vec{F}_1^{外部}+\vec{F}_2^{外部}+\cdots+\vec{F}_N^{外部}$に対して

$$M\frac{d^2\vec{r}_{cm}}{dt^2}=\vec{F}^{外部} \tag{3.9}$$

が成り立つ。

この質量中心は私たちが重心といっているものと一致する。すべての物体は質点の集まりだと考えることができるため、物体の重心に着目すればその運動は(3.9)で記述され、あたかも質点の運動と同じことになるのである。この結果によりすべての物体を質点の運動として記述することが可能となるのである。

また、(3.9)より特に外部から働く合力が0の場合には質量中心は等速直線運動するということに注意しておこう。なめらかな床の上で、レンチが回転しながら移動しても、その重心の運動は等速直線運動となる。

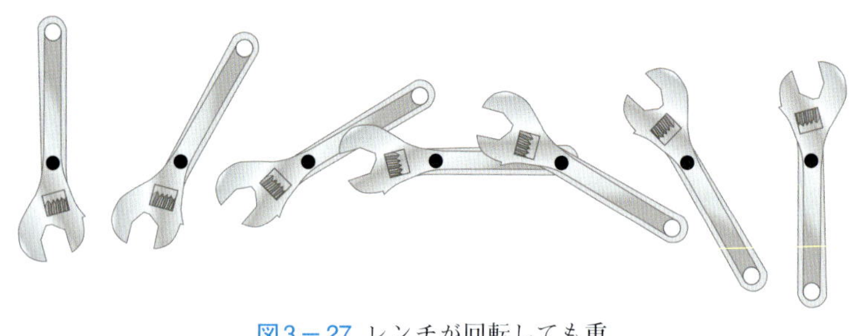

図3－27 レンチが回転しても重心は等速直線運動をする。

図3－28 三つの質点と位置ベクトル

例題3－14 質量中心の計算

点A, B, C（位置はそれぞれ$\vec{r}_{\mathrm{A}}$, $\vec{r}_{\mathrm{B}}$, $\vec{r}_{\mathrm{C}}$とする）に同じ質量の質点が置かれている。この質点系の質量中心を計算しなさい。

解答 質量中心の定義より，

$$\vec{r}_{cm}=\frac{m\vec{r}_{\mathrm{A}}+m\vec{r}_{\mathrm{B}}+m\vec{r}_{\mathrm{C}}}{3m}=\frac{1}{3}(\vec{r}_{\mathrm{A}}+\vec{r}_{\mathrm{B}}+\vec{r}_{\mathrm{C}})$$

となる。これは三角形ABCの重心に一致している。■

3－9 推進力 Ⓑ

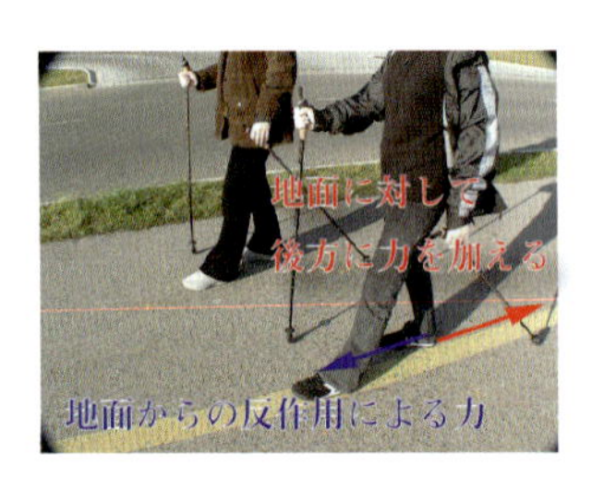

図3－29 地面からの反作用がなければ歩くこともできない。

ニュートンの第三法則は私たちの日常生活とも深くかかわっている。道路を歩く場合を見てみよう。私たちは道路を蹴って道路に後ろ向きの力を与える。すると道路はその反作用として前向きの力を与えるので私たちは前に進むことができる。自動車も、タイヤにより道路に後方向の力を与えると地面からの反作用が前方向の力となって推進するのである。またロケットは気体を後方に放出する。このとき気体に後ろ向きの力を与えることになり、その反作用としてロケットは気体の噴射方向と逆向きに推進力を得ることになる。

このように、私たちの移動における推進力には作用反作用の法則が活用されているのである。

3－10 相対性とは？ Ⅰ

私たちの地球上ではニュートンの法則が成り立っている。地球自身は太陽の周りを30 km/sのスピードで回っており、静止しているわけではない。また等速でまっすぐ移動する電車の中で物体を放り投げたときの運動は、静止している電車内の場合と変わらない。つまり、等速直線運動している人にとってニュートンの運動の法則は、静止している人にとっての法則と同様に成り立つのである。このように力を受けないで等速直線運動している観測者を基準とする座標系を**慣性系**という。地球は自転や公転をしているが、日常生活の中では地表に対して等速直線運動している系を近似的に慣性系の基準として扱える場合が多い。そして物理法則がすべての慣性系において等しいとする仮説を**相対性**仮説という。現在の100億光年の規模にわたる宇宙の物質分布の調査によると、宇宙を広い範囲にわたって平均すればほぼ均一に物質が分布しており、宇宙の中心は発見されていない。この宇宙に中心がないことを**宇宙原理**という。このことは絶対的な基準となる慣性系は存在しないことを意味する。

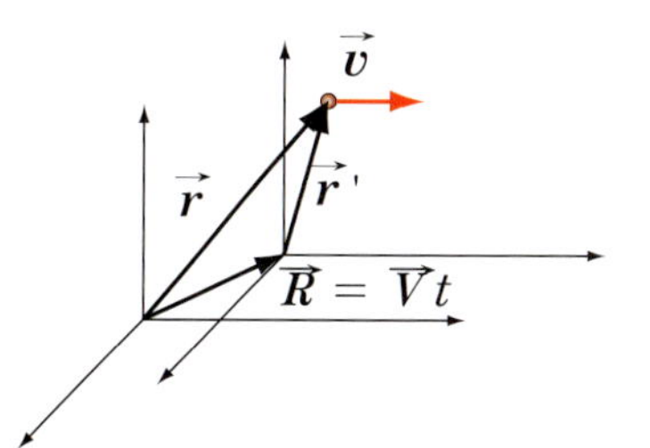

図3－30 等速度で運動する座標系への座標変換

それでは実際にニュートンの第二法則がどの慣性系でも成り立つことを見ていこう。観測者2は観測者１に対して速度$\vec{\mathrm{V}}$で移動しているとする。

観測者１が静止している系で座標をとり、この座標系での質点の位置を$\vec{r}$とする。また観測者２が静止している座標系での質点の位置を$\vec{r}\,'$とする。このとき観測者１の原点から観測者２の原点への変位を$\vec{\mathrm{R}}$とすると、$\vec{r} = \vec{r}\,' + \vec{\mathrm{R}}$の関係がある。たがいの原点が時刻$t = 0$で一致していたとすると、観測者2は観測者1に対して速度$\vec{\mathrm{V}}$で移動しているので、$\vec{\mathrm{R}} = \vec{\mathrm{V}}t$の関係がある。これより

$$\vec{r} = \vec{r}\,' + \vec{\mathrm{V}}t \tag{3.10}$$

あるいは

$$\vec{r}\,' = \vec{r} - \vec{\mathrm{V}}t$$

の関係があることがわかる。各成分について書くと

$$\begin{aligned} x &= x' + V_x t \\ y &= y' + V_y t \\ z &= z' + V_z t \end{aligned} \tag{3.11}$$

である。これを位置の**ガリレオ変換**という。

位置は以上のように変換したが、速度も見る座標系によって異なる。この関係は質点の位置の関係を時間で微分すれば求めることができ、

$$\vec{v} = \frac{d\vec{r}}{dt} = \frac{d}{dt}(\vec{r}\,' + \vec{V}t) = \vec{v}\,' + \vec{V} \tag{3.12}$$

である。これを速度のガリレオ変換、あるいはガリレオの速度の合成則という。移動している観測者から見た速度が静止している観測者から見た速度と異なることは日常経験と合うであろう。

一般に二つの物体があるとき、一つの物体が静止する座標系におけるもう一つの物体の速度を相対速度という。私たちは通常地球を静止しているとした座標系で運動を考えているので、通常の速度そのものが地球に対しての相対速度であるといえる。

また、上の二つの慣性系での加速度の関係は

$$\vec{a} = \vec{a}\,' \tag{3.13}$$

となる。つまりたがいの速度の違いは一定であるので、たがいの速度の変化量は一致し、その結果加速度は二つの慣性系において等しい。これを加速度のガリレオ変換という。

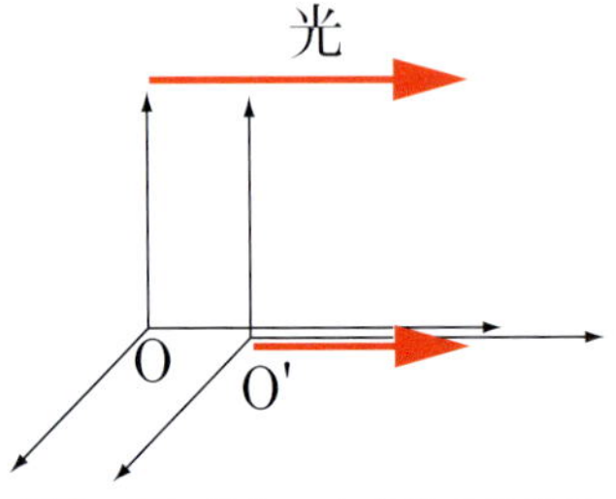

図3－31 ガリレオ変換では光の速さは座標系によって変わる。

時間と力は双方の座標系で等しいとすると、運動方程式は二つの慣性系で等しいことがわかる。このように一つの慣性系でニュートンの第二法則が成り立てば他の慣性系でもニュートンの第二法則が成り立つのである。ニュートンの法則がすべての慣性系で成り立つことを**ガリレオの相対性原理**という。

ガリレオの相対性原理は私たちの常識にあった考え方である。相対速度は足し算と引き算でたがいに関係づけられる。しかし、20世紀の初期にガリレオの相対性原理は変更されることになった。図3－31のようにx軸正の方向に光を発すると、この光は$v_x = 3.0\times10^8$ m/sで進行する。これを速さ1.0×10^8 m/sでx軸正の方向に移動する慣性系から見るとガリレオの速度の合成則では

$$v_x' = v_x - V_x = 2.0\times10^8\ \mathrm{m/s}$$

となる。しかし、測定をすると$v_x' = 3.0\times10^8$ m/sとなる。実際にはこれほど速いスピードの慣性系を用意して観測することはできないが、すべての慣性系で光の速さは変わらないことが精密な実験で確かめられている。これはガリレオの相対性原理と矛盾する結果である。これらの問題を解決するために、1905年にアインシュタインによってニュートン力学と相対性原理との融合が行われた。幸運なことに、物体のスピードが光の速さの数パーセント以下であれば、アインシュタインによるニュートン力学の変更は無視できるくらい小さくなり、ニュートン力学で十分なのである。一方、電子や

陽子などの素粒子では、そのスピードが光の速さの99%以上のものが存在する。そのような素粒子に対しては、アインシュタインの相対性原理によって予言された結果が正しく観測されている。

3－11 自然界の力 Ⅰ

高校物理

自然界に本質的には異なる力はいくつ存在するのであろうか？この問いは非常に古くから存在しており、今もまだ探求され続けている問いである。

物理学者たちは長らく、重力、電気的力、磁気的力を自然界の本質的な力であると認識していたが、身の周りの物体が形を保つための力については正しく理解していなかった。そのため、物体間に働く抗力や摩擦力などの接触力もまた、本質的な力であると見ていた。

1860年代になってジェームズ・クラーク・マクスウェルが電気的力と磁気的力を統一する理論を打ち立てた。そのため、この二つの力を合わせて**電磁気力**というようになった。さらに1900年代以降、原子についての理解が深まると、分子間力がすべて電磁気力からくるものであることがわかった。その結果、接触力などの起源がすべて電磁気力に統一されるようになった。

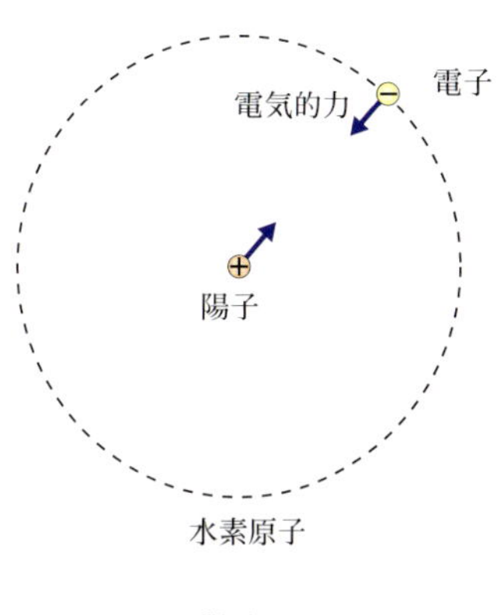

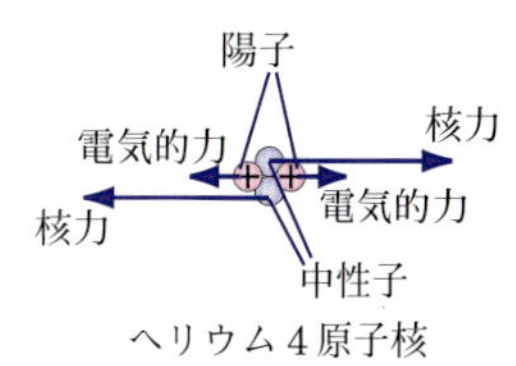

図３－32 原子や分子の構造には電気的力が、原子核の構造には核力が中心的役割を果たす。

1910年代以降、原子核が陽子などの核子の集合であると観測されるようになると、核子を結びつけている力は、電磁気力や重力では説明できないことはすぐに理解された。陽子はプラスの電荷を持っており、原子の大きさ（原子核と電子の平均距離）の約10万分の１という原子核の中では、電磁気力による斥力は非常に強い。陽子同士の重力はこの電磁気力に比べて非常に小さく、陽子を結びつける引力にはなりえないのである。したがって核子間を結びつけているはずの力（核力）は、陽子間のこの電気的反発力に打ち勝つだけの強い引力でなければならず、**強い力**と呼ばれる。この力は10^{-14} mほどの非常に短い距離にのみ到達できる。

1930年代に入ると、中性子が陽子と電子と反ニュートリノに崩壊する現象が、強い力や、電磁気力、重力では説明ができないことが認識された。このような現象は、他の現象に比べて起こる頻度が低く、弱く相互作用している結果であると予測された。このため、こうした崩壊現象にかかわる力を**弱い力**という。

以上の、重力、電磁気力、強い力、弱い力の四つを自然界の四つの力という。

1970年代に入ると、電磁気力と弱い力は統一的に見ることが可能になった。そこで両者を合わせて**電弱相互作用**と呼ぶようになった。私たちの日常の範囲ではこれらは二つの別の力と見ることができるが、高エネルギー加速器で起こる高エネルギー現象や、宇宙初期においてはそれらは一つの力として見ることが可能なのである。

このような経緯から今では強い力と電弱相互作用とを統一する**大統一理論**と呼ばれる理論が提唱されている。宇宙のきわめて初期においては強い力と電磁気力、そして弱い力はすべて同じ力であったと予想されている。さらに、重力を含めたすべての四つの力と、物質も含めて一つに統一する理論も提唱されている。

演習問題3

Ⓑ **3.1** 動き始める電車の中の観測者にとって、ニュートンの第一法則は成り立つかどうかを理由とともに答えなさい。

Ⓑ **3.2** (1) 止まっている1tの自動車を一定の力で押したところ、5s後に1.8 km/hで動くようになった。この自動車に働く合力の大きさを見積もりなさい。(2) この後押すのをやめると、10s後に自動車は止まった。自動車に働く抵抗は一定であると仮定して、はじめに自動車を押した力の大きさを見積もりなさい。

Ⓘ **3.3** 質量の無視できるバネの両端に、質量がそれぞれm, $2m$の物体AとBを一つずつつないでなめらかな面上に置いた。(1) 質量中心の位置を求めなさい。(2) このバネを手で縮めてから静かに離すと、全体の質量中心はどのように運動するか。またAの加速度はBの加速度の何倍になるか。

Ⓘ **3.4** 物体に働く重力は重力加速度に比例する。その比例係数を重力質量m_gと呼ぶ。一方、この物体の運動変化のしにくさを表す質量を慣性質量m_iといい、運動方程式は慣性質量を用いて$m_i \vec{a} = \vec{F}$と書かれる。この二つの質量の比m_g/m_iは、あらゆる物体に対して一定であることが実験的に示されているが、もしこの比が物体によって異なる値をとったとすると、どのようなことがいえるか。

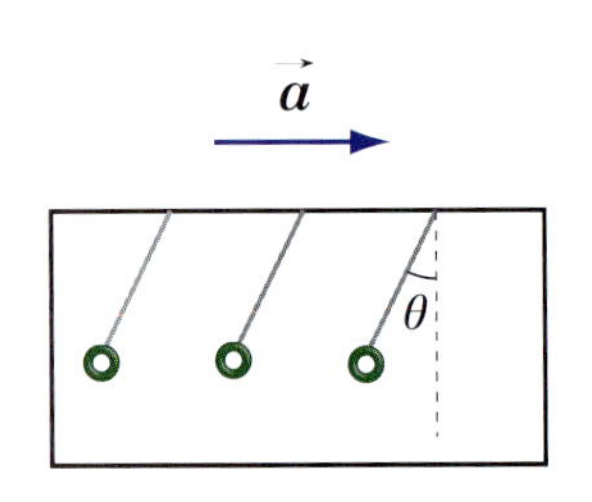

図3－33 電車が動き始めるときのつり革

演習問題解答

3.1 動き始める電車内では、たとえば図3－33のようにつり革が傾き始めるのを見ることができる。つり革には、重力とつりひもかからの張力が働き、その合力は0であるから、ニュートンの第一法則が成り立つのならつり革は（電車の停車状態のときのまま）静止し続けるはずである。よってこの場合には第一法則は成り立っていない。第一法則が成り立つ座標系は慣性系のみである。第一法則は慣性の法則ともいう。

3.2 (1) 加速度が$a = 0.1\,\mathrm{m/s^2}$となるから、働く力は100 Nと計算できる。(2) 同様に抵抗による力は50 N（運動と逆向き）となり、よって押していた力は150 Nであると考えられる。なお抵抗としては空気抵抗と地面からの摩擦抵抗、自動車内部にある抵抗などさまざまなものが考えられる。ここでは簡単のためそれらの合力は一定であると仮定した。空気抵抗は速度によって変化するが、この問題の条件では十分小さく、その変化もほとんど問題にならないと考えられる。

3.3 (1) A、Bの位置ベクトルをそれぞれ$\vec{r}_{\mathrm{A}}, \vec{r}_{\mathrm{B}}$とすると、質量中心は$\vec{r}_{cm} = (m\vec{r}_{\mathrm{A}} + 2m\vec{r}_{\mathrm{B}})/3m = (\vec{r}_{\mathrm{A}} + 2\vec{r}_{\mathrm{B}})/3$となる。これは線分ABを2:1に内分する点を表している。(2) 手を静かに離した後は、物体全体には内部の力しか働かない。よって質量中心に加速度は生じず、静止したままになる。AとBに働く内部の力は等しい大きさなので、Aの加速度はBの2倍になる。

3.4 たとえば自由落下の運動方程式は$m_i\vec{a} = m_g\vec{g}$となり、落下の加速度は$\vec{a} = \dfrac{m_g}{m_i}\vec{g}$となる。この値が物体によって異なるのだから、真空中であっても物体によって落下する加速度が異なることになる。実際にはこの比が物体によらないことは非常に高い精度で確かめられており、一般相対性理論の等価原理（の基礎）として確立している。

4 ニュートンの法則の応用

ニュートンの法則により、物体に働く力がわかればその物体の運動を記述できる。ここではニュートンの運動の法則の応用により運動がどのように求められるのかを見ていこう。

高校物理基礎

4－1 力学的平衡状態 Ⓑ

ニュートンの法則の一番単純な応用は、物体に働く合力がゼロとなる場合である。この場合ニュートンの第二法則あるいは第一法則から、加速度がゼロとなり物体は等速直線運動をすることになる。このような状態を**力学的平衡状態**という。また静止している状態を**静的平衡状態**という。

静的平衡状態の例

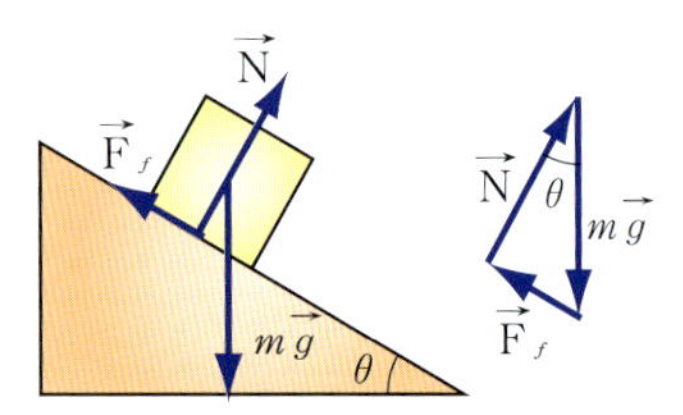

図4－1 斜面に静止する物体

斜面に物体が静止している場合を考えてみよう。このときこの物体には、重力$m\vec{g}$と垂直抗力$\vec{N}$、そして摩擦力$\vec{F}_f$が働いている。この場合の垂直抗力と摩擦力の大きさを求めてみよう。物体は静止しているので、これら三つの力の合力はゼロである。言い換えると、図に示したように三つのベクトルが直角三角形を作って閉じる。したがって、

$$N = mg\cos\theta$$

$$F_f = mg\sin\theta$$

であることがわかる。

例題4－1 静的平衡状態

図のように、車と木をロープで結びつけ、その中間を500 Nの力で引っ張った。このときの図の角度をθ=8°として、車を引くロープの張力を求めなさい。

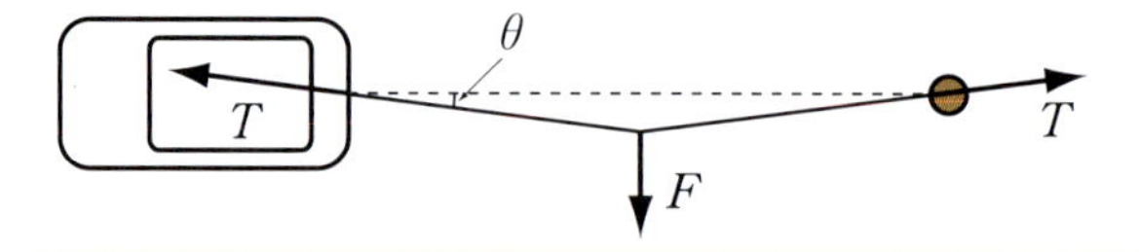

解答 ロープの中点に働く三つの力の合力はゼロであるので、図よりロープを引く力Fと張力Tの関係は$2T\sin\theta = F$となる。これより

$$T=\frac{F}{2\sin\theta}=\frac{500\ \mathrm{N}}{2\times\sin 8^\circ}=1800\ \mathrm{N}$$

となる。■

図4－2 重力のもとでロープは懸垂線を描く。

例題4－2　懸垂線Ⓐ

単位長さあたりの質量がρのロープを両端の高さをそろえて壁に結びつけた。このとき垂れ下がるロープの形はaを定数として

$$y=\frac{1}{a}(\cosh ax-\cosh aL)$$

となることを示しなさい。ただし、x, yは図4－3のようにロープの両端を$(x, y)=(L, 0)$、$(-L, 0)$ととる座標である。

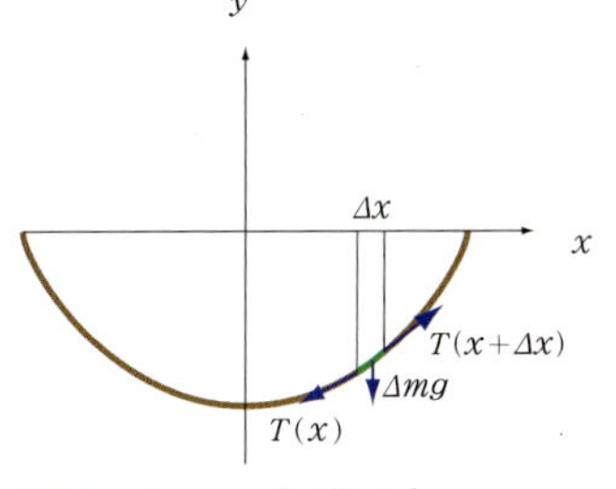

図4－3 ロープに働く力

解答　微小区間Δxで、張力と重力を合わせたつり合いを考えてみる。まず、x方向のつり合いは$T_x(x)=T_x(x+\Delta x)$となる。つまり、これはロープすべてにおいて張力のx方向の成分は等しいことを表している。したがって今後$T_x=C$という定数とする。

ロープの座標を$y(x)$とすると張力はロープに接する方向であるので$T_y/T_x=dy/dx$となる。これは$T_y=C\dfrac{dy}{dx}$となることを意味する。

微小区間のロープの長さは

$$\Delta s=\sqrt{(\Delta x)^2+(\Delta y)^2}=\Delta x\sqrt{1+(dy/dx)^2}$$

である。ロープの単位長さあたりの質量をρとするとこの区間の質量は$\Delta m=\rho\sqrt{1+(dy/dx)^2}\,\Delta x$である。よって$y$方向の力のつり合いは

$$T_y(x+\Delta x)-T_y(x)=\rho g\Delta x\sqrt{1+(dy/dx)^2}$$

となる。これより両辺をΔxで割り、$\Delta x\to 0$とすると

$$\frac{dT_y}{dx}=\rho g\sqrt{1+(dy/dx)^2}$$

となり、$T_y=C\,dy/dx$を用いると

$$C\frac{d}{dx}\left(\frac{dy}{dx}\right)=\rho g\sqrt{1+(dy/dx)^2}$$

となる。ここで$z=dy/dx$とおくと

$$\frac{1}{\sqrt{1+z^2}}\frac{dz}{dx}=\frac{\rho g}{C}$$

となり、この両辺を積分して

$$\int\frac{dz}{\sqrt{1+z^2}}=\int\frac{\rho g}{C}dx$$

となる。左辺の積分は $\sinh^{-1} z$ で、対称性より $x = 0$ で $z = dy/dx = 0$ となることを用い、さらに $a = \rho g/C$ とおくと

$$z = dy/dx = \sinh(ax)$$

が得られる。これを積分し、両端で $y = 0$ の条件を課すと

$$y = \frac{1}{a}(\cosh ax - \cosh aL)$$

となることがわかる。■

高校物理基礎

4－2　加速しているときの力　Ⓑ

この節では、物体が加速度運動しているときに物体に働いている力についていくつかの例を調べてみよう。

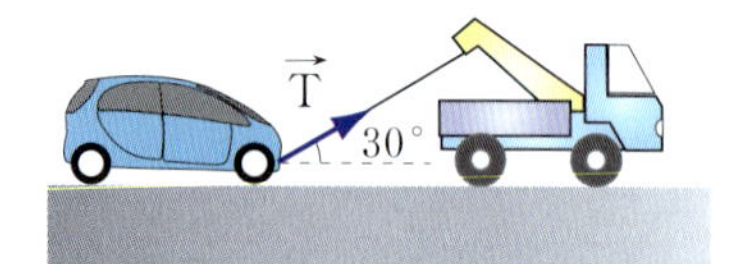

図4－4　レッカーに引かれる車

例題4－3　一定の力による運動

質量1tの故障した自動車が、図のようにレッカー車により30°の傾きのロープで運ばれていく。静止した状態から10秒後に時速36 kmに達した。車の摩擦力を300 Nとし、一定の加速度で加速されたとしてこの間のロープの張力を求めなさい。

解答　一定加速度で10 s後に10 m/sになったから、加速度は1 m/s^{2}である。よって、運動方程式は

$$1000\ \text{kg} \times 1\text{m/s}^2 = T\cos\frac{\pi}{6} - 300\ \text{N}$$

となるから、張力は $T = 1500$ Nと求められる。■

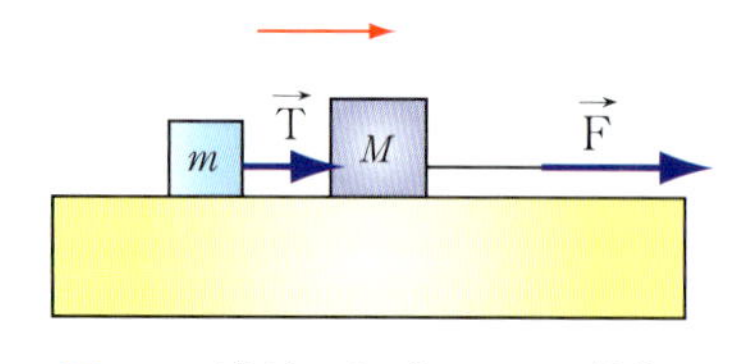

図4－5　連結したブロックの運動

例題4－4　加速する物体に働く力

図4－5のように、なめらかな床の上に質量M, mの二つのブロックが連結されて置かれている。質量Mのブロックに力Fを加えて加速していくとき、質量mのブロックが受ける力を求めなさい。

解答　質量$M + m$の系に力Fが加えられ、加速度$a = F/(M + m)$で運動するから、質量mのブロックは$mF/(M + m)$の力を受ける。■

例題4－5　加速する物体に働く力

図4－6のように、質量Mの台の上で質量mの人がロープを力Fで引く。この人が台から受ける抗力の大きさを求めなさい。

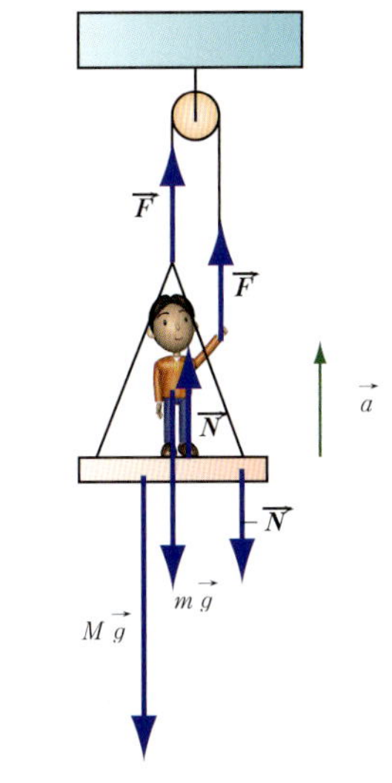

図4－6　台上の人に働く力

解答　人にはロープを引く反作用、台からの抗力、重力が働き、台にはロープからの張力、抗力の反作用、重力が働く。人と台の加速度を$\vec{a}$とすると、運動方程式は、

$$m\vec{a}=\vec{F}+\vec{N}+m\vec{g},\quad M\vec{a}=\vec{F}-\vec{N}+M\vec{g}$$

である。これらより

$$\vec{a}=\frac{2}{m+M}\vec{F}+\vec{g},\quad \vec{N}=\frac{m-M}{m+M}\vec{F}$$

と求められる。垂直抗力は$\vec{F}$と同じ向きであるから、$m\geq M$でなくてはならない。（これは問題の設定からもわかる。）■

4－3　摩擦力　Ⓑ

高校物理基礎

前章で摩擦力について学んだがここではもう少し詳しく見ていこう。図4－7のように質量が等しく、接触面の面積が2倍異なる物体を考えてみよう。物体Aでは接触面の面積が大きいので、物体が受ける重力により分子一つあたりに加わる力は物体Bの半分である。したがって単位面積あたりに見ると、接触する分子の数はほぼ半数である。しかし、面積が2倍なので全体で見ると接触している分子の数は等しい。このことから、摩擦力は接触面積にはほとんどよらないことがわかる。

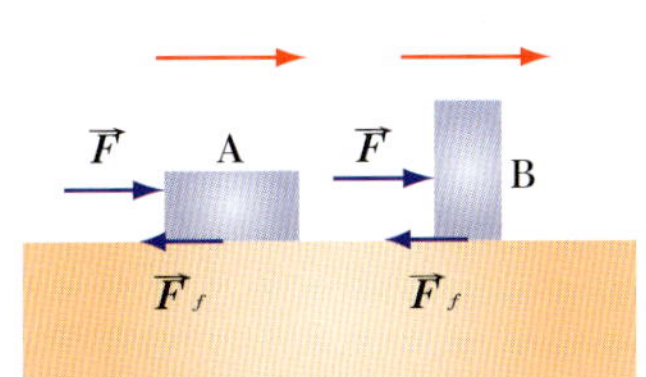

図4－7　摩擦力は表面積によらない。

一方ゴムのように変形する物体では、物体の形状によっては摩擦力が接触面積によらないという性質が成り立たない場合がある。たとえばタイヤは、押しつける力が強いほど変形によって地面と接触する面積そのものも増加するため、押しつける力と抗力の関係は成り立たない。しかし、四角く硬いゴムなどは変形が少ないため、ほぼ押しつける力に比例して摩擦力が増加する。

4－4　静止摩擦力　Ⓑ

高校物理基礎

静止した状態で働く摩擦力を**静止摩擦力**(static friction)という。静止摩擦力の大きさf_sには分子間力によって決まる上限がある。静止摩擦力の最大値$f_{s,\max}$は、垂直抗力の大きさNに比例し、

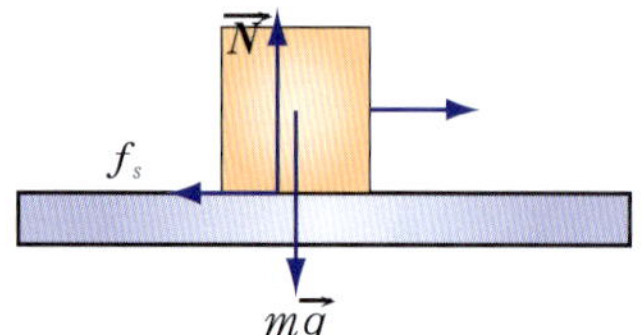
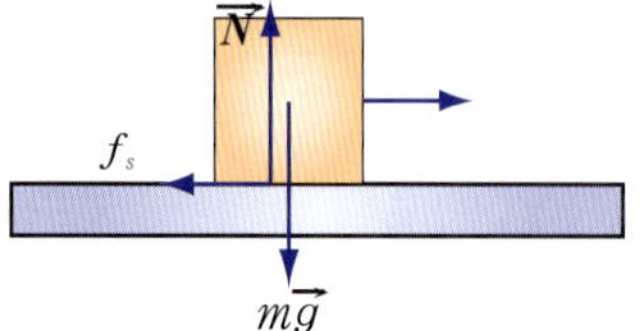

図4－8 物体を押す力と静止摩擦力とがつり合い静止している物体

$$f_{s,\max} = \mu_s N \qquad (4.1)$$

の関係がある。比例係数μ_sを**静止摩擦係数**という。この摩擦係数は二つの物体の分子間相互作用によって決まるので、面とその上に置く物体の双方の組み合わせによって異なる。たとえば、氷の上の氷では、μ_s=0.1程度であり、コンクリート上のゴムではμ_s=1.0である。この摩擦力の向きは物体を動かそうとする力と逆方向に働く。最大静止摩擦力を超える力が加わったとき、物体は動き出す。

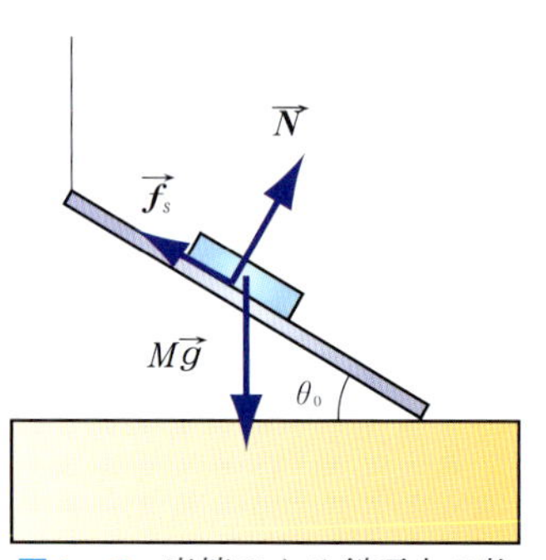

図4－9 摩擦のある斜面上の物体に働く力

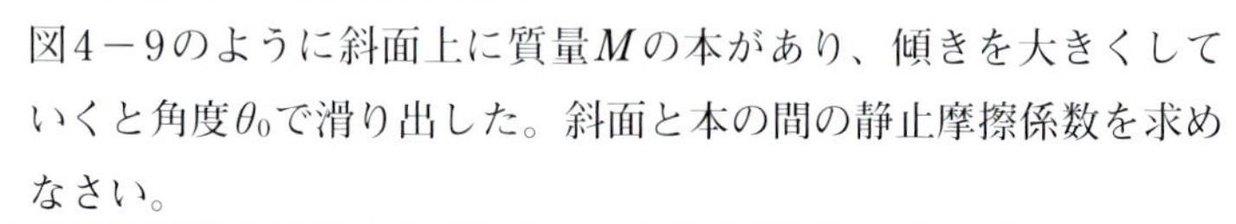

例題4－6　静止摩擦係数

図4－9のように斜面上に質量Mの本があり、傾きを大きくしていくと角度θ_0で滑り出した。斜面と本の間の静止摩擦係数を求めなさい。

解答 斜面と平行な方向の重力の成分は、物体が滑り出す直前に最大静止摩擦力とつり合い、$f_s = Mg\sin\theta_0$である。静止摩擦係数をμ_sとして$f_s = \mu_s N = \mu_s Mg\cos\theta_0$より、$\mu_s = \tan\theta_0$となる。■

高校物理基礎

4－5 動摩擦力 Ⓑ

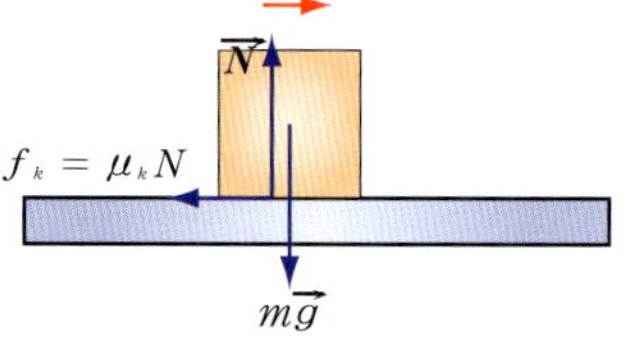

図4－10 運動する物体に働く摩擦力

物体が滑り出すと運動と反対方向に摩擦力が働く。これを動摩擦力(kinetic friction)という。この動摩擦力の大きさf_kは、やはり垂直抗力の大きさNに比例し

$$f_k = \mu_k N \qquad (4.2)$$

となる。この比例係数μ_kを**動摩擦係数**という。この動摩擦係数は静止摩擦係数よりも小さい値になる。たとえば、氷の上の氷ではμ_k=0.03であり、コンクリート上のゴムではμ_k=0.8程度である。

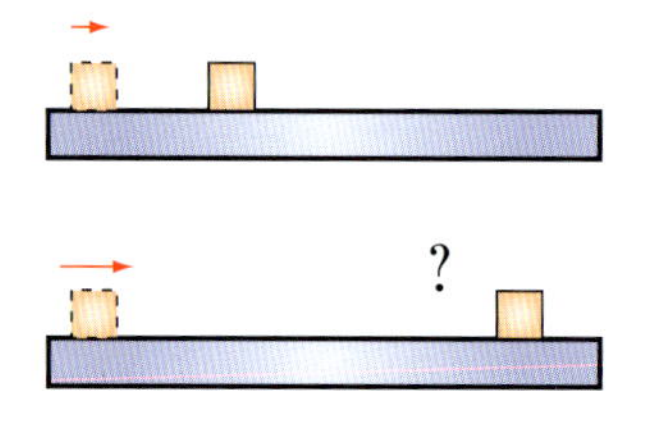

図4－11 摩擦のある面上での初速度と移動距離の関係

例題4－7　動摩擦力と運動

机の上で本を滑らせる。初速度を２倍にして滑らせると、止まるまでに移動する距離は何倍になるか？

解答 本は一定の動摩擦力を受けるから、初速度を2倍にしても、同じ一定の加速度を得る（減速する）。よって、止まるまでの時間は2倍になり、この間の平均速度も2倍になるから、移動距離は4倍になる。■

例題4－8　動摩擦力と運動

摩擦のある面上にある荷物を横から押して移動させる。荷物を押す力を2倍にすると、荷物の加速度はどうなるか？

(A)変わらない　(B) 1倍以上2倍以下　(C) 2倍　(D) 2倍以上

図4－12 摩擦のある面上での力と加速度の関係

解答　動摩擦力は押す力によらないから、荷物に加わる合力は2倍以上になることがわかる。加速度は合力に比例するから、(D) が正しい。■

例題4－9　動摩擦力

図4－13のように質量mの荷物に床から角度θの方向に力を加え、一定の速度で引く。床と本の間の動摩擦係数をμとする。このとき、最小の張力となる角度を求めなさい。

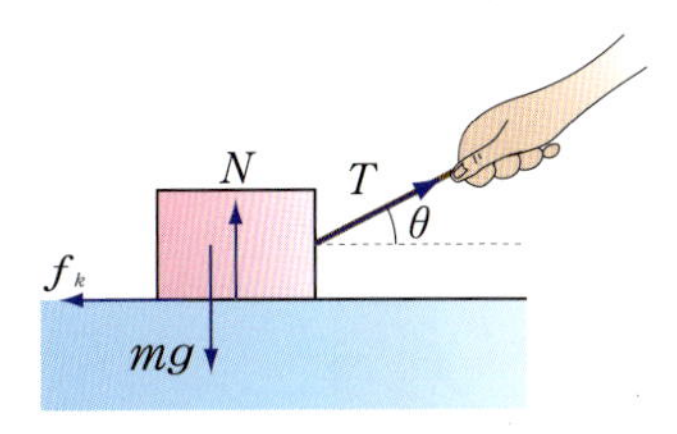

図4－13 摩擦のある面上の物体に働く力

解答　一定の速度であるので力学的平衡状態にある。鉛直方向と水平方向のつり合いより

$$N+T\sin\theta=mg$$

$$f_k=\mu N=T\cos\theta$$

となる。Nを消去すると$\mu(mg-T\sin\theta)=T\cos\theta$となるので

$$T=\frac{\mu mg}{\cos\theta+\mu\sin\theta}$$

である。角度を変えて$T(\theta)$が極小になるということは分母の$\cos\theta+\mu\sin\theta$が極大となることである。よって

$$\frac{d}{d\theta}(\cos\theta+\mu\sin\theta)=0$$

より、$\mu=\tan\theta$となるθが張力が最小となる角度である。■

4－6　転がり抵抗　I

タイヤを水平な地面の上で転がすと、タイヤはゆっくりと減速する。これは図4－14のように、タイヤの重さと回転によりタイヤおよび地面がわずかに変形し、地面から受ける力が進行方向と反対方向の成分を持つためである。この運動方向と反対方向の力を転がり抵抗（rolling resistance）または回転摩擦力という。転がり抵抗の大きさf_rも垂直抗力の大きさに比例し、

$$f_r=\mu_r N \tag{4.3}$$

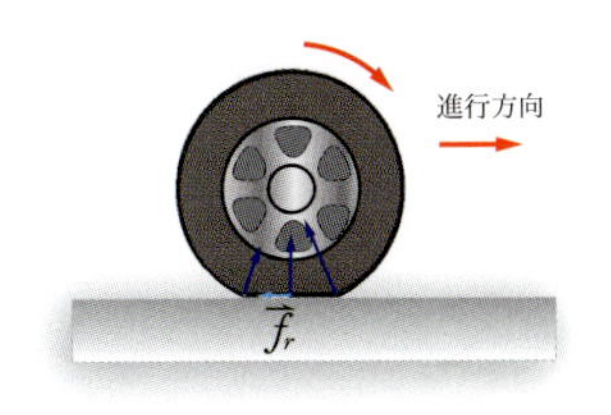

図4－14 タイヤ

となる。このμ_rを**転がり抵抗係数**という。転がり抵抗係数は、動摩擦係数よりもさらに小さい値になる。たとえば、コンクリート上のゴムでは$\mu_r = 0.02$であり、動摩擦係数の約40分の1である。

4－7　ポールにロープをまく　Ⓐ

この節では摩擦力の応用として、少し難しいが日常生活と関係がある問題を調べてみよう。

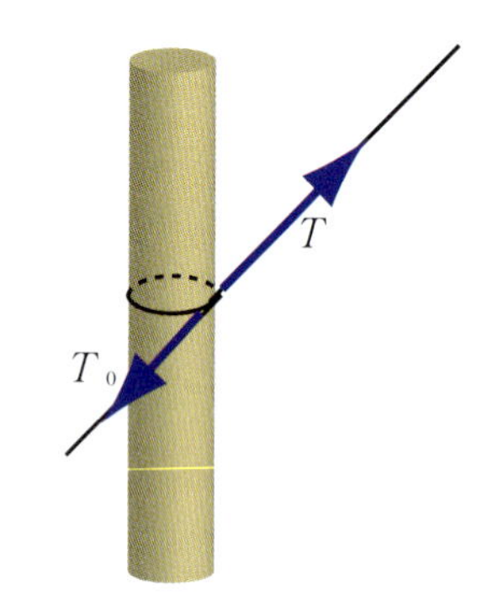

図4－15　ポールにロープを巻く。

例題4－10　摩擦力

図のように、半径Rの円柱に、ロープを1周巻きつける。ロープの端をT_0の力で引っ張るときもう一端にどれくらい大きな力を加えても動かずに支えられるか、支えられる力の最大値を求めなさい。ただし、ロープと柱の間の静止摩擦係数をμとする。また、$\mu = 1$としたとき、支えられる力はT_0の何倍になるか？

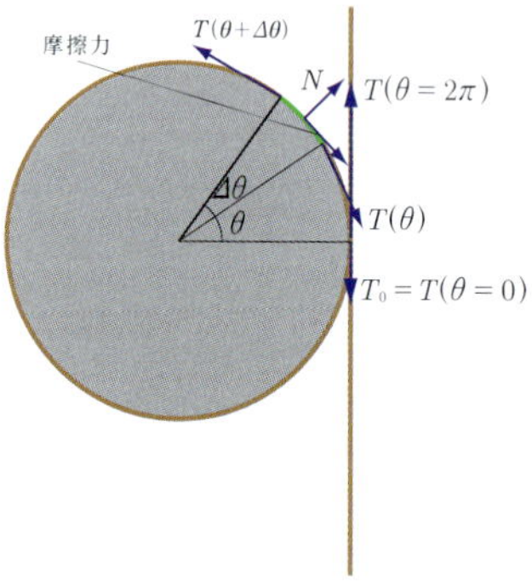

解答　図4－16のようにT_0の力で引くロープがポールと接する位置を$\theta = 0$とし、ロープは$\theta = 2\pi$まで巻きついてもう一端まで伸びていくとする。図のように角度が$\Delta\theta$の微小区間を考える。この区間の両端に加わる張力は$T(\theta+\Delta\theta)$と$T(\theta)$である。張力の中心方向の成分は$T(\theta)\sin(\Delta\theta/2)+T(\theta+\Delta\theta)\sin(\Delta\theta/2) \approx T(\theta)\Delta\theta$であるので、抗力の大きさも$N = T(\theta)\Delta\theta$である。よってこの部分に働く静止摩擦力の最大値は$\mu N = \mu T(\theta)\Delta\theta$である。したがって、ロープが動かない条件は

$$T(\theta+\Delta\theta) \leq T(\theta)+\mu T(\theta)\Delta\theta$$

である。これより

$$\frac{T(\theta+\Delta\theta)-T(\theta)}{\Delta\theta} \leq \mu T$$

となり、$\Delta\theta \to 0$の極限をとると

$$\frac{dT(\theta)}{d\theta} \leq \mu T$$

となる。これは

$$\frac{d}{d\theta}\ln T(\theta) \leq \mu$$

と変形できるので、両辺を角度0から2πまで積分して

$$\ln T(2\pi)-\ln T_0 \leq 2\pi\mu$$

となる。$T(2\pi)$がもう一端に加える力の大きさであり、これより

$$T(2\pi) \leq T_0 e^{2\pi\mu}$$

となる。$\mu = 1$とすると、これはT_0の$e^{2\pi} \approx 530$倍にもなる。■

摩擦力　$T(\theta+\Delta\theta)$　N　$T(\theta = 2\pi)$　$\Delta\theta$　θ　$T(\theta)$　$T_0 = T(\theta = 0)$

図4－16　ポールの断面

4－8　空気抵抗 

空気抵抗は物体が進行する方向と逆方向に働く。その大きさはスピードによって変化し、形状によっても変化する。この空気抵抗の大きさは、空気の密度をρ、進行方向に垂直な断面積の最大値をAとして

$$f=\frac{1}{2}C_D\rho Av^2 \tag{4.4}$$

で与えられる。C_Dは形状によって値が異なり、平面では$C_D=1$程度であり、球では$C_D=0.5$程度である。球の場合、地表付近の密度$\rho=1.29\ \mathrm{kg/m^3}$と大円の面積が直径$D$により

$$A=\frac{D^2\pi}{4}$$

と表されることを用いると、空気抵抗は$\gamma=0.25\ \mathrm{N\cdot s^2/m^4}$として

$$f(v)=\gamma D^2v^2 \tag{4.5}$$

と表される。このように、空気抵抗の大きさは断面積に比例すると共に速度の２乗に比例するのである。

空気抵抗の大きさがなぜこのような性質を持つかは感覚的に理解することができる。球の代わりに面を考えよう。面がある速度で移動すると、衝突した空気の分子はおよその速度まで加速されることになる。面の面積が２倍になると加速する空気の質量も２倍となるためその力は面の面積に比例する。

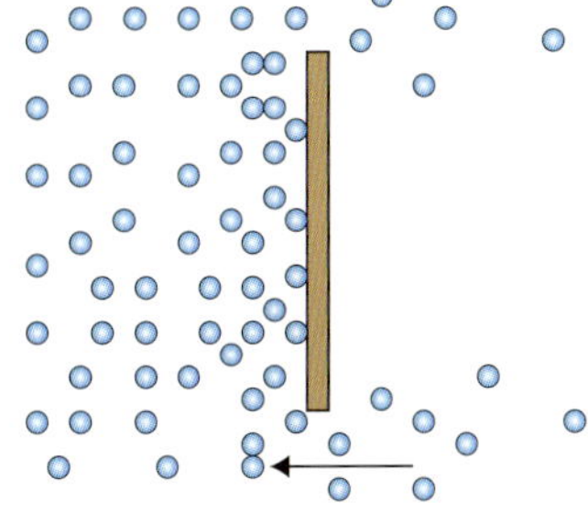

図４－17　面に衝突する空気分子

また、面のスピードが２倍になると空気分子の加速度も平均して２倍になるだろう。さらに単位時間あたりに衝突する空気分子の数も２倍になるため質量と加速度がそれぞれ２倍となって、ニュートンの第二法則よりその力は４倍となる。よって空気抵抗の大きさは衝突する面の面積に比例し、速度の２乗に比例するのである。

このように速度の２乗に比例する空気抵抗は、正面への空気の圧力が主な要因であるので**圧力抵抗**という。

比例係数C_Dについてはより詳細な議論が必要であるが、ここでは速度への依存性を感覚的に理解することが重要である。

4－9　空気抵抗の詳細

前節で空気抵抗の大きさは速度の２乗に比例すると述べたが、より正確にはスピードに比例する部分が存在する。これは空気の粘性から生まれる項であり、この粘性については第10章で詳しく説明することになるが、端的には物体側面にある空気が物体にまとわりつく効果ととらえればよい。この粘性の効果がスピードに比例する

空気抵抗を生み出す。これを**粘性抵抗**という。先の圧力抵抗の値を加えると、球に加わる空気抵抗の大きさはおよそ

$$f(v) = \beta D v + \gamma D^2 v^2 \tag{4.6}$$

となる。ここで係数β, γは

$$\beta = 1.6\times10^{-4}\,\mathrm{N\cdot s/m^2},\quad \gamma = 0.25\,\mathrm{N\cdot s^2/m^4} \tag{4.7}$$

という値である。これらの値は、球の場合のものであり、他の形状の場合には異なる。しかし、球の場合がわかればそれ以外の場合でも大きさの桁はそれほど変わらない。

スピードに比例する部分とスピードの２乗に比例する部分の比は

$$\frac{\gamma D^2 v^2}{\beta D v} = \left(1.6\times10^3\,\frac{\mathrm{s}}{\mathrm{m^2}}\right)Dv \tag{4.8}$$

となる。これより直径が1 mmでスピードが1 m/sであるとするとこれらはほぼ同じ程度の大きさとなることがわかる。たとえば雨粒ではこれは１程度の値であり、速度に比例する部分と速度の２乗に比例する部分双方とも寄与が大きい。

直径が１cm程度になると速度が1 m/sでこの値は16となるので、速度の２乗に比例する部分の寄与が大きくなる。直径7 cmの野球のボールでは5 m/sというスピードでもこの値は600となり、速度の２乗であるとする近似が非常によくなる。このようにして野球のボールやピンポン球、また落下する人間などでも空気抵抗は速度の２乗に比例することになる。

一方、大きさが1 mm以下で非常にゆっくりとしたスピードの場合、スピードに比例した項が主要な寄与となる。このような性質を利用した実験としてはミリカンの油滴実験が有名である。

高校物理

4－10　粘性抵抗下での運動　Ⅰ

物体が小さく、圧力抵抗が無視できる場合の運動を調べてみよう。このとき、運動方程式は

$$m\frac{d\vec{v}}{dt} = m\vec{g} - b\vec{v} \tag{4.9}$$

となる。水平方向をx軸、鉛直下方をz軸の正方向として、各成分ごとに見ると

$$\begin{aligned} m\frac{dv_x}{dt} &= -bv_x \\ m\frac{dv_z}{dt} &= mg - bv_z \end{aligned} \tag{4.10}$$

となり、自由落下のときと同様に、それぞれの成分を独立に考えて

よいことがわかる。

水平方向の運動

まず、水平方向では

$$\frac{1}{v_x}\frac{dv_x}{dt}=-\frac{b}{m} \tag{4.11}$$

となり、これは$v_x>0$の場合、合成関数の微分則より

$$\frac{d}{dt}\ln v_x=-\frac{b}{m}$$

と変形できる。この両辺をtで積分すると

$$\int_0^t\left(\frac{d}{dt'}\ln v_x\right)dt'=-\frac{b}{m}\int_0^t dt'=-\frac{b}{m}t$$

となる。左辺は$\ln v_x(t)-\ln v_x(0)$となることから水平方向の初速度をv_0とすると

$$v_x(t)=v_0 e^{-t/\tau},\quad \tau=m/b \tag{4.12}$$

となる。このτを導入したのには理由がある。時間がτだけたつと速度は$e^{-1}=0.37$倍となることから、時間τは速度が減衰する時間の目安となるのである。今後このような定義の仕方はたびたび現れる。

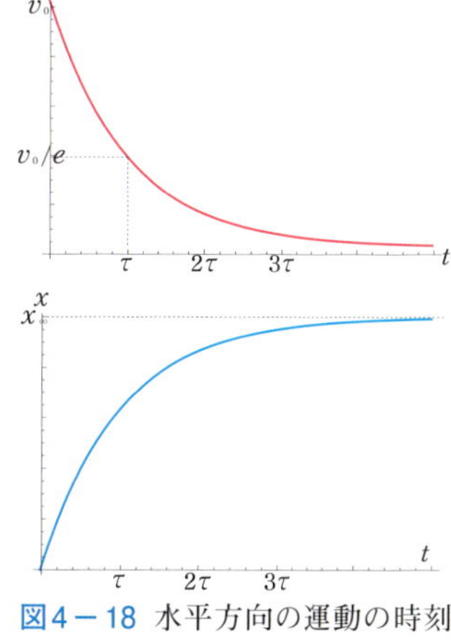

図4－18 水平方向の運動の時刻－速度グラフ、時刻－位置グラフ

次に位置を見てみよう。速度を時間で積分すると

$$\int_0^t v_x(t')dt'=x(t)-x(0)$$

となる。左辺に(4.12)を用い、$t=0$での位置を原点にとると

$$\begin{aligned} x(t)&=x(0)+\int_0^t v_0 e^{-t'/\tau}dt' \\ &=0+[-v_0\tau e^{-t'/\tau}]_0^t=x_\infty(1-e^{-t/\tau}) \\ x_\infty&=v_0\tau \end{aligned} \tag{4.13}$$

と求められる。したがって無限に時間がたつと水平方向の座標はx_∞に近づいていく。

鉛直方向の最終速度

次に鉛直方向の運動を見てみよう。スピードが増すと、抵抗が増加し、最終的には重力とつり合って等速で落下するようになる。このときの速度v_{ter}を**最終速度**(terminal speed)という。このとき、つり合いの式$mg-bv_{ter}=0$が成り立つので、最終速度は

$$v_{ter}=\frac{mg}{b} \tag{4.14}$$

となる。

例題4－11　粘性抵抗と最終速度

密度が一定の油滴が落下する。油滴の半径が2倍になると、油滴の最終速度は何倍になるか？

解答　油滴の半径が2倍になると、質量は体積に比例し8倍になる。一方、抵抗は半径に比例するため2倍になる。したがって、速度が4倍になると粘性抵抗が8倍となり重力とつり合うことになる。よって最終速度は4倍となる。■

鉛直方向の運動方程式

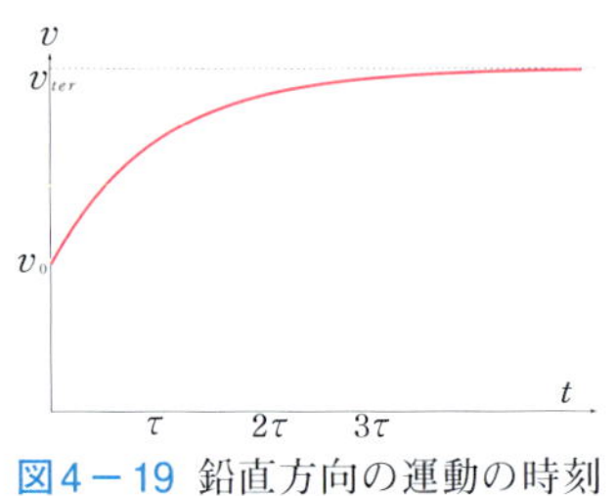

図4－19 鉛直方向の運動の時刻－速度グラフ：速度は一定の最終速度へ近づく。

鉛直方向の運動方程式は最終速度を用いると

$$m\frac{d}{dt}v_z = -b(v_z - v_{ter})$$

と表され、これはさらに

$$m\frac{d}{dt}(v_z - v_{ter}) = -b(v_z - v_{ter})$$

と変形できるので、水平方向の方程式(4.11)で $v_x \to v_z - v_{ter}$ としたものに相当する。したがって、

$$\frac{d}{dt}\ln|v_z(t) - v_{ter}| = -\frac{1}{\tau}$$

となるので両辺を積分して

$$\int_0^t \left(\frac{d}{dt'}\ln|v_z(t') - v_{ter}|\right)dt' = -\frac{t}{\tau}$$

より、

$$|v_z(t) - v_{ter}| = |v_z(0) - v_{ter}|e^{-t/\tau} \tag{4.15}$$

となることがわかる。

4－11　圧力抵抗下での運動　Ⓐ

粘性抵抗下での運動と同様に、物体が重力により落下しスピードが増加すると、空気抵抗も増加するので最終的に空気抵抗と重力とがつり合い、合力がゼロとなる。そのため、ニュートンの第二法則よりそれ以上加速することはなく、一定のスピード（最終速度）で落下するようになる。

この状態に達すると重力と空気抵抗がつり合うことから

$$mg - \frac{1}{2} C_D \rho A v_{ter}^2 = 0$$

が成り立つ。これより最終速度は

$$v_{ter} = \sqrt{\frac{2mg}{C_D \rho A}} \tag{4.16}$$

となることがわかる。直径10 cmの発泡スチロールのボールの場合、質量は50 gとすると最終速度は12 m/s程度となる。地表付近を落下する球ではおよそ

$$v_{ter} \approx \sqrt{\frac{4mg}{(1.0\ \mathrm{kg/m^3})D^2}} \tag{4.17}$$

となる。

例題4－12　圧力抵抗と最終速度

直径7 cmの野球ボールの質量は0.15 kgである。このボールの最終速度を求めなさい。

解答　(4.17)から、最終速度は

$$v_{\mathrm{ter}} \simeq \sqrt{\frac{4 \times 0.15\ \mathrm{kg} \times 9.8\ \mathrm{m/s^2}}{1\ \mathrm{kg/m^3} \times (7 \times 10^{-2}\ \mathrm{m})^2}} \simeq 35\ \mathrm{m/s}$$

となる。■

例題4－13　圧力抵抗と最終速度

圧力抵抗による球体の最終速度は、同じ材質で半径が2倍になると何倍になるか。

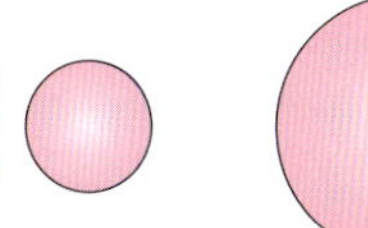
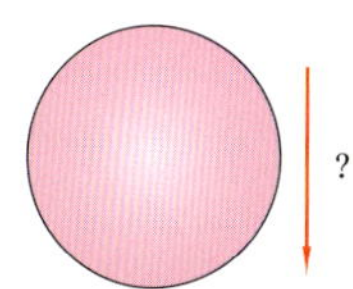

図4－20 同じ形状、材質でスケールの異なる二つの物体

解答　半径が2倍になると、質量は体積に比例して8倍になるから、重力は8倍になる。圧力抵抗は断面積と最終速度の2乗に比例する。断面積は4倍になるから、重力と圧力抵抗がつり合うには、最終速度の2乗はもとの2倍になる必要がある。よって最終速度は$\sqrt{2}$倍になる。■

最終速度に達するまでの運動

ボールを真下にそっと落下させる場合を見てみよう。$t=0$で$x(t=0)=0$、$v(t=0)=0$とし、空気抵抗の大きさを $f=cv^2$と表す。下方向を正の向きとするとニュートンの第二法則は

$$m\frac{dv}{dt}=mg-cv^2 \tag{4.18}$$

となる。力のつり合いを考えて、最終速度は

$$v_{ter}=\sqrt{\frac{mg}{c}} \tag{4.19}$$

であることがわかる。

この最終速度を用いて方程式は

$$\frac{dv}{dt}=g\left(1-\frac{v^2}{{v_{ter}}^2}\right)$$

となり、

$$\frac{1}{1-v^2/{v_{ter}}^2}\frac{dv}{dt}=g$$

と書くことができる。これは

$$\frac{1}{2}\left(\frac{1}{1-v/v_{ter}}+\frac{1}{1+v/v_{ter}}\right)\frac{dv}{dt}=g$$

となるので合成関数の微分により

$$\frac{d}{dt}\left[-\frac{v_{ter}}{2}\ln(1-v/v_{ter})+\frac{v_{ter}}{2}\ln(1+v/v_{ter})\right]=g$$

となる。よって両辺を時間で積分して$v(0)=0$を用いると

$$\ln\frac{1+v/v_{ter}}{1-v/v_{ter}}=\frac{2gt}{v_{ter}}$$

となるので、時刻tにおける速度は

$$v=v_{ter}\frac{e^{gt/v_{ter}}-e^{-gt/v_{ter}}}{e^{gt/v_{ter}}+e^{-gt/v_{ter}}} \tag{4.20}$$

と求まる。これより十分に時間がたつと速度が最終速度に近づいていくことがわかる。また(4.20)は

$$\frac{dx}{dt}=\frac{{v_{ter}}^2}{g}\frac{d}{dt}\ln(e^{gt/v_{ter}}+e^{-gt/v_{ter}})$$

と書くことができるので、両辺を時間で積分すると

$$\int_0^t\frac{dx}{dt'}dt'=\frac{{v_{ter}}^2}{g}\int_0^t\frac{d}{dt'}\ln(e^{gt'/v_{ter}}+e^{-gt'/v_{ter}})dt'$$

となり、$x(0)=0$より位置は

$$x=\frac{{v_{ter}}^2}{g}\ln\left(\frac{e^{gt/v_{ter}}+e^{-gt/v_{ter}}}{2}\right) \tag{4.21}$$

と求められる。

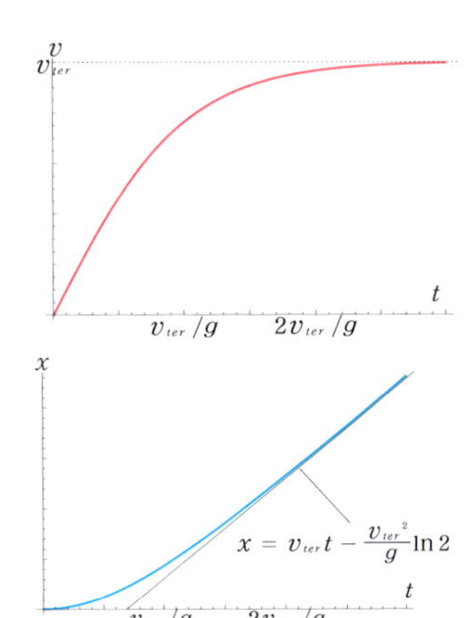

図4−21 圧力抵抗下の運動の時刻−速度、時刻−位置グラフ

4－12　向心加速度と向心力　Ⓑ

高校物理

自動車がカーブを曲がるとき、中に乗っている私たちは力を受ける。自動車は路面から力を受けてカーブを曲がる。ここでは円運動の動力学を見てみよう。

2－14節で見たように、半径rの円をスピードvで回るときには、中心方向に向かって加速度を受け、その大きさは

$$a = v\omega = \frac{v^2}{r} \tag{4.22}$$

である。これを**向心加速度**という。逆にいうと、この加速度が与えられるだけの力があって初めて円運動が可能となる。ニュートンの第二法則よりこの力の方向は中心向きであり、その大きさは

$$F = m\frac{v^2}{r} \tag{4.23}$$

となる。言い換えると、質量mの質点が一定のスピードvで半径rの円を回るときには、中心に向かって$F = mv^2/r$の大きさの力が働いている。この力を円運動の**向心力**という。

この向心力は、重力や電磁気力のような本質的な力と異なり、全く新しい力ではない。たとえば、紐をつけたボールを回すときの向心力は張力であり、自動車がカーブを回るときの向心力は路面からの摩擦力である。このように、向心力は円運動をさせるという働きにより名づけられるもので、前章で見たようなさまざまな力がその実体である。

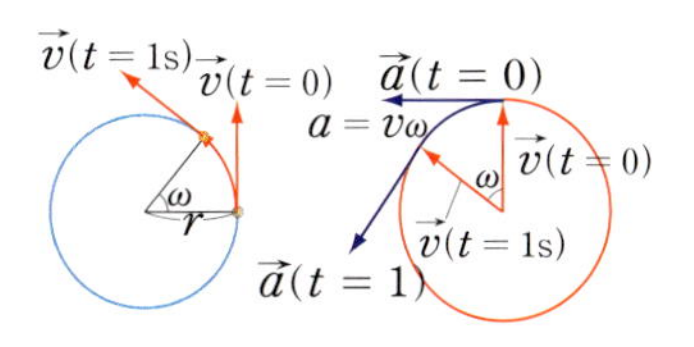

図4－22　円運動の加速度

図4－23　紐につけたボールに働く向心力としての張力

例題4－14　コーナーを曲がるときの最大スピードは？

重量1500 kgの自動車が、半径20 mのカーブを曲がる。道路とタイヤの静止摩擦係数$\mu_s = 1$であるとして、滑らないでカーブを曲がるための最大速度を求めなさい。

解答　向心力の大きさは

$$F = m\frac{v^2}{r}$$

である。これが摩擦力によってまかなわれて初めてカーブを滑らないで曲がることができる。最大静止摩擦力は抗力によって$f_{s,\max} = \mu_s N$と書かれる。ここでの抗力は車の重力であるので$N = mg$である。これより

$$m\frac{{v_{\max}}^2}{r} = \mu_s mg$$

となり、最大速度は

$$v_{max} = \sqrt{\mu_s g r}$$

となることがわかる。このように最大速度は質量によらない。現在の設定では $v_{max} = \sqrt{(1.0)(9.8\mathrm{m/s^2})(20\mathrm{m})} = 14\ \mathrm{m/s}$ となる。1 m/s＝3.6 km/hであるので14 m/s＝時速50 kmとなる。半径10 mのカーブでは $v_{max} = 9.9\ \mathrm{m/s}$ となり、時速36 kmとなる。なお、静止摩擦係数は、乾いた路面で0.8程度であり、ぬれた路面では0.5程度にまで減少する。また雪道では通常のタイヤでは0.2程度となり、スタッドレスタイヤなど雪道で滑りにくいタイヤが必要となる。■

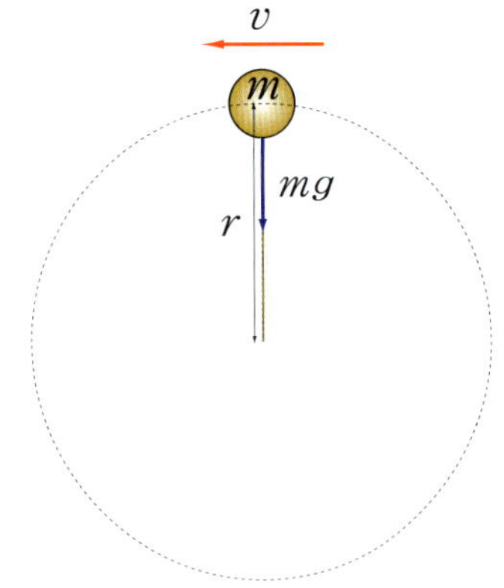

図4－24 鉛直面内での円運動

例題4－15 円運動のスピードの計算

長さ r の紐におもりをつけて鉛直面内を回す。おもりの軌道が円軌道となるためには、軌道の最高点を通過するときのおもりのスピードはどのようになっていなければならないか。

解答 おもりは、重力と紐の張力を受けるが、円軌道となるのはこの紐の張力が常に0以上の（紐が緩まない）場合である。最高点において向心力を考えると $mv^2/r = mg + T$（Tは張力）となり、$T \geq 0$ より $v \geq \sqrt{rg}$ となる。つまり、最高点でのスピードが $\sqrt{rg}$ より小さい場合には、円軌道は継続できない。■

4－13 最大歩行速度 Ⅰ

人類や四足歩行する動物では、移動のために二つのモードがある。一つは歩行で、もう一つは走行である。すべての足を同時に地面から離すことがあるかどうかで両者は区別される。速く移動するためには走る必要があるが、なぜ歩行で速く移動することができないのであろうか？

図のように、歩くときには地面を中心に足の付け根が回転運動をする。足の付け根を重心の位置として近似すると、最高点では重力 mg と地面からの垂直抗力 N の合力が向心力となるので、

$$mg - N = \frac{mv^2}{r} \tag{4.24}$$

となる。速く歩いて垂直抗力がゼロとなると足が地面から離れてしまう。したがって、最大の歩行速度は

$$mg = \frac{mv_{max}{}^2}{r}$$

より求められ、

図4－25 歩行は足の回転運動としてモデル化できる。

$$v_{\max} = \sqrt{gr} \tag{4.25}$$

となることがわかる。足の長さが0.8 mの人の場合この値は2.8 m/s =10 km/hである。これより速く移動するためには足を地面から離して走ることが必要となる。

またこの値は重力加速度が小さい月ではさらに小さくなる。したがって、月面で人間が移動するときには、主に走りながら移動することになる。

4－14 慣性力 Ⅰ

高校物理

車に乗っていると、加速するときには後ろ向きに力がかかり、ブレーキをかけて減速するときには前向きに力がかかったようになる。外部から見ると、加速していくときには、車が加速されると共に、乗っている人も加速されなければならないので、車の椅子から乗車している人に力が加わり人も加速していくことになる。このとき、私たちは後ろ向きに押されているように感じるのである。このように、一般に、力を受けずに等速直線運動する慣性系ではなく、加速度運動している観測者を基準とする系ではみかけ上の力が現れる。この力を**慣性力**という。慣性系に対して原点が加速度運動している系において、どのような力が現れるのかを見てみよう。

慣性系Sにおける粒子の位置を$\vec{r}$として、S'系の原点の位置を$\vec{R}$とすると、S'系での粒子の位置は

$$\vec{r}\,' = \vec{r} - \vec{R} \tag{4.26}$$

である。また慣性系におけるニュートンの第二法則は

$$m\frac{d^2\vec{r}}{dt^2} = \vec{F} \tag{4.27}$$

である。このときS'系での加速度は

$$\frac{d^2\vec{r}\,'}{dt^2} = \frac{d^2\vec{r}}{dt^2} - \frac{d^2\vec{R}}{dt^2} \tag{4.28}$$

であるので、S'系の原点の加速度を$d^2\vec{R}/dt^2 = \vec{A}$と書くと、(4.27)より

$$m\frac{d^2\vec{r}\,'}{dt^2} = \vec{F} - m\vec{A} \tag{4.29}$$

となる。

したがって、加速度系では、系の原点の加速度と逆方向に働く慣性力が生じるのである。

例題4－16　自由落下する座標系

自由落下する系から見るとき、物体はどのような運動をするか。

解答　重力加速度$\vec{g}$で自由落下する系を考える。物体の質量をmとすると、物体には重力$m\vec{g}$が働き、慣性力$-m\vec{g}$が働く。したがって、この系では重力と慣性力は相殺し、物体に重力が働かないのとまったく同じ運動が観測される。同様に、加速度$\vec{g}$で運動するジェット機内などで運動を観測すれば、無重力に近い状態での実験を行うことができる。■

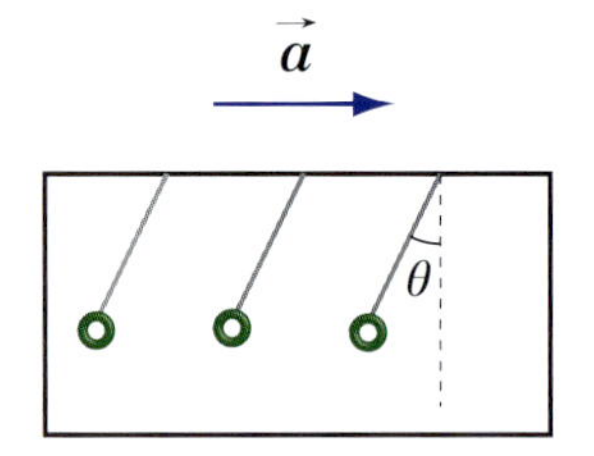

図4－26　電車内のつり革

例題4－17　一定加速度による慣性力

図のように、水平方向に加速度$\vec{a}$で加速している電車内で、つり革が鉛直方向から角度θをなして静止している。このとき、加速度の大きさを求めなさい。

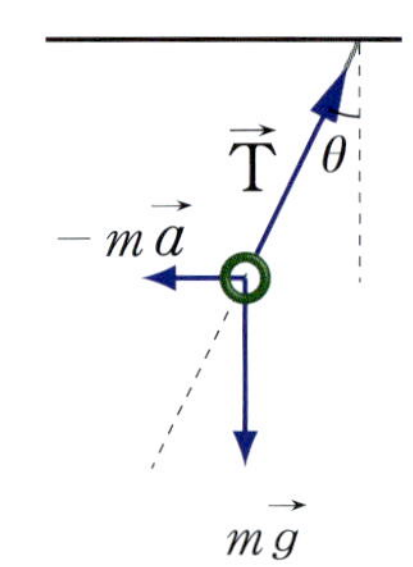

図4－27　つり革にかかる力

解答　電車内に静止した座標系では、つり革に働く重力$m\vec{g}$と慣性力$-m\vec{a}$、およびつり紐から受ける張力$\vec{T}$とがつり合っているから、$m\vec{g}+(-m\vec{a})+\vec{T}=\vec{0}$。これを電車外の慣性系の観測者から見て、重力と張力との合力$m\vec{g}+\vec{T}$が、つり革に加速度$\vec{a}=(m\vec{g}+\vec{T})/m$を与えていると見てもよい。いずれの場合も、図から加速度の大きさは$a=g\tan\theta$と求まる。■

高校物理

4－15　円運動での慣性力　Ⅰ

車がカーブを曲がるとき、内部の人は外向きに力を感じる。実際には、車がカーブを曲がっていくときに人は車から力を受け、それが向心力となって車と共に円運動するのである。円運動も加速度運動であるので、この円運動している系では加速度と逆向き、つまり、外向きの慣性力が生じる。この慣性力を特に**遠心力**という。この系で静止している乗客にとっては、遠心力と車の椅子からの摩擦力がつり合って、内部の人は静止しているように見えるのである。

例題4－18　地球上での遠心力

地球の自転によって物体に働く遠心力の大きさを、この物体に働く重力の大きさと比較しなさい。地球の半径を$R_{\oplus} = 6.4 \times 10^6$ m とし、物体は北緯45°の地点にあるとする。

図4－28 地球の自転によって地球上の物体には遠心力が生じる。

解答 自転の角速度を計算すると$\omega = 7.3 \times 10^{-5}$ rad/sである。北緯45°では、自転による回転の半径は$R_{\oplus}\cos\pi/4$であるから、遠心力/重力比は

$$\frac{mR_{\oplus}\omega^2\cos\pi/4}{mg} = 2.5 \times 10^{-3}$$

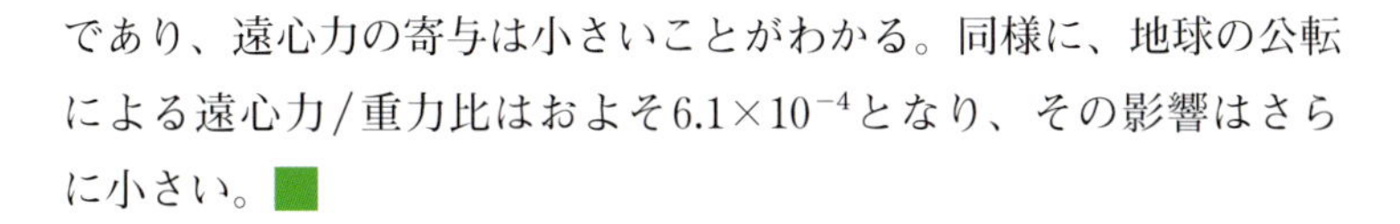

であり、遠心力の寄与は小さいことがわかる。同様に、地球の公転による遠心力/重力比はおよそ6.1×10^{-4}となり、その影響はさらに小さい。■

遠心分離器

遠心分離器は、密度の異なる液体の成分を分離する機器であり、生物学などでも広く用いられている。

重力が働いている状態では、密度の大きな分子が密度の小さな分子の下に潜り込もうとし、密度の大きな分子は下に、密度の小さな分子は上に上がる。遠心分離器は重力に代わり、遠心力でこのような分離を引き起こす。たとえば、$2 \times 10^5 g$の加速度を作り出すためには、$r = 10$ cmの遠心分離器では

$$\omega = 4.4 \times 10^3 \text{ rad/s}$$

の角速度で回す。これは回転数にして

$$f = \frac{\omega}{2\pi} = 700回/\text{s}$$

である。

図4－29 遠心分離器

4－16 スペースシャトルの地球周回速度 Ⅰ

高校物理

スペースシャトルは1周91分で地球を周回する。地球を周回する速度はなぜこのような値である必要があるのだろうか？

簡単のため地表で地球を周回するためのスピードを求めてみよう。これは重力が向心力として働くため、円運動のための向心加速度が重力加速度となる。つまり、

$$g = \frac{v^2}{r}$$

である。これより地球を周回するスピードv_{orbit}は

図4－30 スペースシャトル

$$v_{orbit} = \sqrt{rg} \tag{4.30}$$

となることがわかる。この値は空気抵抗を考えていない、仮想的なものでもあるので、粗い推定をしてみよう。$r = 6.4 \times 10^6$ m, $g = 10$ m/s^2 を代入すると

$$v_{orbit} = \sqrt{64 \times 10^6}\ \mathrm{m/s} = 8000\ \mathrm{m/s}$$

となる。周回するのにかかる時間は

$$T = \frac{2\pi r}{v_{orbit}} = 2\pi\sqrt{\frac{r}{g}} = 2\pi(800)\mathrm{s} = 5000\ \mathrm{s} = 84\,\mathrm{min}$$

となる。もちろんこの値は現実的ではない。たとえば、このスピードに達するためにはとても大きな空気抵抗に打ち勝つ推進力が必要となる。

しかし、スペースシャトルは、半径約6400 kmの地球の約320 km上空を周回している。このため、重力加速度は地表より10%ほど小さく、周回する半径は5%ほど大きいだけなのである。このため、地表での周回時間がスペースシャトルの実際の値に近くなるのである。

4－17 コリオリ力

回転で生じる慣性力は遠心力であったが、それ以外にも大気や海流の流れを決定する重要な慣性力が存在する。

たとえば、地球上で北極から図のように真下の方向に向かっていく飛行機がある。赤の点は真下にあるので飛行機は最初赤の点に向かっていく。しかし、飛行機が赤道上についたときには、出発したときには図の真下にあった赤の点は、自転のためずれた位置に移動してしまっている。

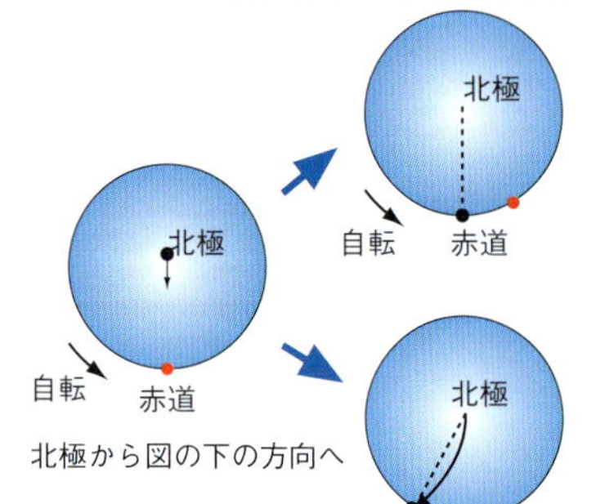

図4－31 コリオリ力は観測者が回転することによる見かけの力

これを、地球と同じ回転をしている人から見ると、赤の点は動かず、最初に赤を目指して来ていた飛行機がしだいに向きを変えて、他の点に到着したように見える。つまり、地球上で見るとあたかも飛行機には別の力が働いて曲がっていってしまったように見えるのである。このように、地球のように回転している系で見ると、動いている物体にはあたかも力が働いているように見える。この力を**コリオリ力**という。

この**コリオリ力は、北半球では、右回りに回転させるような力となり、南半球では左回りに回転させるような力**となる。

例題4－19　地球上でのコリオリ力

地球と共に自転する座標系で物体に働くコリオリ力は$2m\omega\vec{v}\times\vec{k}$で与えられる。ここで$m$は物体の質量、$\omega$は自転の角速度、$\vec{v}$は物体の速度、$\vec{k}$は自転軸の向き（南極から北極向き）の単位ベクトルである。北緯45°の地点で北に向かって時速60 kmで運動している物体に働くコリオリ力の大きさを、この物体に働く重力の大きさと比較しなさい。

解答　この物体に働くコリオリ力の大きさは$2m\omega v\sin\pi/4$であり、向きは東向きであることがわかる。重力の大きさと比をとると1.8×10^{-4}であり、通常の速度のスケールでは重力と比べて十分小さい。また、公転による影響も同様に非常に小さいことがわかる。地球上の静止系は、自転や公転をする回転座標系であるが、その角速度は日常的な運動のスケールに対しては小さいため、遠心力やコリオリ力の影響は小さい。よって地球上の静止系は、近似的に慣性系と見なせる場合の多いことがわかる。■

4－18　大気の循環とコリオリ力 Ⅰ

地球の大気は図4－32のようにある領域に分かれて循環している。本来仕切りのない大気にこのような区域ができるのはなぜだろうか？

地球では、図4－32のように北半球と南半球それぞれ三つに分かれた循環がある。三つに分かれる理由は自転の速さと関係している。赤道付近で暖められた空気は上昇して寒い極地に向かう。もし、地球が自転していなかったら北極や南極で空気は下降し、地表面では逆に極地から赤道に向かって戻ってくる。しかし、自転がある地球では、北に向かう風に対して、コリオリ力が働き、北に進めなくなったところで下降する。一方、極地近くでは、地面を南に向かう風が同じように南に進めなくなるところで上昇する。そのため、中緯度の地域では北の上昇と南の下降に引き込まれるようにして循環が起こる。

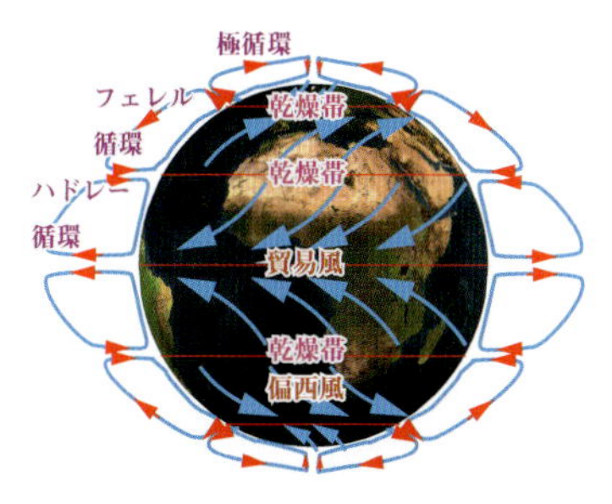

図4－32 大気の循環

コリオリ力は回転のスピードに関係しているので、もし地球の自転がもっと速かったら循環の領域は実際より多くの部分に分かれたかもしれない。このように、**対流とコリオリ力により循環の領域が決定されている**。

赤道付近に吹きつけてくる風を**貿易風**といい、図のように、北半球では北東の風になる。また、日本のある中緯度の領域では、南西の風が吹き、これを**偏西風**という。また、極付近の循環と中間領域の循環の境目では、地面から上昇する風とともに強烈な気流があり、これを**ジェット気流**という。

図4−33 ジェット気流の蛇行

実際の地表は、陸地と海面があり暖かいところでの上昇気流などの影響も受けるためジェット気流は図のように蛇行している。しかも、その位置は年ごとに少しずつずれて、地球規模の気象変動に重要な役割をしている。

演習問題4

Ⓑ **4.1** ある物体のコンクリートの上での動摩擦係数は、氷の上での値の5倍であるという。この物体をそれぞれの面上で同じ初速度で滑らせると、止まるまでの距離はどの程度異なるか答えなさい。空気抵抗などは無視する。

Ⓑ **4.2** 図のようになめらかな面上に質量Mの物体Aがあり、さらにその上に質量mの物体Bが乗せられている。AとBの間には摩擦力が働く。その静止摩擦係数はμ_s、重力加速度の大きさはgとする。(1) Aを力Fで引くと、AとBの間は滑らずに運動を始めた。このときの加速度を求めなさい。(2) Aを大きな力で引くとAとBの間に滑りが生じる。AとBが滑らずに運動できる最大の力F_cを求めなさい。

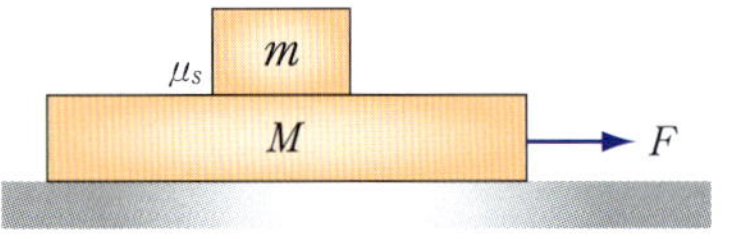

図4−34 摩擦のある物体を重ねて引く。

Ⓘ **4.3** 体重の2倍の脚力でジャンプできる人がいる。ジャンプするときには、ひざを曲げて重心位置がcだけ下がった姿勢から、一定の脚力で加速するものとする。空気抵抗の影響は無視する。

(1) 垂直跳びをするとき、到達点の高さを求めなさい。

(2) 月の上で垂直跳びをするとき、地上の何倍高く跳べるか。月の重力加速度は地上の重力加速度の1/6とする。

(3) 立ち幅跳びをするとき、$c = 60$ cmとして最大到達距離を見積もりなさい。

Ⓘ **4.4** スカイダイビングでパラシュートを開いた後の、ダイバーの終端速度を(4.16)で見積もりなさい。ダイバーの質量を60 kg、空気の密度を1.3 kg/m^{3}とし、またパラシュートの大きさを考慮して$C_D = 1.5$, $A = 20$ m^{2}とする。この速度は、何mの高さから自由落

下した場合の速度程度であるか。

Ⓐ **4.5** ある微生物が、鞭毛を使って水中を進む。鞭毛による推進力の大きさFは一定で、水中では大きさβDvの粘性抵抗が働くとする。βは水の粘性の大きさに比例する係数、Dはこの微生物をほぼ球形と見なしたときの直径である。微生物の質量をmとする。

(1) この運動の終端速度を求めなさい。

(2) 運動方程式を解き、時刻tにおける速度と位置を求めなさい。

(3) 概算として、$m = 1.0 \times 10^{-15}$ kg、$D = 1.0 \times 10^{-5}$ m、$F = 1.0 \times 10^{-11}$ N、$\beta = 1.0 \times 10^{-2}$ N s/m^{2}とするとき、終端速度を計算しなさい。また、終端速度に達するまでの時間の目安は、どの程度であるといえるか。

Ⓐ **4.6** 地上で落下する物体に、圧力抵抗（慣性抵抗）と粘性抵抗（摩擦抵抗）が両方働くとき、終端速度を求め、運動方程式を解きなさい。初速度は0とする。例として、直径2 mmの雨滴の終端速度を計算しなさい。

Ⓘ **4.7** 風は気圧の高いところから低いところへ向かって流れるはずだが、高層の天気図を見ると、等圧線（気圧の等高線）に対してほぼ平行に吹いていることがわかる。なぜだろうか。

Ⓐ **4.8** 微分方程式$dx(t)/dt = \alpha x(t)$の解は、Cを定数として$x(t) = C\exp(\alpha t)$に限ることを証明しなさい。

演習問題解答

4.1 コンクリート上では、動摩擦係数が5倍なので動摩擦力が5倍、したがって加速度が5倍になることがわかる。よって物体が止まるまでの時間は1/5倍で、その間の平均速度は変わらないから、止まるまでの距離も1/5倍になると考えられる。

4.2 (1) 全体の加速度をaとすると、運動方程式$(M+m)a = F$より$a = F/(M+m)$と求められる。(2) AとBの間に働く摩擦力の大きさをF_f、AとBの加速度を一般にA, aと表すと、それぞれの運動方程式は$MA = F - F_f$, $ma = F_f$となる。これより両者の加速度の差は$A-a=F/M-F_f(1/M+1/m)$となる。先ほどの状況ではこの差が0となるようにFに応じてF_fが生じるが、Fを大きくしていきF_fが最大摩擦力$\mu_s mg$になって超えた瞬間、加速度の差が0でなくなり滑り始める。よってこのときの力が求める力で、$F_c=\mu_s(M+m)g$となる。

4.3 (1) この人が得る加速度は$(-2m\vec{g}+m\vec{g})/m=-\vec{g}$である。この加速度で距離$c$だけ加速されるから、地面を離れる瞬間のスピードは(1.15)より$v=\sqrt{2gc}$となる。最高到達点は速度が0となる位置であり、その高さは（直立したときの重心位置を0にとって）$h=v^2/2g=c$である。(2) 月面でも脚力は同じであることに注意すると、地面を離れる瞬間のスピードは$v'=\sqrt{22gc/6}$となり、最高到達点は$h'=v'^2/(2g/6)=11c$となるから、地上の11倍高く跳べることになる。(3) 立ち幅跳びの場合、初速度が地面と45°の角をなすとき最も遠くまで跳ぶとして見積もる。静止した状態から始めるから、加速度もこの初速度と同じ向きの場合を考えればよい。脚力の向きが地面となす角をθとすると、合力の向きが地面と45°の角をなすためには$2mg\cos\theta=mg(2\sin\theta-1)$より$\cos\theta=(\sqrt{7}-1)/4$である。このとき加速度の大きさは$2\sqrt{2}\,g\cos\theta$であるから、初速度の大きさは$v=2\sqrt{\sqrt{2}\,gc\cos\theta}$となる。これより最大到達距離は角度45°として(2.40)を用いて$4\sqrt{2}\,gc\cos\theta/g=\sqrt{2}(\sqrt{7}-1)\times 0.6\ \mathrm{m}=1.4\ \mathrm{m}$となる。

4.4 式に代入すると終端速度はおよそ5.5 m/sになることがわかる。これはおよそ1.5 mの高さから自由落下した場合の速度に対応するから、うまく着地すれば安全な速度といえる。

4.5 (1) 推進力と抵抗のつり合いより、$v_{ter}=F/\beta D$である。
(2) (4.15)と同様にして速度は

$$v(t)=v_{ter}-(v_{ter}-v(0))e^{-t/\tau}$$

である。これを積分して位置は

$$x(t)=x(0)+v_{ter}t-\tau(v_{ter}-v(0))(1-e^{-t/\tau})$$

となる。ただし$\tau=m/\beta D$である。
(3) 終端速度は$v_{ter}=10^{-11}\ \mathrm{N}/(10^{-2}\ \mathrm{N\,s/m^2}\times 10^{-5}\ \mathrm{m})=10^{-4}\ \mathrm{m/s}$で、1秒あたりに自身の大きさの10倍程度進むことになる。初めに静止していた微生物が動き始め、終端速度に達するまでの時間の目安は$\tau=10^{-15}\ \mathrm{kg}/(10^{-2}\ \mathrm{N\,s/m^2}\times 10^{-5}\mathrm{m})=10^{-8}\mathrm{s}$で与えられる。この例では、微生物はただちに終端速度に達することがわかる。

4.6 運動方程式は、鉛直下方を座標の正方向にとって

$$m\frac{dv}{dt}=mg-av^2-bv \quad (a,\ b>0)$$

と書ける。終端速度 $v_{ter}>0$ は $av_{ter}^2+bv_{ter}-mg=0$ より

$v_{ter}=\dfrac{-b+\sqrt{b^2+4amg}}{2a}$ となる。ここで $v_+=\dfrac{b+\sqrt{b^2+4amg}}{2a}$

とおくと、$av^2+bv-mg=a(v-v_{ter})(v+v_+)$ となるから、運動方程式は

$$\frac{1}{v_++v_{ter}}\left(\frac{1}{v-v_{ter}}-\frac{1}{v+v_+}\right)\frac{dv}{dt}=-\frac{a}{m}$$

と書ける。両辺を時刻0から t まで積分して

$$\ln\left|\frac{v-v_{ter}}{v+v_+}\right|-\ln\left|\frac{v_{ter}}{v_+}\right|=-\frac{a}{m}(v_++v_{ter})t$$

より、

$$v(t)=v_{ter}\frac{1-e^{-\frac{a}{m}(v_++v_{ter})t}}{1+\dfrac{v_{ter}}{v_+}e^{-\frac{a}{m}(v_++v_{ter})t}}$$

と求められる。

直径2 mmの雨滴の場合、水の密度を 1.0×10^3 kg/m^3 とし、また(4.6)と(4.7)から $a=1.0\times10^{-6}$ N s^2/m^2, $b=3.2\times10^{-7}$ N s/m であるから、終端速度は $v_{ter}=6.2$ m/s となる。

4.7 風はコリオリ力によって、進行方向が右側にずれる。進行方向が等圧線に平行でなければ、気圧傾度力とコリオリ力との合力が風を加速し、コリオリ力はさらに強くなって、進行方向は等圧線に平行に近づく。実際の高層の風は等圧線にほぼ平行であり、気圧傾度による力とコリオリ力とがほぼつり合っている。

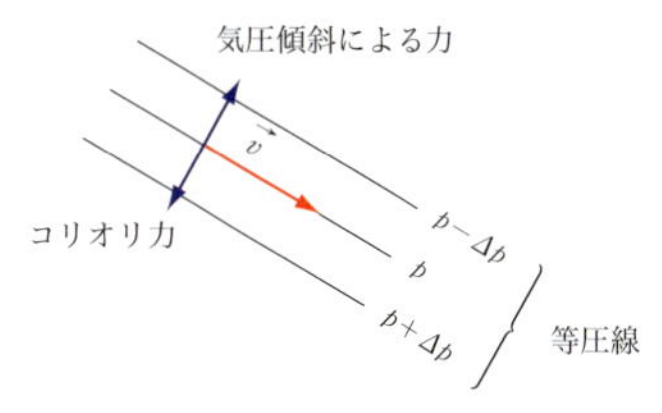

図4－35 等圧線と風の向き

4.8 $x(t)=C\exp(\alpha t)$ が解になることは、方程式に代入してみれば明らかである。逆に、任意の解 $x(t)$ に対して、

$$\begin{aligned}\frac{d}{dt}(e^{-\alpha t}x(t))&=-\alpha e^{-\alpha t}x(t)+e^{-\alpha t}\frac{dx}{dt}(t)\\&=-\alpha e^{-\alpha t}x(t)+e^{-\alpha t}\alpha x(t)=0\end{aligned}$$

となるから、$e^{-\alpha t}x(t)$ は定数であり、したがって先ほどの形になる。

5 仕事とエネルギー

エネルギーは自然界の絶対的な通貨であり、自然科学のさまざまな場面でエネルギーが扱われる。おそらく、光のエネルギーや核エネルギー、熱エネルギーなどは、ほとんどの読者が聞いたことがあるはずである。このエネルギーの概念を理解するために、まず力学におけるエネルギーがどのようなものであるかを見ていこう。特に重要なのがエネルギーの変換である。さまざまな形を持つエネルギーについて価値の変換規則があって初めて、エネルギー保存の法則が成り立つようになるのである。

高校物理基礎

5－1 運動エネルギーとポテンシャルエネルギー Ⓑ

重力だけを受ける質量mの質点のニュートンの運動方程式は

$$m\frac{d\vec{v}}{dt}=m\vec{g} \tag{5.1}$$

である。この両辺と$\vec{v}=\dfrac{d\vec{r}}{dt}$との内積をとると

$$m\frac{d\vec{v}}{dt}\cdot\vec{v}-m\vec{g}\cdot\frac{d\vec{r}}{dt}=0 \tag{5.2}$$

となる。これは

$$\frac{d}{dt}\left(\frac{1}{2}m\vec{v}^2-m\vec{g}\cdot\vec{r}\right)=0 \tag{5.3}$$

と書くことができるので、重力中の運動では

$$\frac{1}{2}m\vec{v}^2-m\vec{g}\cdot\vec{r} \tag{5.4}$$

は定数であることがわかる。鉛直上向きをz軸の正方向にとると$\vec{g}=(0,\ 0,\ -g)$である。初期のスピードと高さをそれぞれv_i, z_iとし、最後のスピードと高さをそれぞれv_f, z_fとすると、(5.4)は初期と最後とで等しく

$$\boxed{\frac{1}{2}mv_f^2+mgz_f=\frac{1}{2}mv_i^2+mgz_i} \tag{5.5}$$

が成り立つ。この式に現れる

$$\boxed{K=\frac{1}{2}m\vec{v}^2} \tag{5.6}$$

を**運動エネルギー** (kinetic energy) といい、

$$U_g = mgz \tag{5.7}$$

を**重力的ポテンシャルエネルギー**(gravitational potential energy)という。運動エネルギーは運動によるエネルギーで、重力的ポテンシャルエネルギーは位置によるエネルギーである。

ボールを上に放り投げると最初あった運動エネルギーは減速のため失われていくが、重力的ポテンシャルエネルギーは増加していく。逆に落下してくるときには、重力的ポテンシャルエネルギーが運動エネルギーに転化される。このように重力による運動では運動エネルギーと重力的ポテンシャルエネルギーの和は一定になる。

エネルギーの単位は運動エネルギーの単位から$\mathrm{kg \cdot m^2/s^2}$となる。このエネルギーの単位は非常に重要であり、力学に限らず自然界のエネルギーが保存することを提唱したジュールにちなんで、ジュール(J)が用いられる。つまり

$$1\,\mathrm{J} \equiv 1\,\mathrm{kg \cdot m^2/s^2} \tag{5.8}$$

である。

$U_g = mgz$であるので、1 Jとは100 gの物体を1 m持ち上げるだけのエネルギーにほぼ等しい。

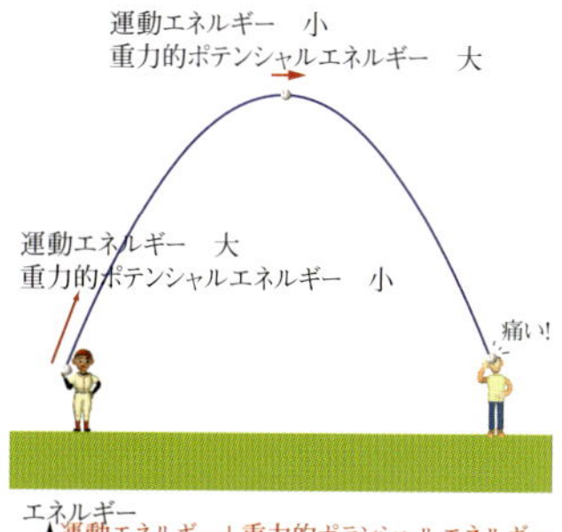

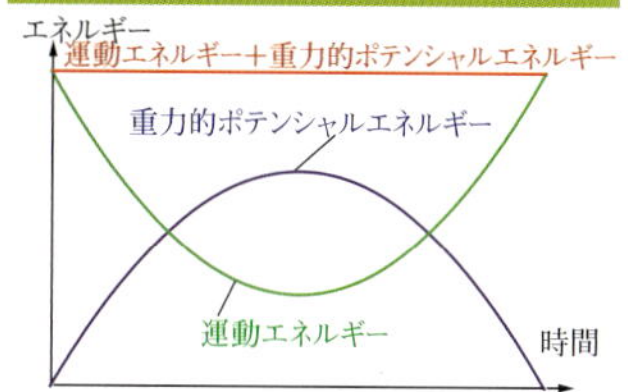

図5－1　ボールを投げたときの運動エネルギーと位置エネルギー：和は常に一定となる。

例題5－1　運動エネルギー

次の運動エネルギーを求めなさい。

(i) 体重60 kgの人が5 m/sで走る

(ii) 質量1500 kgの車が時速36 kmで走る

(iii) 質量6.0×10^{24} kgの地球が太陽の周りを3.0×10^4 m/sで回る。

解答　(i) 750 J、(ii) 7.5×10^4 J、(iii) 2.7×10^{33} Jとなる。■

5－2　ポテンシャルエネルギーのゼロ点 Ⅰ

高校物理基礎

位置エネルギーは(5.7)のように高さに依存している。しかしこの高さはどこから測ったものなのかを指定していない。つまり、海抜なのか今いる床の上を基準にするのか指定していないのである。しかし、実際にはどこを基準にとっても物理的結果は変わらない。なぜなら、運動エネルギーに変換されるのはポテンシャルエネルギーの差だからである。このため、ポテンシャルエネルギーの原点は使いやすい点を基準に決めておけばよいのである。

自然界には重力的ポテンシャルエネルギーの基準点として一つの

自然な取り方が存在する。それは地球から遠く離れた点で、重力がほとんどゼロとなる点を基準とすることである。しかし、地上の私たちにとってはこうした基準はむしろ非常に使いにくくなるので、ここでは使わないようにしておく。

例題5－2　重力的ポテンシャルエネルギー

高さ10 mの建物の屋上を基準にとるとき、質量1 kgの物体が地上で持つ重力的ポテンシャルエネルギーはいくらか。

解答　エネルギーは$1\ \mathrm{kg} \times 9.8\ \mathrm{m/s^2} \times (-10\ \mathrm{m}) = -98\ \mathrm{J}$である。■

高校物理基礎

5－3　エネルギーに寄与しない力 Ⓑ

5−1節で重力的ポテンシャルエネルギーと運動エネルギーの和が常に一定となることを見た。このような性質をエネルギー保存の法則という。5－1節で見たのは重力だけによる運動であった。しかし、この保存則はさらに活用できる場合がある。

重力以外の力を$\vec{\mathrm{F}}$としよう。ニュートンの第二法則より

$$m\frac{d\vec{v}}{dt} = m\vec{g} + \vec{\mathrm{F}}$$

である。これと速度$\vec{v}$との内積をとると

$$m\vec{v}\cdot\frac{d\vec{v}}{dt} = m\vec{g}\cdot\frac{d\vec{r}}{dt} + \vec{\mathrm{F}}\cdot\vec{v}$$

となる。ここで重力以外の力が速度の方向と垂直であれば、$\vec{\mathrm{F}}\cdot\vec{v} = 0$となり、

$$m\frac{d\vec{v}}{dt}\cdot\vec{v} - m\vec{g}\cdot\frac{d\vec{r}}{dt} = 0$$

のように力が働かない場合の(5.2)と同じになる。そのため、エネルギー保存の法則が成り立つことになる。

直感的には、力の方向が速度と垂直であれば、生じる加速度は速度の大きさは変えずに方向のみを変える加速度となり、運動エネルギーが変化しないということである。したがって、進行方向に垂直な力はエネルギーを変化させない。

図5－2のように物体がなめらかな斜面を下る場合には、抗力は進行方向に垂直に働くので、(5.5)のエネルギー保存の法則が成り立つ。また、図5－3のように振り子のゆれに対しても張力の方向は速度と垂直であるのでエネルギー保存の法則が成り立つ。

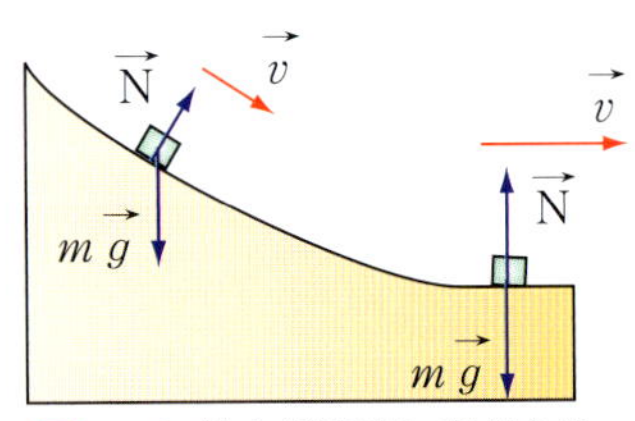

図5－2 抗力は速度に直交する。

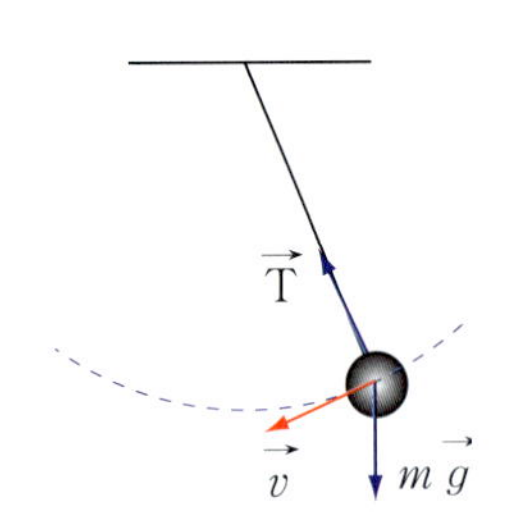

図5－3 張力は振り子の速度と直交する。

例題5－3　運動の経路とエネルギー

図5－4のように三つのなめらかな斜面の上に質量mの箱を置き、高さhのところから手をそっと離した。

(1)最も早く落ちるのはどの斜面か？ (2)斜面を下り終えたときのスピードが最も大きいのはどれか？

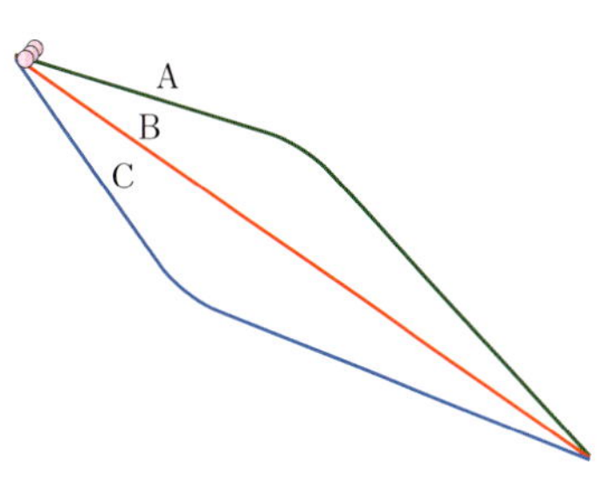

図5－4 経路の違いで運動エネルギーは変化するか。

解答 (1) それぞれの経路について、はじめから中点まで、中点から最後までの平均スピードを考えると、位置の低い経路を通るCのスピードが常に大きく、経路はBより長いが最も早く落下する。(2) 始点は同じ高さであり、終点を基準とする重力的ポテンシャルエネルギーの値は同じである。このエネルギーが終点での運動エネルギーに変わるので、いずれも同じスピードになる。■

5－4　力学的エネルギー保存の法則 Ⓑ

高校物理基礎

熱エネルギーや光のエネルギーなどエネルギーは他の分野でも現れるが、特に力学に現れる運動エネルギーとポテンシャルエネルギーの和を**力学的エネルギー**という。重力と速度に垂直方向の力だけが働く系においてはこの和が一定となることを**力学的エネルギー保存の法則**という。

例題5－4　エネルギーの保存

図のようになめらかな斜面の上に質量mの箱を置き、高さhのところから手をそっと離した。床に降りたときの箱のスピードを求めなさい。

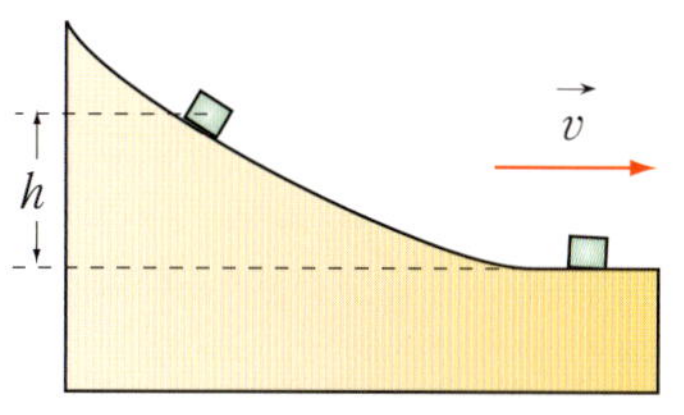

図5－5 斜面を滑り降りる箱

解答 求めるスピードをvとおく。床の高さを重力的ポテンシャルエネルギーの基準にとると、力学的エネルギー保存の法則より

$$mgh=\frac{1}{2}mv^2$$

が成り立つから、$v=\sqrt{2gh}$と求められる。■

例題5－5　放物運動と力学的エネルギーの保存

初速度$\vec{v}=(v\cos\theta,\ v\sin\theta)$ $(0<\theta<\pi/2)$ の放物運動について、最高点の高さを力学的エネルギー保存の法則から求めなさい。

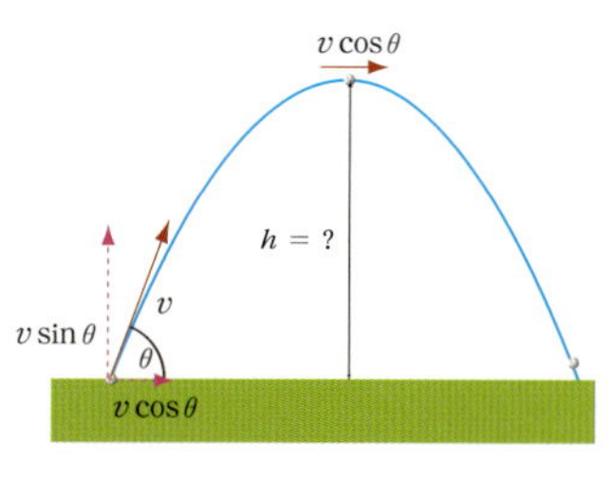

図5－6 放物運動

解答　放物運動では、水平方向には等速度運動をする。最高点（高さをhとする）では鉛直方向の速度は0であるから、力学的エネルギー保存の法則より

$$\frac{1}{2}mv^2 = \frac{1}{2}m(v\cos\theta)^2 + mgh$$

が成り立つ。これを解いて$h = v^2\sin^2\theta/2g$と求められる。■

高校物理基礎

5－5　復元力とフックの法則 Ⓑ

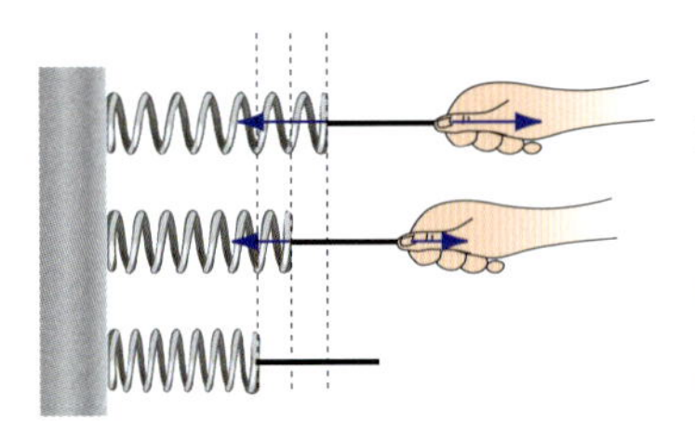

図5－7 バネの伸びと復元力の大きさは比例する。

輪ゴムを伸ばすと元に戻ろうとする力が働く。このような力を復元力という。外力を取り除くと完全に元に戻る性質を**弾性**という。この弾性的性質を持つ最も特徴的で単純なものはバネである。バネには自然の長さがあり、そこからの変形の大きさと復元力の大きさはほぼ比例関係にある。これを**フックの法則**という。

復元力は、変位と必ず逆の方向になるため、フックの法則はバネ先端の自然長からの変位をΔxとして

$$F = -k\Delta x \tag{5.9}$$

と表される。kを**バネ定数**という。バネ定数が大きいほど伸ばすためにより大きな力が必要になる。

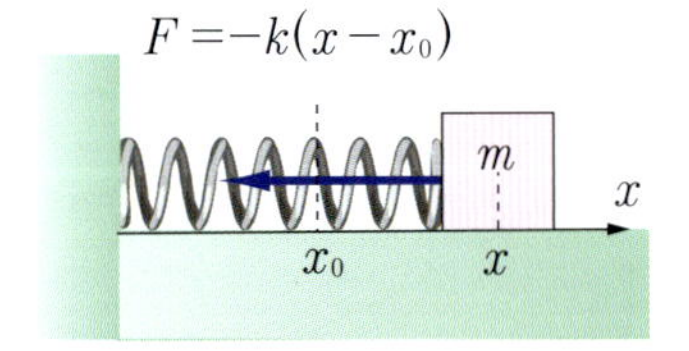

図5－8 バネにつながれた物体に働く力

バネの先に質量mの物体をつけ、この物体に比べてバネの質量が無視できるとする。バネが自然長にあるときの物体の位置をx_0とすると、ニュートンの運動方程式は

$$m\frac{dv}{dt} = -k(x - x_0) \tag{5.10}$$

である。両辺にvを掛けると

$$\frac{d}{dt}\left(\frac{1}{2}mv^2\right) + k(x - x_0)\frac{dx}{dt} = 0$$

となる。合成関数の微分則より

$$\frac{d}{dt}(x - x_0)^2 = 2(x - x_0)\frac{dx}{dt}$$

となるので、上式は

$$\frac{d}{dt}\left(\frac{1}{2}mv^2 + \frac{1}{2}k(x - x_0)^2\right) = 0 \tag{5.11}$$

と変形できる。この式に現れる

$$U_s = \frac{1}{2}k(x - x_0)^2 \tag{5.12}$$

を**弾性的ポテンシャルエネルギー** (elastic potential energy) と

いう。U_sの添え字sはバネ(spring)を表す。

(5.11)よりバネによる運動では運動エネルギーと弾性的ポテンシャルエネルギーの和は一定になるという力学的エネルギー保存の法則が成り立つことがわかる。

例題5－6　バネと力学的エネルギーの保存

質量mのボールをバネに結びつけて、つり合った位置から長さxだけ伸ばして手を離した。一番スピードが大きくなる点での速度の大きさを求めなさい。バネ定数をkとする。

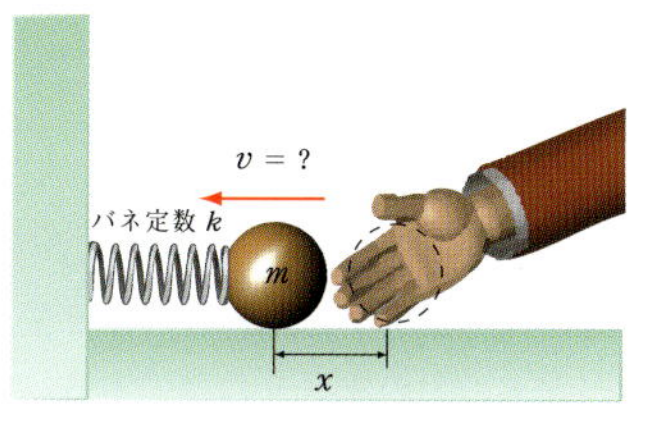

図5－9 バネの運動

解答　バネの伸びがx'のときのスピードをv'とすると、力学的エネルギー保存の法則から

$$\frac{1}{2}mv'^2+\frac{1}{2}kx'^2=\frac{1}{2}kx^2$$

が成り立つ。これよりv'が最大になるのは$x'=0$のときで、最大値は$v'=\sqrt{k/m}\,x$であることがわかる。■

5－6　仕事と運動エネルギー　B

高校物理基礎

力と運動エネルギーの関係をより一般的に見てみよう。ニュートンの第二法則により

$$m\frac{d\vec{v}}{dt}=\vec{\mathrm{F}} \tag{5.13}$$

であり、両辺と$\vec{v}$の内積をとると

$$\frac{d}{dt}\left(\frac{m}{2}\vec{v}^2\right)=\vec{\mathrm{F}}\cdot\frac{d\vec{r}}{dt} \tag{5.14}$$

となる。微小量の関係として両辺にdtを掛けると、これは運動エネルギーの微小な変化に対して

$$dK=\vec{\mathrm{F}}\cdot d\vec{r} \tag{5.15}$$

となることを表している。

これを有限区間の変化に直すには通常の積分の手続きをする。つまり2点をつなぐ経路を微小区間に区切ることにより

$$\sum_{i=1}^{N}(K_{i+1}-K_i)=\sum_{i=1}^{N}\vec{\mathrm{F}}_i\cdot\Delta\vec{r}_i$$

とする。右辺で区間を無限に小さくする極限をとると

$$\sum_{i=1}^{N}\vec{\mathrm{F}}_i\cdot\Delta\vec{r}_i\to\int_{\vec{r}_i}^{\vec{r}_f}\vec{\mathrm{F}}\cdot d\vec{r}$$

となる。この積分を計算するためには、原理的には2点をつなぐ経路を一つの変数で表してから積分すればよい。

以上より力が働くときの運動エネルギーの変化は、

$$K_f-K_i=\int_{\vec{r_i}}^{\vec{r_f}}\vec{\mathrm{F}}\cdot d\vec{r} \tag{5.16}$$

となることがわかった。この右辺に現れる量

$$W=\int_{\vec{r_i}}^{\vec{r_f}}\vec{\mathrm{F}}\cdot d\vec{r} \tag{5.17}$$

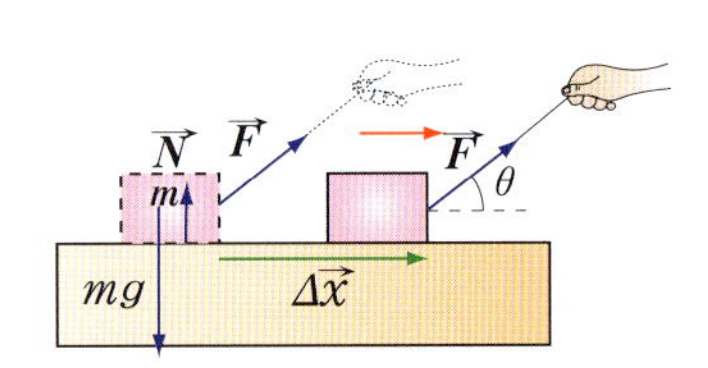

図5－10 仕事は変位の大きさと変位の向きの力の成分との積である。

を**仕事**という。(5.16) は力によって与えられた仕事が運動エネルギーの変化に等しいことを表している。これを**仕事と運動エネルギーの定理**という。仕事はエネルギーと同じ単位Jで表される。

注意したいことは、仕事は、力と変位の内積で決まるということである。言い換えると、力の変位の方向の成分と変位の大きさの積で表されるということである。したがって、変位に垂直な力の成分は仕事に関係しないのである。決して仕事は単なる力と距離の積ではないことに注意しよう。

以上の議論はニュートンの第二法則から出発したことからわかるように、この仕事はすべての力を合わせた合力によるものであるが、(3.1) を用いて個々の力による仕事の和として求められる。垂直抗力などのように変位方向に垂直な力は、仕事とは関係がなくなる。このような力はスピードの大きさを変えない変化を引き起こす力であり、運動エネルギーを変化させない。

一方摩擦力が働くと、その向きは進行方向と逆向きである。このため摩擦力による仕事は負の量となり、運動エネルギーを減少させる力となる。

例題5－7　摩擦による仕事とエネルギー

釘が壁に入っていくときの摩擦力は一定であるとする。ハンマーの速度を大きくして釘が壁に入る初速度が2倍になったとき、釘が壁に入り込む深さは何倍になるか？

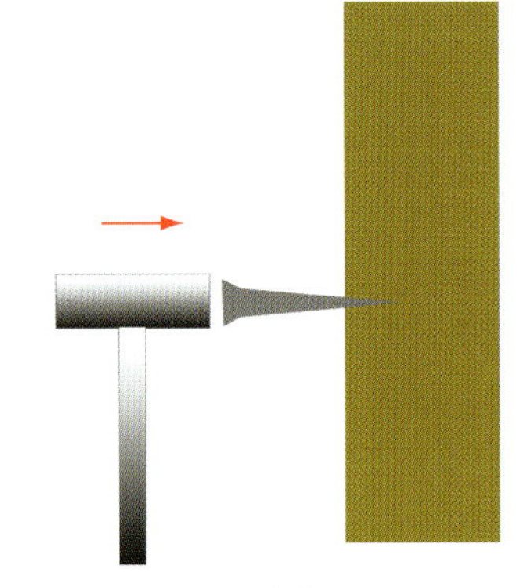
図5－11 壁に釘を打つ。

解答　このとき釘の運動エネルギーは4倍になる。摩擦力が負の仕事を行い、この運動エネルギーが0になるまで釘は壁に入り込むことになる。摩擦力による仕事は釘が入り込む距離に比例するから、釘は4倍深く壁に入る。■

例題5－8　仕事とエネルギー

摩擦のある床の上に置かれた荷物を横に押す。この荷物に急激に力を加えると荷物は直線的に滑っていき静止した。この荷物を押してゆっくりと同じ距離だけ滑らせた場合とでは、人の荷物にした仕事はどちらが大きいか？

解答　どちらの場合も、人が行った仕事は、摩擦力による負の仕事によって相殺される。距離が同じならば、摩擦力による仕事は同じであるから、人がした仕事はどちらも同じ大きさである。■

例題5－9　仕事とエネルギー

図5－12のようになめらかな床の上に、質量mの箱が置かれている。この箱を角度θの向きに大きさFの力を加えて水平方向に距離xだけ引いた。この力を加えた後の箱のスピードを求めなさい。

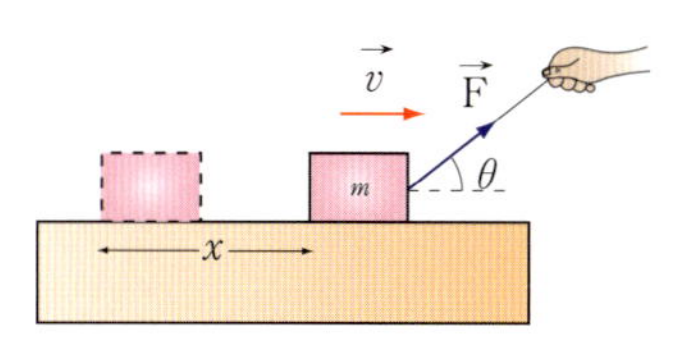

図5－12　箱を斜めに引く。

解答　箱の変位を$\Delta\vec{r}$とすると、この力は$W=\vec{F}\cdot\Delta\vec{r}=Fx\cos\theta$の仕事を行う。この仕事の分だけ箱の運動エネルギーは増加し、

$$\frac{1}{2}mv^2=W$$

より$v=\sqrt{2Fx\cos\theta/m}$と求められる。■

例題5－10　弾性的ポテンシャルエネルギー

バネを自然長から引っ張って伸ばす。この伸びを2倍にするとき

(1)加える力の平均は何倍になるか？

(2)引っ張るのにした仕事は何倍になるか？

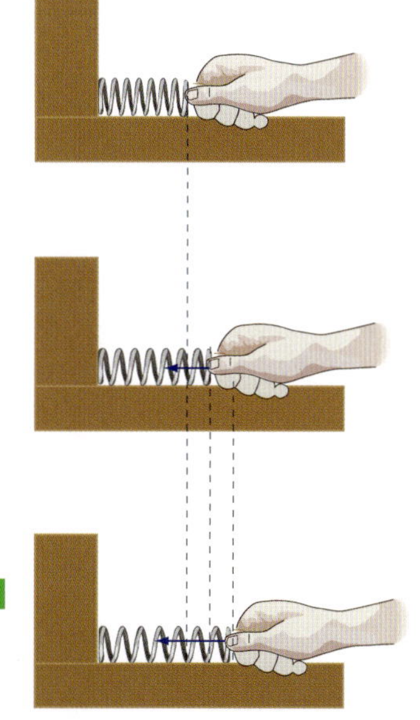
図5－13　バネを引っ張る力と仕事

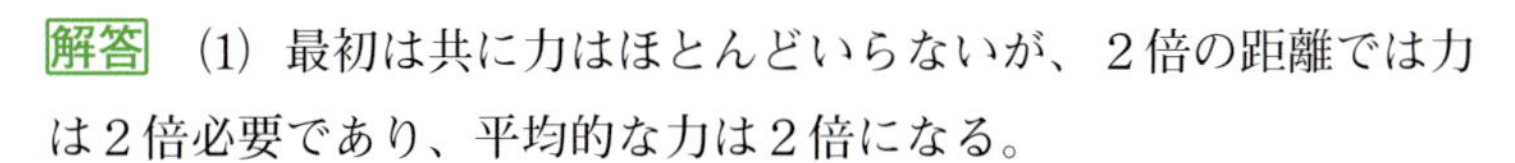

解答　(1)　最初は共に力はほとんどいらないが、2倍の距離では力は2倍必要であり、平均的な力は2倍になる。

(2)　平均的な力が2倍で距離が2倍なので、仕事は4倍となる。よって、弾性的ポテンシャルエネルギーは距離の2乗に比例する。■

高校物理基礎

5－7　仕事の性質　Ⓑ

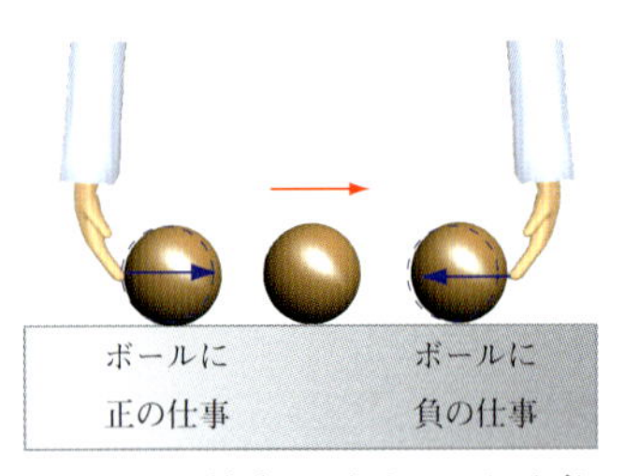

図5－14 仕事は正だけでなく負にもなる。

車を押して移動させるとき、進行方向に向かって押すとこの力はすべて車を移動させるのに役立つ力である。ところが、斜めに押すと車の進行方向に垂直な方向の成分は車を押すのに役に立っていない。極端にいえば車を真横から押すと車は進むことができない。このように、物体の運動エネルギーを変化させる仕事とは、変位とその方向の力の積で定義されるのである。

また、進行してきた車を正面から押して止めることを考えてみよう。この場合には、移動する方向と力の方向が逆である。したがって、人間は仕事をしているわけであるが、それは車に対する負の仕事であることにも注意しよう。

高校物理基礎

5－8　仕事によるエネルギーの定義 Ⓑ

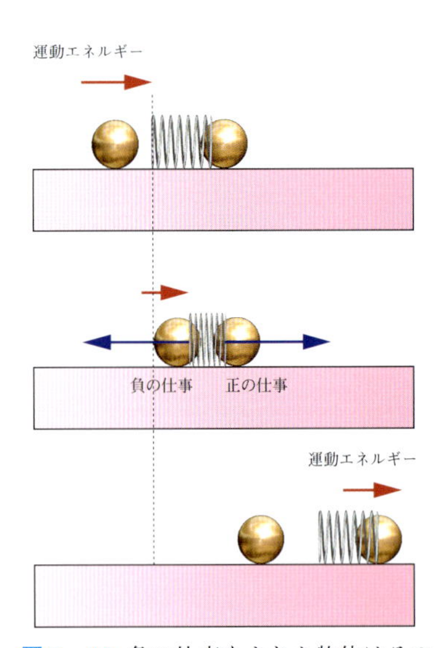

図5－15 負の仕事をされた物体はその反作用により正の仕事を相手に行う。

動いている物体が力を受けて減速し停止する場合を考えよう。このとき(5.16)より物体は最初に持っていた運動エネルギーの分だけ負の仕事をされることになる。ここで見方を変えると、作用反作用の法則により物体は減速させる力を及ぼす相手に同じ大きさで反対向きの力を与えることになる。この力がする仕事は仕事の定義により同じ大きさの正の仕事となる。したがって、動いている物体はその運動エネルギーの分だけ外部に対して仕事をする能力を持つという見方ができる。より一般的にエネルギーを次のように定義しよう。すなわち、エネルギーとは仕事に変換することができるものである。逆の見方をすると、系に外から与えられた仕事の分だけ増加するのがエネルギーとなる。

ただし、第II巻で学ぶように、熱エネルギーのようにすべて仕事に変換することができないエネルギーも存在する。マクロな物体において、物体の力学に関係するエネルギーを力学的エネルギーということを5−4節で説明した。力学的エネルギーはすべて仕事に変換できる。

高校物理基礎

5－9　重力による仕事と保存力 Ⓑ

重力は$\vec{F}=(0,\ 0,\ -mg)$であることから、物体が$\Delta\vec{r}$だけ変位するときに重力によってされる仕事は

$$\Delta W=-mg\Delta z$$

となり、z方向の変位にしかよらない。そのため2点間をどのよう

な経路で動いてもその間の仕事は

$$W_{grav} = -mg(z_f - z_i)$$

となる。つまり重力による仕事は2点の高さの差で決定され、その間の経路によらない。このように経路によらないことが、以下で見るようにポテンシャルエネルギーの存在条件になるのである。ポテンシャルエネルギーは物体がある位置にいるときのエネルギーであるので、異なる2点にいるときのエネルギーの違いはポテンシャルエネルギーの差$U_f - U_i$で与えられる。そして、そのポテンシャルエネルギーの差が$\Delta K = -\Delta U$の関係により運動エネルギーに転換されるのである。つまりポテンシャルエネルギーの減少分が運動エネルギーの増加分に等しくなる。

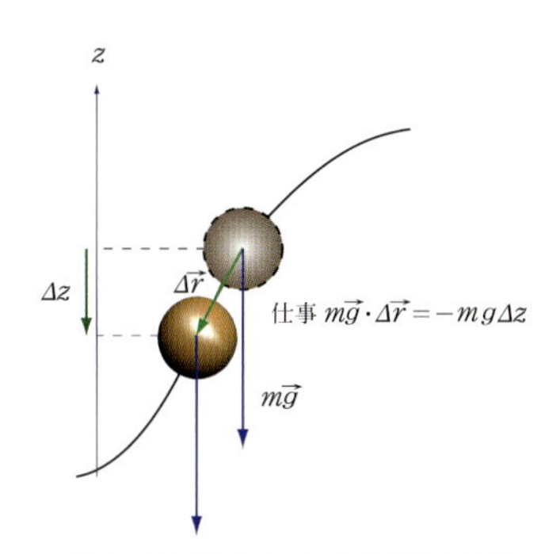

図5－16 重力による仕事は経路によらない。

重力のように質点にする仕事が途中の経路によらない力を**保存力**という。このとき仕事が経路によらず最初と最後の位置にしかよらないので、

$$W(i \to f) = -(U_f - U_i) \tag{5.18}$$

としてポテンシャルエネルギーを定義する。たとえば、重力による仕事は

$$U_f - U_i = -\int_{\vec{r}_i}^{\vec{r}_f} \vec{\mathrm{F}} \cdot d\vec{r} = mg\int_{z_i}^{z_f} dz = mgz_f - mgz_i$$

となるから、重力的ポテンシャルエネルギーは

$$U_g = mgz$$

と定義できる。

このようにしてポテンシャルエネルギーを定義するとき、ポテンシャルエネルギーには定数分だけの不定性があることに注意しよう。これは、ポテンシャルエネルギーのゼロ点をどこにとるかという自由度と対応している。位置$\vec{r}_0$をポテンシャルエネルギーの基準点とし$U(\vec{r}_0) = 0$とすれば、ポテンシャルエネルギーを

$$\boxed{U_f = -\int_{\vec{r}_0}^{\vec{r}_f} \vec{\mathrm{F}} \cdot d\vec{r}} \tag{5.19}$$

で定義するということもできる。

もう一つの例として、$F = -k(x - x_0)$というバネによる復元力の場合には、

$$U_f - U_i = -\int_{x_i}^{x_f} F dx = k\int_{x_i}^{x_f} (x - x_0) dx$$

$$= \frac{k}{2}(x - x_0)^2 \Big|_{x_i}^{x_f} = \frac{k}{2}(x_f - x_0)^2 - \frac{k}{2}(x_i - x_0)^2$$

となり、弾性的ポテンシャルエネルギー

$$U_s = \frac{k}{2}(x - x_0)^2$$

が導かれる。

このようにして仕事によりポテンシャルエネルギーを定義すると

$$\Delta K = K_f - K_i = -(U_f - U_i)$$

となり、

$$\boxed{K_f + U_f = K_i + U_i} \qquad (5.20)$$

という力学的エネルギー保存の法則が導かれる。

このように保存力であれば、ポテンシャルエネルギーを定義することにより力学的エネルギーの保存を示すことができる。

5－10　保存力と非保存力　Ⅰ

重力による仕事は経路によらずに最初と最後の位置だけで決定された。しかし、この性質はすべての力に対して成り立つわけではない。積分の経路によって値の変わる力を**非保存力**という。たとえば机の上で物体を移動させるとき、2点の間を最短距離でいくのと遠回りをするのとでは仕事は異なる。これは、大きさが一定の動摩擦力が進行方向と逆方向に働くためであり、仕事は道のりの長さに比例することになるからである。

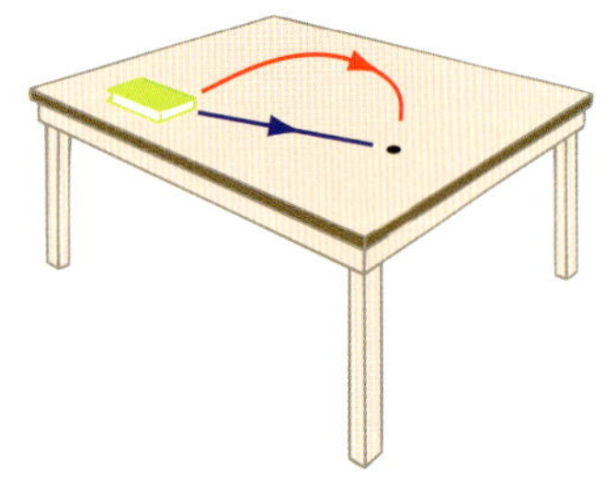

図5－17　摩擦のある机の上での物体の移動は経路に依存する。

真空中でボールを真上に投げたときはボールの上昇と共に運動エネルギーは減少するが、下降したときには運動エネルギーは増加していき、手元に戻ったときには初期の運動エネルギーが回復する。それに対して机の上の物体を横に滑らせると、運動エネルギーは減少していき最終的にはゼロになる。このエネルギーは回復することができない。

摩擦力や空気抵抗などが保存力とならないことは、ミクロに見ると理解することができる。机の上で物体を滑らせると、物体と机の分子の間の分子間力が物体と机の表面の分子を変位させる。そしてバネと同様に物体と机それぞれの内部での分子間力による復元力のため分子は振動する。つまり、分子に運動エネルギーや弾性的ポテンシャルエネルギーを与えてしまっているのである。このため摩擦力や空気抵抗が働く場合は、相互作用にかかわった分子全体の力学的エネルギーも考慮する必要があるのである。そのため、摩擦力や空気抵抗などの非保存力がない場合には力学的エネルギーは保存し、非保存力のある場合にはミクロのエネルギーを考慮しない限り力学的エネルギーは保存しなくなるのである。

5－11 ポテンシャルエネルギーから力を導く I

ポテンシャルエネルギーは(5.18)によって仕事から、つまり力から求められた。今度は逆にポテンシャルエネルギーから力が求められることを見てみよう。

まず、バネなどの一次元的なポテンシャルの場合を見てみよう。ポテンシャルエネルギーを$U(x)$として、位置を微小に変化させると

$$\Delta U = -\Delta W \tag{5.21}$$

の関係より

$$U(x+\Delta x) - U(x) = -F\Delta x \tag{5.22}$$

となる。両辺をΔxで割って$\Delta x \to 0$の極限をとると

$$\lim_{\Delta x \to 0} \frac{U(x+\Delta x) - U(x)}{\Delta x} = \frac{dU}{dx} = -F(x)$$

となる。こうして力とポテンシャルエネルギーには

$$\boxed{F = -\frac{dU}{dx}} \tag{5.23}$$

の関係があることがわかる。つまり、力はポテンシャルエネルギーの傾きとして求められる。したがって、ポテンシャルエネルギーの傾きが大きいほど、力が強いことになる。

たとえば弾性的ポテンシャルエネルギーは

$$U_s = \frac{1}{2}k(x - x_0)^2$$

であるので、(5.23)より力を求めてみると

$$F = -\frac{dU}{dx} = -k(x - x_0)$$

となり、確かにフックの法則による力となっている。

一般にポテンシャルが与えられた場合、傾きが負の部分では正の方向の力となり、傾きが正だと負の方向の力となる。そのため、力はポテンシャルが極小となる位置へ向くことになる。

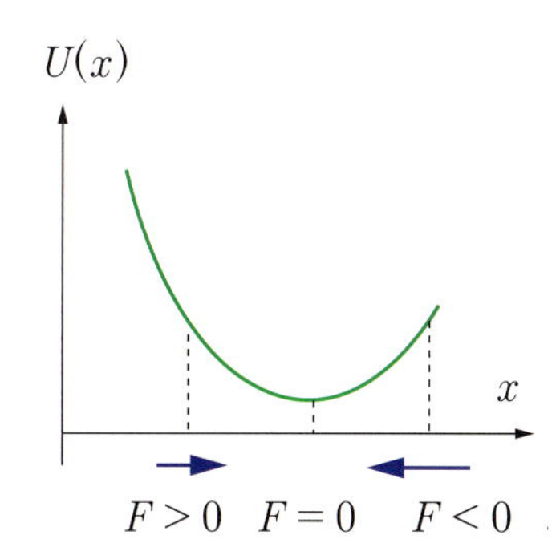

図5－18 力はポテンシャルが極小になる向きに向かって働く。

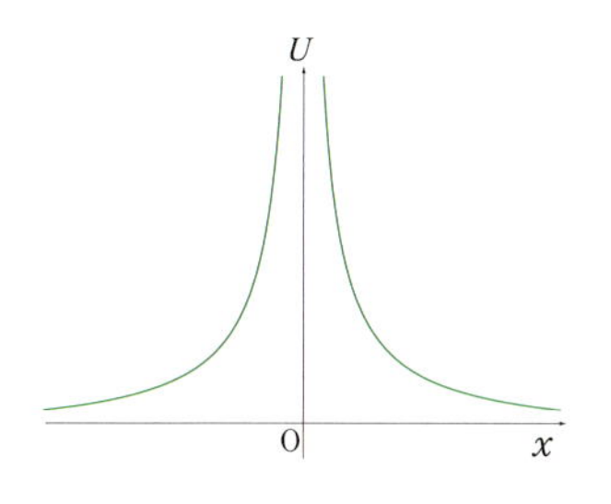

図5－19 原点からの距離に反比例するポテンシャルエネルギー

例題5－11 ポテンシャルエネルギーと力

直線上を運動する質量mの粒子がある。この粒子のポテンシャルエネルギーが$U = k/|x|$であるとき、この粒子に働く力を求めなさい。

解答 粒子に働く力は

$$F=-\frac{dU}{dx}=\begin{cases}+\dfrac{k}{x^2} & (x>0)\\ -\dfrac{k}{x^2} & (x<0)\end{cases}$$

と計算される。■

例題5－12　ファンデルワールス力のポテンシャルエネルギー

分子間に働くファンデルワールス力によるポテンシャルエネルギーは、2分子間の距離をxとして

$$U=U_0\left[\left(\frac{x_0}{x}\right)^{12}-2\left(\frac{x_0}{x}\right)^6\right]$$

となることが知られている。x_0から微小にΔxだけずれたときの力がフックの法則に従うことを示しなさい。

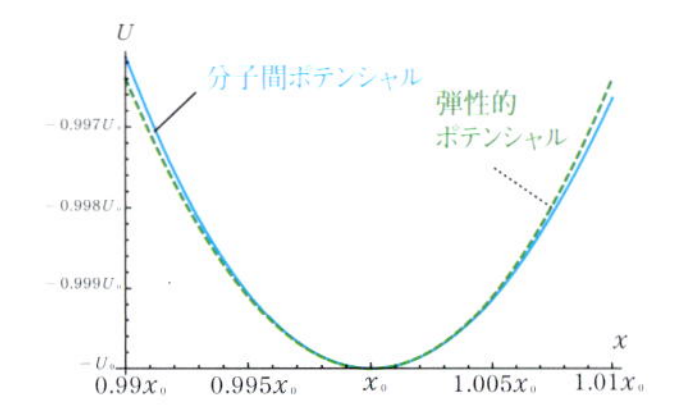

図5－20　ファンデルワールス力によるポテンシャルエネルギー

解答　$x=x_0+\Delta x$と表すと

$$U(x)=U_0\left[\left(\frac{1}{1+\Delta x/x_0}\right)^{12}-2\left(\frac{1}{1+\Delta x/x_0}\right)^6\right]$$

である。ここで、$|\Delta x/x_0|\ll 1$であるが、一般に$u\ll 1$のとき

$$\frac{1}{1+u}\simeq 1-u+u^2,\ (1+u)^n\simeq 1+nu+\frac{n(n-1)}{2}u^2$$

であることを用いると、

$$U(x)\simeq -U_0+\frac{36U_0}{x_0{}^2}(x-x_0)^2$$

と計算できる。このとき働く力は

$$F(x)=-\frac{dU(x)}{dx}=-\frac{72U_0}{x_0{}^2}(x-x_0)$$

となり、自然長からの伸びを$x-x_0$とし、バネ定数を$72U_0/x_0{}^2$とするフックの法則に従っていることがわかる。■

高校物理基礎

5－12　仕事率

物体を移動するときの仕事を振り返ってみよう。ある位置に置かれた荷物を他の位置に移動する。このとき休みながらゆっくり移動させたとしても素早く移動させたとしても、結果的に移動させるのに必要な仕事は同じである。このように仕事は結果だけを考慮したものになり、仕事を成し遂げるのにかかった時間に関係しない概念である。しかし、私たちの日常経験からわかるように単位時間あた

りにどのくらいの仕事ができるかを知ることが重要なことが多い。単位時間あたりの仕事量が増加すれば結果的に多くの仕事をこなすことができるからである。どれだけの速さで仕事を成し遂げるのかを見るのが**仕事率**（power）である。仕事率とは単位時間あたりにする仕事として定義され、工学では動力や出力ともいわれる。つまり仕事率Pは

$$P = \frac{dW}{dt} \tag{5.24}$$

である。

仕事率は単位時間あたりの仕事量であるから、その単位はJs^{-1}となる。通常この単位をW（ワット）で表す。

微小な変位$d\vec{r}$をさせるときの仕事は$dW = \vec{F} \cdot d\vec{r}$であるので仕事率は

$$P = \frac{dW}{dt} = \vec{F} \cdot \frac{d\vec{r}}{dt} = \vec{F} \cdot \vec{v} \tag{5.25}$$

と書くことができる。つまり仕事は力と変位の内積であり、速度は単位時間あたりの変位を表すので、仕事率は力と速度の内積として表されるのである。

例題5－13　仕事率と運動

電気自動車が静止状態からある速度に達するのにある時間かかった。空気抵抗は無視できエンジンの仕事率は一定であるとする。
(i) 2倍の速度に達するまでにかかる時間は何倍か？
(ii) 2倍の速度になったときの加速度は何倍か？

解答　(i) 2倍の速度の状態が持つ運動エネルギーは4倍である。一定の仕事率でこのエネルギーを得るには、必要な時間は4倍になる。
(ii) 単位時間での移動距離が2倍になる。この間の仕事が一定であるから、力は1/2倍になり、よって加速度も1/2倍になる。■

例題5－14　仕事率の計算

半径rの円筒に力$\vec{F}$を図5－21のように与えて軸を回転させる。軸が一定の角速度で回転するとき、1秒あたりの回転数をnとしてこの力による仕事率を求めなさい。

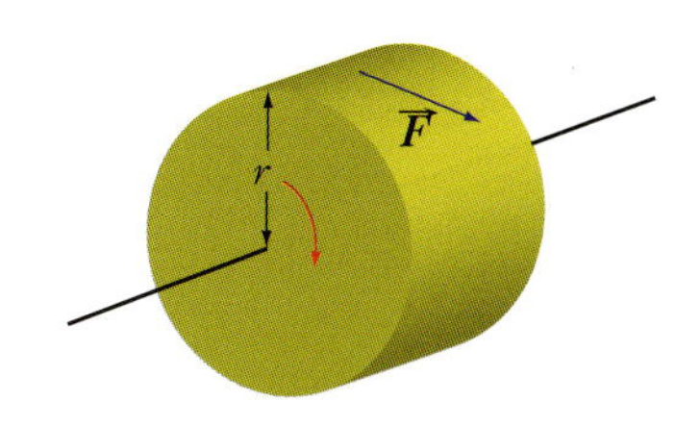

図5－21　円筒を回転させる仕事

解答　1秒間に$v = 2\pi rn$だけ移動する。よって仕事率は

$P = Fv = 2\pi nrF$ となる。■

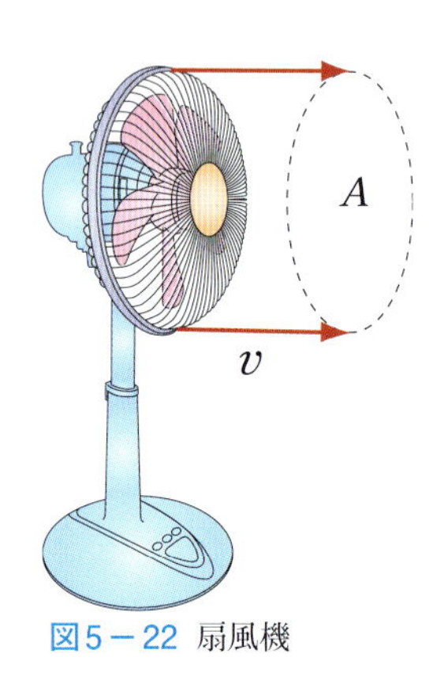

図5－22 扇風機

例題5－15 仕事率と速度

風を送る部分の面積Aの扇風機が、密度ρの空気を前方に送る。この扇風機の吸引する仕事率をPとするとき、前方に送られた空気のスピードを求めなさい。

解答 空気のスピードをvとすると単位時間あたりに$V = vA$の体積の空気を移動させるので、$m = \rho V = \rho vA$の空気が移動する。したがって空気が単位時間あたりに得る運動エネルギーは

$$P = \frac{m}{2}v^2 = \frac{\rho A}{2}v^3$$

である。これより

$$v = \left(\frac{2P}{\rho A}\right)^{1/3}$$

であることがわかる。■

5－13 現実世界の効率 Ⓑ

生物や機械、あるいは電子機器などが仕事をするとき、エネルギーの一部が必要な仕事以外の形に変換されることがある。系に与えるエネルギーE_{in}のうち、必要な仕事W_{out}になった比率

$$\eta = \frac{W_{out}}{E_{in}} \tag{5.26}$$

を**効率**という。通常、これを100倍してパーセントによって効率を表す。たとえば、効率100%は理想的な場合で、エネルギーがすべて必要な仕事に変換されたことを表す。

人間は、筋肉を動かして仕事をする。このためのエネルギーは化学的エネルギーとして供給され、これを変換する筋肉の効率はおよそ25%程度である。ただし、実際に体を動かすときには筋肉以外も変形させるためにエネルギーを消費する。そのため動作全体としてはおよそ20%の効率となる。

5－14 物体の重力的ポテンシャルエネルギー Ⓘ

今まで粒子の位置エネルギーを見てきたが、実際には物体には大きさがある。こうした物体の重力的ポテンシャルエネルギーはどの

ように表されるのだろうか？

物体を分子の集まりとしてみる。重力加速度が$\vec{g}$のとき、質量m_iで位置$\vec{r}_i$にある粒子の持つ重力的ポテンシャルエネルギーは$U_g=-m_i\vec{r}_i\cdot\vec{g}$と表される。したがって全粒子の重力的ポテンシャルエネルギーは

$$U_g=-\sum_i m_i\vec{r}_i\cdot\vec{g}$$

である。ここで、質量中心

$$\vec{r}_{cm}=\frac{\sum_i m_i\vec{r}_i}{M},\quad M=\sum_i m_i$$

を用いると、連続的に分布する物体の重力的ポテンシャルエネルギーは

$$\boxed{U_g=-M\vec{r}_{cm}\cdot\vec{g}} \tag{5.27}$$

と表すことができる。

つまり、物体の重力的ポテンシャルエネルギーは、質量中心に全質量Mがあるときの重力的ポテンシャルエネルギーと等しいのである。このことは、大きさを持つ物体のポテンシャルエネルギーの評価を非常に簡単にしてくれる。

5－15　空気抵抗 

ここでは物体が空気中を運動するときに働く空気抵抗を後方へ空気が回り込むことによって生じる効果や空気の粘性を無視して見積もってみよう。このとき空気抵抗は物体前方の空気を押しのける反作用で生じる力で近似することになる。図5－23のように面積Aの面をスピードvで面に垂直方向に移動させる。面が移動した部分の空気分子は平均して速度がvに近くなるだろう。このとき単位時間あたりに空気に与える運動エネルギーを求めてみよう。まず、1秒間に面が移動した部分の体積は、Avである。空気の密度をρとするとこの部分には$m=\rho Av$の質量がある。そのため単位時間あたり、

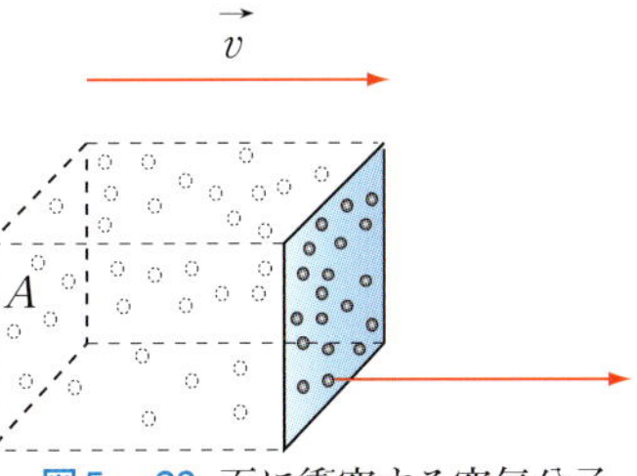

図5－23　面に衝突する空気分子

$$P=\frac{1}{2}mv^2=\frac{\rho A}{2}v^3$$

の運動エネルギーを空気の分子に与えることになる。

一方、仕事率はFvであったので、これより

$$F=\frac{\rho}{2}Av^2 \tag{5.28}$$

となることがわかる。このようにして空気分子を押しのけるために起こる空気抵抗（圧力抵抗）は速度の２乗に比例するのである。

例題5－16　空気抵抗と仕事

電気自動車が時速60 kmのときに、自動車の車輪などの摩擦力と空気抵抗がする仕事率がほぼ等しいとする。摩擦力は速度によらないとする。速度が２倍になると、

(i) 自動車を駆動するのに必要な動力は何倍になるか？

(ii) 目的地に到着するまでのエネルギー消費は何倍になるか？

解答　(i) 時速60 kmのときの空気抵抗をFとし、速度をvとすると、このとき自動車を駆動するために必要な仕事率は$P=2Fv$である。速度が２倍になると空気抵抗は４倍になるので、必要な仕事率は$P'=(F+4F)(2v)=10Fv$である。よって自動車を駆動するのに必要な動力は５倍になる。

(ii) 目的地に到着するまでの時間は半分になるので、エネルギー消費は2.5倍になる。■

5－16　三次元的な力とポテンシャルエネルギー Ⓐ

三次元の空間を移動する場合についてのポテンシャルエネルギーと力の関係は、ポテンシャルエネルギーと仕事の関係を$\vec{r}$から$\vec{r}+\Delta\vec{r}$への微小な変位に対して用いて

$$\begin{aligned}\Delta W &= \vec{\mathrm{F}}\cdot\Delta\vec{r} = F_x\Delta x + F_y\Delta y + F_z\Delta z\\ &= -\Delta U = -(U(x+\Delta x,\ y+\Delta y,\ z+\Delta z) - U(x,\ y,\ z))\end{aligned}$$

で与えられる。これはいかなる微小変位$\Delta\vec{r}$についても成り立つので、特に$\Delta y=\Delta z=0$という変位について見てみると

$$F_x\Delta x = -(U(x+\Delta x,\ y,\ z) - U(x,\ y,\ z))$$

となる。ここでΔxがゼロとなる極限をとると

$$F_x = -\lim_{\Delta x\to 0}\frac{U(x+\Delta x,\ y,\ z) - U(x,\ y,\ z)}{\Delta x}$$

となる。

第１章でも学んだが、一般に他の変数を固定して１変数のみで微分することを偏微分という。高校数学で学んだように１変数関数fのxに関するの微分は$\dfrac{dU}{dx}$と書く。多変数を含む場合、関数

$f(x, y, z)$をx以外の変数を変えずにxに関して微分したものを$\dfrac{\partial f}{\partial x}$と表す。たとえば、$f = x^2 y$に対して

$$\frac{\partial}{\partial x}(x^2 y) = 2xy, \quad \frac{\partial}{\partial y}(x^2 y) = x^2$$

である。

さてこのような偏微分を定義すると先の関係は

$$F_x = -\frac{\partial U}{\partial x}$$

と書くことができる。

同様に$\Delta x = \Delta z = 0$, $\Delta x = \Delta y = 0$の場合を調べるとF_y, F_zもそれぞれポテンシャルのy, zでの偏微分として表すことができ、

$$F_x = -\frac{\partial U}{\partial x},\ F_y = -\frac{\partial U}{\partial y},\ F_z = -\frac{\partial U}{\partial z} \tag{5.29}$$

と表すことができる。

たとえば重力的ポテンシャルエネルギーの場合は$U_g = mgz$であるので、

$$F_x = -\frac{\partial}{\partial x}(mgz) = 0, \quad F_y = -\frac{\partial}{\partial y}(mgz) = 0,$$

$$F_z = -\frac{\partial}{\partial z}(mgz) = -mg$$

となり、$\vec{\mathrm{F}} = (0,\ 0,\ -mg)$が導かれる。

このように力はポテンシャルの偏微分で表すことができる。

例題5－17　三次元的なポテンシャルエネルギー

ポテンシャルが$U(x, y, z) = a\ln(x^2 + y^2)$である粒子がある。このとき粒子に働く力を求めなさい。

解答　粒子に働く力は

$$\vec{\mathrm{F}} = \left(-\frac{\partial U}{\partial x},\ -\frac{\partial U}{\partial y},\ -\frac{\partial U}{\partial z}\right) = -\frac{2a}{x^2 + y^2}(x,\ y,\ 0)$$

と計算できる。■

5－17　勾配　Ⓐ

一変数関数$f(x)$では、その微小変化は

$$df = f(x+dx) - f(x) = \frac{df}{dx}dx$$

と表すことができる。ここでは、Δxをdxと書いた。

多変数の場合も同様であり、1－23節の(1.31)を用いて

$$df(x,\ y,\ z) = \frac{\partial f}{\partial x}dx + \frac{\partial f}{\partial y}dy + \frac{\partial f}{\partial z}dz \qquad (5.30)$$

と書くことができる。

ここでベクトル

$$\vec{\nabla} f = \left(\frac{\partial f}{\partial x},\ \frac{\partial f}{\partial y},\ \frac{\partial f}{\partial z}\right) \qquad (5.31)$$

を関数fの**勾配**(gradient)といい、これを用いると(5.30)は

$$df = \vec{\nabla} f \cdot d\vec{r} \qquad (5.32)$$

と表される。

この勾配は物理では頻繁に現れる。たとえば第II巻では電場と電位の関係にも現れることを見る。この記号を用いると力とポテンシャルの関係(5.29)は

$$\boxed{\vec{\mathrm{F}} = -\vec{\nabla} U} \qquad (5.33)$$

と表すことができる。

例題5－18　勾配

次の関数の勾配を求めなさい。

(i)　$f = xyz$　　　　(ii)　$f = \sqrt{x^2+y^2+z^2}$

解答　どちらも定義に基づいて計算する。(i) $\vec{\nabla} f = (yz,\ zx,\ xy)$となる。(ii) xについての偏微分は

$$\frac{\partial f}{\partial x} = \frac{x}{\sqrt{x^2+y^2+z^2}} = \frac{x}{f}$$

となる。他の成分についても同様であり、$\vec{\nabla} f = (x,\ y,\ z)/f$となる。■

5－18　保存力である条件　Ⓐ

力が保存力かどうかは、原理的には経路を指定し、仕事(5.17)が積分経路によらないことを調べて判定する。しかし、さまざまな経路についての積分を実行してみる必要があるので、実際にはこの判定方法は困難なことが多い。そのため、ここではより見通しよく保存力であることを示す条件を調べてみよう。

図5－24のように(x, y, z)から$(x+\Delta x, y+\Delta y, z)$に至る二つの経路で仕事の積分を評価してみよう。まず$(x, y, z)\to(x+\Delta x, y, z)\to(x+\Delta x, y+\Delta y, z)$と進む経路1では

$$\int_1 \vec{\mathrm{F}}\cdot d\vec{r} = \int_{(x,y,z)}^{(x+\Delta x,y,z)} \vec{\mathrm{F}}\cdot d\vec{r} + \int_{(x+\Delta x,y,z)}^{(x+\Delta x,y+\Delta y,z)} \vec{\mathrm{F}}\cdot d\vec{r}$$

$$= F_x(x, y, z)\Delta x + F_y(x+\Delta x, y, z)\Delta y$$

となる。また$(x, y, z)\to(x, y+\Delta y, z)\to(x+\Delta x, y+\Delta y, z)$と進む経路2では

$$\int_2 \vec{\mathrm{F}}\cdot d\vec{r} = \int_{(x,y,z)}^{(x,y+\Delta y,z)} \vec{\mathrm{F}}\cdot d\vec{r} + \int_{(x,y+\Delta y,z)}^{(x+\Delta x,y+\Delta y,z)} \vec{\mathrm{F}}\cdot d\vec{r}$$

$$= F_y(x, y, z)\Delta y + F_x(x, y+\Delta y, z)\Delta x$$

となる。保存力ではこれらが等しいことが必要であるのでこれらの差

$$\int_1 \vec{\mathrm{F}}\cdot d\vec{r} - \int_2 \vec{\mathrm{F}}\cdot d\vec{r}$$

$$= (F_x(x, y, z) - F_x(x, y+\Delta y, z))\Delta x$$

$$+ (F_y(x+\Delta x, y, z) - F_y(x, y, z))\Delta y$$

を調べる。(5.30)のように微小変化を評価すると

$$\int_1 \vec{\mathrm{F}}\cdot d\vec{r} - \int_2 \vec{\mathrm{F}}\cdot d\vec{r} = \left(\frac{\partial}{\partial x}F_y - \frac{\partial}{\partial y}F_x\right)\Delta x\Delta y$$

となるから、保存力となるためには

$$\frac{\partial}{\partial x}F_y - \frac{\partial}{\partial y}F_x = 0$$

である必要がある。

今はx, yの変数について変化する経路をとったが、y, zやz, xについても同様に繰り返すことができる。これより

$$\frac{\partial}{\partial x}F_y - \frac{\partial}{\partial y}F_x = 0,$$
$$\frac{\partial}{\partial y}F_z - \frac{\partial}{\partial z}F_y = 0, \tag{5.34}$$
$$\frac{\partial}{\partial z}F_x - \frac{\partial}{\partial x}F_z = 0$$

という条件が得られる。

一般にベクトル$\vec{\mathrm{F}}$に対して

$$\vec{\nabla}\times\vec{\mathrm{F}} = \left(\frac{\partial}{\partial y}F_z - \frac{\partial}{\partial z}F_y,\right.$$
$$\left.\frac{\partial}{\partial z}F_x - \frac{\partial}{\partial x}F_z,\ \frac{\partial}{\partial x}F_y - \frac{\partial}{\partial y}F_x\right) \tag{5.35}$$

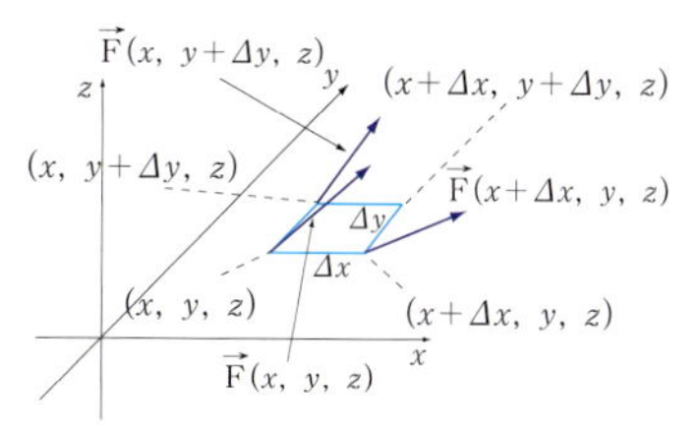

図5－24 仕事の積分を行うための二つの微小経路

を$\vec{F}$の**回転**(curl)という。先に見た経路1と経路2の差は全体として左回りに回転して戻ってくる操作と見ることができるのでこの名前がある。

この演算記号を用いると、保存力となる条件は

$$\boxed{\vec{\nabla}\times\vec{F}=0} \tag{5.36}$$

となる。実際、もし力が$\vec{F}=-\vec{\nabla}U$となっていれば、

$$\begin{aligned}
&\vec{\nabla}\times\vec{F}\\
&=\left(\frac{\partial}{\partial y}F_z-\frac{\partial}{\partial z}F_y,\ \frac{\partial}{\partial z}F_x-\frac{\partial}{\partial x}F_z,\ \frac{\partial}{\partial x}F_y-\frac{\partial}{\partial y}F_x\right)\\
&=-\left(\frac{\partial}{\partial y}\frac{\partial U}{\partial z}-\frac{\partial}{\partial z}\frac{\partial U}{\partial y},\right.\\
&\qquad\left.\frac{\partial}{\partial z}\frac{\partial U}{\partial x}-\frac{\partial}{\partial x}\frac{\partial U}{\partial z},\ \frac{\partial}{\partial x}\frac{\partial U}{\partial y}-\frac{\partial}{\partial y}\frac{\partial U}{\partial x}\right)
\end{aligned}$$

となる。ここで

$$\frac{\partial}{\partial y}\frac{\partial U}{\partial z}=\frac{\partial}{\partial z}\frac{\partial U}{\partial y}$$

などのように偏微分の順序を入れ替えても同じになるので

$$\vec{\nabla}\times\vec{F}=-\vec{\nabla}\times(\vec{\nabla}U)=0 \tag{5.37}$$

は恒等的に成り立つことになる。

例題5－19　回転

次のベクトルの回転を求めなさい。

(i) $\vec{F}=k\vec{r}=(kx,\ ky,\ kz)$　　(ii) $\vec{F}=(y,\ -x,\ z)$

解答　回転の定義から (i) $\vec{\nabla}\times\vec{F}=0$　(ii) $\vec{\nabla}\times\vec{F}=(0,\ 0,\ -2)$と計算できる。■

例題5－20　保存力の条件

力が中心方向を向いており$\vec{F}=F(r)\vec{r}=F(r)(x,\ y,\ z)$であるとする。この力は保存力であることを示しなさい。

解答　$r=\sqrt{x^2+y^2+z^2}$であるので、

$$\frac{\partial r}{\partial x}=\frac{\partial\,(x^2+y^2+z^2)^{1/2}}{\partial x}=(x^2+y^2+z^2)^{-1/2}x=\frac{x}{r},$$

$$\frac{\partial r}{\partial y}=\frac{y}{r},\quad \frac{\partial r}{\partial z}=\frac{z}{r}$$

となる。合成関数の微分より

$$\frac{\partial F(r)}{\partial x}=\frac{\partial r}{\partial x}\frac{d}{dr}F(r)$$

などとなる。よって

$$(\vec{\nabla}\times\vec{\mathrm{F}})_x=\frac{\partial}{\partial y}F_z-\frac{\partial}{\partial z}F_y=\frac{\partial}{\partial y}(F(r)z)-\frac{\partial}{\partial z}(F(r)y)$$

$$=\frac{\partial r}{\partial y}\frac{dF}{dr}z-\frac{\partial r}{\partial z}\frac{dF}{dr}y=\frac{yz}{r}\frac{dF}{dr}-\frac{zy}{r}\frac{dF}{dr}=0$$

となる。他の成分は、$x\to y\to z\to x$とすれば同様に示すことができる。したがってこの力は保存力となる。■

演習問題5

B 5.1 時速60 kmで進む自動車がアスファルト上で急ブレーキをかけ、静止するまでにある距離進んだ。雪道で同様にブレーキをかけてから同じ距離で止まるには、初めの速度はどの程度でなければならないか。ただし、タイヤとアスファルトとの動摩擦係数は0.8で、タイヤと雪道との動摩擦係数は0.1であるものとする。

B 5.2 質量60 kgの人が20 cmの高さのジャンプをする。このジャンプを1秒あたり1回繰り返したとするとき、この人の仕事率を求めなさい。ただし、人がエネルギーを消費するときの効率は20％とし、また重力加速度は10 m/s^{2}としてよい。

B 5.3 一定の力Fで質量mの物体を距離Δxだけ加速したところ、速度がv_iからv_fになった。仕事とエネルギーの関係から(1.15)を導きなさい。

I 5.4 天井から鉛直につるされた質量の無視できるバネ（バネ定数はk）に質量mの物体がつながれている。重力加速度はgとする。(1) つり合いの状態ではバネの自然長からの伸びはいくらか。(2) つり合いの位置からさらにzだけ変位（鉛直下方を正とする）したとき、物体に働く力とポテンシャルエネルギーを求めなさい。

I 5.5 時速60 kmでは、ガソリン1 ℓあたりに25 km走行することのできる自動車がある。この自動車の車高と車幅はそれぞれ1.5 mであるとし、抵抗係数$C_D=0.3$で空気抵抗を受けるとする。また、この速度では、路面から受ける摩擦抵抗やエンジン内部などでの摩擦によるエネルギー損失は空気抵抗による損失と等しいものと仮定する。空気の密度を$\rho = 1.3$ kg/m^{3}とし、またガソリン1 ℓの燃焼熱エネルギーを3.2×10^7 Jとするとき、この自動車の効率を求めなさい。

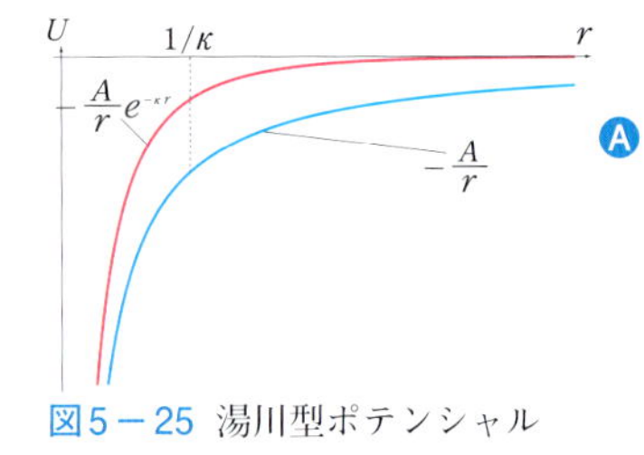

図5−25 湯川型ポテンシャル

Ⓐ **5.6** 湯川型ポテンシャル

$$U = -\frac{A}{r}e^{-\kappa r} \quad (\kappa > 0,\ r = \sqrt{x^2+y^2+z^2})$$

のもとで運動する粒子に働く力を求めなさい。

Ⓐ **5.7** 物体に加わる力がポテンシャルエネルギーで表されるとき、物体のつり合いの条件はポテンシャルエネルギーのどのような条件として表されるか。

Ⓐ **5.8** バネ定数kのバネにつながれた質量mの質点が、ある非保存力Fを受けて運動している。この質点の力学的エネルギーの時間変化率は非保存力Fによる仕事率として表されることを示しなさい。

演習問題解答

5.1 雪道では、アスファルトの場合と比べて摩擦力が1/8倍になり、同じ距離を進む場合に摩擦力が行う仕事も1/8倍になる。よって、はじめの運動エネルギーも1/8倍になる必要があるから、速度は$1/2\sqrt{2} \fallingdotseq 0.35$倍、すなわち時速21 km程度でなければならない。

5.2 1回のジャンプに必要な仕事は、重心位置が上方に20 cm移動するために必要なエネルギーとして$60\ \mathrm{kg} \times 10\ \mathrm{m/s^2} \times 0.2\ \mathrm{m} = 1.2 \times 10^2$ Jと求められる。このジャンプを1秒あたり1回行う。人の効率は20%であるから、実際に人が消費するエネルギーは、$0.2^{-1} \times 1.2 \times 10^2\ \mathrm{J/s} = 6.0 \times 10^2$ Wである。これは電子レンジの消費電力と同じ程度である。

5.3 仕事と運動エネルギーの関係から

$$\frac{1}{2}mv_f{}^2 - \frac{1}{2}mv_i{}^2 = F\Delta x \quad \therefore \quad v_f{}^2 - v_i{}^2 = 2(F/m)\Delta x$$

である。運動方程式から加速度は$a = F/m$となるから、上式は(1.15)と一致する。

5.4 (1) 伸びをlとすると、つり合いの条件は$-kl + mg = 0$と

なるから$l=mg/k$と求められる。(2) 物体にはバネによる力と重力が働くから、力は

$$F=-k(l+z)+mg=-kl+mg-kz=-kz$$

となる。最後の等式で (1) のつり合いの条件を用いた。ポテンシャルエネルギーもバネと重力の両方からの寄与があり

$$U=\frac{1}{2}k(l+z)^2-mg(l+z)$$

$$=\frac{1}{2}k(l+z)^2-kl(l+z)=\frac{1}{2}kz^2-\frac{1}{2}kl^2$$

となる。いずれもバネの自然長の位置を基準にとり、やはりつり合いの条件を用いた。最後の項は定数なので、この項を除いてポテンシャルエネルギーを$U'=kz^2/2$と再定義してもよいだろう。するとこの系は、あたかも重力がなくつり合いの位置を自然長の位置とするバネと同様に扱えることがわかる。

5.5 自動車の受ける空気抵抗は

$$\frac{1}{2}\rho C_D A v^2=\frac{1}{2}\times 1.3\ \mathrm{kg/m^3}\times 0.3\times(1.5\ \mathrm{m})^2\times\left(\frac{60000}{3600}\ \mathrm{m/s}\right)^2$$

$$=1.2\times 10^2\ \mathrm{N}$$

であり、25 km走る間に$-1.2\times 10^2\,\mathrm{N}\times 25\,\mathrm{km}=-3.0\times 10^6\,\mathrm{J}$の仕事をされる。摩擦によるエネルギー損失もこの値に等しく、車の運動エネルギーに変化はないので、ガソリン1ℓあたりにエンジンが行う仕事は$6.0\times 10^6\,\mathrm{J}$となる。したがってエンジンの効率は

$$\eta=\frac{6.0\times 10^6\ \mathrm{J}}{3.2\times 10^7\ \mathrm{J}}=0.19$$

である。

5.6 力は(5.29)で求められる。

$$-\frac{\partial U}{\partial x}=-\frac{\partial U}{\partial r}\frac{\partial r}{\partial x}=A\left(-\frac{1}{r^2}-\frac{\kappa}{r}\right)e^{-\kappa r}\frac{\partial r}{\partial x}$$

となり、rをxで偏微分したものは例題5−18の (ii) で求めた結果を用いればよい。これより力は

$$\vec{\mathrm{F}}=-\vec{\nabla}U=A\left(-\frac{1}{r^2}-\frac{\kappa}{r}\right)\vec{\nabla}re^{-\kappa r}=-A\frac{(1+\kappa r)}{r^2}e^{-\kappa r}\frac{\vec{r}}{r}$$

と求められる。この力は、$\kappa r\ll 1$では重力などと同じように原点からの距離の2乗に反比例し、$\kappa r\gg 1$では指数関数的に急激に減少する。

5.7 つり合いの条件は、物体に働く力が0になることである。今の場合力は$\vec{F}=-\vec{\nabla}U$で与えられるから、つり合いの位置を$\vec{r}_s$として、条件は$\vec{\nabla}U(\vec{r}_s)=0$となる。これは、つり合いの位置ではポテンシャルエネルギーの各方向についての偏微分が0になるという条件である。(安定なつり合いの位置は極小点である。)

5.8 力学的エネルギーは

$$E=\frac{1}{2}mv^2+\frac{1}{2}kx^2$$

である。よってこの時間変化率は

$$\frac{dE}{dt}=mv\frac{dv}{dt}+kx\frac{dx}{dt}=\left(m\frac{dv}{dt}+kx\right)v$$

と計算される。よってこの質点についての運動方程式

$$m\frac{dv}{dt}=-kx+F$$

を用いると、$\frac{dE}{dt}=Fv$となり、エネルギーの変化率が非保存力による仕事率で与えられることがわかる。たとえば摩擦力の場合はFはvと反対向きであるから、仕事率は負でエネルギーは減少する。

6 力積と運動量

前章で学んだ力学的エネルギー保存の法則のように、物理においてはさまざまな保存則が重要となる。この章で学ぶ運動量は、内力のみが働く系において保存する量であり、物体の衝突や崩壊などの現象において重要となる。この章では運動量とその変化を与える力積、運動量保存の法則などを調べていこう。

6－1 力積と運動量 Ⓑ 高校物理

二つの物体が短い時間内で相互作用することを**衝突**という。たとえば、床にボールを落としたときボールは床に衝突する。このような衝突は瞬間的に見えるかもしれないが、実際にはある有限の時間をかけて起こる現象なのである。通常は1 msから10 ms程度で衝突が起き、物体の表面が変形する。

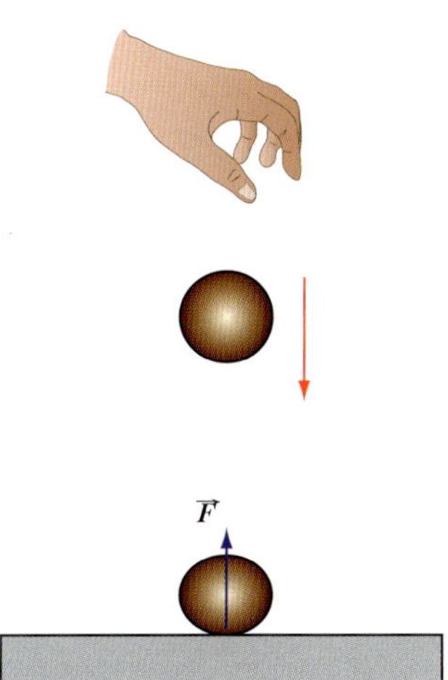

図6－1 床に衝突するボール

物体は分子の集まりであることから、衝突によって相手の中に入り込もうとすると、それを妨げる分子間力が働くことでたがいに力を及ぼし合う。またそれぞれの物体の中では衝突による変形で分子の相対位置が変わるのを妨げる、あるいは元の位置へ戻そうとする力が働く。そのため大きな物体が衝突するときの方が大きな力が働くことになる。短い時間内で及ぼし合うこのような力を**衝撃力**という。

衝突による速度の変化はニュートンの第二法則によって求めることができる。質量mの物体に、衝突によって力$\vec{\mathrm{F}}(t)$が短い時間働いたとき

$$m\frac{d\vec{v}}{dt}=\vec{\mathrm{F}}(t) \tag{6.1}$$

の関係がある。この両辺を時間に関して積分すると

$$m\int_{t_i}^{t_f}\frac{d\vec{v}}{dt}dt=\int_{t_i}^{t_f}\vec{\mathrm{F}}dt$$

となる。このとき速度は$\vec{v}_i$から$\vec{v}_f$に変化するものとすれば

$$m\vec{v}_f-m\vec{v}_i=\int_{t_i}^{t_f}\vec{\mathrm{F}}(t)dt \tag{6.2}$$

の関係があることがわかる。

質量と速度の積を**運動量**と呼ぶ。つまり、質量mの物体が速度$\vec{v}$で移動しているとき、その運動量を

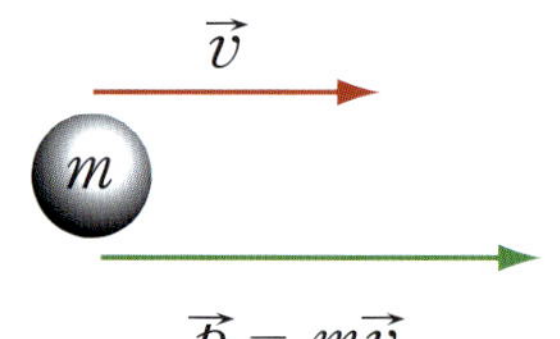

図6－2 運動量と速度

$$\vec{p} = m\vec{v} \tag{6.3}$$

と定義する。

この運動量はベクトル量であることに注意しよう。したがって、それぞれの成分は負になることもある。また、物理学における運動量とは質量と速度の積についての技術的用語であって、日常生活において私たちが使う運動量とは異なることにも注意しよう。質量が小さくてもスピードが大きければ運動量は大きい。また、質量が大きければ速度が小さくても運動量は大きいのである。

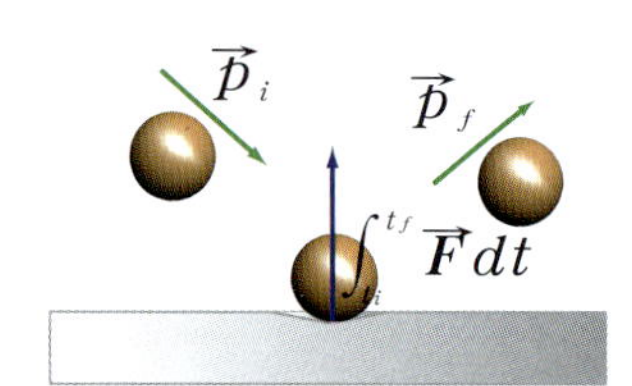

運動量を用いるとニュートンの第二法則は

$$\frac{d\vec{p}}{dt} = \vec{\mathrm{F}} \tag{6.4}$$

と表される。つまり、ニュートンの第二法則は、運動量の単位時間あたりの変化が力であるということを述べている。また衝突による運動量変化は

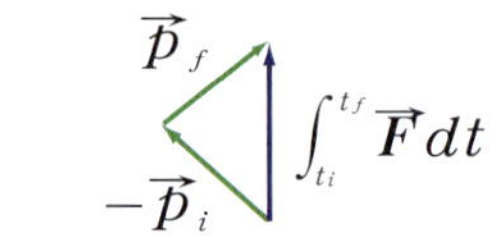

図6－3 運動量の変化

$$\vec{p}_f - \vec{p}_i = \int_{t_i}^{t_f} \vec{\mathrm{F}}(t)dt \tag{6.5}$$

となる。

高校物理

6－2 力積 Ⓑ

(6.5) に現れる

$$\int_{t_i}^{t_f} \vec{\mathrm{F}}(t)dt \tag{6.6}$$

を**力積**という。ニュートンの第二法則の帰結である (6.5) は、運動量の変化は力積に等しいということを表している。

例題6－1　物理量とベクトル、スカラー

次のうちベクトル量でないものをすべて挙げなさい。

(A) 速度 (B) 加速度 (C) エネルギー (D) 運動量 (E) 力積

解答 (C)：エネルギーはスカラー量である。■

例題6－2　力積と運動量

質量mと質量$2m$の箱がなめらかな床に置かれている。質量mの箱を５秒間ある力で横に押す。質量$2m$の箱も５秒間同じ力で押す。質量$2m$の箱の運動量は質量mの箱の運動量の何倍か？

解答　それぞれの箱に加えられた力積が等しいということだから、得た運動量も等しい。したがって、1倍。■

例題6－3　力積と運動

ゴルフボールとボウリングのボールが同じ運動量でなめらかな床を滑ってきた。同じ力で受け止めた場合、

(1) ボールの動きを止めるまでにかかる時間はどちらが長いか？

(2) ボールの動きを止めるまでにかかる距離はどちらが長いか？

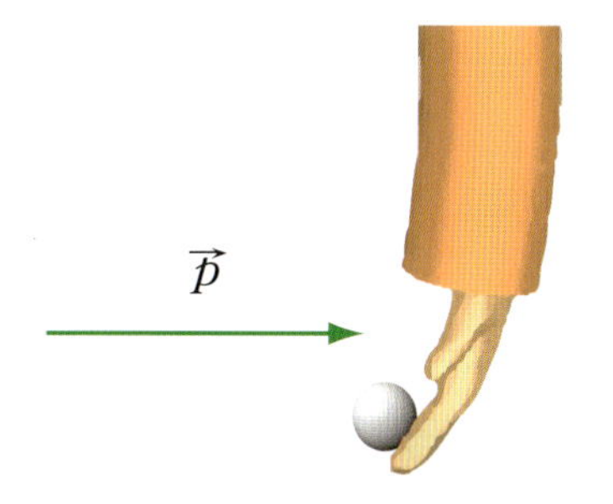

解答　(1) 必要な力積が等しいのでかかる時間はどちらも等しい。(2) 運動エネルギーは$E = mv^2/2 = p^2/2m$となるので、同じ運動量ならエネルギーは質量に反比例する。そのため、運動エネルギーはゴルフボールの方が大きく、エネルギーと仕事の関係より、ゴルフボールの方が長い距離がかかる。■

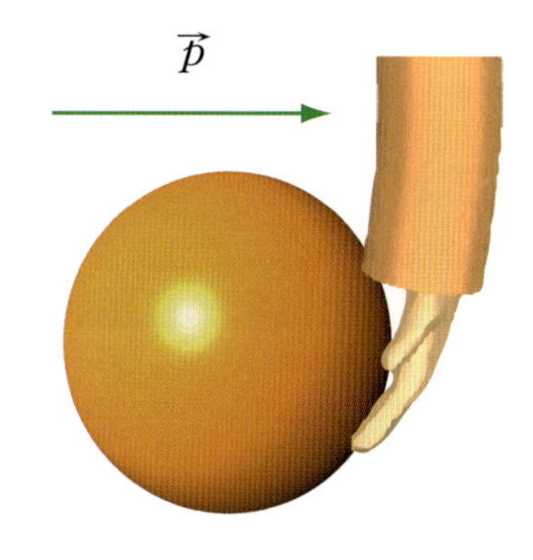

図6－4 ゴルフボールとボウリングのボールを受け止める。

例題6－4　運動量変化と力

消防隊が高圧のポンプで1秒あたり質量mの水を、スピードvで噴射することができるとする。この噴射でドアに垂直に水をかける。水はドアに衝突した後、垂直に流れ落ちるものとして、ドアに加わる水による力を求めなさい。

解答　水がドアに加える力の大きさをFとすると、水は同じ大きさFの反作用をドアから受ける。このとき水が受ける力積によって、水の運動量が変化する。ドアの垂直方向について、1秒あたりの力積と運動量の関係は$0 - mv = -F \cdot 1\,\mathrm{s}$（水の噴射方向を正とする）となるから、求める力の大きさは$F = mv$である。■

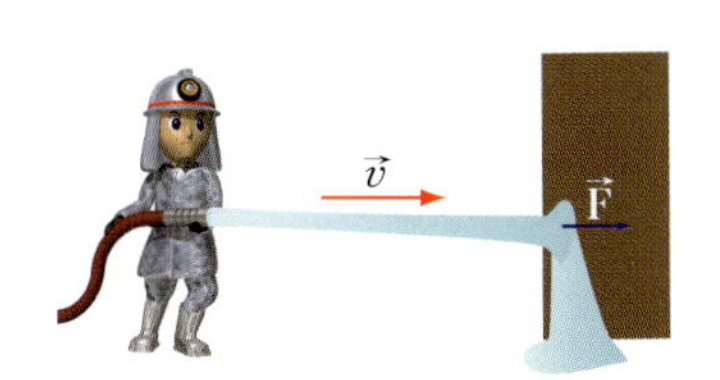

図6－5 水流が及ぼす力

例題6－5　運動量変化と力

風が面積Aの看板に垂直に当たっている。風速をvとし、空気の密度をρとする。空気分子は看板に当たると平均してその半分の速度を失うとして、看板に加わる風による力を求めなさい。

解答　前問と同様に、求める力の大きさをFとして、1秒あたりの力積と運動量との関係を考える。1秒間に看板に衝突する風の体積が$vA \cdot 1\,\mathrm{s}$であることに注意して、運動量変化は

$$\rho vA\frac{1}{2}v\cdot 1\mathrm{s}-\rho vAv\cdot 1\mathrm{s}=-F\cdot 1\mathrm{s}$$

となるから、$F=\rho Av^2/2$と求められる。■

例題6－6　運動量変化と力

1kgの石を1mの高さから落とす。地面に衝突したときに地面に与える力の大きさで最も近いのはどれか？

(A) 100 N　(B) 10 N　(C) 5 N　(D) 1 N　(E) 決められない

図6－6 エアバッグ

解答 衝突して石が運動量を失うまでの時間などが与えられていないため、(E) 決められない。■

衝突時には、運動量の変化は力積となる。力が加わる時間が長いほど平均の力が小さい。車に取り付けられているエアバッグは、衝突時に力が加わる時間を増加させることで、平均して体に加えられる力を小さくして衝撃を和らげる。

高校物理

6－3　運動量保存の法則　Ⓑ

力積と運動量の変化との関係は、ニュートンの第二法則からの帰結であった。それではニュートンの第三法則からは何がわかるのだろうか？

図6－7のような二つの物体の衝突を考えてみよう。摩擦がないなめらかな床の上に物体1と物体2があり、衝突する。右方向を正にとると、右からやってきた物体2は最初負の運動量を持っているが、衝突によって力積分だけ運動量が増加して正の運動量になる。一方、物体1は左からやってきて力積を受ける。ニュートンの第三法則よりこの力積は物体2に与えたものと符号が逆になっている。つまり、物体1にとって物体2に与えた力積分だけ運動量が減少する。このことから、物体1と物体2の間に力積分の運動量のやりとりがあったと見なすことができる。そのため、物体1と物体2の運動量全体は変化しないのである。

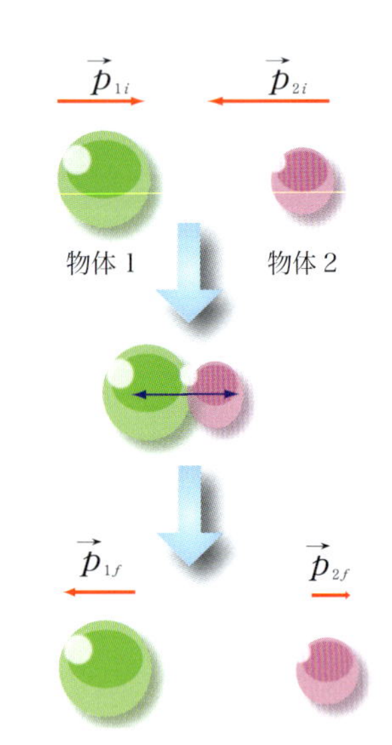

図6－7 二つの物体の衝突

これらのことを数式でより具体的に見ていこう。物体1, 2のそれぞれに対して

$$\begin{aligned}\vec{p}_{1f}-\vec{p}_{1i}&=\int_{t_i}^{t_f}\vec{\mathrm{F}}_{2\to1}(t)dt\\ \vec{p}_{2f}-\vec{p}_{2i}&=\int_{t_i}^{t_f}\vec{\mathrm{F}}_{1\to2}(t)dt\end{aligned}\tag{6.7}$$

が成り立ち、ニュートンの第三法則より$\vec{F}_{1\to2}(t)=-\vec{F}_{2\to1}(t)$となることから上の二つの式の和をとると

$$\vec{p}_{1f}+\vec{p}_{2f}=\vec{p}_{1i}+\vec{p}_{2i} \tag{6.8}$$

となる。これは運動量保存の法則を端的に表している。

(6.8)をより一般的な場合に拡張して見てみよう。図6－8のようにN個の質点がたがいに力$\vec{F}_{i\to j}$を及ぼし合っており、系の外から粒子iに$\vec{F}_i^{ext}$(extはexternalを表す) の力が働いているとする。それぞれの質点の運動はニュートンの第二法則

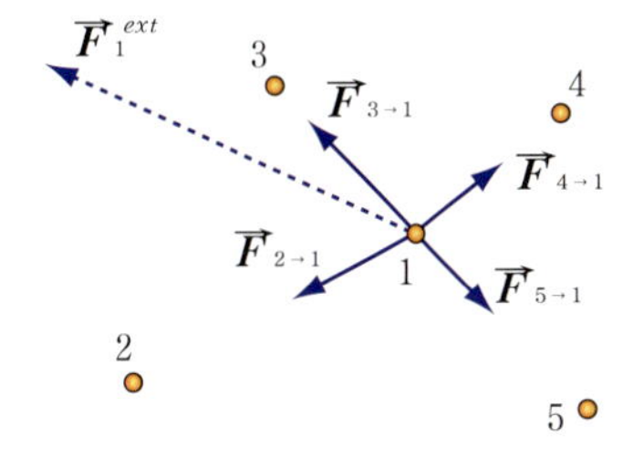

図6－8 質点系でたがいに働く力

$$\frac{d\vec{p}_i}{dt}=\sum_{j\neq i}^{N}\vec{F}_{j\to i}+\vec{F}_i^{ext} \tag{6.9}$$

で記述される。これより全運動量

$$\vec{P}=\vec{p}_1+\vec{p}_2+\vec{p}_3+\cdots+\vec{p}_N=\sum_{i=1}^{N}\vec{p}_i \tag{6.10}$$

の時間的変化は

$$\frac{d}{dt}\vec{P}=\sum_{i=1}^{N}\frac{d\vec{p}_i}{dt}=\sum_{i=1}^{N}\sum_{j\neq i}^{N}\vec{F}_{j\to i}+\sum_{i=1}^{N}\vec{F}_i^{ext} \tag{6.11}$$

となる。一方ニュートンの第三法則より$\vec{F}_{i\to j}+\vec{F}_{j\to i}=0$となるので右辺第一項は

$$\sum_{i=1}^{N}\sum_{j\neq i}^{N}\vec{F}_{j\to i}=\sum_{i=1}^{N}\sum_{j>i}\left(\vec{F}_{i\to j}+\vec{F}_{j\to i}\right)=0$$

となり、これより

$$\boxed{\frac{d\vec{P}}{dt}=\sum_{i=1}^{N}\vec{F}_i^{ext}=\vec{F}_{net}} \tag{6.12}$$

が成り立つ。つまり全運動量の時間的変化は、系外部からの力の全合力$\vec{F}_{net}$に等しいのである。

力学的に**閉じた系**とは、外部からの合力がゼロとなる系のことをいう。力学的に閉じた系では、

$$\frac{d\vec{P}}{dt}=\vec{0} \tag{6.13}$$

となり、全運動量は時間的に変化しないことがわかる。つまり閉じた系では

$$\boxed{\vec{P}_f=\vec{P}_i} \tag{6.14}$$

が成り立つのである。これを**運動量保存の法則**という。運動量はベクトル量であるので、運動量が保存するかどうかは成分ごとに考えてもよい。

なめらかな床に置かれた物体の衝突では、物体が浮き上がらない限り、鉛直方向には抗力と重力とがつり合った状態であり、力学的

に閉じた系と見ることができる。一方、摩擦力があると床からの外力があるので力学的に閉じた系ではなくなり、運動量は保存しない。

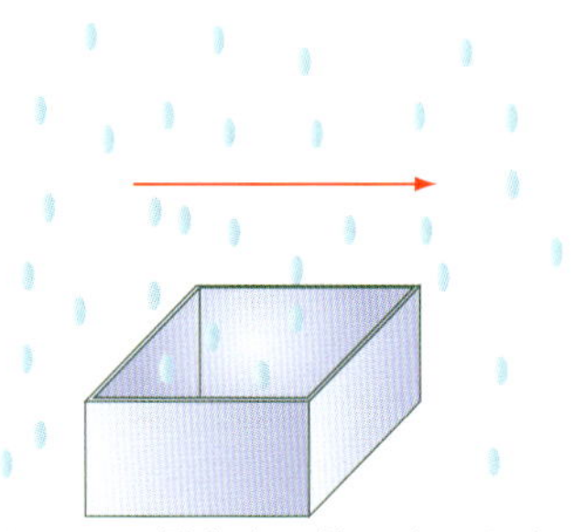

図6－9 運動中の箱に水がたまる。

例題6－7 運動量保存の法則

なめらかな床の上を滑っている箱に垂直に雨が降り注ぐ。水がたまることにより箱のスピードはどうなるか？

(A)増加する (B)減少する (C)変わらない

解答 箱と箱に降り注ぐ雨全体を一つの系と考えると、床に水平な方向に対しては、外部からの力が働いていないと考えられるから、全体の運動量が保存する。また、箱にたまった雨水は箱と同じ速度で運動すると考えられるから、水平方向の運動量を担う質量が増加する。よって、箱のスピードは (B) 減少する。■

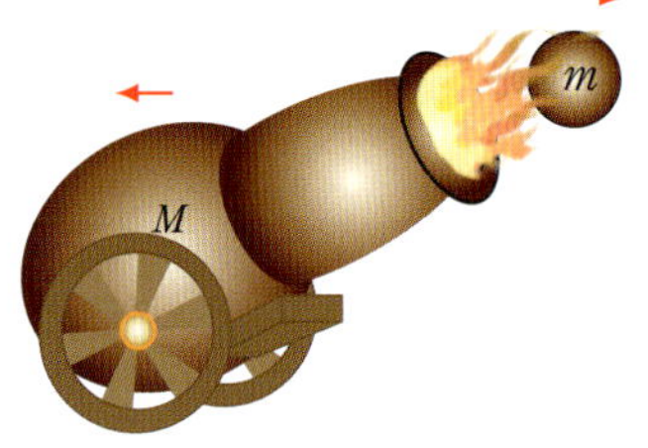

図6－10 固定されていない大砲が砲弾を発射した直後の様子

例題6－8 運動量保存の法則

質量Mの大砲は、移動しないように固定されている場合、質量mの砲弾を水平方向に速度vで発射することができる。この大砲が固定されておらず、車輪で自由に動ける状態では、水平方向にどのくらいの速度で発射することができるか？

解答 砲弾の運動に用いることができるエネルギーは$\frac{1}{2}mv^2$である。車輪が動く状態では、このエネルギーが大砲と砲弾両方の運動エネルギーに使われるから、車輪が動く状態での大砲と砲弾のスピードをそれぞれV, v'とすると、$\frac{1}{2}mv^2=\frac{1}{2}mv'^2+\frac{1}{2}MV^2$が成り立つ。一方、運動量保存の法則より$mv'-MV=0$である。これらより、

$$v'=\sqrt{\frac{M}{m+M}}\,v$$

と求められる。■

6－4 運動量が保存しない系とは？ B

運動量に関する誤解のほとんどは、運動量保存の法則を誤った系に対して用いることにある。間違いを犯さないためには閉じた系であるのかを必ず確かめることが重要になる。たとえば、重さ

$m_B = 6\,\text{kg}$のボールを約5 mの高さから落としたとしよう。このとき、落下時間は約1 sであるので、地上に衝突する直前には10 m/sの速度となる。ボールの運動量は増加したので運動量の保存則は成り立っていない。しかし、地球と合わせると閉じた系と見なすことができる。地球の質量をm_Eとして落下直前の速度を$\vec{v}_E$とすれば、最初は共に静止していた（6－12節で学ぶ重心座標系で考えることに相当する）ので

$$m_B \vec{v}_B + m_E \vec{v}_E = \vec{0}$$

となる。z軸上の運動として表すと

$$v_{Ez} = -\frac{m_B}{m_E} v_{Bz}$$

となる。これより落下直前の地球のスピードは

$$v_E = \frac{6\,\text{kg}}{6 \times 10^{24}\,\text{kg}} \times 10\,\text{m/s} = 1 \times 10^{-23}\,\text{m/s}$$

となる。1秒間にこれだけの速度になったので平均速度から移動距離を見積もると移動距離は5×10^{-24} mである。これは原子核の大きさよりもはるかに小さな長さであり、地球はほとんど移動しない。

6－5 衝突 B

高校物理

大きな物体の衝突では、衝突された部分は変形されるが、その変形がさまざまな分子の細かい振動になることもあり、元に戻るときに働く力は変形するときに働いた力よりも弱くなる。二つの物体が正面衝突する場合、物体が衝突してたがいの相対速度がゼロになるまでに加えられる力積の大きさに対する相対速度ゼロの状態から跳ね返るまでに与える力積の大きさの比を**跳ね返り係数**という。この跳ね返り係数は、たがいの分子の構造に依存することになる。

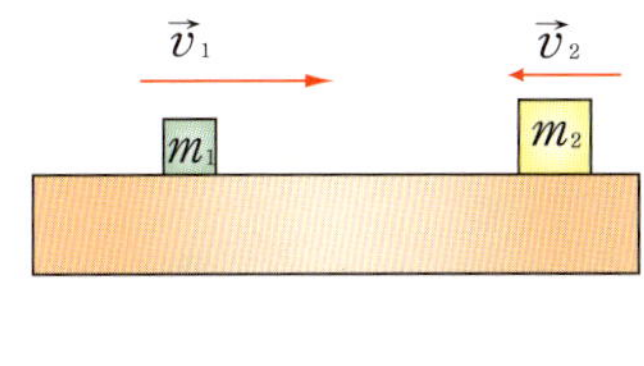

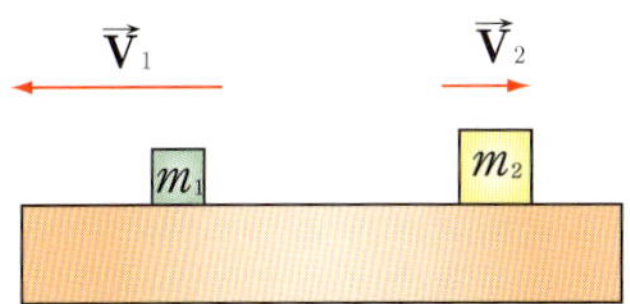

図6－11 二つの物体の衝突：$\vec{v}_2$の向きが$\vec{v}_1$と逆のときは正面衝突となる。

二つの物体1、2が正面衝突する場合を見てみよう。6－13節で示すように衝突前のそれぞれの速度を右向きを正としてv_1, v_2、衝突後の速度をV_1, V_2とすると、跳ね返り係数は

$$e = \frac{V_2 - V_1}{v_1 - v_2} \tag{6.15}$$

のように接近する相対速度の大きさと離れる相対速度の大きさの比で表されることがわかる。

6－6 完全非弾性衝突 B

高校物理

まったく跳ね返らず跳ね返り係数が0である衝突を**完全非弾性衝**

突という。質量がそれぞれm_1, m_2である二つの物体が衝突して、一つになる場合を見てみよう。

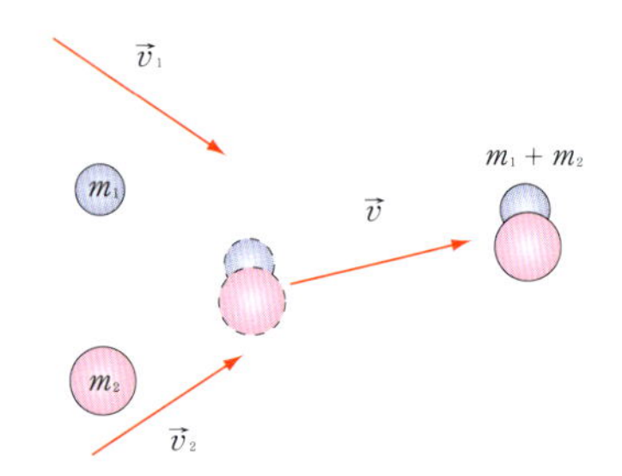

図6－12 衝突後、一体となって運動する場合

衝突前の全運動量は

$$\vec{\mathrm{P}}_{in}=m_1\vec{v}_1+m_2\vec{v}_2$$

であり、衝突後の速度を$\vec{v}$とすると衝突後の全運動量は

$$\vec{\mathrm{P}}_{out}=m_1\vec{v}+m_2\ \vec{v}=(m_1+m_2)\vec{v}$$

である。この系は力学的に閉じた系で運動量が保存するので$\vec{\mathrm{P}}_{in}=\vec{\mathrm{P}}_{out}$となり、これより衝突後の速度は

$$\vec{v}=\frac{m_1\vec{v}_1+m_2\vec{v}_2}{m_1+m_2} \tag{6.16}$$

と求められる。

特に、最初に一つの物体が静止している場合として$\vec{v}_2=0$とすると

$$\vec{v}=\frac{m_1}{m_1+m_2}\vec{v}_1 \tag{6.17}$$

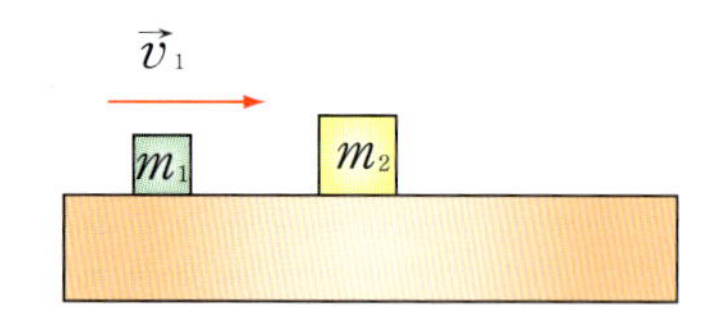

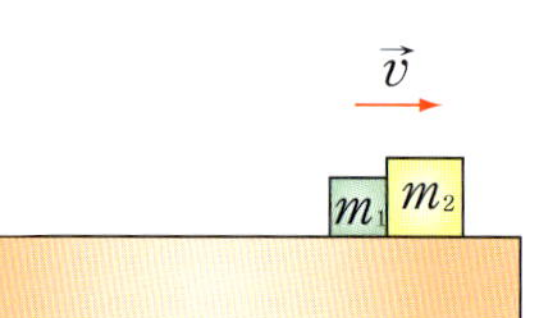

図6－13 静止した物体との完全非弾性衝突

となる。つまり、衝突後の速度は衝突前と同じ方向であり、その大きさは$m_1/(m_1+m_2)$倍になっている。このような解析は、車の事故の調査で用いられる。つまり、衝突後の速度などのデータから衝突前の速度を推定するのに用いられる。また、核反応や銀河の衝突現象の解析でも用いられる。

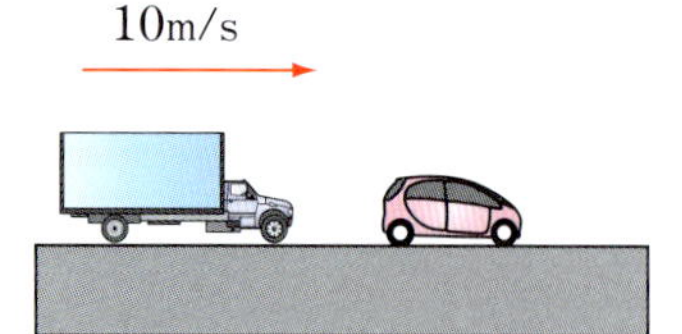

図6－14 静止している自動車へのトラックの衝突

例題6－9　完全非弾性衝突

質量3000 kgのトラックが、止まっている質量1000 kgの自家用車に速度10 m/sで衝突した。衝突後の2台の速度は等しいとして、衝突後の速度を求めなさい。

解答 式(6.17)から10m/s×3000kg/(3000kg＋1000kg)＝7.5m/sとなる。■

高校物理 6－7 完全弾性衝突

スーパーボールなどは地面にそっと落として跳ね返ってくるとき、ほとんど同じ高さまで跳ね返る。このようなボールでは衝突の際にエネルギーがほぼ保存されている。運動量とエネルギーを保存する衝突を**完全弾性衝突**という。硬いビリヤードのボールの衝突もほぼ完全弾性衝突と考えられる。この完全弾性衝突の性質を見てみよう。

簡単のため一次元で考えてみよう。質量m_1，m_2の物体が速度v_1，v_2を持ち、衝突後に速度V_1，V_2となったとしよう。運動量保存の法則と、エネルギー保存の法則より

$$m_1 v_1 + m_2 v_2 = m_1 V_1 + m_2 V_2 \tag{6.18}$$

$$\frac{1}{2} m_1 v_1^2 + \frac{1}{2} m_2 v_2^2 = \frac{1}{2} m_1 V_1^2 + \frac{1}{2} m_2 V_2^2 \tag{6.19}$$

となる。

式(6.19)は

$$m_1(v_1^2 - V_1^2) = -m_2(v_2^2 - V_2^2)$$

となり、因数分解すると

$$m_1(v_1 - V_1)(v_1 + V_1) = -m_2(v_2 - V_2)(v_2 + V_2)$$

となる。運動量保存の式(6.18)は

$$m_1(v_1 - V_1) = -m_2(v_2 - V_2) \tag{6.20}$$

であるので、上式は

$$v_1 + V_1 = v_2 + V_2 \tag{6.21}$$

となり、したがって

$$v_1 - v_2 = -(V_1 - V_2) \tag{6.22}$$

が得られる。よって完全弾性衝突では、相対速度が衝突前と衝突後で大きさが等しくその向きが逆になる。これより、跳ね返り係数は1になることがわかる。このとき(6.20)と(6.21)より、V_1，V_2は

$$\begin{aligned} V_1 &= \left(\frac{m_1 - m_2}{m_1 + m_2}\right) v_1 + \left(\frac{2m_2}{m_1 + m_2}\right) v_2 \\ V_2 &= \left(\frac{2m_1}{m_1 + m_2}\right) v_1 + \left(\frac{m_2 - m_1}{m_1 + m_2}\right) v_2 \end{aligned} \tag{6.23}$$

となる。

特に、$m_1 = m_2$のときには、

$$V_1 = v_2,\ V_2 = v_1 \tag{6.24}$$

となり、衝突によって速度が入れ替わる。

また、$m_2 \gg m_1$のときには

$$V_1 \approx -v_1 + 2v_2,\ V_2 \approx v_2 \tag{6.25}$$

となる。つまり質量m_2の物体はその速度を変化させずに、質量m_1の物体のみが速度を変える。特に、$v_1 = 0$では$V_1 = 2v_2$となる。

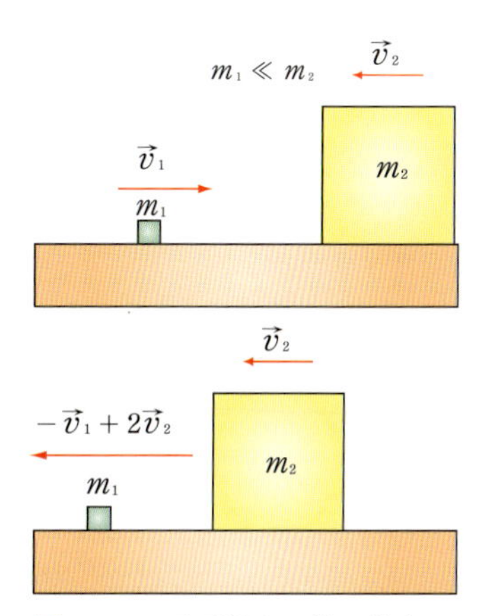

図6－15 正面衝突：特に他方の質量が十分に大きい場合の様子

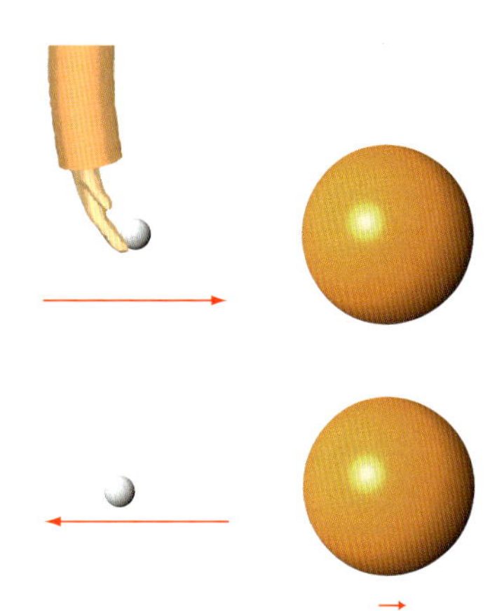

図6－16 ゴルフボールとボウリングのボールの衝突

例題6－10　完全弾性衝突

ゴルフボールをなめらかな平面上で静止しているボウリングのボールに真横からぶつけた。ゴルフボールは完全弾性衝突して元の方向に跳ね返り、ボウリングボールも転がらずに滑り出した。衝突直後はどちらの運動量が大きいか？

(A)ゴルフボール　(B)ボウリングのボール　(C)どちらも等しい

解答　衝突前のゴルフボールの速度の向きを正とする。もしゴルフボールの運動量の大きさの方が大きい（またはボウリングボールの運動量の大きさに等しい）とすると、衝突後の全体の運動量は負（または0）になり、運動量保存の法則に反する。よって(B)が正しい。■

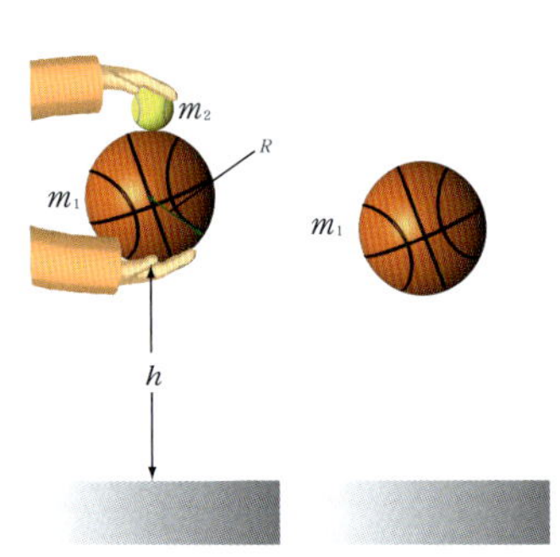

図6－17 バスケットボール上にテニスボールを乗せ落下させる。

例題6－11　完全弾性衝突

質量m_1で半径Rのバスケットボールの上に、質量$m_2(m_2 \ll m_1)$のテニスボールを上に乗せた状態で、バスケットボールの最下点の高さがhとなる位置から地面にそっと落下させる。衝突がすべて完全弾性衝突であり、高さに比べてテニスボールの大きさは無視できるとする。衝突後にテニスボールが跳ね返る高さを求めなさい。

解答　鉛直上向きを正の方向として、質量m_1のバスケットボールが地面に衝突するときの速度を$-v_1$とすると、エネルギーの保存則より

$$0+m_1gh=\frac{1}{2}m_1v_1^2+0$$

が成り立つ。このバスケットボールが地面で跳ね返ると、速度はv_1となり、落下してきた速度$-v_1$のテニスボールと衝突する。ここで、テニスボールが落下する距離もhであることから衝突直前の速度が$-v_1$となることに注意しよう。テニスボールから見た相対速度は衝突前は$2v_1$であり、完全弾性衝突なので衝突後の相対速度は$-2v_1$となる。つまり、衝突後の速度をそれぞれ、v_1', v_2'とすると、$v_1'-v_2'=-2v_1$となる。$m_2 \ll m_1$であるので、バスケットボールの速度は$v_1'=v_1$であり、これより$v_2'=3v_1$となる。よって飛び上がる高さをh'とすると

$$\frac{1}{2}m_2(3v_1)^2+m_2g2R=0+m_2gh'$$

となる。したがってv_1とhの関係から$h'=9h+2R$となることがわかる。■

6－8　中性子の減速

ウラン235は中性子が衝突すると核分裂を起こす。核分裂によって2，3個の中性子を放出するので、これが他のウラン235に衝突してつぎつぎに核分裂を起こす。これを連鎖反応という。核分裂反応を高めるためには中性子がウラン235に滞在する時間が長い方がよい。一方、核分裂によって生じた中性子は一般にスピードが大きく、連鎖反応をさせやすくするためには、中性子のスピードを落とす必要がある。このため他の原子核に中性子を衝突させて減速する。

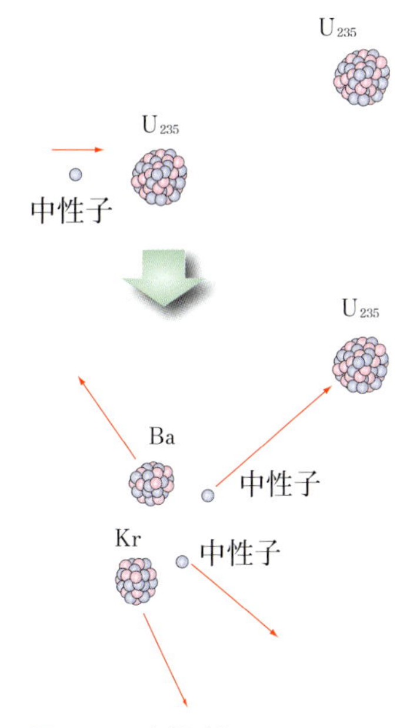

図6－18　連鎖反応

中性子の質量をm_n、原子核の質量をMとし、中性子が静止している原子核と一直線上で完全弾性衝突するものとしよう。(6.23)より衝突前の中性子のスピードをv_nとすると衝突後の中性子のスピードは

$$V_n=\left(\frac{M-m}{M+m}\right)v_n \tag{6.26}$$

となる。これより、衝突後の中性子のスピードを小さくするには、中性子の質量と原子核の質量が同じくらいであるとよい。このため、中性子とほぼ同じ質量を持つ陽子が中性子を一番減速させやすいことがわかる。そこで減速剤として水素を用いることが考えられるが、水素は気体であるため密度が薄く、現実の減速剤としては向かない。そのため、減速剤としては水素原子を多く含み、安価に利用できる水が用いられることが多い。

6－9　ビリヤード 

ビリヤードで起こる衝突を見てみよう。静止しているボール2にボール1を速度$\vec{v}_1$で衝突させる。衝突後のそれぞれの速度を$\vec{V}_1$, $\vec{V}_2$とする。

ビリヤードのボールの質量はすべて等しいのでmとおくと、運動量保存の法則は

$$m\vec{v}_1=m\vec{V}_1+m\vec{V}_2$$

であり、これより$\vec{v}_1=\vec{V}_1+\vec{V}_2$となる。また、エネルギー保存の法則より

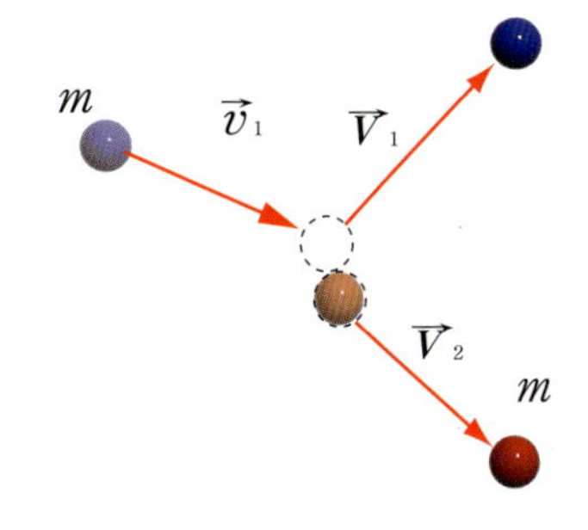

図6－19　ビリヤードボールの衝突

$$\frac{1}{2}m\vec{v}_1^{\,2}=\frac{1}{2}m\vec{\mathrm{V}}_1^{\,2}+\frac{1}{2}m\vec{\mathrm{V}}_2^{\,2}$$

となり、これより

$$\vec{v}_1^{\,2}=\vec{\mathrm{V}}_1^{\,2}+\vec{\mathrm{V}}_2^{\,2}$$

となる。これに$\vec{v}_1=\vec{\mathrm{V}}_1+\vec{\mathrm{V}}_2$を代入すると

$$(\vec{\mathrm{V}}_1+\vec{\mathrm{V}}_2)^2=\vec{\mathrm{V}}_1^{\,2}+\vec{\mathrm{V}}_2^{\,2}+2\vec{\mathrm{V}}_1\cdot\vec{\mathrm{V}}_2=\vec{\mathrm{V}}_1^{\,2}+\vec{\mathrm{V}}_2^{\,2}$$

より

$$\vec{\mathrm{V}}_1\cdot\vec{\mathrm{V}}_2=0 \qquad (6.27)$$

となることがわかる。つまり、衝突後の二つのボールの運動方向はたがいに直交しているのである。

6－10　質量中心の運動　Ⅰ

多数の質点の集まりから成る系の全運動量は

$$\begin{aligned}\vec{\mathrm{P}}&=\vec{p}_1+\vec{p}_2+\vec{p}_3+\cdots\\&=m_1\vec{v_1}+m_2\vec{v_2}+m_3\vec{v}_3+\cdots\\&=\frac{d}{dt}(m_1\vec{r}_1+m_2\vec{r}_2+m_3\vec{r}_3+\cdots)\end{aligned}$$

となる。よって質量中心(3.8)を用いて書き直すと

$$\vec{\mathrm{P}}=M\frac{d}{dt}\vec{r}_{cm} \qquad (6.28)$$

となる。つまり、全運動量は全質量と質量中心の速度の積

$$\vec{\mathrm{P}}=M\vec{v}_{cm} \qquad (6.29)$$

と表されるのである。このことから、特に、運動量が保存する系では質量中心は一定の速度で運動することがわかる。また、運動量が保存しない場合でも、質量中心の運動は系外部から働く力の合力を用いた運動方程式(3.9)で表され、系の内部で働く力を考える必要がないため解くのが容易である。

例題6－12　乗り物の中での運動

図6−20のように質量Mで長さLのボートの縁に、質量mの人がいる。この人がもう一方の縁に移動したとき、ボートはどのくらい移動するか？　ただしボートが水から受ける抵抗は無視できるものとする。

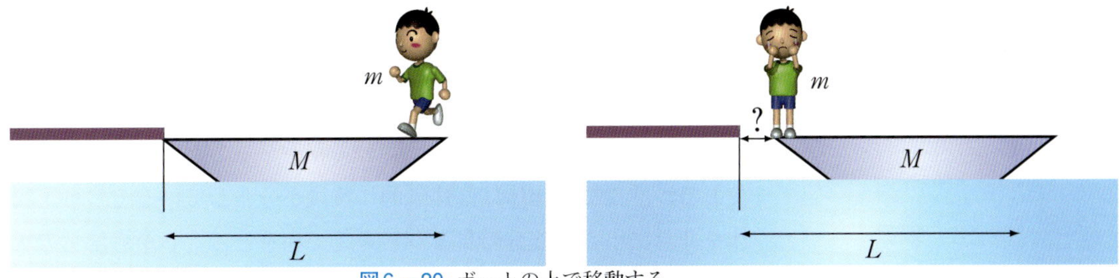

図6－20 ボートの上で移動する。

解答 全運動量は0で保存し、質量中心は移動しない。ボートの移動距離をxとし、図でボートの左端を座標の原点にとると、人の移動前後の質量中心について

$$\frac{M(L/2)+mL}{M+m}=\frac{M(x+L/2)+mx}{M+m}$$

が成り立つ。これより$x=mL/(M+m)$と求められる。■

例題6－13 物体の分裂と運動

図6−21のように爆弾を仕掛けたボールを投げたところ、最高点に達したときに爆発して同じ質量の二つの分裂片に分かれた。一つは真下に落ちた。もう一つはどこに落ちたか？

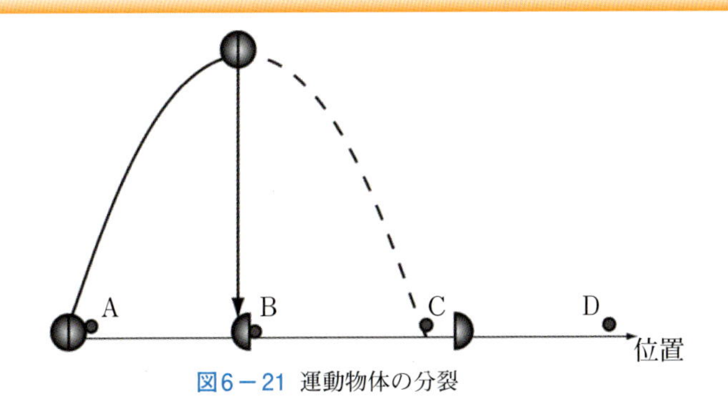

図6－21 運動物体の分裂

解答 水平方向の運動量が保存するから、質量中心の水平方向の速度は、分裂の前後で変わらない。また、落下運動は質量によらないから、質量中心の鉛直方向の運動も分裂の影響を受けない。すなわち、質量中心は図の点Cに「落下」する。このとき分裂片は爆発がないときの1.5倍の飛距離となる点Dに落下することがわかる。■

6－11 連続的な物体の重心 I

地面の上で物体を回すと回転の中心が現れる。3−8節などでも見たように質量中心は外部からの力に対して通常の運動の法則が成り立つように移動する。つまり、外部からの力が働かなければ静止していることができる点でもある。この質量中心は連続的に質量の分布した物体に関しても式(3.8)により求めることができる。現実的な物体では、すべての原子に関して和をとることは事実上不可能である。そこで、物体には連続的に質量が分布しているとして、物体を非常に小さな部分の集まりと考えて和をとる。しかも部分の大きさがゼロとなる極限を考えると都合がよい。つまり、全体の質量を$M=\int dm$として

$$\vec{r}_{cm}=\frac{1}{M}\int \vec{r}\,dm \tag{6.30}$$

として質量中心を計算する。

具体的に図6－22のような直角三角形の板についてその質量中心の位置を求めてみよう。単位面積あたりの質量をρとすると、図のxから$x+dx$の区間にある質量は$dm=\rho\left(\frac{b}{a}x\right)dx$
である。これより

$$x_{cm}=\frac{\int xdm}{\int dm}=\frac{\int_0^a \rho\left(\frac{b}{a}\right)x^2dx}{\int_0^a \rho\left(\frac{b}{a}\right)xdx}=\frac{\frac{1}{3}a^3}{\frac{1}{2}a^2}=\frac{2}{3}a$$

図6－22　一様な材質でできた三角形

となる。y方向についても同様に計算すると$y_{cm}=b/3$となる。

このように物体の質量中心は質量が連続的に分布しているとして計算することができる。前節の結果は連続的な質量分布の系にも成り立ち、運動量が保存することと質量中心が等速度で運動することとはやはり同じであることがわかる。

6－12　衝突と重心座標系　Ⅰ

重心（質量中心）が静止しているとする座標系を**重心座標系**という。この重心座標系で衝突がどのようになるのかを見てみよう。

質量m_1と質量m_2の速度をv_1, v_2とすると重心に対する相対速度は

$$u_1=v_1-v_{cm}=v_1-\frac{m_1v_1+m_2v_2}{m_1+m_2}=\frac{m_2(v_1-v_2)}{m_1+m_2}$$
$$u_2=v_2-v_{cm}=-\frac{m_1}{m_1+m_2}(v_1-v_2) \tag{6.31}$$

となる。

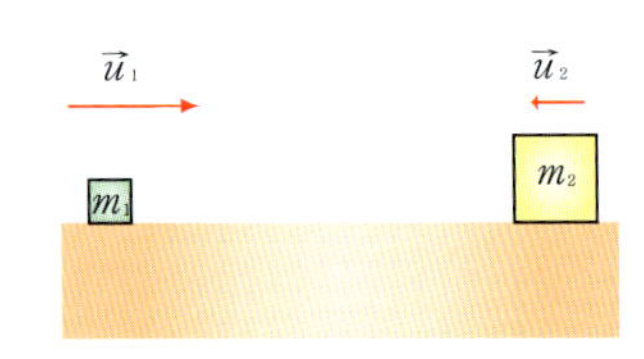

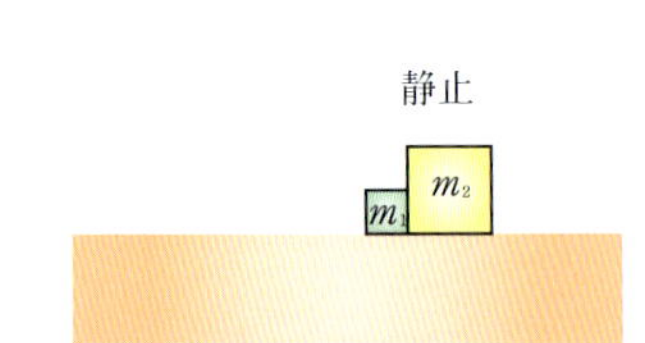

図6－23　重心系で見た完全非弾性衝突

完全非弾性衝突では、重心の位置は静止したままであるので、衝

突後静止することになる。

また完全弾性衝突では、衝突後の速度の符号が変わり、

$$U_1 = -\frac{m_2(v_1 - v_2)}{m_1 + m_2}, \quad U_2 = \frac{m_1(v_1 - v_2)}{m_1 + m_2} \tag{6.32}$$

となる。これらは、相対速度が反転することからわかる。

したがって、これから元の系での速度は

$$V_1 = U_1 + v_{cm}, \quad V_2 = U_2 + v_{cm} \tag{6.33}$$

となる。このように重心系では衝突の現象は簡単になるのである。

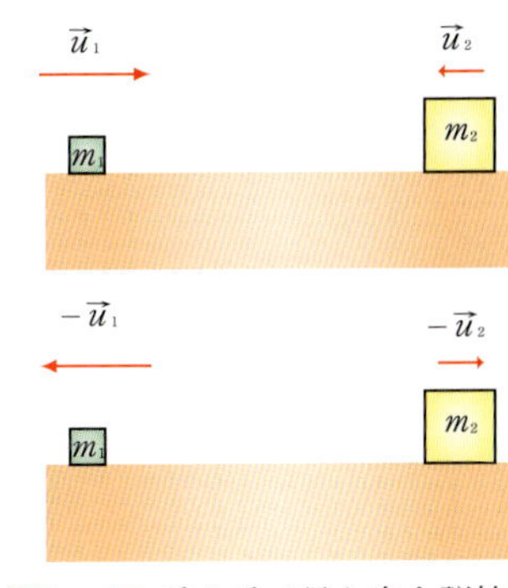

図6－24 重心系で見た完全弾性衝突

6－13 跳ね返り係数 B

高校物理

重心座標系で考えると跳ね返り係数が式(6.15)で表されることを見るのは容易である。

質量m_1と質量m_2の物体の衝突前の重心に対する相対速度は式(6.31)で表されるが、衝突後の速度をV_1, V_2とすると重心に対する相対速度はまったく同様にして

$$U_1 = V_1 - V_{cm} = V_1 - \frac{m_1 V_1 + m_2 V_2}{m_1 + m_2} = \frac{m_2(V_1 - V_2)}{m_1 + m_2}$$
$$U_2 = V_2 - V_{cm} = -\frac{m_1}{m_1 + m_2}(V_1 - V_2) \tag{6.34}$$

となることがわかる。なお、全運動量は保存しているので$V_{cm} = v_{cm}$であることに注意しよう。

質量m_1の物体の方に注目すると、衝突して相対速度が0になるまでに働く力積の大きさは$m_1 u_1$であり、それから重心に対する相対速度が$U_1(<0)$になるまでに働く力積の大きさは$-m_1 U_1$である。したがって、跳ね返り係数は

$$e = \frac{-m_1 U_1}{m_1 u_1} = \frac{V_2 - V_1}{v_1 - v_2} \tag{6.35}$$

のように表されることがわかる。

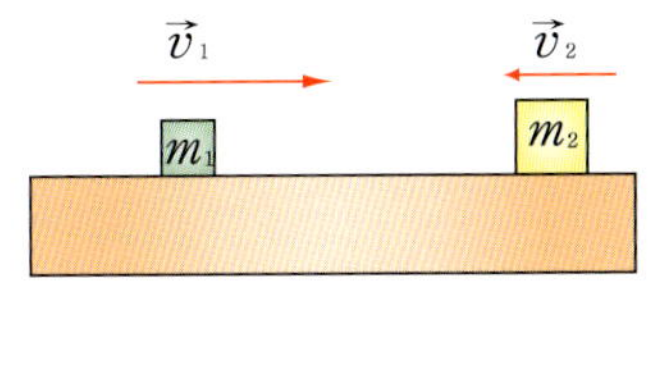

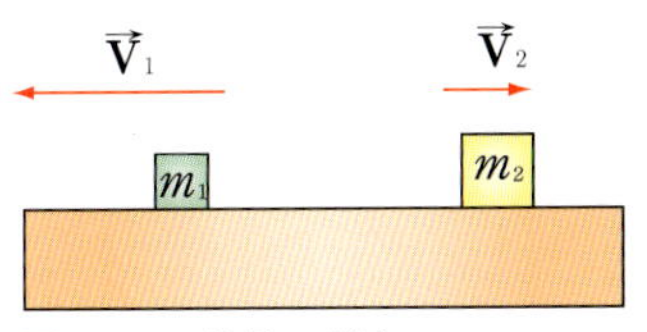

図6－25 物体の衝突

6－14 ロケットの推力 A

ロケットの推力の解析に運動量保存の法則を用いてみよう。外部からの力なしにどのようにして推力を得ているのかは3－9節でも説明したが、ここではより詳しく見てみよう。

この問題はまったく摩擦のない氷の上でどのようにして移動したらよいのかという問題と似ている。横に移動するためには摩擦力が必要で、質量中心は外力がない限り動かない。しかし、靴など身に

図6－26　ロケット

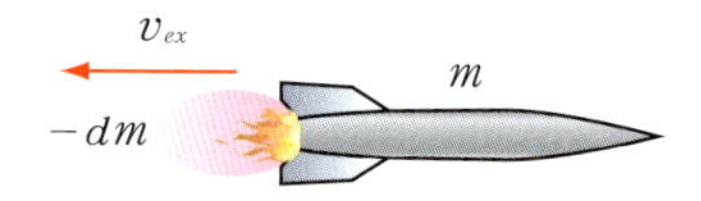

図6－27　ロケットと噴射される燃料

つけているものを投げることにより移動することができる。つまり投げるときの反作用による力で加速度を得るのである。ロケットの推力も基本的には同じであり、ロケットが燃焼ガスを後方に高速で放出することにより、その反作用で推力を得るのである。

x方向に進むロケットを見てみよう。時刻tでの質量をmとし、速度のx成分v_xを簡単のためvとしよう。このとき運動量は$P(t)=mv$である。時刻$t+dt$までに質量$(-dm)$のガスを放出してロケットの質量が$(m+dm)$になるとし、速度は$v+dv$になるとする。そして、ロケットはロケットから見てv_{ex}のスピードで後方にガスを放出するものとすれば、ガスの地上に対する相対速度は$v-v_{ex}$である。したがって、このとき全運動量は

$$\begin{aligned} P(t+dt) &= (m+dm)(v+dv)+(-dm)(v-v_{ex}) \\ &= mv+mdv+v_{ex}dm \end{aligned} \tag{6.36}$$

である。これより全運動量の時間変化は

$$\frac{dP}{dt}(t)=\frac{P(t+dt)-P(t)}{dt}=m\frac{dv}{dt}+v_{ex}\frac{dm}{dt} \tag{6.37}$$

となる。運動量保存の法則よりこれはゼロであるので

$$m\frac{dv}{dt}=-\frac{dm}{dt}v_{ex} \tag{6.38}$$

となり、ロケットは推力

$$f=-\frac{dm}{dt}v_{ex} \tag{6.39}$$

を得ることになる。dm/dtは負の数なのでこの推力は加速する力である。また(6.38)は

$$\frac{dv}{dt}=-\frac{v_{ex}}{m}\frac{dm}{dt}=-v_{ex}\frac{d}{dt}\ln m \tag{6.40}$$

と変形できるので、両辺を積分してロケットの速度を

$$v(t)-v(0)=v_{ex}\ln(m(0)/m(t)) \tag{6.41}$$

と求めることができる。

例題6－14　ロケットの推力

あるロケットが、1秒間あたり全質量の1%の燃料を2000 m/sで噴射する。このロケットの推進力による加速度を求めなさい。

解答　このロケットの時刻tにおける質量を$m(t)$とすると、全質量は$m(0)$であり、条件から

$$\frac{dm}{dt}=-\frac{m(0)}{100\cdot 1\,\mathrm{s}}\quad \text{よって}\quad m(t)=m(0)\left(1-\frac{t}{100\,\mathrm{s}}\right)$$

となる。ただしこの式において$t \geq 100\mathrm{s}$とすると、ロケットの質量が0以下であることになってしまうため、実際にこの式が適用できるのは燃料噴射後数十秒間と考えられる。推進力は式(6.39)から

$$f(t)=\frac{m(0)}{100\,\mathrm{s}}2000\ \mathrm{m/s}=m(0)\cdot 20\ \mathrm{m/s^2}$$

となるから、加速度は

$$\frac{f(t)}{m(t)}=\frac{20}{1-t/100\mathrm{s}}\,\mathrm{m/s^2}$$

と求められる。■

演習問題6

B 6.1 次の各現象で、系の運動に関する力学的エネルギーと運動量のそれぞれは保存するかどうかを答えなさい。

(1) 自動車同士が衝突し破損して止まった。路面等からの摩擦は無視して、これらの自動車全体を系と見る場合。

(2) 人がトランポリンの上にジャンプして飛び乗り、トランポリンが沈み込んで一瞬の間止まった。この人を系と見る場合。

B 6.2 図6−28のように球がつり下げられている。端にある球が、他の球に図のように衝突するとどのような運動が見られるか。いずれの球も跳ね返り係数は1で質量は等しいとする。

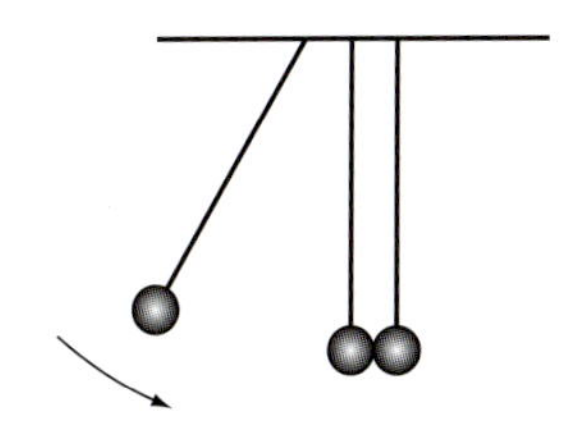

図6−28 つり下げられた衝突球

I 6.3 物体1と2が一直線上で衝突する運動を考える。物体の質量をそれぞれm_1, m_2とし、衝突前の速度をそれぞれv_1, v_2とする。また、この衝突における跳ね返り係数はeとする。(1) 衝突後のそれぞれの速度v'_1, v'_2を求め、質量中心の速度Vと相対速度$v=v_1-v_2$および換算質量$\mu=m_1m_2/(m_1+m_2)$を用いて表しなさい。(2) 衝突前および衝突後の全（運動）エネルギーを求め、質量中心の速度、相対速度、全質量$M=m_1+m_2$および換算質量を用いて表しなさい。また、エネルギーの変化量を求めなさい。

I 6.4 静止している原子核が核分裂により質量m_1, m_2を持つ二つの原子核へと崩壊した。核分裂で生じるエネルギーEが二つの粒子の運動エネルギーになるとして、崩壊後のそれぞれの粒子の運動量の大きさとエネルギーを求めなさい。

I 6.5 自動車が速度$v = 72$ km/hで衝突して車体前方が1 mつぶれて静止した。この間自動車は一定の力で減速し、運転者もシートベルトやエアバッグなどから一定の力を受けたと仮定する。運転者の質量は$m = 60$ kgとする。(1) 運転者が受けた力を、エネルギーの変化に着目して求めなさい。(2) 運転者がシートベルトなどによって支えられていた時間を、運動量の変化に着目して求めなさい。

A 6.6 ボールが地面に落下するときなど、大きな力がほとんど瞬間的にのみ働くような場合の運動について考えよう。時刻0に速度v_0で原点を通過する質量mの物体の運動方程式$md^2x/dt^2 = F(t)$において、力$F(t)$は時刻t_0の前後のわずかな時間のみ0でない値を持つとし、その時間についての積分が

$$\Phi(t) = \int_0^t F(t')dt' = \begin{cases} \Phi & (t > t_0) \\ 0 & (t < t_0) \end{cases}$$

となるとしてこの運動をモデル化する。Φはこの瞬間的な力の力積である。運動方程式を解いて、時刻tにおける物体の位置と速度を求めなさい。

演習問題解答

6.1 (1) 二つの自動車全体には内力のみ働くと考えられるから、運動量は保存する。衝突後速度が0になって運動エネルギーが失われたから、運動に関するエネルギーは保存していない。このエネルギーは車体の変形や熱エネルギーなどさまざまなエネルギーになって散逸したと考えられる。(2) 人はトランポリンから外力を受けているから、人の運動量は保存していない。トランポリン上の物体もバネに結ばれた物体のようにポテンシャルエネルギーを持つと考えられ、人が持っていた力学的エネルギーは沈み込んで止まったときにはトランポリンによるポテンシャルエネルギーになっていると考えられる。よってエネルギーは保存されている。

6.2 同じ質量の球が完全弾性衝突するから、左端の球の衝突直前の運動量が、中央の球に伝わり、ただちに右端の球に伝えられることになる。このとき中央の球はほとんど動かないように見える。右端の球が運動量を得ると、はじめの球と同じ高さまで運動する。

6.3 (1)運動量の保存則より$m_1v_1 + m_2v_2 = m_1v'_1 + m_2v'_2$、跳ね返り係数の条件から$-(v'_2 - v'_1) = e(v_2 - v_1)$であるから

$$v_1' = \frac{m_1 - em_2}{m_1 + m_2} v_1 + \frac{m_2}{m_1 + m_2}(1+e) v_2$$

$$= \frac{m_1 v_1 + m_2 v_2}{m_1 + m_2} + e \frac{m_2}{m_1 + m_2}(v_2 - v_1) = V - \frac{\mu}{m_1} ev$$

となり、同様に

$$v_2' = V + \frac{\mu}{m_2} ev$$

となる。(2) 衝突前において

$$v_1 = V + \frac{\mu}{m_1} v, \quad v_2 = V - \frac{\mu}{m_2} v$$

と書けることに注意すると、全運動エネルギーは

$$E = \frac{m_1}{2} v_1{}^2 + \frac{m_2}{2} v_2{}^2 = \frac{m_1}{2}\left(V + \frac{\mu}{m_1} v\right)^2 + \frac{m_2}{2}\left(V - \frac{\mu}{m_2} v\right)^2$$

$$= \frac{M}{2} V^2 + \frac{\mu}{2} v^2$$

と書ける。まったく同様にして衝突後は

$$E' = \frac{M}{2} V^2 + \frac{\mu}{2} e^2 v^2$$

となるから、エネルギーの変化量は

$$\Delta E = \frac{\mu}{2}(e^2 - 1) v^2$$

となる。よって、完全弾性衝突（$e=1$）のときエネルギーは保存し、完全非弾性衝突（$e=0$）のときは相対運動のエネルギーの分だけ失われる。

6.4 運動量保存則から $0 = p_1 + p_2$、よってエネルギー保存則から

$$E = \frac{p_1{}^2}{2m_1} + \frac{p_2{}^2}{2m_2} = \frac{p_{1,2}{}^2}{2\mu} \quad \therefore \quad |p_{1,2}| = \sqrt{2\mu E}$$

となる。$\mu = m_1 m_2/(m_1 + m_2)$は慣性質量である。また、それぞれの運動エネルギーは

$$\frac{p_1{}^2}{2m_1} = \frac{m_2}{m_1 + m_2} E, \quad \frac{p_2{}^2}{2m_2} = \frac{m_1}{m_1 + m_2} E$$

となる。

6.5 (1)運転者が受けた力をF、静止までの移動距離をl=1m とする。運動エネルギーがこの力の仕事により0になるから、$0 - mv^2/2 = -Fl$ より $F = mv^2/2l = 1.2 \times 10^4$ N と求められる。(2) 運転者の運動量が力積により0になるから、$-mv = -F\Delta t$ よ

り $\Delta t = mv/F = 0.1\mathrm{s}$ と求められる。

6.6 運動方程式の両辺を0からtまで積分して、

$$m(v(t)-v_0)=\begin{cases}0 & (t<t_0)\\ \Phi & (t>t_0)\end{cases}$$

となる。さらに$dx/dt=v(t)$を積分すると、

$$x(t)=\begin{cases}v_0 t & (t<t_0)\\ v_0 t_0+(t-t_0)(v_0+\Phi/m) & (t>t_0)\end{cases}$$

となって、運動が求められる。加速度は時刻t_0の付近でのみ0でないから不連続、速度は時刻t_0の前後で急激に値が変わるからやはり不連続であるが、位置はすべての時刻で連続的に変化していることがわかる。

7 円運動の動力学と惑星の運動

この章では円運動と惑星の運動を力学的に調べる。両者の運動に共通するのは、いずれもある点の周りの周期的な運動であり、その点に向かう力を受けているということである。中心力と呼ばれるこのような力のもとで起こる運動の性質を学んでいこう。特に惑星の運動は万有引力のもとで起こり、ケプラーの法則が成り立つ。この力学的根拠についても見ていくことにしよう。

7－1　ケプラーの法則 Ⅰ

高校物理

夜空に見られるほとんどの星は、１日に地球の周りを１周する運動をするが、それらの相対的な位置は変化しない。しかし古代の人たちは、相対的な位置を変える星もあることに気づき、それらを惑星と名づけた。これらの惑星の運動は２世紀頃のプトレマイオスによって地球の周りを回っているものとしてモデル化されていたが、16世紀にコペルニクスが現れ、より自然なモデルとして太陽の近傍を中心とする円運動の模型を提唱した。ティコ・ブラーエは精密な天体観測を用いて、プトレマイオスとコペルニクスのモデルによる予想と実際の惑星の位置が食い違っていることを発見した。そして、ケプラーはティコ・ブラーエによる惑星の観測結果を解析した結果、惑星の運動に関して次の規則を見つけた。

図７－１ 太陽系

1. 惑星は太陽を一つの焦点とする楕円運動をする。
2. 太陽と惑星を結ぶ線分が単位時間に描く面積は一定である。
3. 惑星の周期の２乗は、その楕円軌道の長径の３乗に比例する。

これを**ケプラーの法則**という。歴史的に見ると、このケプラーの法則を説明するために万有引力の法則が生み出されたのである。つまり、万有引力の法則が成り立つことの一つの証明が惑星の運動なのである。

7－2　ニュートンの万有引力の法則 Ⓑ

高校物理

ニュートンは、地球を周回する月の運動と、自由落下する物体の運動が実は同じ力によるものと気づいた。空気抵抗さえなければ、

表7－1 太陽系の惑星

惑星	質量 (kg)	平均半径 (m)	周期 T(s)	平均公転半径 r(m)	T^2/r^3(s^2/m^3)
水星	3.18×10^{23}	2.43×10^{6}	7.60×10^{6}	5.79×10^{10}	2.97×10^{-19}
金星	4.88×10^{24}	6.06×10^{6}	1.94×10^{7}	1.08×10^{11}	2.99×10^{-19}
地球	5.97×10^{24}	6.37×10^{6}	3.156×10^{7}	1.496×10^{11}	2.97×10^{-19}
火星	6.42×10^{23}	3.37×10^{6}	5.94×10^{7}	2.28×10^{11}	2.98×10^{-19}
木星	1.90×10^{27}	6.99×10^{7}	3.74×10^{8}	7.78×10^{11}	2.97×10^{-19}
土星	5.68×10^{26}	5.85×10^{7}	9.35×10^{8}	1.43×10^{12}	2.99×10^{-19}
天王星	8.68×10^{25}	2.33×10^{7}	2.64×10^{9}	2.87×10^{12}	2.95×10^{-19}
海王星	1.03×10^{26}	2.21×10^{7}	5.22×10^{9}	4.50×10^{12}	2.99×10^{-19}

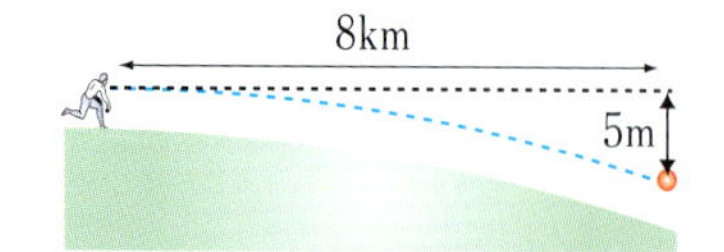

図7－2 物体を地上で十分遠くまで飛ばすことができれば落下しないだろう。

物体を十分遠くに投げると落下することなく地球の周りを回ることができる。つまり、私たちが地球に引きつけられているのと月が地球の周りを回っているのは同じ重力のためなのである。

ニュートンは、重力はすべての物体がたがいに引き合う力であるとし、**万有引力**と呼んだ。それではこの力の大きさはどのように表されるのであろうか？

物体が万有引力を受け楕円軌道を描いて運動するとき、この軌道が円軌道であると近似すると

$$m\frac{v^2}{R} = F \qquad (7.1)$$

が成り立つ。スピードvでの円運動の周期は$T = 2\pi R/v$と表されるので、

$$T^2 = (2\pi)^2\frac{R^2}{v^2} = (2\pi)^2\frac{m}{F}R \qquad (7.2)$$

となる。ケプラーの法則によりこれが距離の３乗に比例するため、力は距離の２乗に反比例することがわかる。

次に万有引力の質量依存性を見てみよう。図7－3のように同じ質量の二つの質点が同じ位置にあるとすると、全体として２倍の質量の質点になるだろう。それぞれの質点に同じ力が働くため全体として２倍の力が働く。また、質点Aには質点B,Cからの力を合わせてやはり２倍の力が働く。たがいが２倍となると、それぞれに相手からの２倍の力が働き、合わせて４倍の力となる。このことから、万有引力は質点のそれぞれの質量に比例することがわかる。

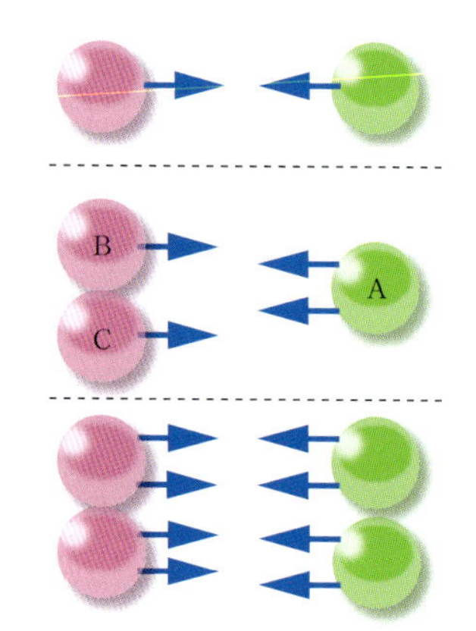

図7－3 万有引力は質量に比例する。

以上をまとめるとニュートンの万有引力の法則は次のように表される：質量m_1, m_2の二つの質点があり、距離r離れているとき、それらの間にはたがいを結ぶ方向に引力が働きその力の大きさは

$$F_{1\to 2} = F_{2\to 1} = \frac{Gm_1m_2}{r^2} \qquad (7.3)$$

である。定数Gはニュートンの重力定数と呼ばれており、その値は

$$G = 6.67 \times 10^{-11}\,\mathrm{N \cdot m^2/kg^2} \tag{7.4}$$

である。この万有引力のように、一般に距離の２乗に反比例することを**逆二乗の法則**という。高校物理でも学んだように電気的力もこの逆二乗の法則に従う。

例題７－１　万有引力

体重60 kgの２人が、１ m離れて座っている。２人の間に働く重力の値はおよそいくらか？

解答　式(7.3)から、働く力は

$$F = \frac{6.7 \times 10^{-11}\,\mathrm{Nm^2/kg^2} \times (60\,\mathrm{kg})^2}{(1\mathrm{m})^2} = 2.4 \times 10^{-7}\,\mathrm{N}$$

と求められる。■

７－３　地球と私たちの間に働く力 Ⓑ

高校物理

万有引力はすべての物体同士に働く。そのため、地球が私たちを引きつけている引力は、地球を構成するすべての物質からの万有引力の合力であり、それら個々の物質は私たちからさまざまな距離の位置に分布している。これらすべての力の合力はどのようなものになるのであろうか？

実は、球形に分布した物体からの万有引力は、その物体の中心に物体全体の質量を持つ質点があるとした場合と同じ引力となることがわかっている。このことについては、7－12節で示すことにするが、この性質により地球と私たちの間に働く引力は、地球の中心に地球の全質量M_Eがある場合と等しくなる。

したがって地球の半径をR_Eとすると、私たちに働く万有引力は

$$F = m\frac{GM_E}{{R_E}^2} \tag{7.5}$$

となるが、これが重力加速度gを用いて

$$F = mg \tag{7.6}$$

という重力として表されることより、重力加速度gは

$$\boxed{g = \frac{GM_E}{{R_E}^2}} \tag{7.7}$$

で与えられることがわかる。

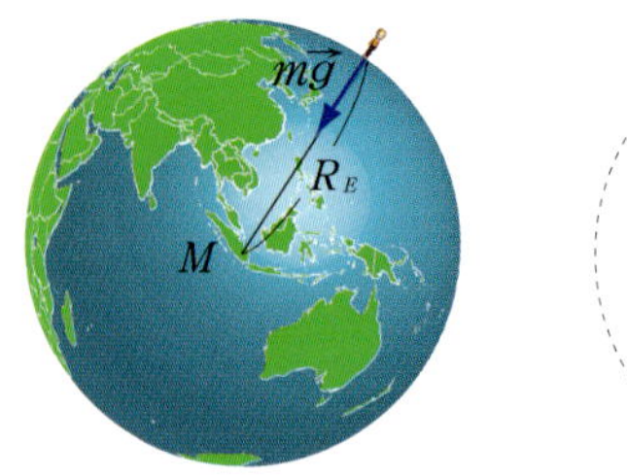

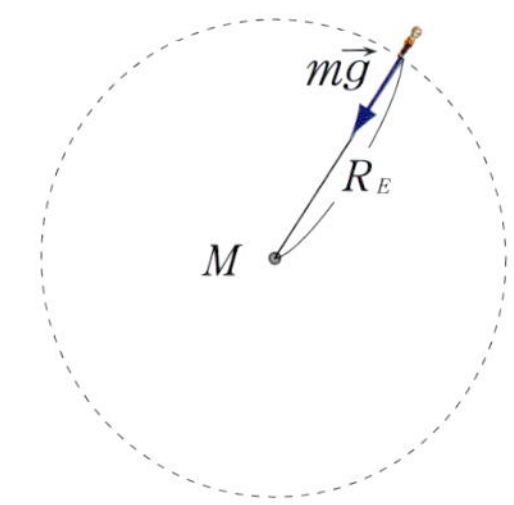

図7－4 重力は地球による万有引力である。

実際に地球の質量と半径を用いて(7.7)を計算すると、

$$
\begin{aligned}
g &= \frac{GM_E}{{R_E}^2} \\
&= \frac{(6.67\times10^{-11}\,\mathrm{N\cdot m^2/kg^2})(5.97\times10^{24}\,\mathrm{kg})}{(6.37\times10^6\,\mathrm{m})^2} = 9.81\,\mathrm{m/s^2}
\end{aligned}
\tag{7.8}
$$

となる。

地球は自転しているので地上の私たちには遠心力が働く。そのため、赤道付近では重力加速度の大きさが小さくなる。私たちが用いている$g = 9.80665\ \mathrm{m/s^2}$という値は、北緯45度付近での値に近い値である。

また、地球は球ではなく楕円体であるため緯度により中心からの距離は異なる上、地下に密度の大きな岩盤がある場合には、その重力の寄与が大きくなるので重力加速度の値は大きくなる。このような理由により世界各地で重力加速度の値は異なるのである。

高校物理

7－4 緯度による重力加速度の差 Ⅰ

地球の自転は24時間で1周(2π rad)するから、その角速度は

$$\omega = \frac{2\pi\ \mathrm{rad}}{24\times60\times60\mathrm{s}} \approx 7.3\times10^{-5}\,\mathrm{rad/s} \tag{7.9}$$

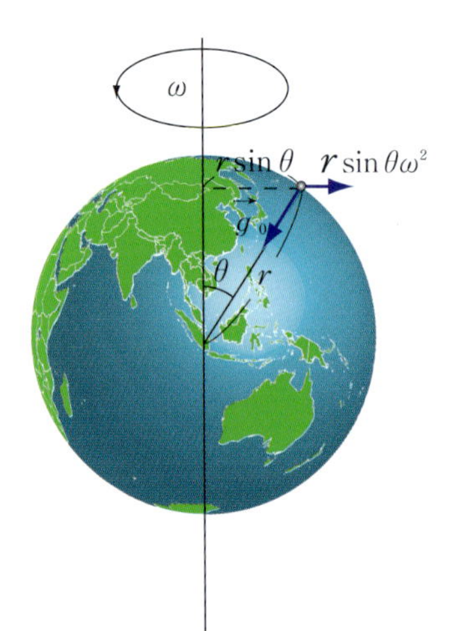

図7－5 地球の自転による遠心力

である。そのため回転軸からの角度がθの位置では、図7－5のように軸に垂直方向に、$r\sin\theta\omega^2$の大きさの加速度が生じる。中心方向の成分は$\sin\theta$倍になるので中心方向には

$$g = g_0 - r\omega^2\sin^2\theta \tag{7.10}$$

という大きさの重力加速度になる。これは赤道上で最も小さくなるが、遠心力による加速度は

$$\omega^2 r = (7.3\times10^{-5}\,\mathrm{s^{-1}})^2\times(6.4\times10^6\,\mathrm{m}) \approx 0.034\,\mathrm{m/s^2}$$

であり、この効果は万有引力による加速度のおよそ0.3％にすぎない。なお地球が楕円体であることを考慮すると実際の差は0.5％程度になる。

7－5　月での重力加速度　I

例題7－2　万有引力と重力加速度

月の質量は7.35×10^{22}kgであり、半径は1.74×10^{6}mである。月表面での重力加速度の値を求めなさい。

図7－6　月面

解答　式(7.7)と同様にして、

$$g_M = G\frac{M_M}{R_M{}^2} = (6.67 \times 10^{-11})\frac{(7.35 \times 10^{22})}{(1.74 \times 10^{6})^2} = 1.62\,\mathrm{m/s^2}$$

となり、地球表面での重力加速度の約1/6倍の大きさになる。■

例題7－3　万有引力と重力加速度

地球の質量の３倍で、半径が２倍の惑星がある。地表での重力加速度は、地球の何倍か？

解答　前問と同様に考えられる。重力加速度は、惑星の質量に比例し、半径の2乗に反比例するから、地球の場合の3/4倍になる。■

7－6　重力と円軌道　

高校物理

　月や人工衛星は地球の周りをほぼ円運動している。この周回する周期と天体からの距離の関係を見てみよう。

　衛星の質量をmとし、質量Mの天体の中心からの距離をrとすると、万有引力が向心力となって円運動するので、ニュートンの第二法則により

$$\frac{GMm}{r^2} = \frac{mv^2}{r}$$

となり、これより周回するスピードは

$$v = \sqrt{\frac{GM}{r}} \tag{7.11}$$

と求められる。周回する周期Tで円周の距離$2\pi r$だけ移動するので速度と周期には

$$v = \frac{2\pi r}{T}$$

の関係がある。これらより

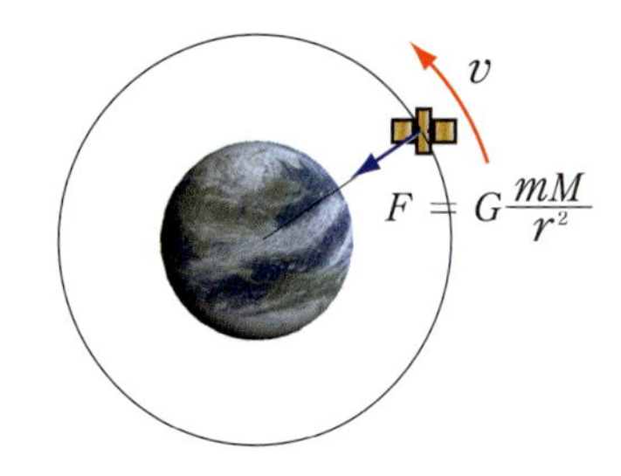

図7－7　人工衛星は地球の周りを円軌道を描いて運動する。

$$T^2 = \left(\frac{4\pi^2}{GM}\right) r^3 \tag{7.12}$$

の関係があることがわかる。周期の２乗が、距離の３乗に比例するこの関係は、ケプラーが惑星の運動において発見した法則である。

この関係を用いると地球や月、火星などの天体の周りを円運動する物体の観測から、天体の質量を求めることができる。

図7－8 イオ

例題7－4　重力による円運動と質量

木星の四つの衛星をガリレオ衛星という。このうちのイオの公転周期は1.77日 $= 1.53 \times 10^5$ sであり、公転半径は 4.22×10^8 mである。イオの質量は木星の質量に比べて非常に小さい。このことから木星の質量を求めなさい。

解答　式(7.12)を用いて

$$M = \frac{4\pi^2 r^3}{GT^2} = 1.90 \times 10^{27}\,\mathrm{kg}$$

となる。■

図7－9 銀河系

例題7－5　重力による円運動と質量

銀河中心から距離 9.3×10^{15} m（約1光年）のところを、ガスが260 km/sのスピードで移動している。このガスが、銀河中心の周りを円運動しているとして、このガスまでの距離に含まれる質量を太陽の質量 $M_{\odot} = 2.0 \times 10^{30}$ kgの何倍かで答えなさい。

解答　式(7.11)を用いて

$$M = \frac{v^2 r}{G} = 4.7 \times 10^6 M_{\odot}$$

となる。■

7－7　二つの天体の円運動　Ⅰ

同程度の質量を持つ二つの天体がたがいに引き合って円運動する場合、その中心は二つの天体の間の位置にくる。月が地球の周りを回転するときにも、月が地球を引っ張ることにより地球もわずかに円運動をしている。このような効果は、正確な測定をするときには無視できない。このような円運動での周期とたがいの間の距離の関係を求めてみよう。

図7－10のように、質量m_1と質量m_2の天体がたがいに円運動する場合を見てみよう。回転中心からそれぞれの天体までの距離をr_1, r_2とし、回転の角速度をωとする。たがいに引き合う重力が向心力として働き、その大きさはそれぞれ$m_1 r_1 \omega^2$, $m_2 r_2 \omega^2$と表されるので、作用反作用の法則により両者が等しいことを用いると

$$m_1 r_1 = m_2 r_2 \tag{7.13}$$

の関係があることがわかる。これは二つの天体が質量中心の位置を中心として回転することを表している。このときたがいの間の距離をRとすると$r_1 + r_2 = R$となり、(7.13)から

$$m_1 r_1 = \frac{m_1 m_2}{m_1 + m_2} R \tag{7.14}$$

となる。これより向心力は

$$m_1 r_1 \omega^2 = \frac{m_1 m_2}{m_1 + m_2} R\omega^2 \tag{7.15}$$

となり、この向心力は万有引力であるので

$$\frac{m_1 m_2}{m_1 + m_2} R\omega^2 = G\frac{m_1 m_2}{R^2} \tag{7.16}$$

が得られる。単位時間あたりの角度変化が角速度であり、2πだけ角度が進むのに要する時間が周期であるので、

$$\omega = \frac{2\pi}{T}$$

の関係がある。これより

$$T^2 = \left(\frac{4\pi^2}{G(m_1 + m_2)}\right) R^3 \tag{7.17}$$

という関係があることがわかる。

したがって、このような円運動をしている天体の場合、周期と天体間の距離を求めると

$$m_1 + m_2 = \frac{4\pi^2 R^3}{GT^2} \tag{7.18}$$

の関係により、2天体の質量の和を求めることができる。

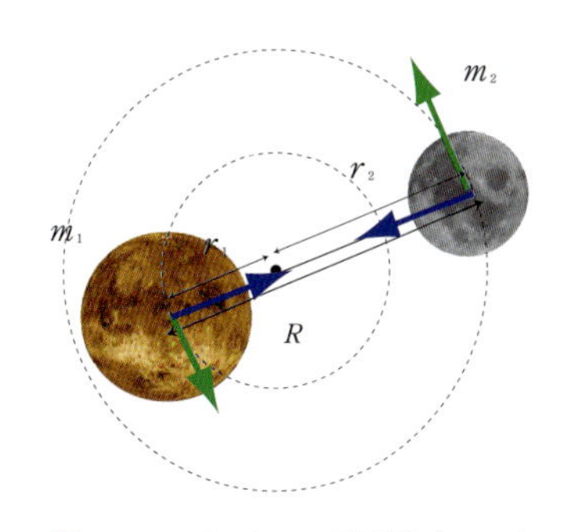

図7－10　たがいに円運動する天体

7－8　重力的ポテンシャルエネルギーⅠ　高校物理

天体間に働く力はほぼ重力のみであり、他の力による影響はほとんど無視できる。そのため、天体の運動では運動量やエネルギーの保存が成り立つ。しかしエネルギー保存の法則を用いるには、重力によるポテンシャルエネルギーを求める必要がある。地上付近での

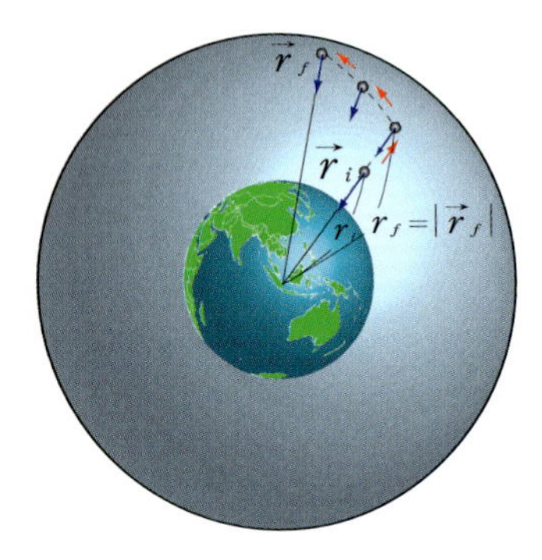

図7－11 重力による仕事を計算するための経路

重力的ポテンシャルエネルギーは5−1節や5−9節で求めたように、$U_g = mgz$であるが、これは$z \ll R_E$となる場合に対してのポテンシャルであり、天体から離れたところを含めたポテンシャルエネルギーを求めるためには、力としてニュートンの万有引力の法則を用いる必要がある。

位置$\vec{r}_i$から$\vec{r}_f$まで移動する経路を図7－11のようにとり、重力がする仕事を考えよう。まず$\vec{r}_i$から真上に中心からの距離が$r_f = |\vec{r}_f|$となる位置まで動き、次に中心からの距離が一定のまま、$\vec{r}_f$の位置まで移動する。経路後半の中心からの距離を保つ移動では、移動方向と力の方向が垂直であるので重力は仕事をしない。そのため仕事は中心からの距離r_iの位置から距離r_fの位置までの仕事を求めればよい。中心から離れる方向を正にとると、万有引力は

$$F = -G\frac{m_1 m_2}{r^2}$$

と表され、仕事は

$$\begin{aligned} U_f - U_i &= -\int_{r_i}^{r_f} F dr = +\int_{r_i}^{r_f}\left(\frac{Gm_1 m_2}{r^2}\right)dr \\ &= -\frac{Gm_1 m_2}{r}\Bigg|_{r_i}^{r_f} = -\frac{Gm_1 m_2}{r_f} + \frac{Gm_1 m_2}{r_i} \end{aligned} \tag{7.19}$$

となる。これより**重力的ポテンシャルエネルギー**は

$$\boxed{U_g = -\frac{Gm_1 m_2}{r}} \tag{7.20}$$

と定義できることがわかる。

このポテンシャルエネルギーは無限遠方でゼロとなる。つまり天体から十分離れた位置をポテンシャルエネルギーがゼロとなる点としているのである。別の言い方をすると、このポテンシャルエネルギーは、距離rの位置から無限に離れた点に引き離すときに重力がする仕事である。重力は引力であるためにこの仕事は負であることに注意しよう。

ポテンシャルエネルギーが負の量で表されているのは、少し面倒なことに思えるかもしれない。しかし、符号がつくことでたがいの距離が近いほどポテンシャルエネルギーが小さくなるということが表される。重力による落下をエネルギー保存の法則から考えると、ポテンシャルエネルギーが減る分だけ運動エネルギーが増加するという形で加速されていくことが理解できる。

例題7－6　重力のポテンシャルエネルギー

地球の半径をR_E，質量をM_Eとする。質量mの衛星が半径rの位置を円軌道で周回している。この衛星の力学的エネルギーを求めなさい。

解答　重力が向心力となっているので

$$G\frac{mM_E}{r^2}=\frac{mv^2}{r}$$

である。力学的エネルギーは

$$E=\frac{1}{2}mv^2-G\frac{mM_E}{r}$$

であり、vを消去すると

$$E=-G\frac{mM_E}{2r}$$

となる。■

7－9　脱出速度

高校物理

地上から宇宙空間に達して戻ってこないための最低速度を**脱出速度**という。この脱出速度を求めてみよう。

速度vで質量mの物体が地上にあるとその力学的エネルギーは

$$\frac{1}{2}mv^2-\frac{GmM_E}{R_E}$$

である。脱出できるかどうかは無限遠方まで到達できるかどうかで判断できる。力学的エネルギーが負の場合、ある距離で運動エネルギーが0になりそれ以上遠方には進めず戻ってきてしまう。反対に正であれば遠方で重力的ポテンシャルエネルギーはなくなり力学的エネルギーは運動エネルギーのみとなるため、遠ざかり続けることができる。脱出できる最低速度は無限遠方で運動エネルギーもゼロとなる場合の速度であり、この速度に対してエネルギー保存の法則より

$$\frac{1}{2}mv^2-\frac{GmM_E}{R_E}=0 \tag{7.21}$$

が成り立つ。これより脱出速度は

$$v=\sqrt{\frac{2GM_E}{R_E}}=1.12\times10^4\,\mathrm{m/s} \tag{7.22}$$

と求められる。

図7－12 金星

このような計算は空気抵抗を無視しているので荒唐無稽に見えるかもしれない。しかし、この脱出速度が重要になるのは大きな物体だけでなく、分子でも同様なのである。金星などは地球よりも温度が高く、水素や窒素などの成分が大気を脱出して宇宙空間に逃げてしまっている。そのため、比較的重い分子である二酸化炭素が大気の主成分となっていることが説明できる。脱出速度の考え方は地球や惑星がどのようにして形成されたかを調べ、そして生命をはぐくむ星となる条件を考える上でも重要なのである。

7－10 ブラックホール Ⅰ

1783年、イギリスの聖職者であり天文学者でもあったジョン・マイケル(1724−1793)は、ニュートンの光の粒子説に基づき次のような考察を行った。光が粒子であるとすると重力の影響を受けるはずである。特に天体の半径が小さいと脱出速度が光速に達し、光さえも脱出できない天体を仮想的に考えることができるだろう。

光速をcとすれば、脱出速度が光速である条件は、

$$\frac{1}{2}mc^2 - \frac{GmM}{R} = 0 \tag{7.23}$$

であり、このとき天体の半径は

$$R = \frac{2GM}{c^2} \tag{7.24}$$

である。これを**シュワルツシルド半径**という。太陽の質量$M_\odot$を基準にするとこの半径は

$$R = 2.95(M/M_\odot)\mathrm{km} \tag{7.25}$$

となる。つまり、もし太陽の半径が約3 kmであれば光さえも脱出できない天体となるのである。

シュワルツシルド半径よりも小さな半径をもつ天体を**ブラックホール**という。20世紀に入り、一般相対性理論においてもこのブラックホールの存在が予想されたが、半径が非常に小さく、密度が高すぎて現実的な天体とはかけ離れていたため長い間顧みられなかった。地球のシュワルツシルド半径は$R = 2GM_E/c^2 = 0.009\,\mathrm{m}$である。つまり、地球全体を圧縮して1 cm程度に押し込めるとブラックホールとなるのである。これは非現実的である。

1939年にアメリカの物理学者のロバート・オッペンハイマーとハートランド・スナイダーが核融合によって燃え尽きた後の大質量星の重力崩壊を見積もった。そして、実際に太陽質量の数倍程度の星では、ブラックホールとなる可能性を指摘したのであった。

天体としてのブラックホールは$3M_{\odot}$〜$15M_{\odot}$程度で起こる可能性がある。天体としてのブラックホールは、候補となる天体はあるが、確定的な証拠となるものは発見されていない。

銀河の中心には太陽の数百万倍の質量をもつブラックホールが存在することがほぼ確実と見られている。これを**大質量ブラックホール**という。銀河の中心付近を回る恒星が太陽系と同じくらいのサイズのところを、非常に速いスピードで回っていることから、ケプラーの法則を用いて中心付近の質量を推定することができる。

たとえば、天の川銀河(全質量$6\times10^{11}M_{\odot}$)では、その中心に$M=(3.7\pm0.2)\times10^{6}M_{\odot}$のブラックホールが存在する。そのシュワルツシルド半径は、10^{7} km程度である。このようなブラックホールがどのようにして発生したのかはまだ謎のままである。

図7－13 銀河の中心には大質量ブラックホールがあると考えられている。

7－11 潮汐力

地球の潮の満ち引きを起こす力を**潮汐力**という。潮汐力は月や太陽からの引力と向心力のつり合いがとれていないことから起こる。

地球は太陽から受ける万有引力を向心力として太陽の周りを回っている。しかし、地球上で太陽に近い部分は他の部分より万有引力が強く、より小さな円を描いて回ろうとする。また、太陽から遠いところでは万有引力による向心力は小さいのでより大きな円で回ろうとする。そのため、太陽から見て地球の両側で海水がふくらむ現象が起こるのである。月による潮汐力も地球が地球と月の質量中心の周りを回ることから同様に理解できる。

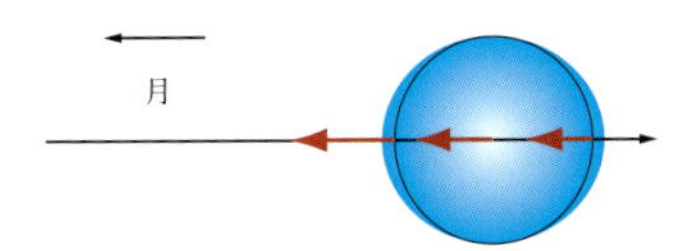

図7－14 潮汐力により地球の海水面はふくらんでいる。

例題7－7　潮汐力

月の質量を$M_{\rm Moon}$、地球の中心から月の中心までの距離を$R_{\rm Moon}$、地球の半径を$R_{\rm Earth}$、太陽の質量を$M_{\rm Sun}$、地球から太陽までの距離を$R_{\rm Sun}$として、次の問に答えなさい。

(1) 地球の中心で月から受ける万有引力は、月と地球の重心を円運動することによる遠心力とつり合っているものと考えることができる。地上で月から一番遠いところと近いところで、質量mの物体に働く月からの潮汐力を求めなさい。ただし、月までの距離に比べて地球の半径は非常に小さいとする。

(2) 月からの潮汐力は太陽からの潮汐力の何倍になるか求めなさい。必要な定数の値は次のものを用いてよい。

$$M_{\rm Moon}=7\times10^{22}\,\mathrm{kg},\quad M_{\rm Sun}=2\times10^{30}\,\mathrm{kg},$$

$$R_{\rm Moon}=4\times10^{8}\,\mathrm{m},\quad R_{\rm Sun}=1.5\times10^{11}\,\mathrm{m}$$

解答 (1) 月から地球の一番遠いところまでの距離は$R_{\mathrm{Moon}}+R_{\mathrm{Earth}}$である。潮汐力はこの距離にあるときの万有引力と地球の中心にあるときの万有引力の差であるので、斥力方向を正にとると

$$F_{\mathrm{Moon}}=-\frac{GmM_{\mathrm{Moon}}}{(R_{\mathrm{Moon}}+R_{\mathrm{Earth}})^2}-\left(-\frac{GmM_{\mathrm{Moon}}}{R_{\mathrm{Moon}}{}^2}\right)$$

$$=\frac{GmM_{\mathrm{Moon}}}{R_{\mathrm{Moon}}{}^2(R_{\mathrm{Moon}}+R_{\mathrm{Earth}})^2}(2R_{\mathrm{Moon}}R_{\mathrm{Earth}}+R_{\mathrm{Earth}}{}^2)$$

$$=\frac{GmM_{\mathrm{Moon}}R_{\mathrm{Earth}}}{R_{\mathrm{Moon}}{}^3(1+R_{\mathrm{Earth}}/R_{\mathrm{Moon}})^2}\left(2+\frac{R_{\mathrm{Earth}}}{R_{\mathrm{Moon}}}\right)$$

となる。$R_{\mathrm{Earth}}/R_{\mathrm{Moon}}$は非常に小さいとしてよいので

$$F_{\mathrm{Moon}}=\frac{2GmM_{\mathrm{Moon}}R_{\mathrm{Earth}}}{R_{\mathrm{Moon}}{}^3} \tag{7.26}$$

が得られる。月に一番近いところでは、遠いところの計算でR_{Earth}を$-R_{\mathrm{Earth}}$に変えるだけでよいので同じ大きさで反対方向を向く潮汐力が働くことになる。

(2) 太陽からの潮汐力は先の月の値を太陽の値にするだけでよい。よって

$$F_{\mathrm{Sun}}=\frac{2GmM_{\mathrm{Sun}}R_{\mathrm{Earth}}}{R_{\mathrm{Sun}}{}^3}$$

である。これより

$$\frac{F_{\mathrm{Moon}}}{F_{\mathrm{Sun}}}=\left(\frac{R_{\mathrm{Sun}}}{R_{\mathrm{Moon}}}\right)^3\left(\frac{M_{\mathrm{Moon}}}{M_{\mathrm{Sun}}}\right)$$

となる。実際の数値を代入すると

$$\frac{F_{\mathrm{Moon}}}{F_{\mathrm{Sun}}}=\left(\frac{15\times10^{10}}{4\times10^{8}}\right)^3\left(\frac{7\times10^{22}}{2\times10^{30}}\right)=(3.75\times10^2)^3(3.5\times10^{-8})$$

$$=1.8$$

となる。■

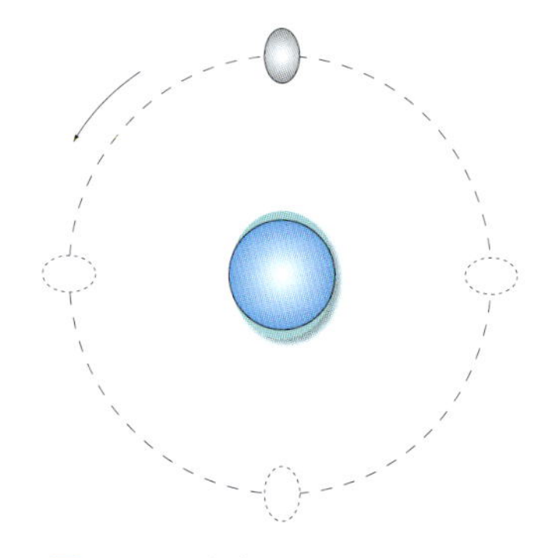

図7−15 地球が月に及ぼす潮汐力

潮汐力は、地球だけでなく月においても生じる。むしろ月にとって地球による潮汐力の効果は大きく働く。このため月は潮汐力でゆがめられ、楕円体となっている。そして、ちょうど振り子のように長い方を地球に向けるようになった。そのため、地球の自転と月の公転とが一致し、月の裏側は見えないようになっているのである。

7−12 質点に働く重力と天体に働く重力 Ⓐ

万有引力の法則は、本来質点の間に働く力の法則である。それに

対して、地球や月などの天体に働く重力についてもあたかも天体の中心にすべての質量がある質点のように扱ってきた。実際には私たちに働く重力は、地球を構成するすべての物質による重力の和である。

半径 R の薄い球殻があり、質量 M が一様に分布している場合を考えよう。この中心から r の位置に質点 m があるとき、球殻が質点に及ぼす重力を求めてみる。

図7－16のリング上の点の位置ベクトルを $\vec{\mathrm{R}}$ とし、質点 m の点の位置ベクトルを $\vec{r}$ とすると、リング上の点から質点までの距離は

$$|\vec{r}-\vec{\mathrm{R}}|=\sqrt{(\vec{r}-\vec{\mathrm{R}})^2}=\sqrt{r^2-2Rr\cos\theta+R^2} \qquad (7.27)$$

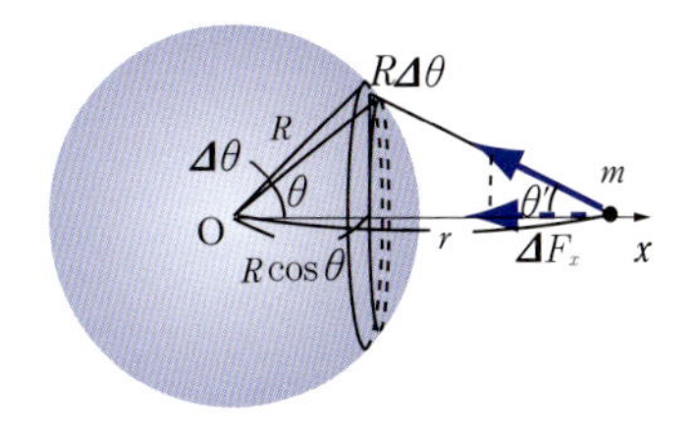

図7－16 球殻が質点に及ぼす重力

である。リング上の質量 ΔM の微小な部分からの重力の大きさは

$$\Delta F=G\frac{\Delta Mm}{r^2-2Rr\cos\theta+R^2} \qquad (7.28)$$

であるが、リング上の各点について足し上げたとき、対称性より x 軸に垂直な成分は打ち消し合い、x 軸方向の成分のみが和に寄与する。よって、x 成分

$$\Delta F_x=-G\frac{\Delta Mm}{r^2-2Rr\cos\theta+R^2}\cos\theta'$$

を考えれば十分である。$\cos\theta'$ は図より

$$\cos\theta'=\frac{r-R\cos\theta}{\sqrt{r^2-2Rr\cos\theta+R^2}}$$

であり、リング全体の質量は

$$\Delta M=\frac{M}{4\pi R^2}(2\pi R\sin\theta\times R\Delta\theta)=\frac{M}{2}\sin\theta\,\Delta\theta \qquad (7.29)$$

である。よって、このリングからの重力は x 軸の負の向きに

$$\Delta F=G\frac{mM}{2}\frac{(r-R\cos\theta)\sin\theta\,\Delta\theta}{(r^2-2Rr\cos\theta+R^2)^{3/2}}$$

となる。これを

$$\Delta F=-\frac{d}{dr}\left(\frac{GmM}{2}\frac{\sin\theta\,\Delta\theta}{\sqrt{r^2-2Rr\cos\theta+R^2}}\right) \qquad (7.30)$$

としておくと後の計算が楽になる。

すべてのリングからの寄与を足し合わせると、

$$F=-\frac{GmM}{2}\frac{d}{dr}\int_0^{\pi}\frac{\sin\theta\,d\theta}{\sqrt{r^2-2Rr\cos\theta+R^2}}$$

であり、

$$\frac{d}{d\theta}\sqrt{r^2-2Rr\cos\theta+R^2}=\frac{Rr\sin\theta}{\sqrt{r^2-2Rr\cos\theta+R^2}} \qquad (7.31)$$

となることより、

$$F = -\frac{GmM}{2}\frac{d}{dr}\left[\frac{1}{Rr}(|R+r|-|R-r|)\right] \qquad (7.32)$$

となる。これより、$r<R$のとき$F=0$となり、$r>R$のとき

$$F = G\frac{mM}{r^2} \qquad (7.33)$$

となる。つまり、重力は球殻の外ではあたかも全質量が原点にあるときの重力に等しく、球殻の内部ではゼロとなる。

次に、密度が半径にしかよらない天体を考えてみよう。この天体による重力は天体を薄い球殻に分割し、それぞれの球殻からの万有引力の和として考えればよい。天体内部では、その点から外側の球殻からの力はゼロとなるので、中心からその距離までの質量が天体の中心にある場合の重力に等しい。また、天体外部では天体の全質量が天体の中心にあるときの重力と等しい。

このように球対称な場合には、万有引力の法則は質点として扱った場合と一致するのである。

7－13 暗黒物質の発見 Ⅰ

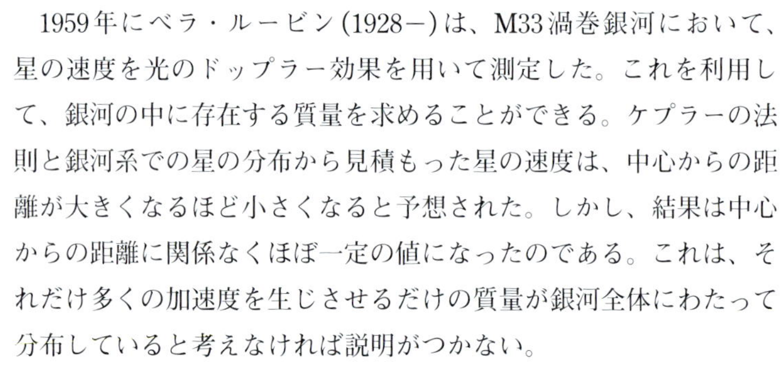
1959年にベラ・ルービン(1928－)は、M33渦巻銀河において、星の速度を光のドップラー効果を用いて測定した。これを利用して、銀河の中に存在する質量を求めることができる。ケプラーの法則と銀河系での星の分布から見積もった星の速度は、中心からの距離が大きくなるほど小さくなると予想された。しかし、結果は中心からの距離に関係なくほぼ一定の値になったのである。これは、それだけ多くの加速度を生じさせるだけの質量が銀河全体にわたって分布していると考えなければ説明がつかない。

図7－17 ベラ・ルービン

物体が球状に分布しているとすると、ケプラーの法則により中心から距離r離れたところまでに含まれる質量$M(r)$は（7.11）より

$$M(r) = \frac{v^2 r}{G} \qquad (7.34)$$

となる。したがってスピードが一定となるのは、

$$M(r) \propto r \qquad (7.35)$$

の場合であり、含まれる質量は距離に比例して増加することを示している。ちりなどと異なり、この物質は光と相互作用をしないため直接的に観測することができない。このように銀河全体に分布し、重力的な相互作用しかしない物質を**暗黒物質**という。暗黒物質は銀河の質量のほとんどを占める。その含有量は銀河によっても異な

るが、天の川銀河では、銀河の大きさの10倍ほどのスケールで暗黒物質が存在しており、銀河全体の80％から90％の質量を占める（$10^{12}M_{\odot}$程度）。つまり、明るく輝く部分は氷山の一角にしかすぎないことになる。

暗黒物質は、私たちが知っている物質ではないことは確かであり、その正体はいまだ謎のままである。

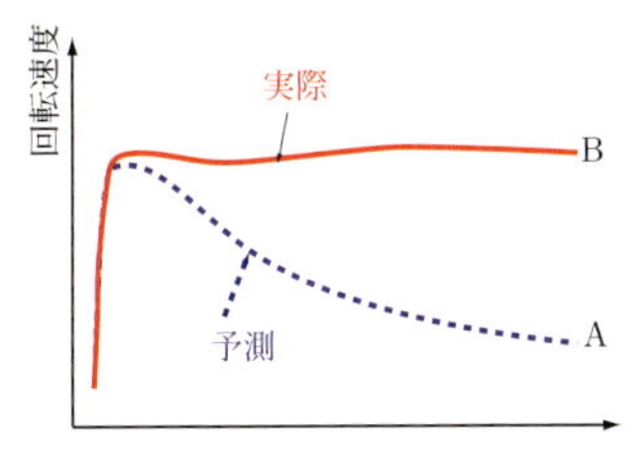

図7－18 銀河の回転速度と中心からの距離の関係

例題7－8　暗黒物質と公転速度

暗黒物質は銀河の数倍の大きさにわたって銀河中心からほぼ球状に分布している。この密度の分布は、シミュレーションにより

$$\rho=\frac{\rho_0}{(r/r_0)(1+r/r_0)^2}$$

となることがわかっている。ρ_0, r_0は銀河ごとに異なる量である。銀河の物質からの重力を無視できるとして、銀河中心から距離rの位置にある恒星の銀河中心に対する公転速度を求めなさい。

解答　式(7.34)において、

$$M(r)=\int_0^r \rho(r')4\pi r'^2\,dr'=4\pi r_0{}^2\rho_0\int_0^r\frac{r'/r_0}{(1+r'/r_0)^2}dr'$$

である。この積分は$x=1+r'/r_0$とおいて

$$M(r)=4\pi r_0{}^3\rho_0\int_1^{1+r/r_0}\frac{x-1}{x^2}dx$$

$$=4\pi r_0{}^3\rho_0\left(\ln\left(1+\frac{r}{r_0}\right)-\frac{r/r_0}{1+r/r_0}\right)$$

のように求められる。これより、公転速度は

$$v=\sqrt{\frac{GM(r)}{r}}=\sqrt{4\pi r_0{}^2G\rho_0\left(\frac{r_0}{r}\ln\left(1+\frac{r}{r_0}\right)-\frac{1}{1+r/r_0}\right)}$$

となる。■

7－14　中心力と角運動量　Ⅰ

質点の位置を$\vec{r}$、運動量を$\vec{p}$とするとき、それらのベクトル積からなる量

$$\vec{L}=\vec{r}\times\vec{p} \qquad (7.36)$$

を**角運動量**という。角運動量は、大きさが原点からの位置と運動量

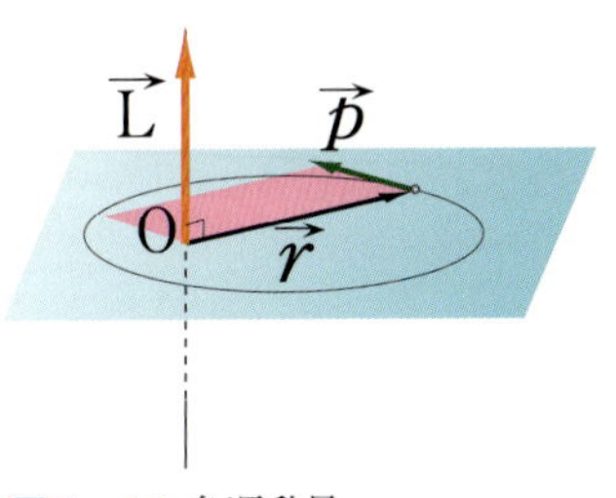

図7－19 角運動量

のなす平行四辺形の面積で、方向はそれらに垂直となるベクトル量である。

原点に太陽があり、その周りを太陽からの万有引力を受けて惑星が回っているとする。このとき、惑星の角運動量が時間によらずに一定であることを見てみよう。角運動量を時間で微分すると

$$\frac{d}{dt}\vec{\mathrm{L}} = \frac{d}{dt}(\vec{r} \times \vec{p}) = \left(\frac{d}{dt}\vec{r}\right) \times \vec{p} + \vec{r} \times \left(\frac{d}{dt}\vec{p}\right)$$

である。ここで、$d\vec{r}/dt = \vec{p}/m$, $d\vec{p}/dt = \vec{\mathrm{F}}$であるのでこれは

$$\frac{d}{dt}\vec{\mathrm{L}} = \frac{1}{m}\vec{p} \times \vec{p} + \vec{r} \times \vec{\mathrm{F}}$$

となる。ベクトル積の定義より、$\vec{p} \times \vec{p} = 0$であり、重力では力と$\vec{r}$は平行になるので、右辺はゼロとなる。

つまり原点に向かって働く重力による運動においては、

$$\frac{d}{dt}\vec{\mathrm{L}} = 0 \tag{7.37}$$

となる。これを**角運動量保存の法則**という。角運動量は剛体の回転運動などでも重要な量となる。

7－15 二次元極座標 Ⓐ

太陽の周りの惑星の運動は平面上の運動で、惑星の受ける力は中心方向を向いている。つまり、中心方向と垂直な方向には力が働いていない。このように中心方向のみに力が働く場合には、質点の運動方程式を中心方向とそれに垂直方向に分けるのが便利であろう。こうした推測から極座標を用いてみる。

半径rの円周上の点が

$$\vec{r} = (r\cos\theta,\ r\sin\theta)$$

と表されることは2－14節で見た。$\vec{r}$方向を向く単位ベクトルは

$$\hat{\boldsymbol{r}} = (\cos\theta,\ \sin\theta) \tag{7.38}$$

である。円運動の速度の方向はこれに垂直な方向であり、その方向の単位ベクトルは

$$\hat{\theta} = (-\sin\theta,\ \cos\theta) \tag{7.39}$$

である。この二つを基底ベクトルとしてすべてのベクトルを表すことができる。通常の単位ベクトルと異なるのは、粒子の運動と共にこれらの基底ベクトルは向きを変えていくことである。したがって、これらのベクトルの時間微分はゼロでない。このような基底を用いることは一見すると複雑に思えるが、後のことを考えると都合がよいことが多いのである。

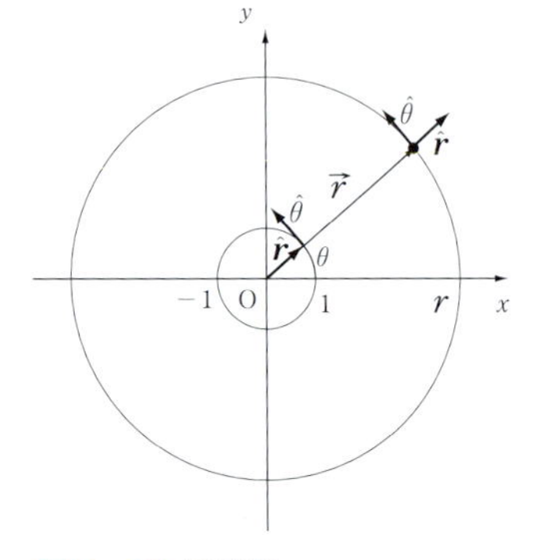

図7－20 極座標

基底ベクトルを微分すると、成分を比較することにより

$$\frac{d\hat{\boldsymbol{r}}}{dt}=\frac{d\theta}{dt}\hat{\theta},\ \frac{d\hat{\theta}}{dt}=-\frac{d\theta}{dt}\hat{\boldsymbol{r}} \tag{7.40}$$

となることがわかる。これより、位置ベクトル

$$\vec{r}=r\hat{\boldsymbol{r}}$$

を微分して、速度と加速度は

$$\vec{v}=\frac{dr}{dt}\hat{\boldsymbol{r}}+r\frac{d\theta}{dt}\hat{\theta},$$

$$\vec{a}=\frac{d\vec{v}}{dt} \tag{7.41}$$

$$=\left(\frac{d^2r}{dt^2}\hat{\boldsymbol{r}}+\frac{dr}{dt}\frac{d\hat{\boldsymbol{r}}}{dt}\right)+\left(\frac{dr}{dt}\frac{d\theta}{dt}+r\frac{d^2\theta}{dt^2}\right)\hat{\theta}+r\frac{d\theta}{dt}\frac{d\hat{\theta}}{dt}$$

となる。加速度は(7.40)を用いると

$$\vec{a}=\left(\frac{d^2r}{dt^2}-r\left(\frac{d\theta}{dt}\right)^2\right)\hat{\boldsymbol{r}}+\left(r\frac{d^2\theta}{dt^2}+2\frac{dr}{dt}\frac{d\theta}{dt}\right)\hat{\theta} \tag{7.42}$$

と整理される。この座標系での力を

$$\vec{\mathrm{F}}=F_r\hat{\boldsymbol{r}}+F_\theta\hat{\theta} \tag{7.43}$$

と表すと、ニュートンの第二法則は

$$F_r=m\left(\frac{d^2r}{dt^2}-r\left(\frac{d\theta}{dt}\right)^2\right) \tag{7.44}$$

$$F_\theta=m\left(r\frac{d^2\theta}{dt^2}+2\frac{dr}{dt}\frac{d\theta}{dt}\right) \tag{7.45}$$

となる。

(7.44)および(7.45)の右辺第二項の意味を理解するには、粒子の角速度$d\theta/dt$で回転する座標系を考えるとよい。この系では粒子はr方向のみに運動することに注意し、運動方程式を

$$m\frac{d^2r}{dt^2}=F_r+mr\left(\frac{d\theta}{dt}\right)^2 \tag{7.46}$$

$$0=F_\theta-mr\frac{d^2\theta}{dt^2}-2m\frac{dr}{dt}\frac{d\theta}{dt} \tag{7.47}$$

と書き直すと、(7.46)の右辺第二項はこの系での遠心力を表すことがわかる。また、(7.47)の右辺第三項は直観的にはわかりにくいかもしれないが、4−17節で見たコリオリ力を表している。(7.47)の右辺第二項は角速度が一定でない場合に働く慣性力であるが、特に名前はつけられていない。

中心からの距離にしかよらず、中心方向を向いた力を一般的に**中**

心力という。中心力では$F_\theta=0$となるので、これより

$$r\frac{d^2\theta}{dt^2}+2\frac{dr}{dt}\frac{d\theta}{dt}=0 \tag{7.48}$$

が成り立つ。この両辺にrを掛けると、

$$\frac{d}{dt}\left(r^2\frac{d\theta}{dt}\right)=0 \tag{7.49}$$

と変形でき、したがって

$$l=r^2\frac{d\theta}{dt} \tag{7.50}$$

は時間的に変化しない定数となる。

それではこの量が前節の角運動量の大きさに比例していることを示そう。$\vec{r}=r\hat{\boldsymbol{r}}$と$\vec{v}=(dr/dt)\hat{\boldsymbol{r}}+r(d\theta/dt)\hat{\theta}$を角運動量の式に代入して、$\hat{\boldsymbol{r}}\times\hat{\boldsymbol{r}}=\hat{\theta}\times\hat{\theta}=\boldsymbol{0}$となることに注意すると、運動面に垂直な方向の単位ベクトル$\hat{\boldsymbol{k}}=\hat{\boldsymbol{r}}\times\hat{\theta}=-\hat{\theta}\times\hat{\boldsymbol{r}}$を用いて

$$\vec{L}=m\vec{r}\times\vec{v}=m(r\hat{\boldsymbol{r}})\times\left(\frac{dr}{dt}\hat{\boldsymbol{r}}+r\frac{d\theta}{dt}\hat{\theta}\right)=mr^2\frac{d\theta}{dt}\hat{\boldsymbol{k}} \tag{7.51}$$

と表される。つまり、$l=r^2\omega$という量は角運動量の大きさLと

$$L=ml \tag{7.52}$$

の関係にあるのである。

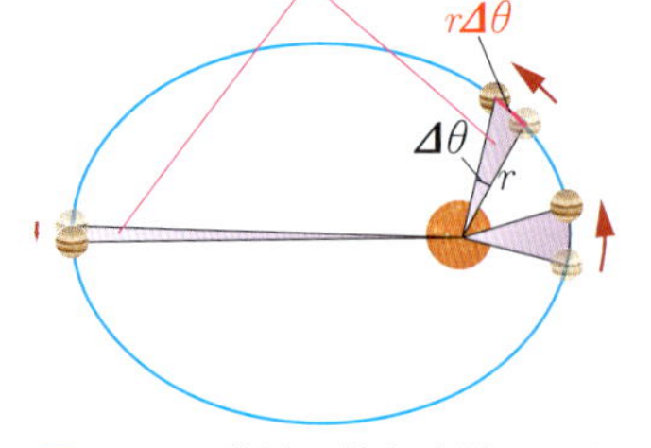

図7－21 動径が微小時間にはく面積は、単位時間あたりどの位置においても等しくなる。

図7－21のように中心と物体を結ぶ線分（動径）がはく面積をAとすると、角度が$\Delta\theta$変わるときの面積の変化量は

$$\Delta A=\frac{1}{2}r\times r\Delta\theta \tag{7.53}$$

となることから

$$\frac{dA}{dt}=\frac{1}{2}l \tag{7.54}$$

となることがわかる。したがって単位時間あたりに動径がはく面積（面積速度）は一定であることがわかる。これを**面積速度一定の法則**という。これはケプラーの第二法則が述べることであり、万有引力が中心力であることから成り立つのである。(7.52)から、面積速度一定の法則は角運動量保存の法則を言い換えたものであるということに注意しておこう。

7－16 ケプラーの第一法則の導出 Ⓐ

この節ではケプラーの第一法則を運動方程式から導いてみよう。

楕円運動であることを見るためには、角度ごとの距離を見ること

が重要になる。そのため、距離rを角度$\theta(t)$の関数として表すことにする。そして、時間に関しての微分をすべて角度に関する微分に変えていく。具体的には合成関数の微分則により

$$\frac{dr}{dt}=\frac{d}{dt}r(\theta(t))=\frac{dr}{d\theta}\frac{d\theta}{dt} \tag{7.55}$$

を用いる。ここで(7.50)から

$$\frac{d\theta}{dt}=\frac{l}{r^2} \tag{7.56}$$

となることを用いると

$$\frac{dr}{dt}=\frac{l}{r^2}\frac{dr}{d\theta}=-l\frac{d}{d\theta}\left(\frac{1}{r}\right) \tag{7.57}$$

となる。同様にして

$$\begin{aligned}\frac{d^2r}{dt^2}&=\frac{d}{dt}\left(\frac{dr}{dt}\right)=\frac{d\theta}{dt}\frac{d}{d\theta}\left(\frac{dr}{dt}\right)\\&=-l^2\frac{1}{r^2}\frac{d^2}{d\theta^2}\left(\frac{1}{r}\right)\end{aligned} \tag{7.58}$$

である。lは定数であることを思い出しておこう。

ニュートンの万有引力の法則より、物体に働く力は

$$F_r=-m\frac{GM}{r^2} \tag{7.59}$$

である。これよりr方向の方程式(7.46)は(7.56)を用いると

$$m\frac{d^2r}{dt^2}=-m\frac{GM}{r^2}+m\frac{l^2}{r^3} \tag{7.60}$$

となる。左辺に(7.58)を用いると

$$\frac{d^2}{d\theta^2}\left(\frac{1}{r}\right)=-\frac{1}{r}+\frac{GM}{l^2} \tag{7.61}$$

が得られ、これは

$$\frac{d^2}{d\theta^2}\left(\frac{1}{r}-\frac{GM}{l^2}\right)=-\left(\frac{1}{r}-\frac{GM}{l^2}\right) \tag{7.62}$$

と書き直すことができる。ここまでくれば後は簡単である。θで2回微分して元の(-1)倍になる関数であることから、一般に$A(>0)$, θ_0を定数として

$$\frac{1}{r}-\frac{GM}{l^2}=A\cos(\theta-\theta_0) \tag{7.63}$$

となる。これは$e=\dfrac{l^2A}{GM}$を新たな定数として

$$\frac{1}{r}=\frac{GM}{l^2}(1+e\cos(\theta-\theta_0)) \tag{7.64}$$

と表される。

θ_0方向にx軸をとり直し、$(x, y)=(r\cos(\theta-\theta_0), r\sin(\theta-\theta_0))$を用いて書き直すと

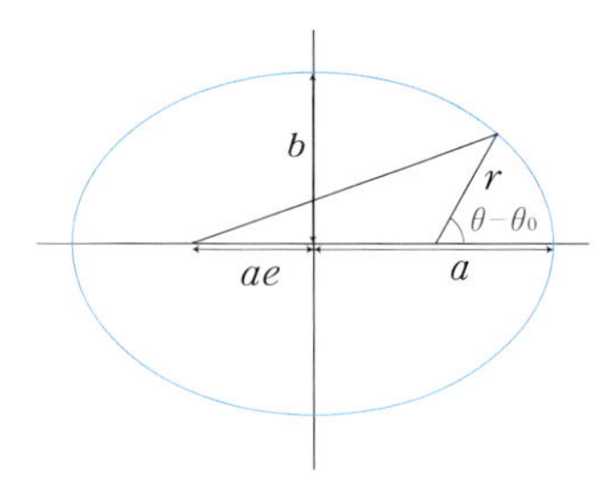

図7－22 楕円の焦点に原点をおく極座標と、中心を原点とする直交座標

$$\frac{l^2}{GM}-ex=\sqrt{x^2+y^2}$$

となり、これを２乗して

$$\left(\frac{l^2}{GM}\right)^2-2e\left(\frac{l^2}{GM}\right)x+e^2x^2=x^2+y^2$$

となるから、整理すると

$$(1-e^2)\left(x+\frac{e}{1-e^2}\frac{l^2}{GM}\right)^2+y^2=\left(\frac{l^2}{GM}\right)^2\frac{1}{1-e^2} \quad (7.65)$$

が得られる。これは、高校数学Ⅲで現れた円錐曲線の定義方程式である。eは**離心率**とよばれ、$e<1$のとき楕円であり、$e=1$で放物線、$e>1$で双曲線を表す。

一般に長径がa、短径がbである楕円は

$$\frac{1}{a^2}(x-x_c)^2+\frac{y^2}{b^2}=1 \quad (7.66)$$

と書き表すことができる。$e<1$のとき長径と短径は

$$c=\frac{l^2}{GM} \quad (7.67)$$

とおくと

$$a=\frac{c}{1-e^2},\ b=\frac{c}{\sqrt{1-e^2}} \quad (7.68)$$

となる。またこれらより

$$\frac{b}{a}=\sqrt{1-e^2} \quad (7.69)$$

となることもわかる。定数lをaで表すと、

$$l=\sqrt{GM(1-e^2)a} \quad (7.70)$$

となる。(7.66)で表される楕円の焦点の位置は$(0, 0)$と$(2x_c, 0)$であり、今の場合太陽は原点にあるとしているので惑星の運動は太陽を一つの焦点とする楕円運動を行うというケプラーの第一法則が導かれたことになる。

楕円の焦点の位置は楕円の中心から$|x_c|=ea$だけ離れているので、力の中心から最も遠ざかったときの距離は$a(1+e)$であり、最も近づいたときの距離は$a(1-e)$である。その平均$[a(1+e)+a(1-e)]/2=a$がちょうど楕円の長径となる。

7－17　ケプラーの第一法則の別証明Ⓐ

前節のケプラーの第一法則の証明では、時間変数から角度変数への変数変換を行い、$1/r$を微分方程式の変数として用いた。ここではこうした変数の変換を行わないで軌道の方程式を導出してみよう。

まず、ケプラーの第二法則は

$$\frac{d}{dt}\vec{\mathrm{L}}=0$$

と表され、角運動量は極座標では式 (7.51) より

$$\vec{\mathrm{L}}=mr^2\omega\hat{\boldsymbol{r}}\times\hat{\theta}$$

であった。加速度は運動方程式より

$$\vec{a}=-\frac{GM}{r^2}\hat{\boldsymbol{r}}$$

であり、これと$\vec{\mathrm{L}}$とのベクトル積は

$$\vec{a}\times\vec{\mathrm{L}}=-\frac{GM}{r^2}\hat{\boldsymbol{r}}\times(mr^2\omega\hat{\boldsymbol{r}}\times\hat{\theta})$$

となる。ベクトル積の恒等式 $\vec{\mathrm{A}}\times(\vec{\mathrm{B}}\times\vec{\mathrm{C}})=(\vec{\mathrm{A}}\cdot\vec{\mathrm{C}})\vec{\mathrm{B}}-(\vec{\mathrm{A}}\cdot\vec{\mathrm{B}})\vec{\mathrm{C}}$ と、$\hat{\boldsymbol{r}}\cdot\hat{\boldsymbol{r}}=1,\ \hat{\boldsymbol{r}}\cdot\hat{\theta}=0$ より

$$\vec{a}\times\vec{\mathrm{L}}=GMm\omega\hat{\theta}=GMm\frac{d}{dt}\hat{\boldsymbol{r}}$$

となる。これは加速度が速度の時間微分であることと、角運動量が定数であることより

$$\frac{d}{dt}(\vec{v}\times\vec{\mathrm{L}})=\frac{d}{dt}(GMm\hat{\boldsymbol{r}})$$

と変形できる。この両辺を時間で積分すると、$\vec{\mathrm{D}}$を時間的に変化しないベクトルとして

$$\vec{v}\times\vec{\mathrm{L}}=GMm\hat{\boldsymbol{r}}+\vec{\mathrm{D}} \tag{7.71}$$

と表せることがわかる。$\vec{\mathrm{L}}$は軌道面に垂直なベクトルであることから$\vec{v}\times\vec{\mathrm{L}}$は軌道面内のベクトルである。よって左辺の$\vec{\mathrm{D}}$も軌道面内のベクトルとなる。このベクトルの方向に$x$軸方向をとることにする。

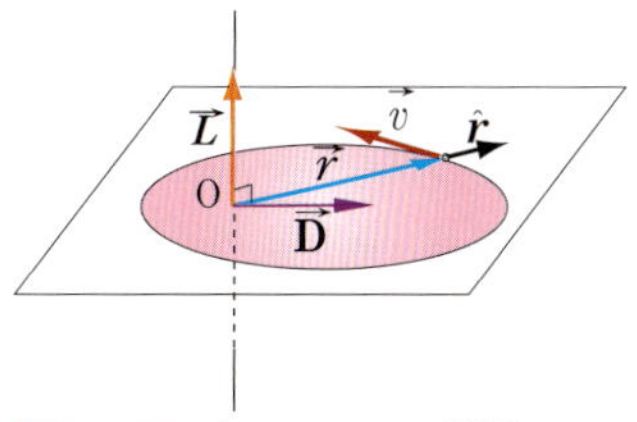

図7－23　各ベクトルの関係

次にこの両辺と$\vec{r}=r\hat{\boldsymbol{r}}$の内積をとると

$$\vec{r}\cdot(\vec{v}\times\vec{\mathrm{L}})=GMmr+rD\cos\theta$$

となり、ベクトル三重積の恒等式$\vec{\mathrm{A}}\cdot(\vec{\mathrm{B}}\times\vec{\mathrm{C}})=(\vec{\mathrm{A}}\times\vec{\mathrm{B}})\cdot\vec{\mathrm{C}}$を用いると

$$(\vec{r}\times\vec{v})\cdot\vec{\mathrm{L}}=GMmr+rD\cos\theta$$

となる。角運動量の定義によりこれは

$$\frac{L^2}{m} = GMmr\left(1 + \frac{D\cos\theta}{GMm}\right)$$

と表せる。ここで、$e \equiv D/GMm$として、rについて解くと

$$r = \frac{L^2/m^2}{GM(1+e\cos\theta)}$$

となる。これは (7.64) の形であり、楕円や双曲線を表す。

7－18　ケプラーの第三法則　Ⓐ

ケプラーの第三法則は次のようにして得られる。まず、単位時間あたりにはく面積は$\frac{dA}{dt} = \frac{l}{2}$であった。一方、楕円の面積は高校数学Ⅲで見たように$A = \pi ab$である。したがって、周期は

$$T = \frac{A}{dA/dt} = \frac{2\pi ab}{l} \tag{7.72}$$

である。$b^2 = a^2(1-e^2)$, $l = \sqrt{GM(1-e^2)a}$の関係を用いると

$$T^2 = 4\pi^2\frac{a^2b^2}{l^2} = \frac{4\pi^2}{GM}a^3 \tag{7.73}$$

となる。これよりケプラーの第三法則が示された。

7－19　二体問題と換算質量　Ⓐ

宇宙の観測によって、恒星の約半数は二つ以上の恒星が引き合っている連星系であることが知られている。このような連星では二つの恒星の質量がほぼ同じであるので、回転運動の中心は恒星外部の位置にある。

木星は質量が大きく、その引力によって太陽もわずかに移動しているはずである。そのため、厳密にいえば太陽を中心とする楕円運動という見方は成り立たないように見える。またミクロな世界の類似の例として陽子と電子からなる水素では、陽子の質量は電子の1800倍であるので、止まっている陽子の周りを電子が回るとして扱うこともあるが、厳密には陽子も電子から受ける力による加速度を持つ。そのため、陽子と中性子からなる原子核を持つ重水素原子の発光スペクトルは、陽子を原子核とする水素原子のものと比べて原子核と電子の間に働く電気的力は同じであるにもかかわらず、原子核の質量の違いにより差が生じる。

これらはいずれも回転の中心が物体の中心からずれる例である。このような問題はどう取り扱えばよいのであろうか？

二つの粒子 1,2 があり、それぞれの質量をm_1, m_2とし、これらの間に働く力を$\vec{F}(\vec{r}_1-\vec{r}_2)$とする。この力はたがいの距離とその方向だけによるものとする。たとえば、万有引力の法則は

$$\vec{F}_{2\to1}=-\frac{Gm_1m_2}{(\vec{r}_1-\vec{r}_2)^2}\frac{\vec{r}_1-\vec{r}_2}{|\vec{r}_1-\vec{r}_2|} \tag{7.74}$$

と書くことができる。さて質点１，２の運動はニュートンの第二法則と第三法則より

$$m_1\frac{d^2\vec{r}_1}{dt^2}=\vec{F}_{2\to1}(\vec{r}_1-\vec{r}_2)$$

$$m_2\frac{d^2\vec{r}_2}{dt^2}=\vec{F}_{1\to2}(\vec{r}_2-\vec{r}_1)=-\vec{F}_{2\to1}(\vec{r}_1-\vec{r}_2)$$

で記述される。これらの和をとると

$$\frac{d^2}{dt^2}(m_1\vec{r}_1+m_2\vec{r}_2)=0 \tag{7.75}$$

となり、これは３－８節で見たように外部からの力が働かなければ質量中心は等速直線運動をするということを示している。太陽と惑星の系を移動するロケットから眺めると考え、ここではこの質量中心が静止している系､すなわち重心座標系の観測者から見てみよう。

質量中心を原点にとると、

$$m_1\vec{r}_1+m_2\vec{r}_2=0 \tag{7.76}$$

である。万有引力の法則のように、力はたがいの相対的な位置$\vec{r}_r=\vec{r}_1-\vec{r}_2$だけによっているので、**相対座標**と呼ばれるこの変数でニュートンの第二法則を書き直してみよう。(7.76) より、

$$m_1\vec{r}_1=\frac{m_1m_2}{m_1+m_2}\vec{r}_r$$

となる。したがって

$$\mu=\frac{m_1m_2}{m_1+m_2} \tag{7.77}$$

とおくと運動方程式は

$$\mu\frac{d^2\vec{r}_r}{dt^2}=\vec{F}_{2\to1}(\vec{r}_r) \tag{7.78}$$

と表される。

したがって、相対座標に対して、質量をμとすれば、ニュートンの運動方程式がそのまま成り立つ。このμを**換算質量**という。

この換算質量は

$$\boxed{\frac{1}{\mu}=\frac{1}{m_1}+\frac{1}{m_2}} \tag{7.79}$$

とした方が見やすい。$m_1\gg m_2$の場合、換算質量はほとんど軽い

方の値m_2となり、質量中心は質点1に非常に近い位置である。また双方の質量が等しいときは換算質量はその半分となり、質量中心は二つの質点の中点になる。

次にエネルギーがどのように表されるか見てみよう。エネルギーは

$$E=\frac{1}{2}m_1(\vec{v}_1)^2+\frac{1}{2}m_2(\vec{v}_2)^2-G\frac{m_1m_2}{|\vec{r}_1-\vec{r}_2|} \quad (7.80)$$

であるが、先の相対座標への変換で

$$\vec{r}_1=\frac{\mu}{m_1}\vec{r}_r,\quad \vec{r}_2=-\frac{\mu}{m_2}\vec{r}_r \quad (7.81)$$

と表されることを用いると速度は

$$\begin{aligned}\vec{v}_1&=d\vec{r}_1/dt=(\mu/m_1)d\vec{r}_r/dt,\\ \vec{v}_2&=d\vec{r}_2/dt=-(\mu/m_2)d\vec{r}_r/dt\end{aligned} \quad (7.82)$$

となり、これよりエネルギーは相対速度$\vec{v}_r=d\vec{r}_r/dt$と相対距離を用いて

$$E=\frac{1}{2}\mu v_r{}^2-G\frac{M\mu}{r_r} \quad (7.83)$$

と表されることがわかる。

また重心周りの角運動量

$$\vec{\mathrm{L}}=m_1\vec{r}_1\times\vec{v}_1+m_2\vec{r}_2\times\vec{v}_2 \quad (7.84)$$

は、$\vec{p}_r=\mu\vec{v}_r$として

$$\vec{\mathrm{L}}=\mu\vec{r}_r\times\vec{v}_r=\vec{r}_r\times\vec{p}_r \quad (7.85)$$

と表される。

このように、2体間の相互作用のみが働くときには、相対座標と換算質量を用いると方程式はあたかも重心の周りを回る1体の問題として扱うことができるのである。

演習問題7

Ⓑ **7.1** 原子核中の陽子と陽子の間に働く万有引力を、陽子間距離が1×10^{-15}m、陽子質量が2×10^{-27}kgであるとして見積もりなさい。

Ⓑ **7.2** 静止衛星（地球の自転と同じ角速度で地球の周りを円運動する）の地表からのおおよその高度を求めなさい。

Ⓘ **7.3** 地上からロケットを打ち上げる。このロケットが、太陽系の外部に到達するために最小限必要な速度（第三宇宙速度と呼ばれ

る）を求めなさい。地球の公転速度の影響は小さくないので、計算に含めること。ただし地球の自転や空気抵抗による影響は無視するものとする。

I **7.4** 宇宙船が十分遠方からある惑星に接近し、惑星からの重力を受けて運動して、再び惑星の十分遠方へと飛び去る。(1) この惑星を原点として惑星の公転とともに運動する座標系Kを近似的に慣性系と見なす。座標系Kにおける宇宙船の運動はどのようになるか。特に、惑星接近前と接近後の十分遠方における宇宙船のスピードの関係がどうなるかを、エネルギーの変化に基づいて調べなさい。(2) 同様に太陽を原点とする座標系（これもほとんど慣性系であると見なす）で、惑星接近前と接近後の宇宙船のスピードは変化できることを示しなさい。このように、惑星の公転を利用して宇宙船の速さを変化させる航法を重力アシスト（スイングバイ）という。

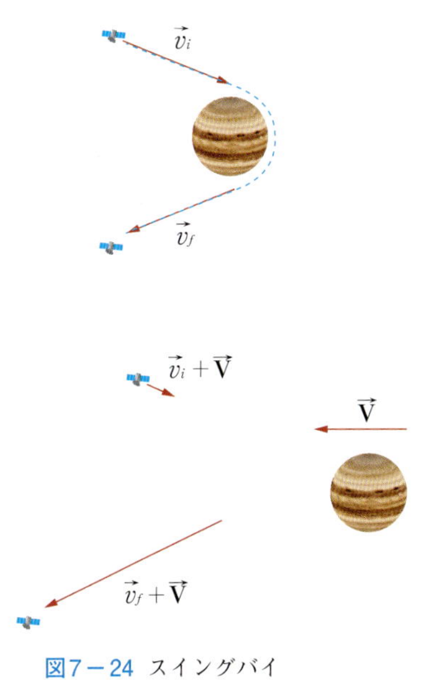

図7－24 スイングバイ

表7－2 木星の衛星

衛星	平均半径 (m)	周期 (日)
イオ	4.22×10^{8}	1.77
エウロパ	6.71×10^{8}	3.55
ガニメデ	1.07×10^{9}	7.16
カリスト	1.88×10^{9}	16.69

I **7.5** たがいに重力を及ぼし合って運動する二つの星は、たがいの距離がある限界を超えると、相手の星からの潮汐力が、自身の重力を上回って、破砕されてしまうと考えられる。この限界（ロッシュ限界と呼ばれる）を求めなさい。

I **7.6** ケプラーの法則は、惑星の運動だけでなく、一つの星のみから重力を受けていると見なせる天体の運動に対しても成り立つ。ここでは例として、ガリレオが1610年に自作の望遠鏡で発見した木星の四つの衛星（イオ、エウロパ、ガニメデ、カリスト）に対して、ケプラーの第三法則が成立していることを、表7－2の数値を用いて確認しなさい。また、これより木星の質量を見積もり、表7－1に挙げた数値と比較しなさい。

I **7.7** 地表面を基準とするとき、地表からの高さhにおける重力の位置エネルギー（重力的ポテンシャルエネルギー）を(7.20)から導きなさい。ただし、R_Eを地球半径とし、$|h|\ll R_E$とする。

A **7.8** ここではケプラーの第一法則を、エネルギー保存の法則を利用して導いてみよう。(1) 万有引力のもとで運動する物体に対するエネルギー保存の法則を、二次元極座標を用いて書き表しなさい。物体のエネルギーをEとする。(2) このエネルギー保存の式は、$u\equiv 1/r$と(7.57)を用いると次にようになることを示しなさい。

$$\frac{du}{d\theta}=\pm\sqrt{\frac{2E}{ml^2}+\left(\frac{GM}{l^2}\right)^2-\left(u-\frac{GM}{l^2}\right)^2}$$
。(3)この微分方程式を解いて(7.64)が得られることを示しなさい。このとき離心率を物体のエネルギーを用いて表し、エネルギーによってどのような運動になるかを分類しなさい。

❶ **7.9** 地球内部の密度は一定であるとして、地球の物質をばらばらにしてすべて吹き飛ばすのに必要なエネルギーを求めなさい。

演習問題解答

7.1 万有引力の法則から力は

$$F=6.7\times10^{-11}\times\frac{(2\times10^{-27})^2}{(1\times10^{-15})^2}\,\mathrm{N}=3\times10^{-34}\,\mathrm{N}$$

程度になり、非常に小さいことがわかる。

7.2 地球の自転角速度における遠心力と地球からの重力とがつり合う高度を求める。(7.12)より地球中心からの距離は

$$r=\left(\frac{GM_E}{4\pi^2}T^2\right)^{1/3}=4.2\times10^7\,\mathrm{m}$$

となる。よって、地表からの高度は$h=r-R_E=3.6\times10^7\,\mathrm{m}$と求められる。

7.3 地球の公転軌道上（平均半径$R=1.5\times10^{11}\,\mathrm{m}$）での、太陽系からの脱出速度$v$は、太陽の重力を振り切って、無限遠方まで到達するための運動エネルギーから求められる。$mv^2/2-GmM_\odot/R=0$ より $v=\sqrt{2GM_\odot/R}=42.1\,\mathrm{km/s}$ となる。一方地球の公転速度Vは$M_E V^2/R=GM_E M_\odot/R^2$から$V=\sqrt{GM_\odot/R}$であり、$v$の$1/\sqrt{2}$倍である。地上のロケットは、太陽から見てこの公転速度をあらかじめ持っている。求める脱出速度v_3は、地球から見た速度であり、地球の重力を振り切った位置での地球から見た速度が$v-V$になる速度であるから、$mv_3^2/2-GmM_E/R_E=m(v-V)^2/2$より$v_3=\sqrt{2GM_E/R_E+(v-V)^2}=16.7\mathrm{km/s}$と計算できる。

7.4 (1)惑星の遠方からの運動であり、一般に惑星を焦点とする双曲線軌道を描く。エネルギー保存則から、接近前と接近後のそれ

ぞれ十分遠方での速度は、向きは異なるが大きさが同じベクトルとなる。(2) 太陽から見た惑星の速度を$\vec{V}$とすると、接近後と接近前の速度はそれぞれ$\vec{V}+\vec{v}_f$, $\vec{V}+\vec{v}_i$である。ここで$\vec{v}_f$, $\vec{v}_i$はそれぞれ惑星から見た接近後、接近前の速度である。これより、太陽から見たスピードの変化（運動エネルギーの変化に比例する）の関係は

$$(\vec{V}+\vec{v}_f)^2-(\vec{V}+\vec{v}_i)^2=2\vec{V}\cdot(\vec{v}_f-\vec{v}_i)$$

となる。ここで$|\vec{v}_f|=|\vec{v}_i|$であることを用いた。したがって、惑星の速度の向きと宇宙船の速度変化の向きとが鋭角をなすとき（例えば接近する惑星の「裏側」へ入り込み、引き戻されつつ遠ざかるような運動のとき）は、宇宙船のスピードは大きくなり、太陽からより遠くへと運動することができるようになる。

7.5 主星（半径r_1、質量M_1、密度ρ_1）からの伴星（半径r_2、質量M_2、密度ρ_2）への潮汐力が、伴星における万有引力を上回る距離rの限界を求める。条件より$2GmM_1r_2/r^3 \geq GmM_2/r_2{}^2$となるから、$r \leq (2M_1/M_2)^{1/3}r_2=(2\rho_1/\rho_2)^{1/3}r_1$より、この右辺がロッシュ限界となる。

7.6 それぞれの衛星に対してT^2/a^3を求めると$3.1\times10^{-16}\,\mathrm{s^2/m^3}$となって、たしかにケプラーの第三法則が成り立っている。この数値から木星の質量は$(4\pi^2/G)a^3/T^2=1.9\times10^{27}\,\mathrm{kg}$と見積もられ、実際の値によく一致している。

7.7 位置エネルギーは

$$U(h)=-\frac{GmM_E}{(R_E+h)}=-\frac{GmM_E}{R_E}\frac{1}{1+h/R_E}$$
$$=-\frac{GmM_E}{R_E}\left(1-\frac{h}{R_E}+\cdots\right)\simeq-\frac{GmM_E}{R_E}+m\frac{GM_E}{R_E{}^2}h$$

となる。ここで最右辺の第1項は定数であり、位置エネルギーからは除いてよい。また、$GM_E/R_E{}^2=g$であることに注意すると、地表付近での重力の位置エネルギーmghが得られることがわかる。

7.8 (1) エネルギー保存則は

$$\frac{m}{2}\left(\left(\frac{dr}{dt}\right)^2+r^2\left(\frac{d\theta}{dt}\right)^2\right)-\frac{GmM}{r}=E$$

となる。ここで定数$l=r^2(d\theta/dt)$を用いると、

$$\frac{1}{2}\left(\frac{dr}{dt}\right)^2+\frac{l^2}{2r^2}-\frac{GM}{r}=\frac{E}{m}$$

と書ける。(2) (1)の式を変形すればよい。(3) この微分方程式は

$$\frac{du}{\sqrt{\frac{2E}{ml^2}+\left(\frac{GM}{l^2}\right)^2-\left(u-\frac{GM}{l^2}\right)^2}}=\pm d\theta$$

となる。$A^2\equiv 2E/ml^2+(GM/l^2)^2$, $U=u-GM/l^2$とおいて両辺を積分すると、

$$\int_{U_0}^{U}\frac{dU}{\sqrt{A^2-U^2}}=\pm\int_{\theta_0}^{\theta}d\theta$$

で、$U=A\cos\phi$ $(0\leq\phi\leq\pi)$と置換して$\phi=\pm(\theta-\theta_0)+\phi_0$となる。これより$u-GM/l^2=U=A\cos\phi=A\cos(\theta-\theta_0\pm\phi_0)$であり、したがって

$$\frac{1}{r}=\frac{GM}{l^2}+A\cos(\theta-\theta_0\pm\phi_0)$$

が得られる。なお$\theta_0\mp\phi_0$の部分は初期条件から決まる定数であり、本質的ではないので改めてθ_0と書いてよい。これより離心率は

$$e=\frac{l^2}{GM}A=\sqrt{1+\frac{2l^2E}{G^2mM^2}}$$

となる。よって、$E<0$, $E=0$, $E>0$のそれぞれに応じて軌道は楕円（特に$E=-G^2mM^2/2l^2$のときは円）、放物線、双曲線となることがわかる。

7.9 地球を非常に薄い球殻に分割して、それぞれの部分のポテンシャルエネルギーを評価する。半径rから$r+\Delta r$の区間の体積は$4\pi r^2\Delta r$であり、この区間にある質量は

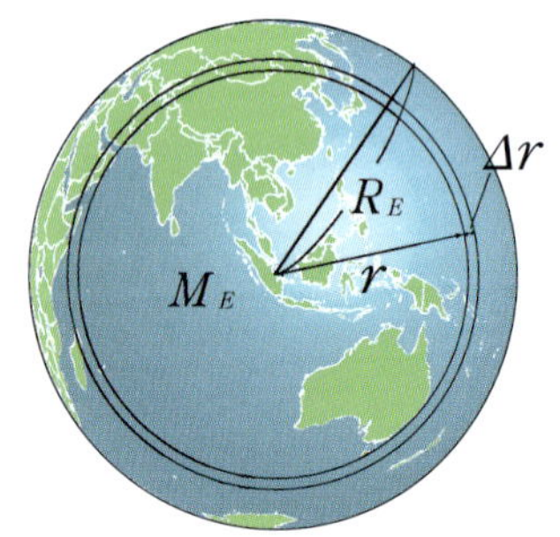

図7－25 地球を薄い球殻に分割しポテンシャルエネルギーを計算

$$\Delta m=M_E\frac{4\pi r^2\Delta r}{4\pi R_E{}^3/3}=3M_E\frac{r^2\Delta r}{R_E{}^3}$$

である。この部分のポテンシャルエネルギーはその内部の質量によるポテンシャルエネルギーである。内部の部分の質量は、$M_E r^3/R_E{}^3$であるのでポテンシャルエネルギーは

$$\Delta U=-G\frac{\Delta mM_E(r^3/R_E{}^3)}{r}=-G3M_E{}^2\frac{r^4\Delta r}{R_E{}^6}$$

である。

全エネルギーはこれらすべての球殻に対しての和であるので、

$$U=\sum\Delta U=\int_0^{R_E}\left(-G3M_E{}^2\frac{r^4dr}{R_E{}^6}\right)=-\frac{3}{5}\frac{GM_E{}^2}{R_E}$$

と計算される。

8 剛体

前の章では質点の円運動について見た。この章では、この質点の運動を、車輪などのように大きさを持つ物体の回転運動に拡張する。大きさを持つ物体も質点の集まりとして考えることができるが、特に理想的なモデルとして、それらの質点間の距離が固定され全体の形が変わらないとする物体が剛体である。この章では主に剛体の運動を学んでいこう。

8－1 固体の弾性 B

固体は力を加えると大きさに差はあるが変形する。分子同士は分子間力で結ばれており、分子に力が加わることでその位置が変わると、分子間力が分子を元の位置に戻そうとする。これにより固体にはその変形を妨げる力が生じる。このように、ミクロな分子間力の性質がマクロな固体に働く力の性質を決めている。平衡状態からずれたときの分子間の力は、ほぼフックの法則で近似できる。よって、図8－1のように物体がバネで結びつけられている原子によって構成されていると考えて、物体に働く力について考えてみよう。

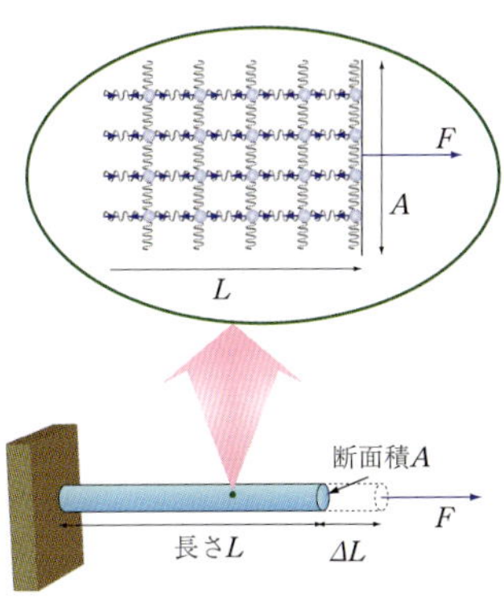

図8－1 固体をバネでつながれた原子で構成したモデル

計算をする前に結果を予想してみよう。まず、バネを並列に2個つなげると、個々のバネに働く力は半分になる。よって同じ力を加えた場合、のびは並列するバネの個数に反比例するだろう。また図8－2のようにバネを2個直列につなげると、作用反作用の関係により個々のバネには加えた力と同じ力が働きそれぞれのバネが伸びるので、全体の伸びは2倍になる。同様にいくつもつなげていくと、伸びは直列させたバネの個数に比例する。

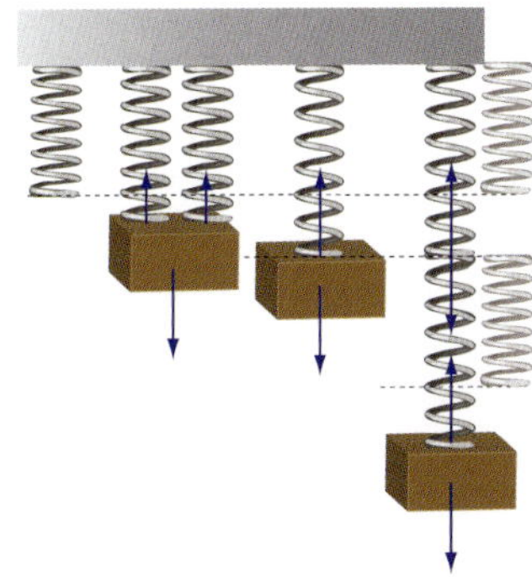
図8－2 バネを並列、直列につなげると伸びはどうなるだろうか？

それでは図8－1のような固体のモデルを見てみよう。断面をある力で引いてみると、断面積に比例する個数のバネが並列にあるので、固体の伸びは断面積に反比例する。また、長さに比例する個数の直列につながるバネがあるので、固体の伸びは固体の長さに比例することになる。以上より

$$\frac{F}{A} = Y\frac{\Delta L}{L} \tag{8.1}$$

という比例関係があることがわかる。比例係数Yを**ヤング率**という。

この例からもわかるように、単位面積あたりの力が物体の変形を

考える場合の基本となる。そのため、

$$P=\frac{F}{A} \tag{8.2}$$

として**応力**という量を定義する。

例題8－1　弾性体のエネルギー

走っていて着地したとき、長さL_0で断面積Aのアキレス腱をΔLだけ縮めた。このとき、アキレス腱に蓄えられたエネルギーを求めなさい。また、例としてアキレス腱の長さを0.25 m、最も縮んだときの最大の負荷を4500 N、$\Delta L/L_0=0.06$とするとき、このエネルギーの大きさを計算しなさい。

解答　人は走るときアキレス腱に蓄えられた弾性エネルギーを利用する。マラソンなどで走ったり止まったりを繰り返すと、無駄になる弾性エネルギーが多く、より疲れることになる。

式(8.1)より、腱の長さがLのときに加わっている力は

$$F=Y\frac{A(L-L_0)}{L_0}$$

である。ここでは腱を伸ばす方向を正としている。よって腱を縮めるのに必要な仕事は

$$W=\int_{L_0}^{L_0-\Delta L}F\,dL=\frac{YA}{L_0}\int_{0}^{-\Delta L}L'\,dL'=\frac{YA}{2L_0}\Delta L^2$$

となり、これが腱に蓄えられるエネルギーである。

最大の負荷に対応する縮みは$F_{\max}=YA\dfrac{\Delta L}{L_0}$より決まるので、

$$W=\frac{1}{2}F_{\max}\Delta L$$

と書ける。これよりエネルギーは

$$W=\frac{1}{2}4500\ \mathrm{N}\times 0.25\ \mathrm{m}\times 0.06=33.8\ \mathrm{J}$$

となる。なお走るのに必要なエネルギーは1歩あたり100 Jほどであるから、そのおよそ1/3はアキレス腱に蓄えられることがわかる。■

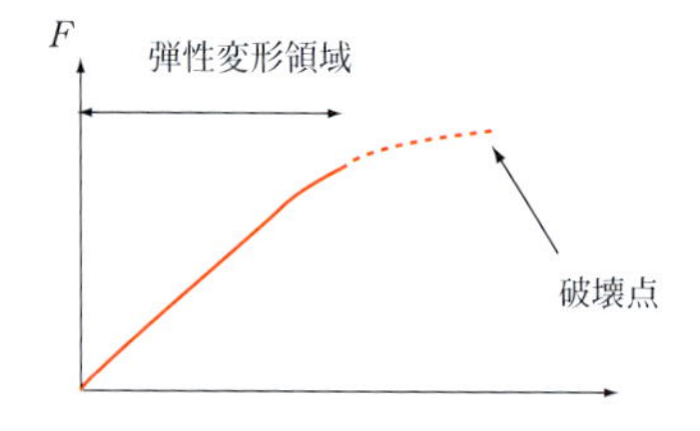

図8－3 固体に加えた力と伸びとの関係

8－2　固体の変形　Ⓑ

一般的な固体では、力が加えられたときの変形の度合いは非常に小さい。変形の無視できる固体を**剛体**という。また、固体は変形の度合いが小さければ、固体を形成する分子の分子間力によって元に

戻る。このような変形を**弾性変形**という。しかし、固体を大きく変形させると、分子同士の距離が離れ、分子の並びに欠陥が生じて元に戻らなくなる。このような変形を**塑性変形**という。大きな力を加えて変形が元に戻らないことを**降伏現象**という。

ただし、生体を形成する組織などは必ずしもこのような弾性的性質を示すとは限らない。どのような理由でフックの法則が成り立つのかを理解していれば、フックの法則が成り立たない理由も理解できるようになるだろう。

例題8－2　弾性体の応力

下図のように軟骨や腱に含まれるコラーゲンの繊維は縮れた構造になっている。このような繊維を引っ張るときの伸びのグラフとして適当なのは図8－4のうちどれか？

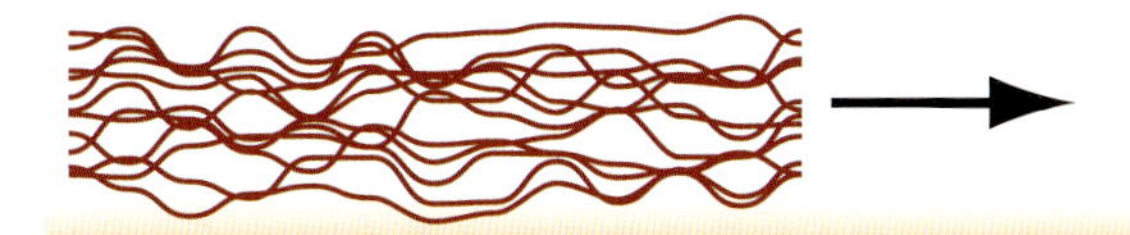

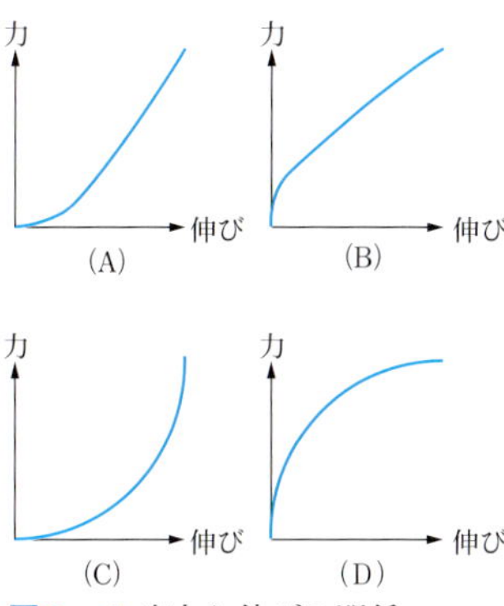

図8－4 応力と伸びの関係

解答 骨などを除き、皮膚や人体などのコラーゲンを含む組織ではフックの法則が成り立たない。繊維が伸びきるまではあまり力を入れなくても伸びていき、伸びきってからはフックの法則のように伸びとともに一定の割合で力が増加していく。したがって、(A)が答えとなる。ちなみに、さらに引っ張ると繊維がつぎつぎと切れてしまうため、あまり力を加えなくてもどんどん伸びるようになるが、これは塑性変形であるので力を弱めても元に戻らない。■

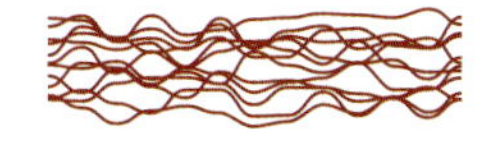

図8－5 繊維も伸びきった状態ではフックの法則に従う。

8－3 剛体の回転 Ⓑ

これまでは物体の運動を質点の運動として記述した。これは物体全体の運動の記述としては非常に都合がよい。しかし、たとえば消しゴムなどを放り投げると回転しながら放物運動をすることからわかるように、大きさを持った物体は回転する。この回転は質点の運動として表すことはできない。私たちの身の周りにある多くの物体は、形を変えずに運動するので剛体として扱うことができる。剛体モデルは変形が小さい日常生活の物体の多くに対してよい近似のモデルとなる。

物体は分子間力によってたがいに力を及ぼし合って結合している。この分子間力のおかげで個々の原子はその相対的な位置をほとんど変えない。そのため質量中心に相対的な運動としては、全体としての回転のみとなるのである。

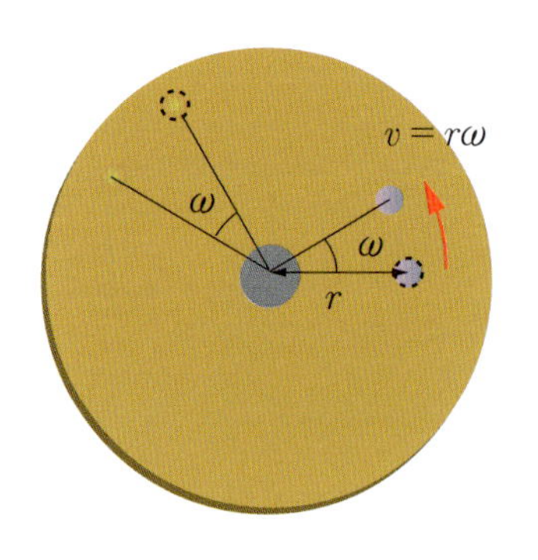

図8－6 大きさのある物体の回転

図8－6のような物体の回転を見てみよう。物体を構成する原子や分子は連動して動くので、すべて同じ方向に同じ角度だけ回転していることがわかる。そのため、剛体のすべての点において角速度は等しくなるのである。この角速度をωとすると、回転軸から距離rにある点のスピードは

$$v = r\omega \tag{8.3}$$

となる。たとえば2倍の距離にある点のスピードは2倍になっている。

角加速度

単位時間あたりの角速度の変化を表すのが角加速度である。角加速度は

$$\alpha = \frac{d\omega}{dt} = \frac{d^2\theta}{dt^2} \tag{8.4}$$

である。中心からrだけ離れた位置でのスピードは(8.3)で表されるので、速度方向の加速度の成分とは

$$a = r\alpha \tag{8.5}$$

という関係があることがわかる。

この角加速度を向心加速度と混同しないようにしよう。向心加速度は中心方向に向かう加速度であり、角速度が一定のときにも存在する。一方、角加速度は回転そのものが加速する度合いを表す。

高校物理 8－4 トルク（力のモーメント）Ⓑ

ドアを押すとき、ドアノブの付近を押すと軽くドアが開く。一方、ドアの蝶番（回転の中心点）の近くを押すと、ドアを開けるのにより力が必要になる。

力による物体の回転には次の量が重要となる。

1. 力の大きさ
2. 回転の支点からの距離
3. 力の方向

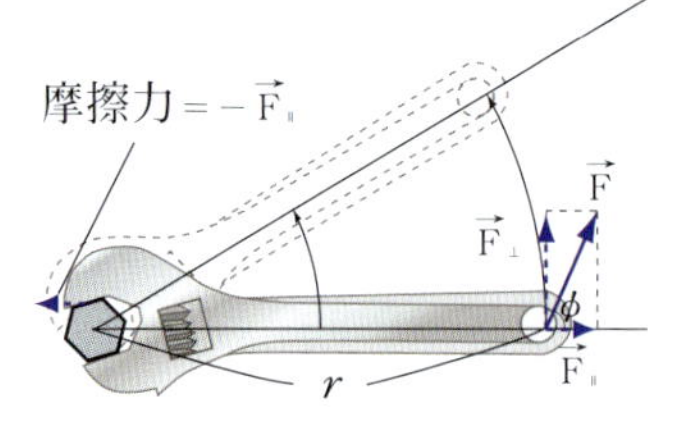

図8－7 レンチに力を加えてねじを回す。

硬くしまったねじをレンチで回す場合を考えてみよう。支点からある位置でレンチを1周回す場合に比べ、支点から半分の位置でレンチを回す場合には、回転の円周の長さが半分になるので2倍の力

があれば同じ仕事になる。つまり、レンチを回す仕事が同じであるためには、力は支点からの距離rに反比例することになる。また、力の方向のうち、回す方向の成分のみが回転させる力となり、それに垂直な方向は支点の抗力によって打ち消される。つまり力を回転方向の成分$F_{\perp}$とそれに垂直な方向の成分$F_{\parallel}$に分けると、$F_{\perp}$のみが回転させるために必要な力となる。

以上より、剛体を回転させる働きの目安は

$$\tau = rF_{\perp} \qquad (8.6)$$

で表されることがわかる。これを**トルク**（**力のモーメント**）という。国際的に大学の初習コースでの言い方はトルクに統一されているが、工学系では力のモーメントという言い方も用いられる。ここでは国際標準に従ってトルクという言い方を用いよう。トルクは長さと力の積なのでその単位はNmとなる。

図8－8のように力が角度ϕの方向であるとき回転方向の力は$F_{\perp} = F\sin\phi$である。したがってこの場合のトルクは

$$\tau = rF\sin\phi \qquad (8.7)$$

と書くことができる。図のように力の方向に垂直に支点からの距離$r_{\perp}$をとると、$r_{\perp} = r\sin\phi$となることから、このトルクは

$$\tau = r_{\perp}F$$

とも表すことができる。

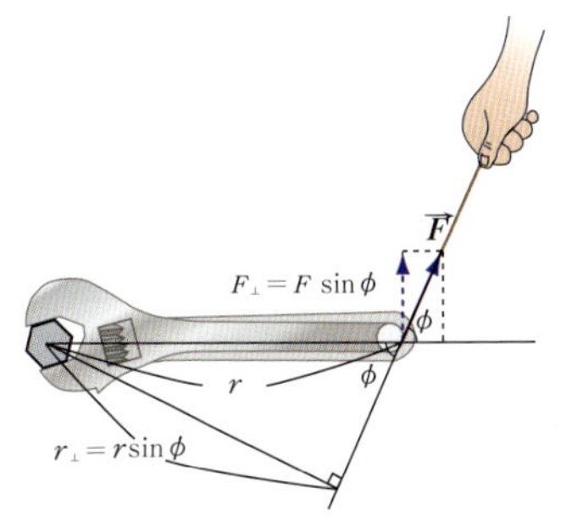

図8－8 レンチによるトルク

回転には向きがあるので、反時計回りに回転させるトルクを正にとり、時計回りに回転させるトルクは負で表す。

自転車をこぐ

自転車をこぎ出すときペダルの位置を上の方にしておくと出だしが遅い。これは体重の方向が回転の方向と大きく異なり、トルクが小さいからである。ペダルが回転軸と同じ高さの位置にあると体重によるトルクは最大となり自転車をこぎ出しやすくなるのである。

8－5 剛体での力学的平衡状態 Ⓑ

高校物理

質点が静止しているための条件は、その質点に働く合力がゼロとなることであった。剛体の場合は大きさがあるため、合力がゼロという条件だけでは不十分になる。たとえば、物体に左右から同じ大きさで逆向きの力が異なる点に加わったとき、全体として働く合力はゼロであっても物体は回転してしまうことがある。したがって、大きさのある物体においては、単に合力がゼロというだけでなく、

全体が回転しないという条件が必要になる。

物体にさまざまな力が働くとき、重心が移動しないためにはすべての力の合力がゼロとなる必要がある。つまり$\vec{F}_{net}=0$である。このとき一般にはそれぞれの力$\vec{F}_1$, $\vec{F}_2$, $\vec{F}_3$, …によりトルクτ_1, τ_2, τ_3, …が発生する。この物体の回転にかかわるトルクは全トルク

$$\tau_{net}=\tau_1+\tau_2+\tau_3+\cdots=\sum_i \tau_i \tag{8.8}$$

である。力学的平衡状態においては、合力がゼロという条件に加えてこの全トルクがゼロ、つまり

$$\boxed{\tau_{net}=\tau_1+\tau_2+\tau_3+\cdots=\sum_i \tau_i=0} \tag{8.9}$$

という条件が必要になる。

平衡状態におけるトルクを計算するには、回転の中心はどの点にとってもよい。たとえば、図8－9のように棒に垂直にかかる三つの力によるトルクを見てみよう。回転の中心の点を図のx_0とすると、全体のトルクは符号を考慮して

$$\tau=F_1(x_1-x_0)-F_2(x_2-x_0)+F_3(x_3-x_0)$$

となる。これは

$$\tau=F_1x_1-F_2x_2+F_3x_3-(F_1-F_2+F_3)x_0$$

となるが、合力がゼロであれば、

$$\tau=F_1x_1-F_2x_2+F_3x_3$$

となり、x_0の値にはよらないのである。回転の中心に働く力によるトルクはゼロであるので、いずれかの力が働く点を回転の中心として考えると計算が簡単になることが多い。

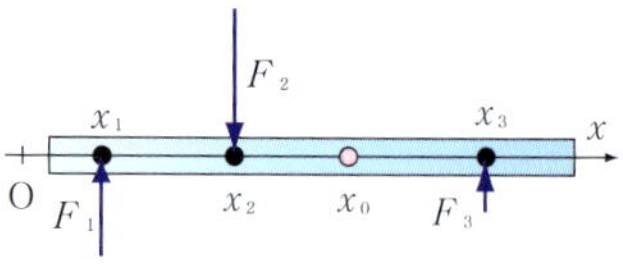

図8－9 棒に働く力とトルク

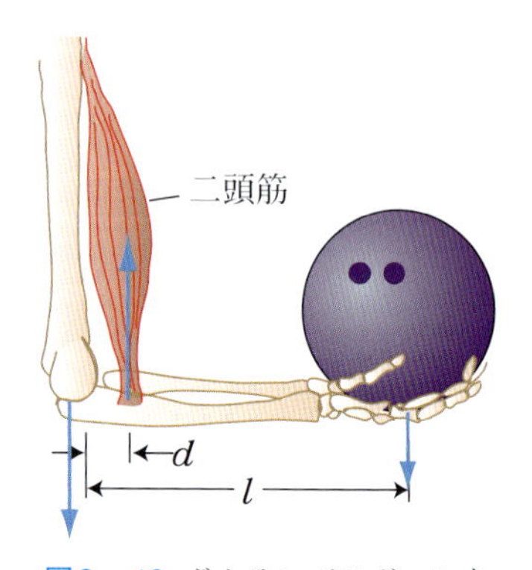

図8－10 ボウリングのボールを持つのに必要な力

例題8－3　つり合い

図8－10のように肘を直角にして質量Mのボウリングのボールを持つ。二頭筋にかかる力はボウリングのボールの重さの何倍か？

解答 肘を回転の中心とするトルクのつり合いを考える。二頭筋にかかる力をFとして、$dF-lMg=0$より$F/Mg=l/d$となるから、l/d倍。■

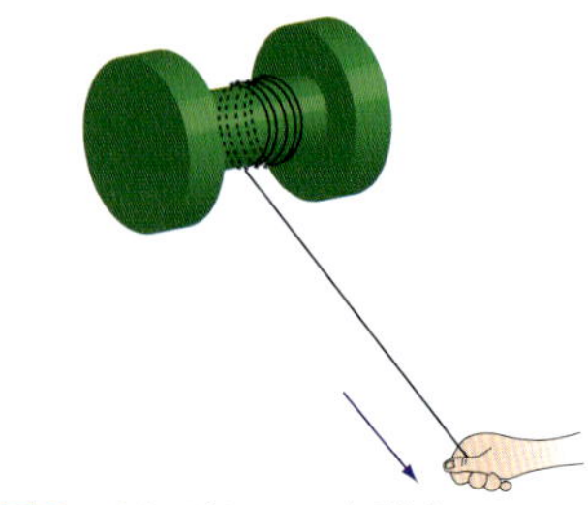

図8－11 ダンベルを引く。

例題8－4　力とトルク

図8－11のように、摩擦のある床の上でダンベルに糸を巻きつけておく。この糸を引くとき、ダンベルが床の上を滑らないとするとダンベルはどちら向きに転がるか？

解答　糸がほどけるように引いた方向と反対向きに転がるように考えがちであるが、それは間違いである。図8－12のように、ダンベルにかかる水平方向の力を考える。ダンベルと床の接点を回転の中心にとると重力、垂直抗力、摩擦力のトルクはゼロになる。したがって、床との接点の周りに時計回りに回転させる大きさ$T(R-r)$のトルクによりダンベルは回転する。したがってダンベルは引かれる方に転がる。■

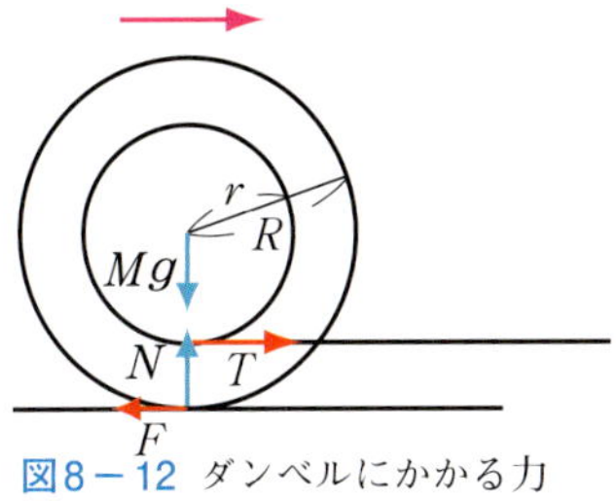

図8－12　ダンベルにかかる力

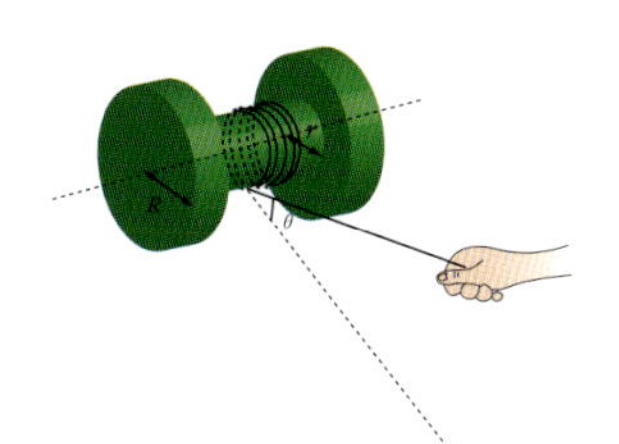

図8－13　ダンベルを斜めに引く。

例題8－5　剛体の平衡

半径Rの重いダンベルの手を持つ部分の円筒部分の半径をrとする。図8－13のように角度θで斜めに少しの力で引っ張るとき、どちら向きにも転がらない角度を求めなさい。

解答　どちらにも転がらないとき、力とトルクはつり合っている。前問と同様にすると、水平方向の力のつり合いより$T\cos\theta=F$であり、トルクのつり合いはダンベルの中心を回転の中心にとると$rT=RF$となる。これより、$\cos\theta=r/R$となって、これを満たす角度θでは、剛体は運動しないことがわかる。これは糸がなす直線がダンベルと床の接点を通る角度である。■

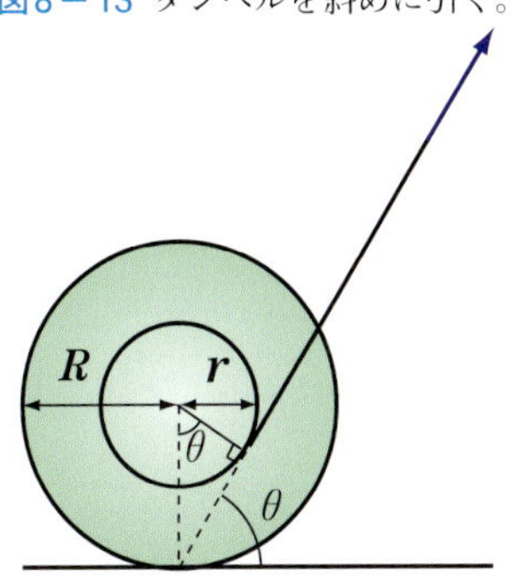

図8－14　ダンベルを引く糸の角度

高校物理

8－6　重力によるトルク　Ⓑ

図8－15のように回転軸を$x=0$の位置にとって重力によって発生するトルクを求めてみよう。物体全体を微小な粒子の集まりとし、x_iの位置にある粒子の質量をm_iとすると、この点に働く重力によるトルクは

$$\tau_i=-m_i x_i g \tag{8.10}$$

である。よってすべての粒子に対してこの和をとると

$$\tau_{grav}=\sum_i \tau_i=\sum_i(-m_i x_i g)=-\left(\sum_i m_i x_i\right)g$$

となる。質量中心の定義より

$$\sum_i m_i x_i = Mx_{cm}$$

となるので重力によるトルクは

$$\boxed{\tau_{grav}=-Mgx_{cm}} \tag{8.11}$$

と計算される。つまり、重力によるトルクは質量中心に全質量Mがある場合のトルクと等しいのである。このことにより、重力によ

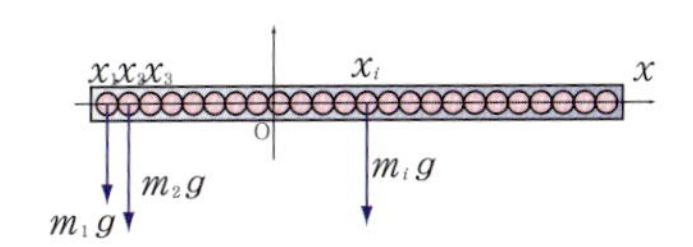

図8－15　物体を質点の集まりと見てトルクを計算する。

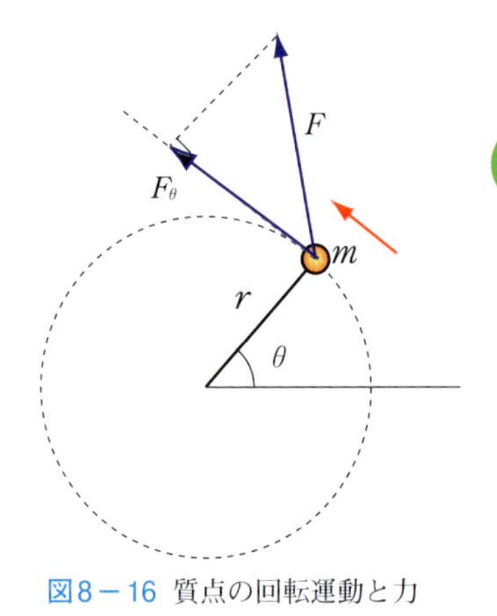

図8－16 質点の回転運動と力

るトルクの評価が非常に簡素化される。

8－7 質点回転運動の動力学 Ⅰ

図8－16のように質点が原点と質量の無視できるパイプで結ばれており、原点からの距離が変わらないものとする。外部から力を受けて回転するとき、回転方向についてのニュートンの運動方程式は

$$F_\theta = ma_\theta = mr\alpha$$

である。両辺にrを掛けると、トルクの定義$\tau = rF_\theta$より

$$\tau = mr^2\alpha \tag{8.12}$$

という関係がわかる。このように、トルクが角加速度を与えるのである。

8－8 剛体の回転動力学 Ⅰ

剛体を質点の集まりと考える。剛体に力が働くとこの各点に対して力が働き、それぞれがトルクを発生させる。このそれぞれのトルクにより$\tau_i = m_i r_i^2 \alpha$の関係で角加速度が生じるとすると、全トルクは

$$\tau_{net} = \sum_i \tau_i = \sum_i (m_i r_i^2 \alpha) = \left(\sum_i m_i r_i^2\right)\alpha \tag{8.13}$$

となる。より正確に考えるためには剛体内部で働く力、つまり上の考え方であれば質点同士の間に働く力、がトルクに寄与しないことを示す必要があるが、これは次章で示すことにする。ここでは、剛体に外からトルクが働かなければ勝手に回転しはじめることはないという自明の事実により、剛体の内部で働く力には剛体を回転させる働きはないという理解にとどめておこう。(8.13)に現れる

$$\sum_i m_i r_i^2 \tag{8.14}$$

は、剛体の外部から働くトルクと角加速度の比例係数であり、これを**慣性モーメント**Iという。つまり

$$I = m_1 r_1^2 + m_2 r_2^2 + m_3 r_3^2 + \cdots = \sum_i m_i r_i^2 \tag{8.15}$$

である。この慣性モーメントが大きいほど、角速度の増加が緩やかになる。つまり物体における回転させにくさの目安となるのである。この慣性モーメントを知ることができれば、物体にトルクτ_{net}を与えたときの角加速度は

$$\alpha = \frac{\tau_{net}}{I} \tag{8.16}$$

として計算することができる。これが回転運動に対する運動方程式である。

注意したいのは、(8.16)は質点の運動におけるニュートンの法則から導き出されたものであり、決してニュートンの第二法則と独立な法則ではないことである。剛体の運動にニュートンの法則を適用することによって、回転運動に対する運動方程式が導きだされたのである。

8－9 慣性モーメントの計算 I

(8.15)に従って慣性モーメントを剛体を構成する分子レベルのすべての粒子について足し上げて求めるのはやはり現実的でない。そこで、剛体を連続的に質量が分布した物体とみなし、これを微小な部分に分割して和をとってから、微小部分の大きさをゼロにする極限で評価する。つまり

$$I = \sum_i r_i^2 \Delta m_i \xrightarrow[\Delta m \to 0]{} I = \int r^2 dm \tag{8.17}$$

と積分におきかえる。このdmを座標の微小量dx, dyなどで表して積分を評価することになる。

一様な棒の慣性モーメント

図8－17のように、質量Mで長さLの細い棒で、回転軸が端にある場合の慣性モーメントを求めてみよう。回転軸を原点にとる。単位長さあたりの質量は$\dfrac{M}{L}$であるので、区間xから$x+dx$間にある質量は$dm = \dfrac{M}{L}dx$である。よって、慣性モーメントは

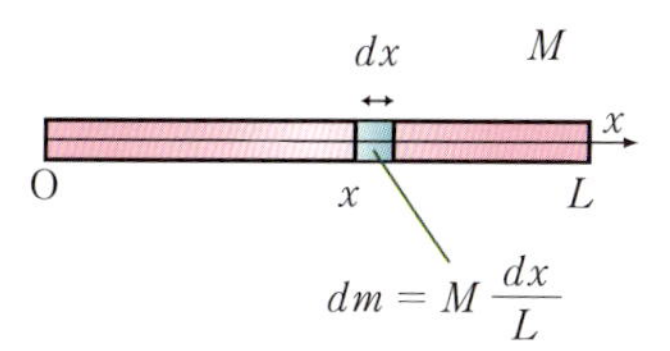

図8－17 一様な棒

$$I = \int x^2 dm = \frac{M}{L}\int_0^L x^2 dx = \frac{M}{L}\frac{x^3}{3}\Bigg|_0^L = \frac{1}{3}ML^2$$

と計算できる。

薄い円筒

質量Mで半径R、長さLの円筒の中心を軸としたときの慣性モーメントを求めてみよう。質量の分布している部分は中心軸からの距離が一定である。よって慣性モーメントは

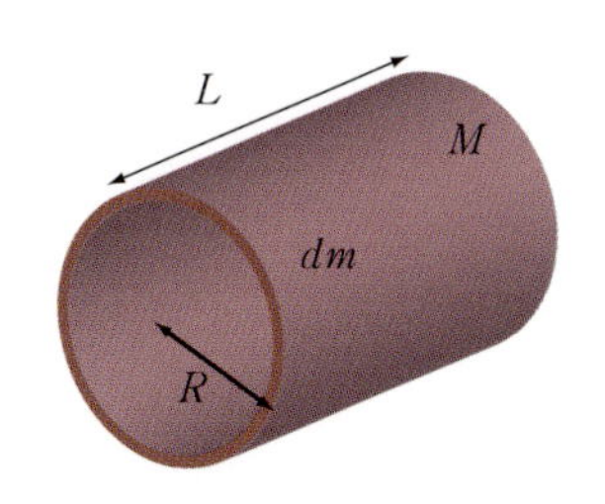

図8－18 薄い円筒

$$I = \int r^2 dm = R^2 \int dm$$

となる。この$\int dm$は全質量Mであるので

$$I = MR^2$$

と計算される。

円柱

質量Mで半径R、長さLの円柱の中心を軸としたときの慣性モーメントを求めてみよう。図8－19のように回転中心からの距離r, $r+dr$の区間の円筒の体積は$L2\pi r dr$である。全体の体積は$\pi R^2 L$であるので、この区間にある質量は

$$dm = \frac{M}{\pi R^2 L} L2\pi r dr = \frac{2M}{R^2} r dr$$

である。よって慣性モーメントは

$$I = \int r^2 dm = \frac{2M}{R^2}\int_0^R r^3 dr = \frac{2M}{R^2}\frac{r^4}{4}\Big|_0^R = \frac{1}{2}MR^2$$

と計算される。

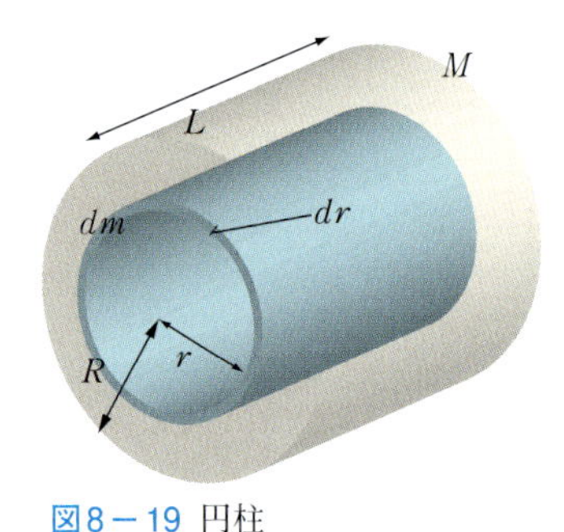

図8－19 円柱

8－10 球殻と球の慣性モーメント Ⓐ

球殻

質量Mで半径がRの薄い球殻の慣性モーメントを求めてみよう。図8－20のz軸周りの慣性モーメントは

$$I_z = \int (x^2 + y^2) dm$$

である。同様にx軸、y軸周りの慣性モーメントは

$$I_x = \int (y^2 + z^2) dm, \ I_y = \int (z^2 + x^2) dm$$

である。軸はどれも同等であるのでこれらの値はすべて等しく、$I_x = I_y = I_z = I$となるはずである。よって三つの和をとると

$$3I = 2\int (x^2 + y^2 + z^2) dm$$

となり、$x^2 + y^2 + z^2 = R^2$であることを用いて

$$I = \frac{2}{3}R^2 \int dm = \frac{2}{3}MR^2 \tag{8.18}$$

と計算できることがわかる。

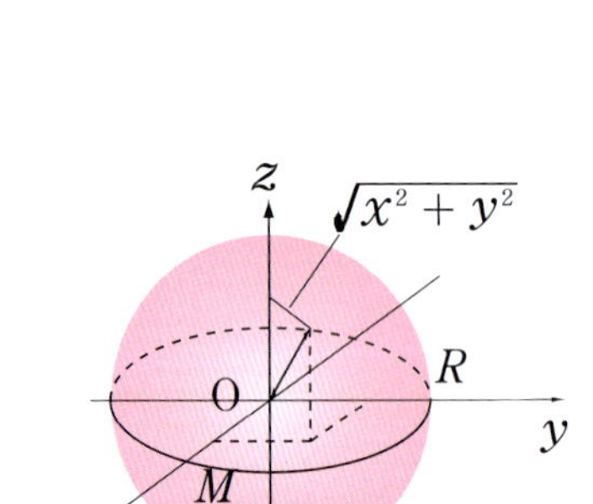

図8－20 球殻の慣性モーメントを求めるために座標を設定する。

球

球を球の中心からの半径rから$r+dr$の薄い球殻の集まりと見なす。この球殻部分の体積は表面積×drであり、全体積は$4\pi R^3/3$であるので、この部分に含まれる質量は

$$dm = M\frac{4\pi r^2 dr}{4\pi R^3/3} = 3M\frac{r^2 dr}{R^3}$$

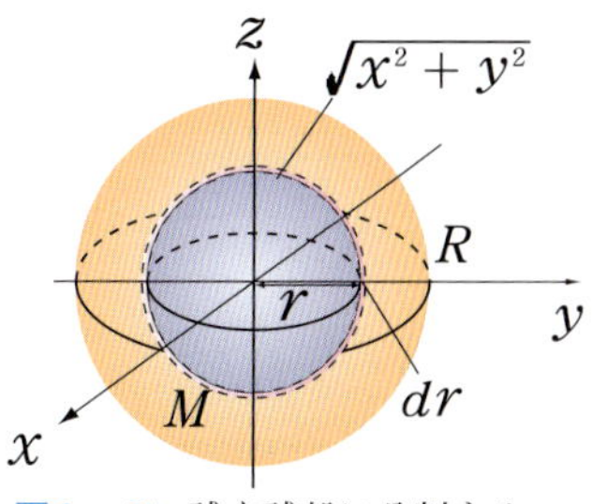

図8−21 球を球殻に分割する。

である。よってこの部分の慣性モーメントは(8.18)より

$$dI = 2M\frac{r^4 dr}{R^3}$$

となる。これをすべての球殻について足し合わせると、回転軸が球の中心を通る場合の球の慣性モーメントは

$$I = \int dI = \frac{2M}{R^3}\int_0^R r^4 dr = \frac{2}{5}MR^2$$

と計算される。

8−11 重心以外を軸とした場合の慣性モーメント Ⅰ

球などの慣性モーメントはその中心を回転軸とした場合に簡単に計算された。この球にワイヤーをつけて回すときの慣性モーメントはどのように計算したらよいのだろうか？

質量中心を原点にとる。回転軸をz方向にとってみよう。そして軸の位置を(X, Y)とする。すると軸周りの慣性モーメントは

$$I = \sum m_i[(x_i - X)^2 + (y_i - Y)^2] \tag{8.19}$$

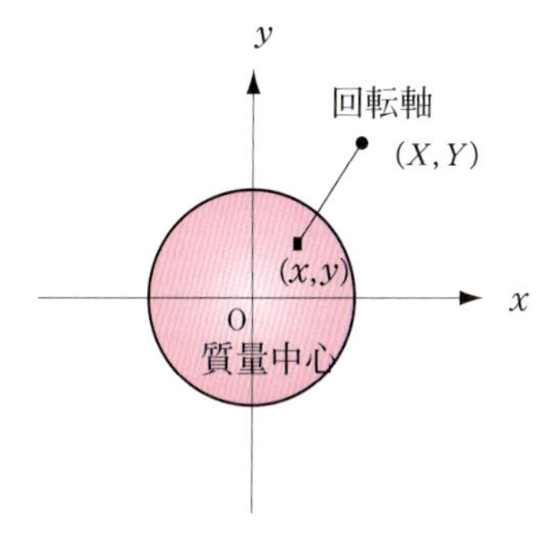

図8−22 回転軸が重心を通らない場合

である。これを展開すると

$$I = \sum m_i[(x_i)^2 + (y_i)^2] - 2X\sum m_i x_i - 2Y\sum m_i y_i$$

$$+\sum m_i(X^2 + Y^2)$$

となる。質量中心の位置が原点であるので、右辺第二項と第三項は0であり、よって

$$I = \sum m_i[(x_i)^2 + (y_i)^2] + M(X^2 + Y^2) \tag{8.20}$$

となる。このように、任意の回転軸の周りの慣性モーメントは、質量中心周りの慣性モーメントと、質量中心の位置に全質量Mがあるとしたときのこの軸に関する慣性モーメントとの和になる。これ

図8－23 振り子

を**平行軸の定理**という。このことは慣性モーメントの計算を簡略化してくれる。

例題8－6　慣性モーメントの計算

半径Rで質量Mの球に質量の無視できる長さlのピアノ線を結びつけて天井につるし、振り子とした。この振り子の慣性モーメントを求めなさい。ただし、球の慣性モーメントを$I=2MR^2/5$とする。

解答　平行軸の定理より

$$I' = M(l+R)^2 + I = M(l^2 + 2lR + 7R^2/5)$$

と計算できる。■

形状と軸	図	I	形状と軸	図	I
細い棒 中心を軸に		$\frac{1}{12}ML^2$	円筒 中心を軸に	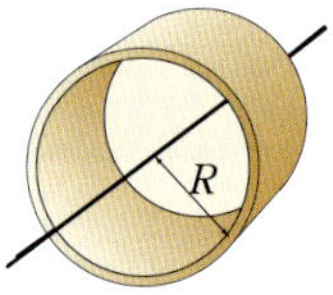 R	MR^2
細い棒 端を軸に		$\frac{1}{3}ML^2$	円柱 中心を軸に	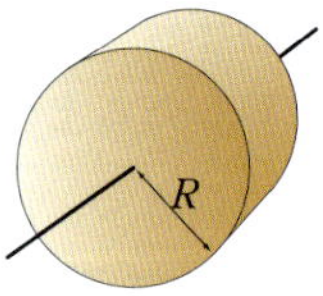 R	$\frac{1}{2}MR^2$
平板 中心を軸に	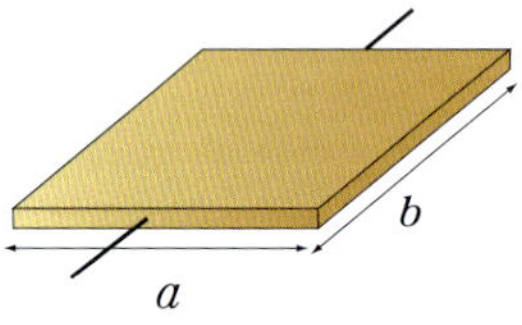 a, b	$\frac{1}{12}Ma^2$	球殻 中心を軸に	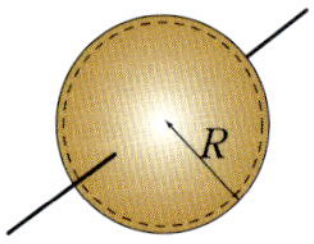 R	$\frac{2}{3}MR^2$
平板 端を軸に	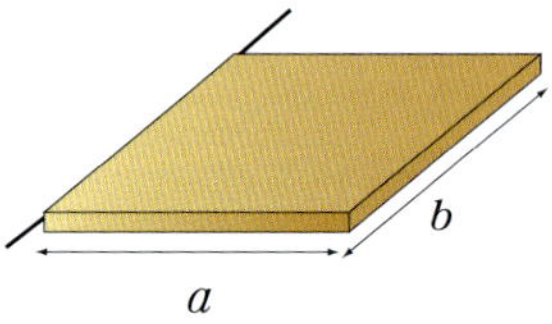 a, b	$\frac{1}{3}Ma^2$	球 中心を軸に	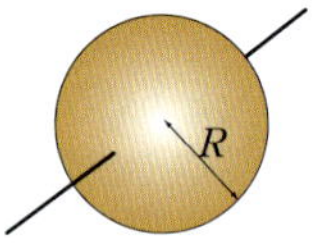 R	$\frac{2}{5}MR^2$

図8－24 主な物体の慣性モーメント

演習問題8

B **8.1** (1)体重60 kgの人が姿勢を変えずにまっすぐに立っている。この人の肩の辺り（地面からの高さ1.5 mとする）を、水平方向に力Fで押す。この人が倒れてしまうのは、Fがいくら以上のときか。この人の足の外側辺から体の中心線までの長さは10 cmとする。(2)歩幅を1 mに広げ、肩の高さが1.2 mまで下がった姿勢では、この力はいくらになるか。

図8－25 人を押す

B **8.2** 図のように自転車のペダルと車輪のギアがある。ギアの半径の比を$\gamma = r_r / r_f$とする。一定のトルクτでペダルをこぐものとするとき、次の問いに答えなさい。(1)自転車が加速するのに適しているのはγが大きいときと小さいときのどちらの場合といえるか。車輪のギアにかかるトルクに着目して答えなさい。(2)同様に自転車の高速走行に適しているのはどの場合といえるか。こぐ仕事率に着目して答えなさい。

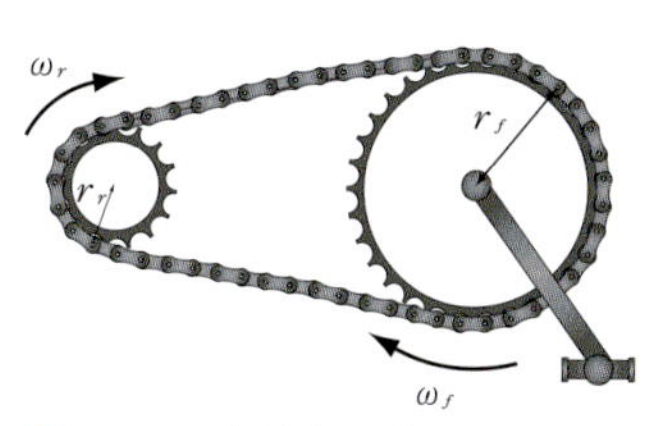

図8－26 自転車のギア

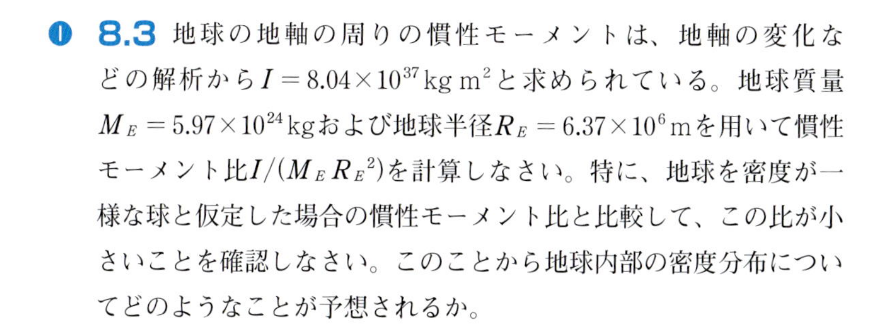

I **8.3** 地球の地軸の周りの慣性モーメントは、地軸の変化などの解析から$I = 8.04 \times 10^{37}$ kg m^{2}と求められている。地球質量$M_E = 5.97 \times 10^{24}$ kgおよび地球半径$R_E = 6.37 \times 10^6$ mを用いて慣性モーメント比$I/(M_E R_E{}^2)$を計算しなさい。特に、地球を密度が一様な球と仮定した場合の慣性モーメント比と比較して、この比が小さいことを確認しなさい。このことから地球内部の密度分布についてどのようなことが予想されるか。

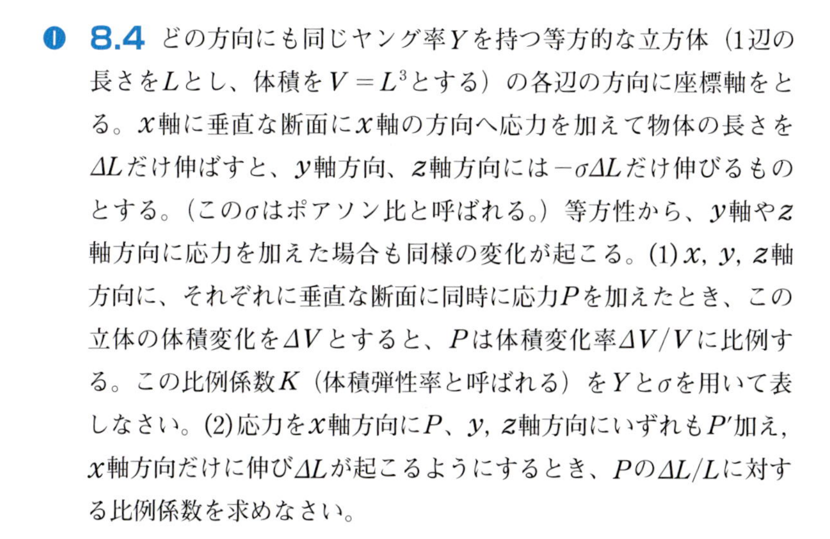

I **8.4** どの方向にも同じヤング率Yを持つ等方的な立方体（1辺の長さをLとし、体積を$V = L^3$とする）の各辺の方向に座標軸をとる。x軸に垂直な断面にx軸の方向へ応力を加えて物体の長さをΔLだけ伸ばすと、y軸方向、z軸方向には$-\sigma \Delta L$だけ伸びるものとする。（このσはポアソン比と呼ばれる。）等方性から、y軸やz軸方向に応力を加えた場合も同様の変化が起こる。(1)x, y, z軸方向に、それぞれに垂直な断面に同時に応力Pを加えたとき、この立体の体積変化をΔVとすると、Pは体積変化率$\Delta V / V$に比例する。この比例係数K（体積弾性率と呼ばれる）をYとσを用いて表しなさい。(2)応力をx軸方向にP、y, z軸方向にいずれもP'加え，x軸方向だけに伸びΔLが起こるようにするとき、Pの$\Delta L / L$に対する比例係数を求めなさい。

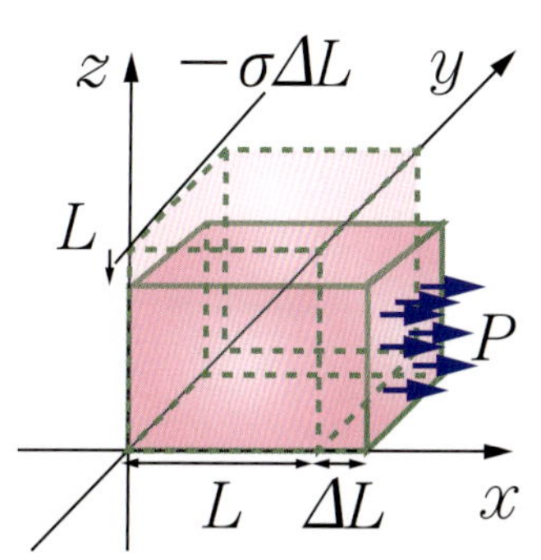

図8－27 物体に加えられた応力と変形

演習問題解答

8.1 (1) 倒れる直前では、足の外側辺の周りのトルクがつり合う。このとき $1.5\,\mathrm{m}\times F-60\,\mathrm{kg}\times \boldsymbol{g}\times 0.1\,\mathrm{m}=0$ より、$F=39\,\mathrm{N}$。バランスをとるなど姿勢を変えなければ、およそ4 kgの物体の重さ程度の力で押されても人は倒れてしまう。(2) 同様に $1.2\,\mathrm{m}\times F-0.5\,\mathrm{m}\times 60\,\mathrm{kg}\times \boldsymbol{g}=0$ より $F=250\,\mathrm{N}$。この場合はかなりの力に耐えられることがわかる。

8.2 (1) チェーンに働く力は $F=\tau/\boldsymbol{r}_f$ であるから、車輪側のギアに働くトルクは $\tau'=F\boldsymbol{r}_r=\gamma\tau$ である。加速を大きくするにはこのトルクを大きくすればよいから、γ が大きい方が適している。(2) 自転車に乗る人から見たチェーンのスピードを $\boldsymbol{v}$ とし、ペダルの角速度と車輪側のギアの角速度をそれぞれ $\omega_f,\ \omega_r$ とすると、$\boldsymbol{v}=\boldsymbol{r}_f\omega_f=\boldsymbol{r}_r\omega_r$ の関係がある。高速走行では ω_r が大きいので $\omega_f=\gamma\omega_r$ より γ が小さい方がペダルをゆっくり回せばよくこぎやすい。

8.3 地球の慣性モーメント比は0.332になる。一方、密度一様な球の慣性モーメント比は $(2MR^2/5)/MR^2=2/5=0.4$ であり、地球の場合はこれより小さい。したがって、慣性モーメントへの影響が出にくい中心部の方が、密度が大きくなっている（金属コアがある）と予想できる。

8.4 (1) 各軸方向の伸びはそれぞれ $\Delta L/L=(1-2\sigma)P/Y$ である。体積変化は $\Delta V=(L+\Delta L)^3-L^3\simeq 3L^2\Delta L$ であり、よって変化率は $\Delta V/V=3\Delta L/L=3(1-2\sigma)P/Y$ となる。これより $K=Y/3(1-2\sigma)$ であることがわかる。(2) $\boldsymbol{y}$ 軸および $\boldsymbol{z}$ 軸方向の伸びが0になる条件は $-\sigma P/Y-\sigma P'/Y+P'/Y=0$ すなわち $P'=\sigma P/(1-\sigma)$ である。このとき $\boldsymbol{x}$ 軸方向の伸びは $\Delta L/L=P/Y-2\sigma P'/Y=((1+\sigma)(1-2\sigma)/(1-\sigma))P/Y$ となるから、求める係数は $Y(1-\sigma)/((1+\sigma)(1-2\sigma))$ となる。

9 剛体の運動

この章では剛体の具体的運動をいくつか例として取り上げる。その過程で運動を特徴づける物理量についても見ていこう。

9－1 ロープと滑車 Ⅰ

図9－1のようにロープが滑車に結びつけられている場合、空回りしないかぎり、ロープの移動スピードと滑車の表面の回転スピードは等しい。したがって、ロープのスピードと滑車の角速度の間には

$$v = R\omega \tag{9.1}$$

の関係がある。また、加速度と角加速度の大きさに対しても同様であり

$$a = R\alpha \tag{9.2}$$

の関係がある。

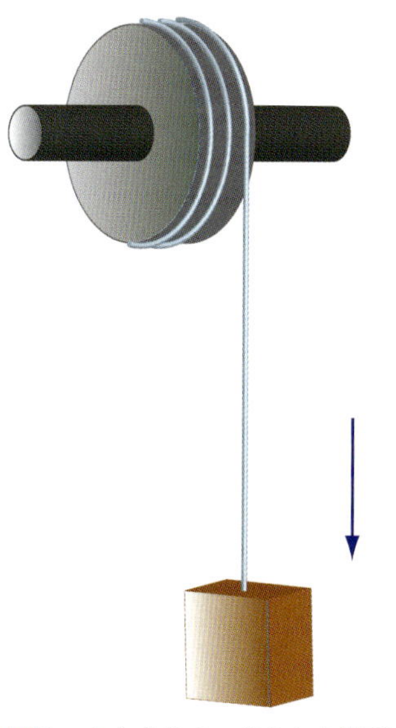

図9－1 おもりのつけられた滑車

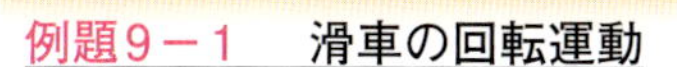

例題9－1　滑車の回転運動

図9－2のように、半径R、質量Mの円柱に質量が無視できる紐が結びつけられていて、その先に質量mの物体がつけられている。紐は空回りせず、円柱はなめらかに回転できるものとする。この物体が落下するときの加速度を求めなさい。

解答　紐の張力をTとすると、物体の加速度a_zはニュートンの第二法則より

$$ma_z = T - mg$$

を満たす。円柱には張力$\vec{T}$とともに、円柱の中心軸からの抗力$\vec{N}$が働いている。これらの大きさは等しく円柱は移動しない。中心軸からの抗力はトルクを発生させないのでトルクと角加速度の関係は(8.16)より

$$\alpha = \frac{\tau}{I} = \frac{TR}{\frac{1}{2}MR^2} = \frac{2T}{MR}$$

である（円柱の慣性モーメントは8－9節参照）。

次に角加速度と加速度との関係を見る。加速度は下向きで負の方

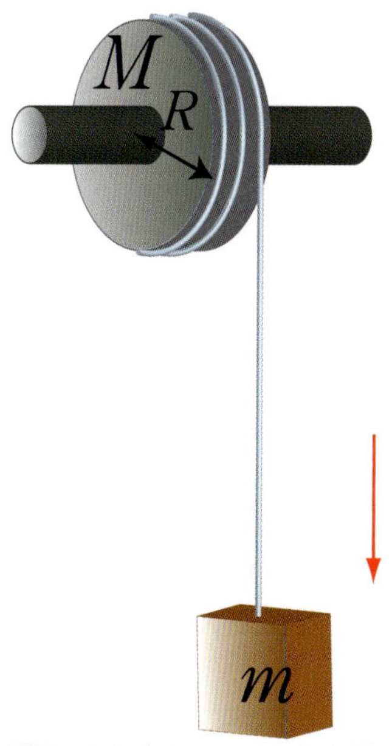

図9－2 おもりのつけられた滑車：滑車の質量も考える。

向であり大きさは$R\alpha$であるので、

$$a_z = -R\alpha$$

の関係があることがわかる。ここは符号を間違えやすいので注意しよう。これより

$$a_z = -R\alpha = -R\frac{2T}{MR} = -\frac{2T}{M}$$

となり、よって

$$T = -\frac{1}{2}Ma_z$$

であることがわかる。はじめの運動方程式は

$$ma_z = -\frac{1}{2}Ma_z - mg$$

となり、これを整理して加速度は

$$a_z = -\frac{g}{1+M/2m}$$

と求められる。■

例題9－2　滑車の回転運動

図9－3のように半径Rで質量Mの円柱に糸を巻き、糸の端を固定してそっと手を離した。t秒後の落下スピードを求めなさい。

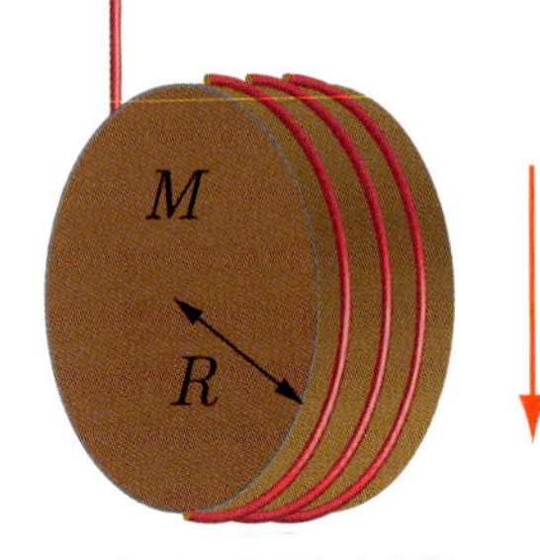

図9－3 糸でつるされた円柱

解答　単位時間あたりの落下距離は、単位時間あたりのほどけた糸の長さであるから、落下速度は$v=R\omega$となる。これより、落下加速度は$a=R\alpha$である。よって前問と同様に$a=(T-Mg)/M$と滑車の重心系での回転の方程式から$\alpha=-RT/I$となり、$I=MR^2/2$を用いると$a=-2g/3$と求められる。落下速度は$v=-2gt/3$となり、落下スピードは$2gt/3$である。■

9－2 回転エネルギー

剛体が回転するとき、物体を構成する分子は運動するので運動エネルギーを持つ。剛体が回転することによる運動エネルギーを**回転エネルギー**（rotational energy）という。

剛体を質点の集まりとして見ると、剛体がある回転軸の周りを角速度ωで回転するとき、回転軸から距離r_iにあるi番目の粒子のスピードは$v_i=r_i\omega$である。したがって、運動エネルギーは

$$
\begin{aligned}
K_{rot} &= \frac{1}{2}m_1 v_1{}^2 + \frac{1}{2}m_2 v_2{}^2 + \frac{1}{2}m_3 v_3{}^2 + \cdots \\
&= \frac{1}{2}m_1 r_1{}^2\omega^2 + \frac{1}{2}m_2 r_2{}^2\omega^2 + \frac{1}{2}m_3 r_3{}^2\omega^2 + \cdots \\
&= \frac{1}{2}\left(\sum_i m_i r_i{}^2\right)\omega^2
\end{aligned}
$$

となる。慣性モーメントの定義(8.15)により回転エネルギーは

$$
\boxed{K_{rot} = \frac{1}{2}I\omega^2} \qquad (9.3)
$$

と表されることがわかる。

回転エネルギーはまったく新しいエネルギーではなく、剛体の回転による運動エネルギーであることに注意しよう。

もし回転軸が質量中心を通らない場合には、回転によって質量中心の位置が変化し、重力的ポテンシャルエネルギーが変化する。剛体の質量をMとすると、剛体全体のポテンシャルエネルギーは$\sum_i m_i g z_i = mgz_{cm}$となる。したがって、剛体回転における剛体の全エネルギーは

$$
E = K_{rot} + U_g = \frac{1}{2}I\omega^2 + Mgz_{cm} \qquad (9.4)
$$

である。

回転する棒の速度

図9－4のように質量Mの棒の端を固定し、水平にした状態から静かに放した。棒が鉛直になったときの棒の先端のスピードを求めてみよう。

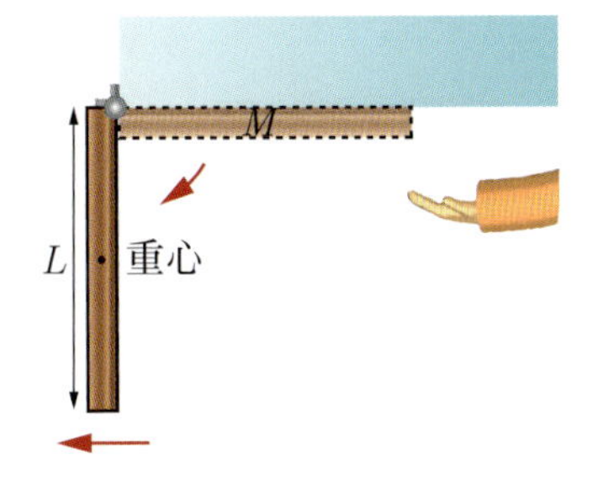

図9－4 回転中心で固定された棒

重力的ポテンシャルエネルギーは重心の位置が$L/2$下がるため、$MgL/2$減少する。これが棒の回転エネルギーになる。棒が鉛直になったときの角速度をωとし、棒の慣性モーメント$I = ML^2/3$を用いてエネルギー保存則を表すと

$$
\frac{1}{2}I\omega^2 = \frac{1}{2}MgL
$$

となるから、

$$
\omega = \sqrt{\frac{3g}{L}} \qquad (9.5)
$$

が得られる。これより棒の先端のスピードは

$$
v = L\omega = \sqrt{3gL} \qquad (9.6)
$$

と求まる。

例題9－3　慣性モーメントと回転運動

軽い紐の一端を、質量Mで半径Rの円柱に固定し巻きつけた後、もう一端を手で持って、円柱を持つ手をそっと離した。距離dだけ落下したときの円柱のスピードを求めなさい。

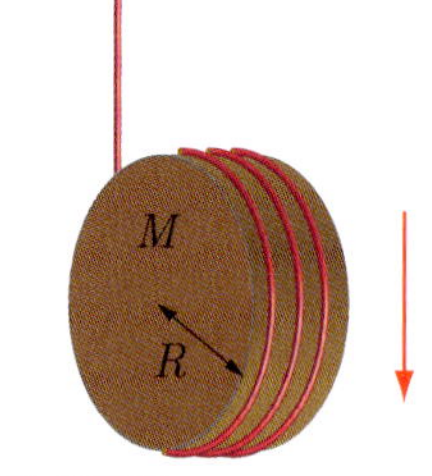

図9－5 円柱の落下

解答　エネルギー保存則から$0=-Mgd+\frac{1}{2}Mv^2+\frac{1}{2}I\omega^2$が成り立つ。$v=R\omega$と$I=MR^2/2$より、$v=2\sqrt{gd/3}$となる。■

例題9－4　剛体の回転エネルギー

図のように質量mで半径Rの滑車の両端に、質量mと質量$2m$のおもりがつけられている。同じ高さにある二つのおもりからそっと手を離した。おもりがhだけ落下したときのおもりのスピードを求めなさい

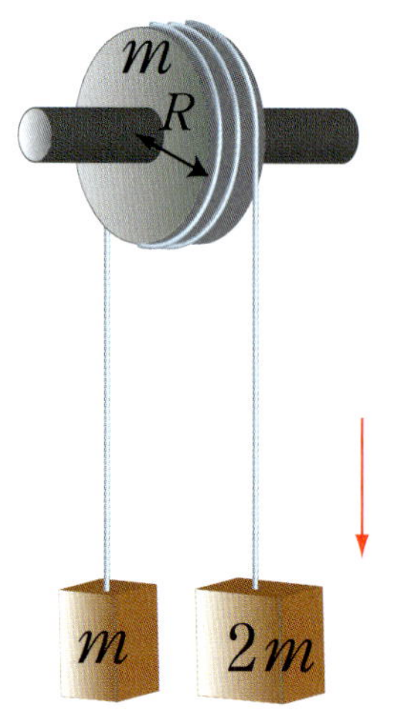

図9－6 両端におもりのつけられた滑車

解答　質量$2m$のおもりがh落下し、mのおもりはh上昇する。このときおもりのスピードをvとすると、滑車の角速度はv/Rであり、エネルギー保存則は

$$0=mgh-2mgh+\frac{1}{2}mv^2+\frac{1}{2}2mv^2+\frac{1}{2}I\left(\frac{v}{R}\right)^2$$

となる。$I=mR^2/2$を用いて、$v=2\sqrt{gh/7}$と求められる。■

9－3　転がり運動 

ボールが地面を転がるのはよく見られる運動である。また自転車の車輪も走行中は回転しており転がり運動をしている。回転するボールがスリップしなければ、半径Rのボールが1回転する間に円周分の距離だけ進む。つまり質量中心の変位は

$$\Delta x_{cm}=2\pi R \tag{9.7}$$

である。

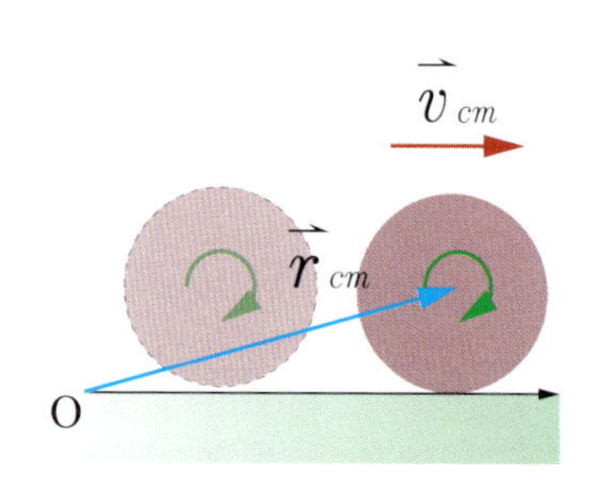

図9－7 物体の重心運動とその周りの転がり運動

自転車などに乗っている人のように、回転する物体と共に移動している観測者にとっては、地面が後方に速度$-v_{cm}$で移動している。回転体が地面と接する部分では地面に対する相対速度はゼロになることから、この速度の大きさは回転体の表面の回転速度の大きさと等しい。つまり

$$v_{cm}=R\omega \tag{9.8}$$

の関係があるのである。

9－4 転がる物体の力学的エネルギー❶

物体が水平面を転がるときには、質量中心が移動しつつ、回転することになる。剛体を質点の集まりとしてこの運動を見てみよう。

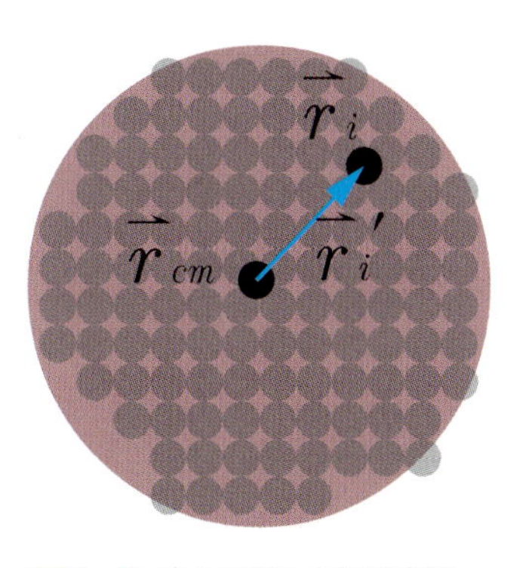

図9－8 重心の周りの相対座標

各質点の位置$\vec{r}_i$を重心の位置$\vec{r}_{cm}$とそこからのずれ$\vec{r}'_i$によって

$$\vec{r}_i = \vec{r}_{cm} + \vec{r}'_i \tag{9.9}$$

と表す。両辺に質量m_iをかけて粒子の和をとり、質量中心の定義

$$\vec{r}_{cm} = \frac{\sum_i m_i \vec{r}_i}{M}, \quad M = \sum_i m_i$$

を用いると

$$\sum_i m_i \vec{r}'_i = 0 \tag{9.10}$$

となることがわかる。

次に運動エネルギーを見てみよう。i番目の粒子の速度は

$$\vec{v}_i = \frac{d}{dt}(\vec{r}_{cm} + \vec{r}'_i) = \vec{v}_{cm} + \vec{v}'_i \tag{9.11}$$

となるのでこの粒子の運動エネルギーは

$$\begin{aligned}\frac{1}{2}m_i(\vec{v}_i)^2 &= \frac{1}{2}m_i(\vec{v}_{cm} + \vec{v}'_i)^2 \\ &= \frac{1}{2}m_i(\vec{v}_{cm})^2 + m_i \vec{v}'_i \cdot \vec{v}_{cm} + \frac{1}{2}m_i(\vec{v}'_i)^2\end{aligned}$$

となる。よって全運動エネルギーは

$$\begin{aligned}K &= \sum_i \frac{1}{2} m_i(\vec{v}_i)^2 \\ &= \frac{1}{2}\sum_i m_i(\vec{v}_{cm})^2 + \sum_i m_i \vec{v}'_i \cdot \vec{v}_{cm} + \frac{1}{2}\sum_i m_i(\vec{v}'_i)^2\end{aligned} \tag{9.12}$$

となる。ここで

$$\sum_i m_i \vec{v}'_i = \frac{d}{dt}\left(\sum_i m_i \vec{r}'_i\right) = 0, \quad \sum_i m_i = M \tag{9.13}$$

であるので運動エネルギーは

$$\boxed{K = \frac{1}{2}M(\vec{v}_{cm})^2 + \frac{1}{2}\sum_i m_i(\vec{v}'_i)^2} \tag{9.14}$$

となる。つまり全体の運動エネルギーは、質量中心に全質量があるとした場合の運動エネルギーと、質量中心に対する相対速度による運動エネルギーの和として表される。

剛体では質量中心に対する相対運動は回転運動となり、力学的エ

ネルギーは回転エネルギーと質量中心の運動エネルギーの和

$$K=\frac{1}{2}I\omega^2+\frac{1}{2}Mv_{cm}^2 \tag{9.15}$$

となる。

9－5　坂を転がる　I

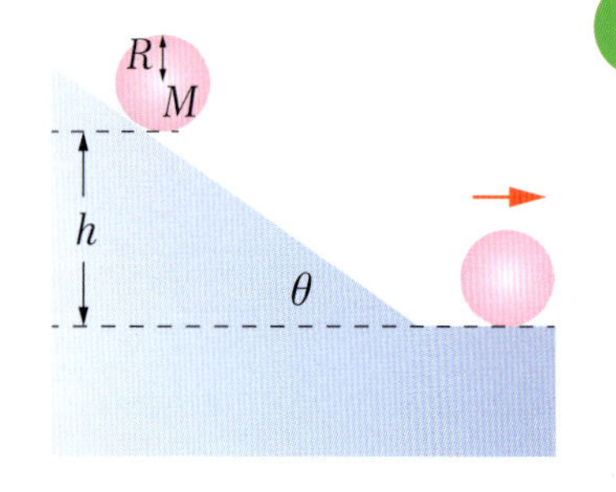

図9－9　坂を転がる球

半径R,質量Mで慣性モーメント$I=cMR^2$の回転体が、角度θの坂を高さhの位置から転がり降りた後のスピードを求めてみよう。

転がる前のエネルギーは重力的ポテンシャルエネルギーMghである。転がり降りた後はこれが回転エネルギーと質量中心の運動エネルギーとなるので

$$\frac{1}{2}I\omega^2+\frac{1}{2}Mv_{cm}^2=Mgh \tag{9.16}$$

が成り立つ。回転の角速度とスピードとは(9.8)から$\omega=\dfrac{v_{cm}}{R}$の関係があるため、(9.16)は

$$\frac{1}{2}(cMR^2)\left(\frac{v_{cm}}{R}\right)^2+\frac{1}{2}Mv_{cm}^2=\frac{M}{2}(1+c)v_{cm}^2=Mgh$$

となる。これより坂を降りた後の剛体のスピードは

$$v_{cm}=\sqrt{\frac{2gh}{1+c}} \tag{9.17}$$

となることがわかる。

剛体が転がると、重力的ポテンシャルエネルギーは重心の運動エネルギーに加えて回転エネルギーにも分配されてしまうので、回転しない粒子の場合に比べて最後のスピードは小さくなる。

一直線上の等加速度運動では(1.15)より

$$v_f^2-v_i^2=2a(x_f-x_i)$$

の関係がある。これを利用して重心の加速度を求めてみよう。移動距離は斜面の傾きをθとすると

$$x_f-x_i=\frac{h}{\sin\theta}$$

であるので、加速度は

$$a_{cm}=\frac{v_{cm}^2-0}{2(x_f-x_i)}=\frac{2gh/(1+c)}{2h/\sin\theta}=\frac{g\sin\theta}{1+c}$$

となる。$c=0$の場合が粒子の加速度であるので、粒子の加速度をa_{particle}とすると

$$a_{cm} = \frac{a_{\text{particle}}}{1+c} \tag{9.18}$$

の関係があることがわかる。

このように、慣性モーメント比cが大きい物体ほど、ゆっくりと加速することがわかる。

例題9－5　慣性モーメントと回転エネルギー

図9－10のように、円筒、円柱、中空の球が坂を転がり落ちる。床に降りたときのスピードが最も大きいのはどれか？

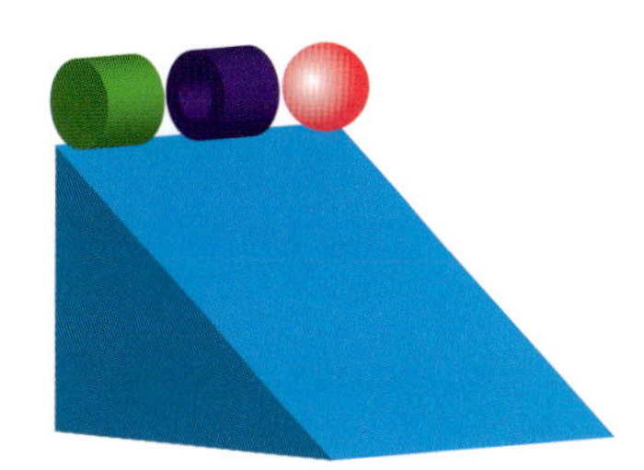

図9－10 坂を転がる円筒、円柱、球

解答 慣性モーメント比が小さく、回転エネルギーを得にくいものが、最も速くなる。よって図8−24より円柱が答え。■

例題9－6　転がり運動

図9－11のように、半径が異なる三つのボールが坂を転がり落ちる。密度は一定で質量は大きさの順とする。一番先に転がり降りるのはどれか？

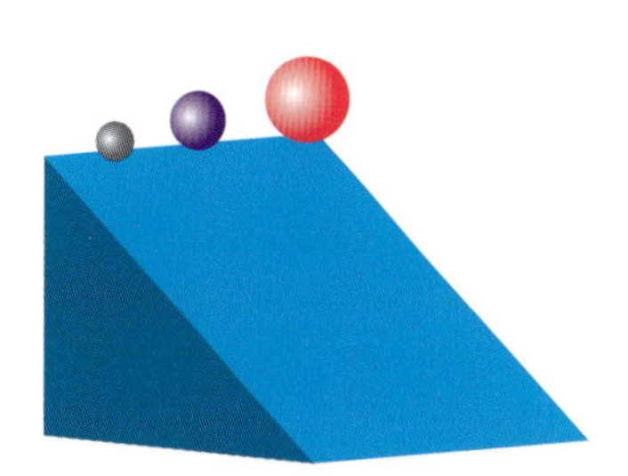

図9－11 坂を転がる大きさの異なる球

解答 同じ形状では、大きさや質量によらず、同様に加速される。よってすべて同時に転がり降りる。■

9－6　ベクトルとしての角速度 Ⓐ

速度はベクトル量であった。それに対し、角速度を$\omega=d\theta/dt$とスカラー量で定義するのは少し整合性がないように思える。しかし、回転には方向がある。そこで2－3節の右ねじの規則で決まる向きを持ち、$\omega=d\theta/dt$の大きさを持つベクトルを考え、これを**角速度ベクトル**と定義する。たとえばz軸の周りに角速度ωで反時計回りに回る回転の角速度ベクトルは

$$\vec{\omega} = (0,\ 0,\ \omega) \tag{9.19}$$

である。この角速度で回転している質点の速度は(2.52)を用いると

$$\vec{v} = (-\omega y,\ \omega x,\ 0)$$

と表されることがわかる。これは角速度ベクトルと位置ベクトルのベクトル積を用いて

$$\vec{v} = \vec{\omega} \times \vec{r} \tag{9.20}$$

と表すことができる。

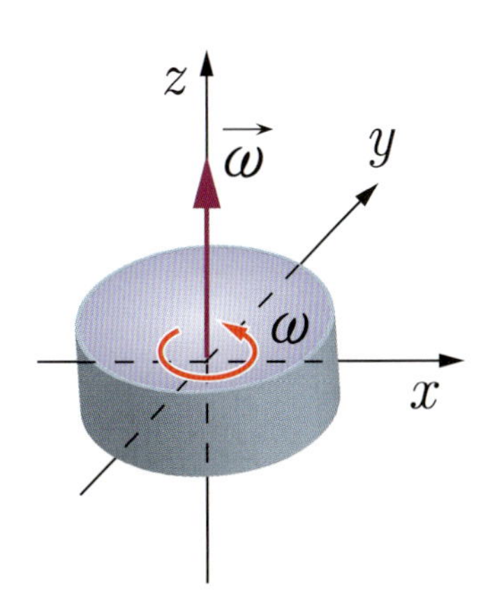

図9－12 回転と角速度ベクトルの関係

9－7　角運動量とその変化　Ⓐ

粒子の位置を$\vec{r}$、運動量を$\vec{p}$とするとき、角運動量は

$$\vec{\mathrm{L}} = \vec{r} \times \vec{p} \qquad (9.21)$$

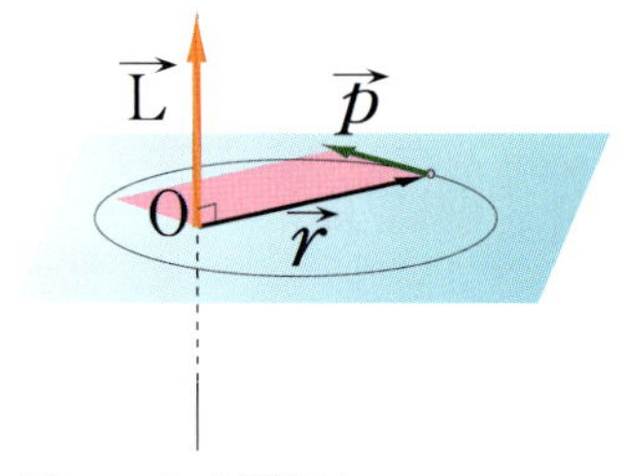

図9－13 角運動量

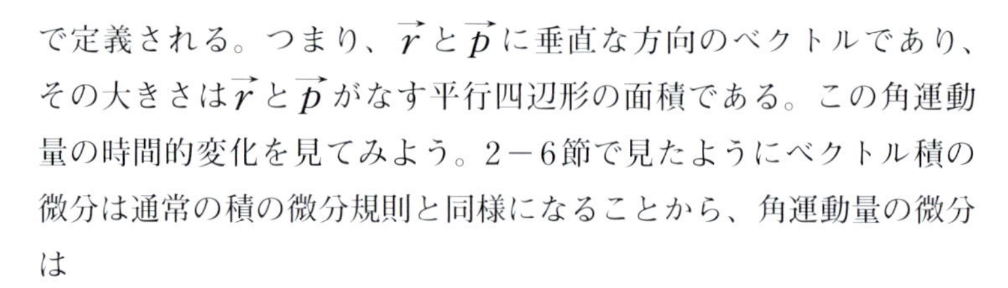

で定義される。つまり、$\vec{r}$と$\vec{p}$に垂直な方向のベクトルであり、その大きさは$\vec{r}$と$\vec{p}$がなす平行四辺形の面積である。この角運動量の時間的変化を見てみよう。2－6節で見たようにベクトル積の微分は通常の積の微分規則と同様になることから、角運動量の微分は

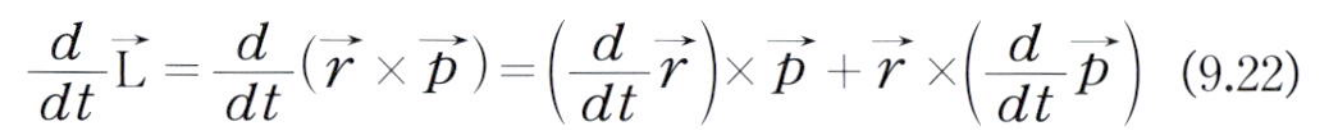

$$\frac{d}{dt}\vec{\mathrm{L}} = \frac{d}{dt}(\vec{r} \times \vec{p}) = \left(\frac{d}{dt}\vec{r}\right) \times \vec{p} + \vec{r} \times \left(\frac{d}{dt}\vec{p}\right) \qquad (9.22)$$

である。ここで、$d\vec{r}/dt = \vec{p}/m,\ d\vec{p}/dt = \vec{\mathrm{F}}$であり、ベクトル積の定義より$\vec{p} \times \vec{p} = 0$となることを用いると、

$$\frac{d}{dt}\vec{\mathrm{L}} = \vec{r} \times \vec{\mathrm{F}} \qquad (9.23)$$

となる。右辺は原点を中心とするトルクをベクトルとして表したものである。このようにベクトルとしてのトルクは、中心からの位置と力のベクトルのなす面積を大きさとし、この二つに垂直な方向のベクトルとして定義される。このトルクを$\vec{\Gamma}$と書くと、上式は

$$\frac{d}{dt}\vec{\mathrm{L}} = \vec{\Gamma} \qquad (9.24)$$

となる。このように、角運動量の時間的変化がトルクベクトルとなる。特に、トルクがゼロとなるときに角運動量は保存される。

9－8　質点系の角運動量とその変化　Ⓐ

次に質点の集合の角運動量がどのようになるのかを見ていこう。

剛体は非常に多数の分子の集まりであり、分子間の相互作用のため外部からの力による変形が非常に小さい物体である。したがって、剛体は多数の質点の集合として表される物体の特別な場合としてとらえることができる。

N個の質点がたがいに$\vec{\mathrm{F}}_{i \to j}(i,\ j = 1,\ 2,\ \cdots,\ N,\ i \neq j)$の力で相互作用し、$i$番目の粒子が外部から$\vec{\mathrm{F}}_i^{\,ext}$の力を受けているとしよう。$i$番目の粒子の位置と運動量を$\vec{r}_i,\ \vec{p}_i$とすると、原点を中心とするこの粒子の角運動量は$\vec{l}_i = \vec{r}_i \times \vec{p}_i$であり、全角運動量は

$$\vec{\mathrm{L}} = \sum_{i=1}^{N} \vec{l}_i = \sum_{i=1}^{N} \vec{r}_i \times \vec{p}_i \qquad (9.25)$$

である。1粒子の場合の(9.23)と同様にして

$$\frac{d\vec{L}}{dt}=\sum_{i=1}^{N}\vec{r}_i\times\vec{F}_i \tag{9.26}$$

が成り立つことがわかる。ここで、それぞれの粒子に働く力は他の粒子からの相互作用と外からの力の和

$$\vec{F}_i=\sum_{j\neq i}^{N}\vec{F}_{j\to i}+\vec{F}_i^{ext} \tag{9.27}$$

であるので、

$$\frac{d\vec{L}}{dt}=\sum_{i=1}^{N}\sum_{j\neq i}^{N}\vec{r}_i\times\vec{F}_{j\to i}+\sum_{i=1}^{N}\vec{r}_i\times\vec{F}_i^{ext} \tag{9.28}$$

となる。右辺はすべての力によるトルクを表すが、第一項目は

$$\sum_{i=1}^{N}\sum_{j\neq i}^{N}\vec{r}_i\times\vec{F}_{j\to i}=\sum_{i=1}^{N}\sum_{j>i}(\vec{r}_i\times\vec{F}_{j\to i}+\vec{r}_j\times\vec{F}_{i\to j}) \tag{9.29}$$

と書くことができる。そしてニュートンの第三法則より $\vec{F}_{i\to j}=-\vec{F}_{j\to i}$ となることからこれは

$$\sum_{i=1}^{N}\sum_{j\neq i}^{N}\vec{r}_i\times\vec{F}_{j\to i}=\sum_{i=1}^{N}\sum_{j>i}(\vec{r}_i-\vec{r}_j)\times\vec{F}_{j\to i} \tag{9.30}$$

となる。重力や電気的な力では、粒子の間の力が粒子を結ぶベクトルの方向を向いている。つまり $\vec{F}_{j\to i}$ が $\vec{r}_i-\vec{r}_j$ と同じ方向になる。このような場合には $(\vec{r}_i-\vec{r}_j)\times\vec{F}_{j\to i}=0$ となる。したがってこのような粒子間の相互作用では粒子間に働く力によるトルクの寄与はなくなり、外からの力によるトルクの和 $\vec{\Gamma}^{ext}$ となるので

$$\frac{d\vec{L}}{dt}=\vec{\Gamma}^{ext} \tag{9.31}$$

が成り立つ。このようにニュートンの法則からトルクと角運動量の関係が導かれるのである。

剛体の分子間に働く力はこの性質を持つとしてよい（電気的な力と考えてもよい）ので、質点間に働く力によるトルクは考える必要がなくなる。8−8節でこの寄与を無視したのはそのためである。

9−9 重力によるトルク Ⓐ

重力によるトルクについては水平に置かれた棒の場合について8−6節で調べた。ここではより一般的な物体に働く重力によるトルクについて見てみよう。

外部からの力として重力が働いている場合を考える。支点を原点に取り、物体に働く重力全体は $\vec{r}=0$ に働く力で相殺されているものとする。各粒子に働く重力によるトルクは

$$\vec{\Gamma}_i = \vec{r}_i \times (m_i \vec{g}) = m_i \vec{r}_i \times \vec{g} \tag{9.32}$$

である。よって全粒子が受けるトルクを合わせた全トルクは

$$\vec{\Gamma}_{net} = \sum \vec{\Gamma}_i = \left(\sum m_i \vec{r}_i \right) \times \vec{g} \tag{9.33}$$

となる。質量中心の定義を用いると

$$\sum_i m_i \vec{r}_i = M \vec{r}_{cm}$$

の関係があるので、全トルクは

$$\vec{\Gamma}_{net} = \sum \vec{\Gamma}_i = \vec{r}_{cm} \times (M \vec{g}) \tag{9.34}$$

となることがわかる。これより、重力によるトルクは、どのような形の物体であっても質量中心に全質量Mがある場合のトルクと等しいことがわかる。

9－10　角速度ベクトルと角運動量Ⓐ

z軸を中心に角速度ωで回転する物体の角運動量を見てみよう。角速度ベクトルは

$$\vec{\omega} = (0,\ 0,\ \omega) \tag{9.35}$$

であり、位置$\vec{r}_i = (x_i,\ y_i,\ z_i)$にある$i$番目の粒子の速度は(9.20)より

$$\vec{v}_i = \vec{\omega} \times \vec{r}_i = (-\omega y_i,\ \omega x_i,\ 0) \tag{9.36}$$

となる。これより角運動量はベクトル積の定義より

$$\vec{\mathrm{L}}_i = m_i \vec{r}_i \times \vec{v}_i = m_i \omega(-z_i x_i,\ -z_i y_i,\ x_i^2 + y_i^2) \tag{9.37}$$

と計算されるので、全角運動量は

$$\vec{\mathrm{L}} = \left(-\sum_i m_i z_i x_i,\ -\sum_i m_i z_i y_i,\ \sum_i m_i (x_i^2 + y_i^2) \right) \omega \tag{9.38}$$

となる。

特に円筒や、円柱、球などにおいて中心軸をz軸にとると、中心に対して粒子が対称に分布することになるので、

$$\sum_i m_i z_i x_i = \sum_i m_i z_i y_i = 0$$

となる。したがって、このような物体においては全角運動量は

$$\vec{\mathrm{L}} = I \vec{\omega} \tag{9.39}$$

となることがわかる。つまり、軸に対して対称な形状の物体に対しては、全角運動量の方向と回転の方向は一致する。逆に、軸に対して非対称な物体を回転させる場合には必ずしも全角運動量の方向が角速度の方向と等しくはならない。

9－11 ジャイロスコープ Ⓐ

ジャイロスコープは回転軸が動く運動の典型である。コマが傾きながら回ると軸が回転するのを見たことのある読者も多いだろう。このように、軸が方向を変えていく運動を**歳差運動**(precession)という。

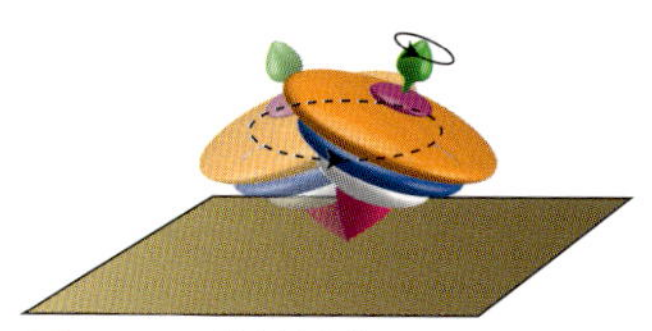
図9－14 歳差運動

図9－15のように質量がMで軸の周りの慣性モーメントがIのコマの運動を見てみよう。軸の周りの角速度ベクトル$\vec{\omega}$を用いると、回転に対するニュートンの運動方程式は(9.31)と(9.39)より

$$\vec{\Gamma}^{ext} = I\frac{d\vec{\omega}}{dt} \tag{9.40}$$

と表される。コマの質量中心の位置を$\vec{r}$とすると、この場合のトルクは$\vec{\Gamma}^{ext} = \vec{r} \times M\vec{g}$であるので

$$I\frac{d\vec{\omega}}{dt} = M\vec{r} \times \vec{g} \tag{9.41}$$

となる。したがって微小時間dtの間に

$$d\vec{\omega} = \frac{M\vec{r} \times \vec{g}}{I}dt \tag{9.42}$$

だけ角速度ベクトルが変化することがわかる。

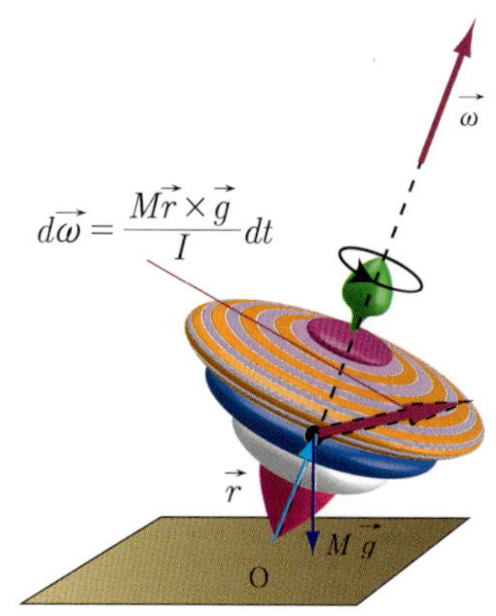

図9－15 コマに働くトルク

簡単のため、図9－16のようにコマを車輪におき換え、軸を水平にして回転させる場合を考える。この場合の重力によるトルクベクトルの方向は水平面内にあり回転軸に垂直な方向になっている。そのため、角速度ベクトルは大きさを変えずに、方向を重力によるトルクベクトルの向きに変えていく。このため、軸の方向が回転していくのである。これが歳差運動である。

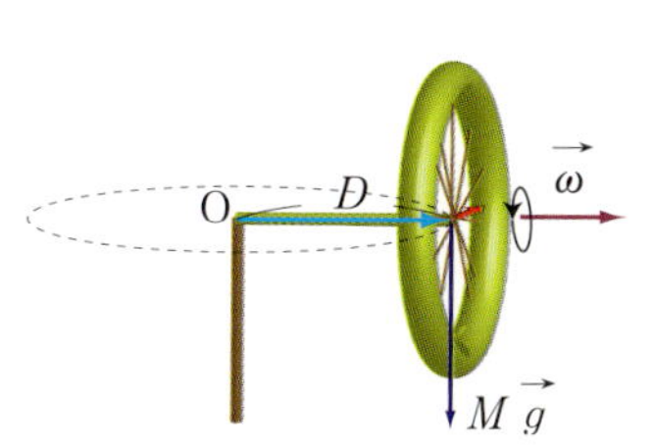

図9－16 歳差の角速度と回転の角速度の関係

この回転の角速度ベクトルは時間dtの間に図9－17のように角

$$d\phi = \frac{d\omega}{\omega} \tag{9.43}$$

だけ回転する。角速度ベクトルの変化の大きさは(9.42)より

$$d\omega = \frac{MgD}{I}dt$$

であるので、歳差運動の角速度は

$$\omega_P = \frac{d\phi}{dt} = \frac{MgD}{I\omega} \tag{9.44}$$

と求められる。これより、回転の角速度と、歳差運動の角速度は反比例することがわかる。コマの角速度が速いと歳差運動は小さいが、しだいに回転数が減少していくと歳差運動が大きくなる。

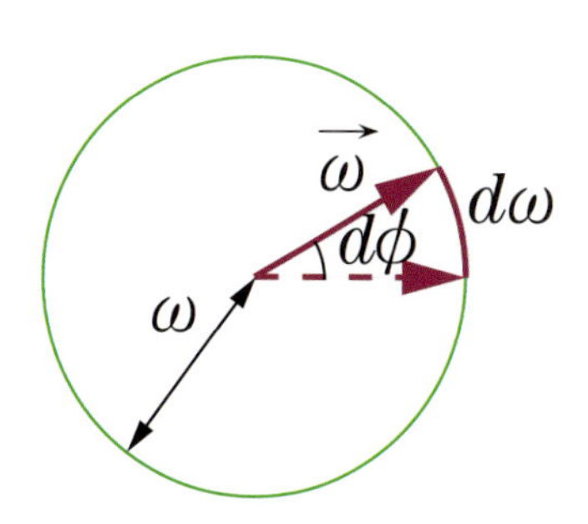

図9－17 図9－16を上から見て表した角運動量ベクトルとその回転角との関係

演習問題9

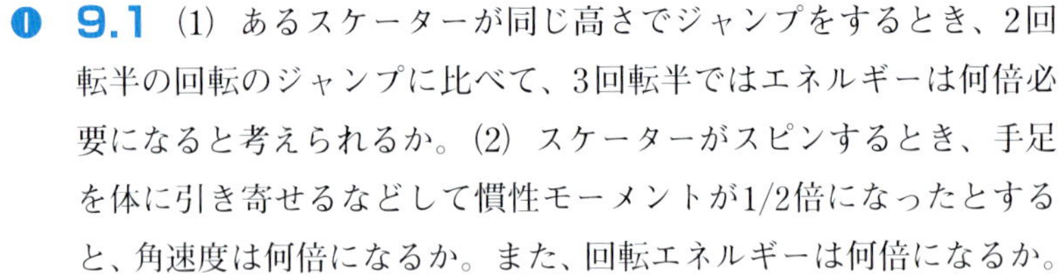

I **9.1** (1) あるスケーターが同じ高さでジャンプをするとき、2回転半の回転のジャンプに比べて、3回転半ではエネルギーは何倍必要になると考えられるか。(2) スケーターがスピンするとき、手足を体に引き寄せるなどして慣性モーメントが1/2倍になったとすると、角速度は何倍になるか。また、回転エネルギーは何倍になるか。

図9－18 ヘリコプター

A **9.2** ヘリコプターのテールローター（機体後部についている回転翼）は、メインローターの回転速度が変化するときにどのような役割を果たしていると考えられるか、答えなさい。

A **9.3** タイヤを傾けて転がすと傾けた側に曲がっていく。この運動の様子を角運動量の変化から説明しなさい。

I **9.4** 地球と月の二体系を考える。地球の自転角速度は、潮汐力に伴う影響によって少しずつ減少している。このとき月の公転半径が少しずつ増加することを、地球の自転と月の公転の角運動量の和が保存されることを用いて説明しなさい。

A **9.5** (1) 二体系の全角運動量は、全質量Mを持つ質量中心の角運動量と、換算質量μを持つ相対座標の角運動量の和になることを示しなさい。(2) N個の質点からなる質点系（質量m_iの質点が位置$\vec{r}_i$ $(i=1, \cdots, N)$にあるとする）の全角運動量は、質量中心$\vec{\mathrm{R}}$の角運動量と、相対座標$\vec{r'}_i=\vec{r}_i-\vec{\mathrm{R}}$の角運動量の和になることを示しなさい。

A **9.6** (1) 質点系に働く全合力が0のとき、この質点系に働く全トルクは、回転の中心をどこにとっても変わらないことを示しなさい。(2) 質点系に対し、同一直線上にない3点について、それらを回転の中心とする全トルクがいずれも0であれば、この質点系は力学的平衡状態になっていることを示しなさい。

演習問題解答

9.1 (1) 同じ高さのジャンプでは同じ時間内に着地するから、回転の角速度が$3.5/2.5 = 7/5$倍程度大きくなければならない。よって回転エネルギーは(9.3)より$(7/5)^2 \fallingdotseq 2.0$倍程度大きくなると考えられる。(2) 角運動量が保存されるから角速度は2倍になる。このとき回転エネルギーも$(1/2)\times 2^2 = 2$倍になる。

9.2 ヘリコプターのメインローターの回転速度が変化するとき、ヘリコプター全体の角運動量が保存するから、機体がローターと逆に回転しようとする。これを防ぐために、テールローターによるトルクで、角運動量の変化を打ち消し機体の安定を保つ。(テールローター自身の角運動量による影響は、空気抵抗などによる影響より小さいので、問題とならない。)

9.3 タイヤを右へ傾けると、重力と地面からの抗力によって、タイヤには前方へ向くトルクが働く。タイヤの角運動量はこのトルクの向きに変化しようとする。タイヤの角運動量はタイヤの面に垂直に左側を向けているから、このときタイヤは右側へ曲がっていくことになる。左へ傾けると左に曲がるのも同様である。

9.4 系の全角運動量は、地球の自転角運動量と月の公転角運動量の和であり、保存される。地球の自転角速度が減少すれば、自転角運動量が減少するので、公転角運動量は増加する。変化は緩やかに起こるので、この増加量はそれほど大きくなく、月は依然として円に近い軌道を描く。このとき公転の遠心力と地球からの重力とのつり合いを考えると、(7.11)を用いて角運動量は公転半径の平方根に比例することがわかるので、公転半径が大きくなることがわかる。

9.5 (1) それぞれの位置ベクトルを$\vec{r}_1$, $\vec{r}_2$、質量をm_1, m_2とすると、$\vec{r}_1 = \vec{\mathrm{R}} + (\mu/m_1)\vec{r}$, $\vec{r}_2 = \vec{\mathrm{R}} - (\mu/m_2)\vec{r}$と書ける。ただし$\vec{\mathrm{R}}$は重心座標で$\vec{r} = \vec{r}_1 - \vec{r}_2$は相対座標である。全角運動量は

$$\vec{\mathrm{L}} = m_1\vec{r}_1\times\vec{v}_1 + m_2\vec{r}_2\times\vec{v}_2 = M\vec{\mathrm{R}}\times\vec{\mathrm{V}} + \mu\vec{r}\times\vec{v}$$

となる。ここで $\vec{\mathrm{V}} = (m_1\vec{v}_1 + m_2\vec{v}_2)/(m_1+m_2)$, $\vec{v} = \vec{v}_1 - \vec{v}_2$ である。(2) 全角運動量は

$$\vec{\mathrm{L}} = \sum_i m_i\vec{r}_i\times\vec{v}_i = \sum_i m_i(\vec{\mathrm{R}} + \vec{r}'_i)\times(\vec{\mathrm{V}} + \vec{v}'_i)$$

$$= \sum_i m_i\vec{\mathrm{R}}\times\vec{\mathrm{V}} + \sum_i m_i\vec{r}'_i\times\vec{v}'_i$$

となる。ここで$\sum_i m_i \vec{r}'_i = \sum_i m_i \vec{v}'_i = 0$を用いた。これより、重心の角運動量と、その周りの相対角運動量の和になることがわかる。

9.6 (1) $\vec{r}_O$に関するトルクは

$$\vec{\tau} = \sum_i (\vec{r}_i - \vec{r}_O) \times \vec{F}_i = \sum_i (\vec{r}_i - \vec{r}_{O'} + \vec{r}_{O'} - \vec{r}_O) \times \vec{F}_i$$

$$= \sum_i (\vec{r}_i - \vec{r}_{O'}) \times \vec{F}_i + (\vec{r}_{O'} - \vec{r}_O) \times \sum_i \vec{F}_i$$

$$= \sum_i (\vec{r}_i - \vec{r}_{O'}) \times \vec{F}_i = \vec{\tau}'$$

となって、$\vec{r}_{O'}$に関するトルクに等しい。(2) 条件の3点の位置ベクトルを$\vec{r}_A$, $\vec{r}_B$, $\vec{r}_C$とする。位置$\vec{r}_A$の周りでのトルクは

$$0 = \vec{\tau}_A = \sum_i (\vec{r}_i - \vec{r}_A) \times \vec{F}_i = \sum_i \vec{r}_i \times \vec{F}_i - \vec{r}_A \times \sum_i \vec{F}_i$$

$$= \vec{\tau} - \vec{r}_A \times \vec{F}$$

となる。ここで$\vec{\tau} \equiv \sum_i \vec{r}_i \times \vec{F}_i$, $\vec{F} \equiv \sum_i \vec{F}_i$とおいた。他の2点の周りのトルクも同様に書ける。このとき

$$(\vec{r}_A - \vec{r}_C) \times \vec{F} = (\vec{r}_B - \vec{r}_C) \times \vec{F} = 0$$

で、$\vec{F}$が$\vec{r}_A - \vec{r}_C$, $\vec{r}_B - \vec{r}_C$と平行であるか、0であることがわかる。条件より$\vec{r}_A - \vec{r}_C$, $\vec{r}_B - \vec{r}_C$はたがいに独立な方向のベクトルであるので、これらに同時に平行になることはないから、$\vec{F}$は0であり、したがって系は力学的平衡状態にあることがわかる。

10 流体

身の周りの物体の運動を考えると、これまでに学んできた弾性体や剛体などではモデル化できないものもある。水や空気などはその典型であり、それらは流体としてモデル化される。この章では流体とその運動の基本的性質を学んでいこう。

10－1　流体とは？　B

高校物理基礎

流体とは流れることのできる物体のことである。流体は入れ物によって形を変えることができる。一般に気体や液体は流体であるが、同じ流体であっても気体と液体とでは性質はかなり異なる。

気体中では分子が自由に運動しており、容器の壁などに衝突して圧力を与える。また、気体は圧縮可能であり、体積を変えることができる。これは気体中では分子がたがいに衝突はするが飛び回るだけの隙間があるためである。

図10－1 川や海洋、大気は流体としてモデル化される。

10－2　密度と非圧縮性流体　B

高校物理でも学んだ密度について復習しておこう。体積(volume) V の中に質量(mass) M の物体があるとき、**質量密度** ρ は単位体積あたりの質量であり

$$\rho = \frac{M}{V} \tag{10.1}$$

と定義される。通常質量密度を単に**密度**という。単位体積というのは国際単位系では1 m^3 のことである。

液体中では、分子同士が緩く引き合っており分子間の間隔が小さい。そのため、液体は流体ではあるが、ほとんど圧縮できない。このような流体を一般に**非圧縮性流体**という。

10－3　圧力　B

高校物理基礎

圧力とは日常でもよく使われる用語である。血圧や自動車のタイヤの空気圧なども圧力の一種である。購入したペットボトルに穴があくと、中のジュースが勢いよく出てくる。これも圧力によるものである。

水中では下方ほど圧力が高くなる。それに対して気体では10m標高が下がってもほとんど圧力は変化しない。こうした違いはどうして起こるのだろうか？

水の入ったペットボトルに穴をあけて、手で穴をふさぐと水の力$\vec{F}$を感じる。穴が2倍の大きさであれば、穴が二つあるのと同じなので力の大きさが2倍になる。そのため、この力は面積に比例することになる。そこでこの点における圧力を、単位面積1 m^{2}あたりに働く力の大きさとして定義しよう。つまり、Aの面積にFの大きさの力が働くときの**圧力**は

$$p = \frac{F}{A} \tag{10.2}$$

と定義する。

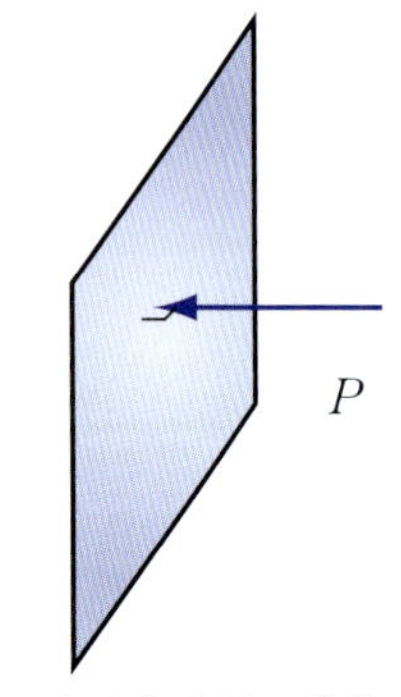

図10－2 圧力による力は面に垂直に働く。

この力の性質を見てみよう。図10－2のように流体中に面を考え、この面に働く力を見てみよう。この力は面上の流体分子に働く力でもある。この力がもし面に対して垂直でなかったとしたら、この面を構成する流体分子を移動させる力となる。そのため、流体の移動がない静的な状態では、圧力による力は面に垂直となる。特に、気体中ではさまざまな分子の衝突により面に力が加わり、衝突が乱雑に起こるためそれらの合力は面に垂直となる。

圧力は力そのものではないことに注意しよう。特に圧力による力は考える面に対して垂直に働き、特定の方向を持つものではない。それでは圧力の大きさは考える方向によってどのように変化するのであろうか？　実験によると圧力の大きさはどの方向でも変わらない。つまり各点において圧力は決まった量であり、しかも方向を持たないスカラー量なのである。

圧力の単位は定義によりN/m^{2}である。SI単位系での圧力の単位はパスカル(Pa)であり

$$1\ \text{パスカル} = 1\ \text{Pa} = 1\ \text{N/m}^2 \tag{10.3}$$

である。工業的には1 kPa = 1000 Paがよく用いられる。

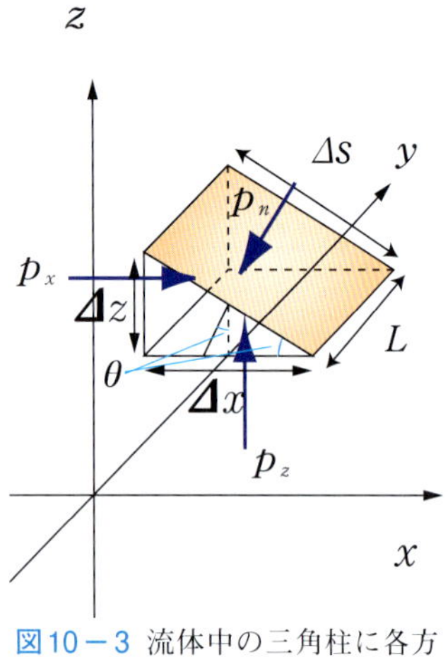

図10－3 流体中の三角柱に各方向から働く圧力

10－4 圧力が方向によらないことの証明 Ⅰ

圧力が方向によらないことは実験的な結果であるとしたが、ここではその理由を考えてみよう。図10－3のような長さΔx, Δz, Δs, Lの辺を持つ三角柱面に働く圧力を見てみよう。

三角柱は密度ρの流体の一部分であるとし、図10－3の三つの面に働く圧力の大きさをp_x, p_z, p_nとする。面に働く圧力による力は$F = pA$であることと、方向は面に垂直であることにより、各面

に働く力は

$$\vec{F}_1 = (p_x L\Delta z,\ 0,\ 0),\quad \vec{F}_2 = (0,\ 0,\ p_z L\Delta x),$$
$$\vec{F}_3 = (-p_n L\Delta s \sin\theta,\ 0,\ -p_n L\Delta s \cos\theta) \tag{10.4}$$

となる。三角柱内の流体が受ける重力は

$$\vec{w} = \left(0,\ 0,\ -\frac{1}{2}\rho g L\Delta x\Delta z\right) \tag{10.5}$$

である。また、長さΔsについては、

$$\Delta s \sin\theta = \Delta z,\quad \Delta s \cos\theta = \Delta x \tag{10.6}$$

の関係がある。

静的な場合、流体の各部分に働く力の合力はゼロとなるはずである。これらの合力がゼロとなることは

$$\vec{F}_{\rm net} = \left(p_x L\Delta z - p_n L\Delta z,\ 0,\ p_z L\Delta x - p_n L\Delta x - \frac{1}{2}\rho g L\Delta x\Delta z\right)$$
$$= 0$$

を意味する。これより

$$p_x = p_n,\quad p_z = p_n + \frac{1}{2}\rho g\Delta z$$

となり、これは面の角度θによらない。特に三角柱を小さくして点と見なす極限では、$\Delta z \to 0$として

$$p_x = p_z = p_n = p \tag{10.7}$$

となり、圧力は向きによらずに一定であることがわかる。

このように、各点の圧力は、その点での面の向きによらず一定の値となるのである。

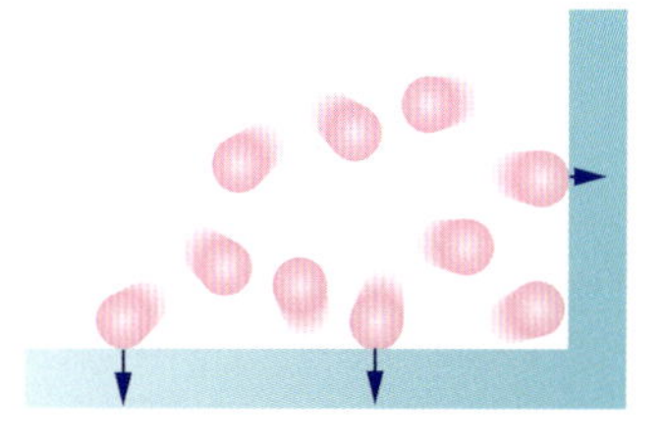

図10－4 気体の圧力は気体分子の衝突によって生じている。

10－5 圧力の起源は？ B

高校物理基礎
高校物理

液体と気体とでは圧力の起源は非常に異なる。

気体の圧力がどのようにして生じるのかは、高校物理で学んだ。詳しくは第II巻で扱うことにして、ここでは次のように簡単に復習しておこう。つまり、気体分子は空気中を非常に大きなスピードで飛び回っており、この熱運動のため壁があると衝突して圧力を与えるのである。

一方液体内では、分子が飛び回るほどの隙間はないので、主に重力が圧力の起源となる。たとえば、子供を肩車すると上から抑えつけられる力が働くのを感じるだろう。水分子も同様であり、深いところの水は上方にある水の重力を主に感じる。もちろん気体でもこうした重力による圧力もあり、次節で見る大気圧はまさにこうした

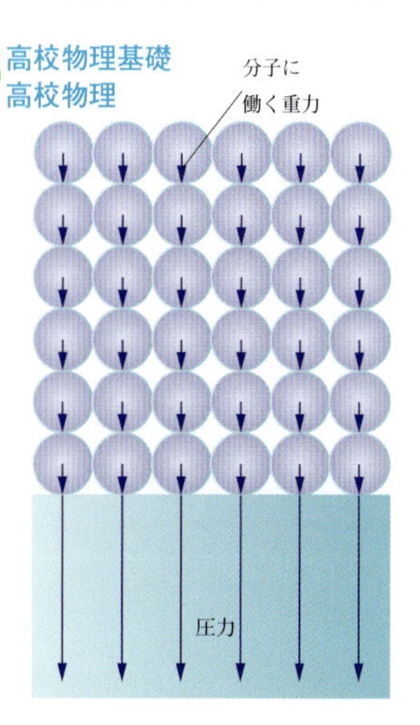

図10－5 液体の圧力は重力が要因で生じる。

要因で生じているが、空気は軽いので通常の容器内部の圧力を考える場合にはその主要な原因は分子の衝突によるものである。

このように、圧力の原因には熱運動的なものと重力的なものとがある。この章では主に重力的なものを扱い、熱運動的なものについては第II巻で見ることにしよう。

高校物理基礎

10－6　大気圧　B

地球の大気は上空数100 kmまで存在する。そのため仮想的にこの高さのコップに、空気が入っていると思ってみよう。すると底の方は上の空気の質量による重さにより押しつけられ圧力が発生する。

海抜0 mでの大気圧は天候によって変化するが、地球全体の平均値は101,300 Paである。そのため、**標準大気圧**を

$$1\ \text{気圧} = 1\ \text{atm} \equiv 101300\ \text{Pa} = 101.3\ \text{kPa} \qquad (10.8)$$

と定義する。気象の分野では1 hPa＝100 Paの単位がよく用いられる。

この大気圧による力を見てみよう。手のひらの表面積はおよそ$0.1\ \text{m} \times 0.1\ \text{m} = 0.01\ \text{m}^2$である。したがって、大気圧により手のひらに働く力は$F = pA$の関係から約1000 Nである。1 kgの物体を持つときの力は10 Nであるので、これは100 kgの物体を持ったときの力に相当する。したがって、大気圧による力は非常に大きいことがわかる。それではこの大気圧の力を感じないのはなぜだろうか？

それは手のひらの下側からも同じ力を受けており大気圧はほとんど相殺されてしまっているからである。

私たちの体自身はこの大気圧を内部から跳ね返してもいる。そのため、宇宙空間にそのまま私たちが出ると、内部からの力により細胞が破裂してしまう。

図10－6　大気圧は大気の重さによる圧力である。

例題10－1　大気圧の力

直径5 cmの円形の吸盤の用いたフックでは、接着面を完全な真空にした場合どの程度の質量の荷物を支えられるか。

解答　大気圧はおよそ$1 \times 10^5\ \text{Pa}$とすると、吸盤に働く大気圧の力は$1 \times 10^5\ \text{Pa} \times \pi \times (2.5\text{cm})^2 = 200\ \text{N}$となる。よって、重力下で20 kg程度の荷物を真下につり下げることができる。■

10－7 液体での圧力 Ⓑ 高校物理基礎

図10－7のように液体中で底面積A、高さhを持つ部分に注目してみよう。この部分は外部から受ける力がつり合って静止していると見ることができる。

水深hでの圧力をpとし大気圧p_0とする。鉛直方向には上から大気圧p_0による力が働き、下からは液体の圧力による力が働く。この部分に含まれる液体の質量をmとすると、力のつり合いより

$$pA = p_0 A + mg \qquad (10.9)$$

となる。ここでこの部分の体積は$V = hA$であるので質量は密度ρを用いて$m = \rho V = \rho hA$と表される。よって(10.9)より液体中の深さhの地点の圧力は

$$p = p_0 + \rho hg \qquad (10.10)$$

となることがわかる。この圧力を**静水圧**という。今は流体が静止しているとして圧力を求めた。10－16節で見るように、流体が運動しているときには必ずしもこの圧力の値とはならない。

また上では密度が変わらないとして圧力を求めた。つまり液体が非圧縮性流体であることを仮定した。したがって、気体ではhが大きいと上の関係式が成り立たなくなることにも注意しよう。

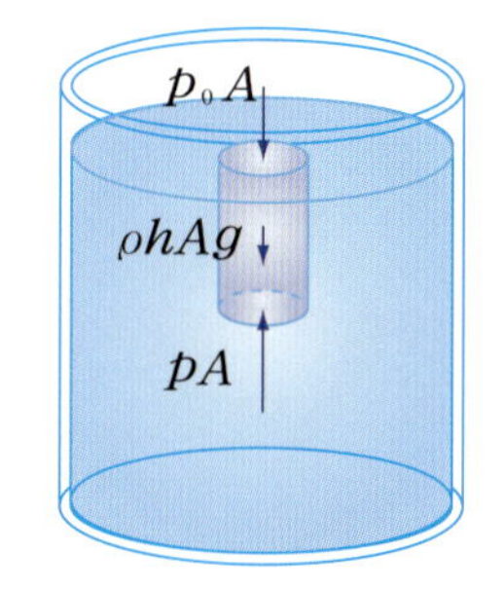

図10－7 流体中の領域に働く圧力による力と重力のつり合い

例題10－2 高さによる血圧の変化

血液の密度は水とほぼ等しい。水圧は水深10 mでおよそ1気圧上がる。また1気圧は水銀柱の高さに換算して760 mmHgとも表される。心臓での平均血圧が100 mmHgであるとき、心臓から50 cm上の頭部と1 m下の足の部分でのおおよその血圧を求めなさい。ただし、粘性などの影響は無視する。

解答 水深10 mでおよそ760 mmHgであることから、1 mで76 mmHg、50 cmではおよそ38 mmHgとなる。これより頭部の血圧はおよそ100－38＝62 mmHgとなり、足の部分ではおよそ100＋76＝176 mmHgとなる。■

体の中の血液も水と同様の性質であることを認識しておこう。立っていると頭部では血圧が下がり貧血を起こしやすくなり、足は血圧が高いためむくみやすい。後で見るように、粘性などの影響で正確な値とはならないので概算でよい。

例題 10－3　重力による血圧の変化

進行方向に起立した姿勢のまま、ロケットで加速して宇宙を進む。心臓での最高血圧が 140 mmHg のとき、50 cm 上の頭部に血液が循環しなくなるのは、加速度が重力加速度の何倍のときか？

解答　通常の重力加速度のとき 0.5 m で 38 mmHg の圧力となる。xg のときは慣性力により $38x$ mmHg となるので、頭の血圧は

$$38x = 140, \quad x = 3.7$$

のときゼロになる。よっておよそ $3.7\,g$ で血圧がゼロになる。■

先の問題にもあるように、重力の影響で心臓から上の位置では血圧が下がる。血圧がゼロになると血液が流れなくなる。ロケットでは、進行方向に対して垂直に体を向けると、およそ $20\,g$ の加速度まで耐えられるようになる。実際には、血液を送るための筋肉がほかにあるので $8\,g$ くらいまで耐えられるといわれている。ただし、目の毛細血管の血圧が先に下がり、視力がまず失われる。

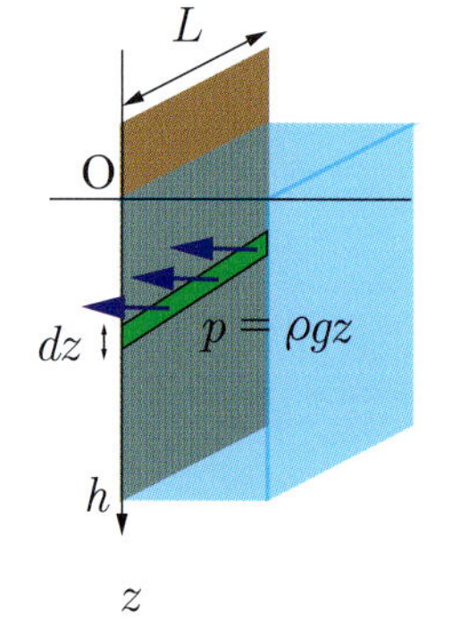

図 10－8　ドアの前にたまった水による圧力

例題 10－4　水深と水圧

洪水が起こりドアの前に水がたまった。ドアの前の水の水深が 2 倍になると、ドアにかかる力は何倍になるか？

解答　水深とドアにかかる水圧が比例する。そのため、ドアの一番低い部分の水圧は 2 倍になり、全体として水圧は平均して 2 倍となる。また、ドアを水が押す面積も 2 倍になるため、ドアにかかる力は圧力と面積の積であり、全体として 4 倍の力がドアにかかることになる。以下これを定量的に見ていこう。

洪水が起こりドアの前に水がたまってきたとしよう。幅が L のドアに高さ h まで水がたまったときに、水がドアを押す力を求めてみよう。

ドアの内外から大気圧が働くので水による圧力の増加分のみを見ればよい。水深 z での圧力は ρgz であり、水深 z にある面積 $dA = Ldz$ にかかる力の大きさは

$$dF = \rho gzdA = \rho gLzdz$$

である。よって高さ h までに働く力の合力の大きさは

$$F = \int_0^h dF = \int_0^h \rho gLzdz = \rho gL\frac{z^2}{2}\bigg|_0^h = \frac{1}{2}\rho gLh^2$$

となる。これより高さが2倍になるとドアに働く力は4倍になることがわかる。■

10－8　パスカルの原理　Ⓑ

高校物理基礎

静的な水圧は深さと表面の圧力にしかよらないという(10.10)の結果は非常に重要な内容を含んでいる。

図10－9のように二つ以上の上に空いた口を持つ容器では、小さい方の口は大きい方の口からの水圧を受け、水面の高さが高くなるように予想されるかもしれない。しかし、水深の同じ点で同じ圧力となるためには、水面の高さは等しくならなければならない。このように水平面のどの部分でも圧力は等しいのである。

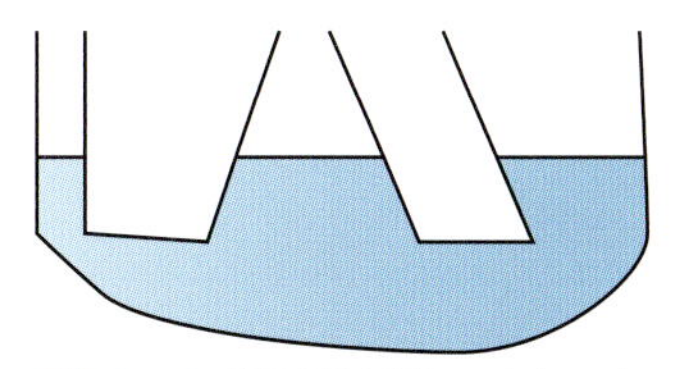

図10－9 断面積が違っても、水平面の高さはすべて等しくなる。

また水面の圧力の一部を変化させると、その影響は流体すべてにおよび、やはり同じ高さの水面での圧力は等しくなる。これを**パスカルの原理**という。

例題10－5　液圧ジャッキ

図10－10のように、密度ρの液体と面積A_2で接している台2の上に質量mの車が乗っている。これを面積A_1で接している台1から力を加えて水位差hのところまで持ち上げた。このとき車を支えるのに必要な力$\vec{F}_1$を求めなさい。

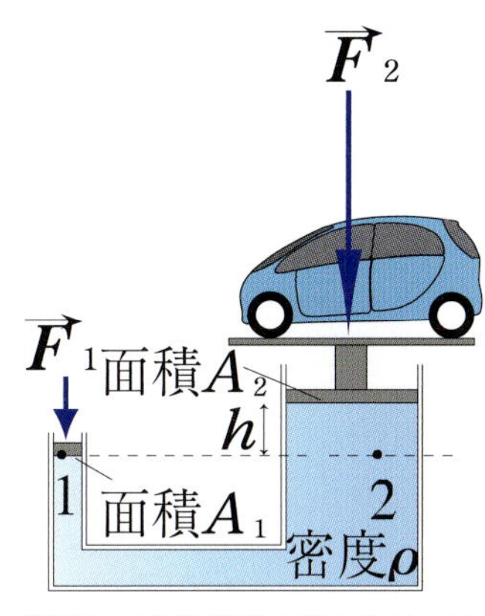

図10－10 断面積の異なる二つのピストンからなるジャッキ

解答　左側1の点での圧力は大気圧p_0と力による圧力F_1/A_1の和である。右側2の点での圧力は大気圧p_0と車の重さによる圧力mg/A_2と、液体の重さによる圧力ρghの和である。よって

$$p_0+\frac{F_1}{A_1}=p_0+\frac{mg}{A_2}+\rho gh$$

となり、

$$F_1=\frac{A_1}{A_2}mg+\rho ghA_1$$

となる。■

10－9　浮力　Ⓑ

高校物理基礎

流体の中に物体を入れると浮く物体と沈む物体とがある。この違いは何に基づくのだろうか？

流体中に質量の無視できる中身のない容器を入れる。物体の側面

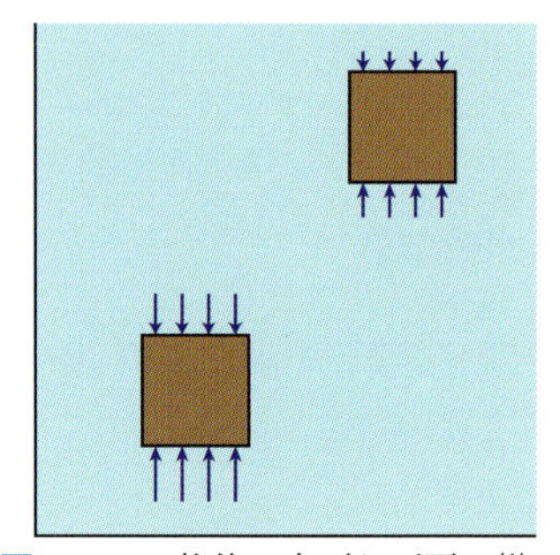

図10－11 物体の上面と下面に働く圧力差は水深によらない。

からの圧力による力は同じ水深では同じ大きさとなるので相殺している。一方、上からの圧力と、下からの圧力は水面からの深さが異なるので一般に異なる。このため、全体として上向きの力を受けるのである。これを**浮力**(buoyant force)という。

水深が深くなると、上からの力と下からの力は共に強くなるが、その差は変わらない。そのため、この浮力は物体の大きさによるが水面からの深さにはよらないのである。

密度ρの流体の中に体積Vの仮想的な容器を入れ、内部も同じ流体であるとする。この部分に働く重力は下向きにρVgである。静的な状態では容器は移動しないので、この重力は上向きの浮力とつり合っているはずである。よって浮力の大きさは

$$F_B = \rho Vg \tag{10.11}$$

である。

10－10 圧力と浮力の関係の証明 I

浮力は圧力差から生まれる。浮力と圧力は非常に誤解しやすいので注意しよう。ここでは、いかなる物体に対しても圧力差によって浮力が(10.11)で表されることを示してみよう。

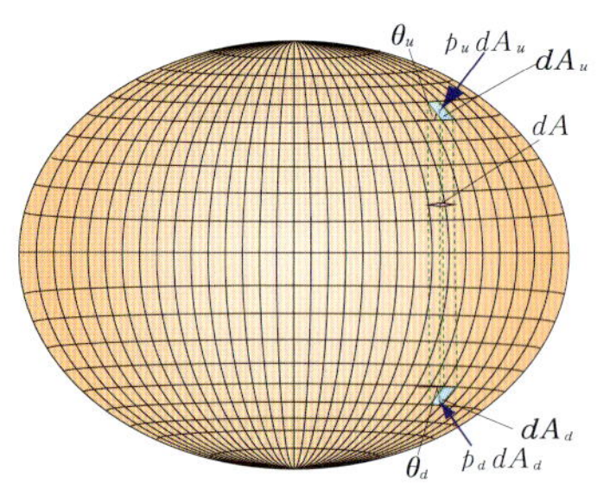

図10－12 物体を微小な柱体に分割し上面と下面に働く力を考える。

図10－12のように密度ρの流体中に置かれた物体を鉛直方向に細長い微小な柱体の集まりに分割する。底面が水平面となす角をθ_d, θ_uとすると、z方向（鉛直上方）の力は

$$F_B = \int (p_d \cos\theta_d \, dA_d - p_u \cos\theta_u \, dA_u) \tag{10.12}$$

である。ここでz軸に垂直な断面の面積をdAとすると

$$\cos\theta_u \, dA_u = \cos\theta_d \, dA_d = dA \tag{10.13}$$

である。よって

$$F_B = \int (p_d - p_u) dA \tag{10.14}$$

となる。圧力は$z = 0$での圧力をp_0とすると

$$p = p_0 - \rho g z \tag{10.15}$$

と表されるから、

$$F_B = \rho g \int (z_u - z_d) dA$$

となる。この柱体の体積は$dV = (z_u - z_d) dA$であるので、圧力差による力は

$$F_B = \rho g \int dV = \rho g V \tag{10.16}$$

となることがわかる。この力が物体に対して浮力として働く。

このようにいかなる形状の物体に対しても浮力は物体の体積によって表されることがわかる。

10－11 浮き沈み B

高校物理基礎

液体に浮くか沈むかは、浮力と重力のどちらが大きいかで決まる。密度ρ_fの液体中に密度ρ_0の物体を置いたとき、浮力は単位体積あたりに$\rho_f g$の力となり、これが単位体積あたりの重力$\rho_0 g$より大きければ浮くことになる。つまり物体の平均密度が、液体の密度よりも小さければ液体に浮くことになる。

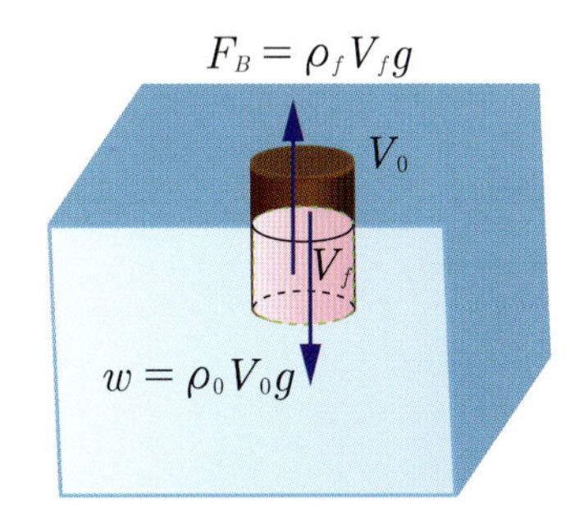

図10－13 浮いている物体に働く浮力

浮いている物体の体積をV_0、密度をρ_0としよう。この物体に働く重力の大きさは

$$w = \rho_0 V_0 g$$

である。沈んだ部分の体積をV_fとすると浮力は$F_B = \rho_f V_f g$であり、浮かんだ状態ではこれが重力とつり合っている。そのため、沈んだ部分の体積は

$$V_f = \frac{\rho_0}{\rho_f} V_0$$

となる。つまり物体全体に対する沈んだ部分の割合は

$$\frac{V_f}{V_0} = \frac{\rho_0}{\rho_f} \tag{10.17}$$

である。

氷山の一角などという表現があるように、海に浮かぶ氷の水上に見えている部分は少ない。その割合を計算してみよう。氷の密度は917 kg/m^{3}であり、海水の密度は1030 kg/m^{3}である。これより沈んでいる部分の割合は

$$\frac{V_f}{V_0} = \frac{917}{1030} = 0.89$$

であることがわかる。

例題10－6 浮力

図10－14のようにコップに氷が浮かんでいる。この氷が溶けたとき、水面の高さはどうなるか？

(A) 上昇する (B) 変わらない (C) 下降する

図10－14 水に浮かぶ氷が溶けると水面は？

解答 氷の全体の質量と、沈んだ部分の体積に相当する水の質量と

が等しい。つまり、氷が溶けると、ちょうどこの体積の水になる。よって水面の高さは(B)変わらない。■

例題10－7　救命胴衣

空気でふくらませた救命胴衣をつけて、体の体積のx%が沈まずに水面上に浮かぶには、救命胴衣の体積はどのぐらいであればよいか。人体の平均密度は水の密度にほぼ等しく、空気の密度はこれらに比べて無視してよいとする。

解答　救命胴衣による浮力（水の重さ）の増加分だけ、水面上の部分の重さを支えることができる。よって、救命胴衣は水面上の部分と同じ体積（体のx%）程度あればよい。たとえば頭部が水面から出るには、頭と同じ程度の大きさの胴衣があれば間に合う。■

10－12　表面張力

液体は雨粒のように丸くなろうとする。液体の表面は風船のゴムのようにできるだけ縮もうとして丸くなるのである。このように表面をできるだけ小さくするように働く力を**表面張力**という。表面張力はなぜ生じるのだろうか？

図10－15 液体表面の分子は下半面のみから分子間力を受け、沈み込もうとする。

液体中の分子はたがいの分子間力によって相対的に緩やかに動く。もしこの分子間力がなければ、分子はばらばらに移動し、気体になっているはずである。分子はたがいに引き合っているため、分子間力によるポテンシャルエネルギー（たがいに十分離れたときを基準とする）は負となり、分子の周りにできるだけ多くの分子がある方がエネルギー的に安定である。言い換えれば分子には多くの分子がいる方向に力が働くのである。水中にある分子はすべての方向に分子が存在し安定であるが、表面の分子は空気と引き合う力が弱く、内部の分子の方向に引かれて沈み込もうとする。

図10－16のように長方形状に液体の膜を作ると、縦xで長さlの部分の表面にある分子の数はその面積に比例する。分子が液体中にある状態を基準とすると表面の分子は分子間力を及ぼす分子が少ない分だけエネルギーが高い状態になる。このエネルギーを単位面積あたりγとすると、面積xlの面が表と裏の２面あるので、膜は液体中にあるときより

$$U = 2\gamma lx \qquad (10.18)$$

だけエネルギーが高い状態にあることがわかる。これより長さlの

辺に働く力は

$$F=-\frac{dU}{dx}=-2\gamma l \qquad (10.19)$$

となる。表と裏の面を別々に考えると、この辺の単位長さあたりに働く力の大きさはγとなり、これを表面張力と定める。マイナス符号は、表面の面積を小さくする方向に力が働くことを意味する。このように表面張力は分子間力と密接に関係があり、分子間力が大きいほど表面張力が大きくなる。

シャボン玉などでもこの張力により内側に縮もうとする力が働き、これと内外の気体の圧力による力がつり合う状態となる。そのため、内部の圧力は外部よりも大きくなる。

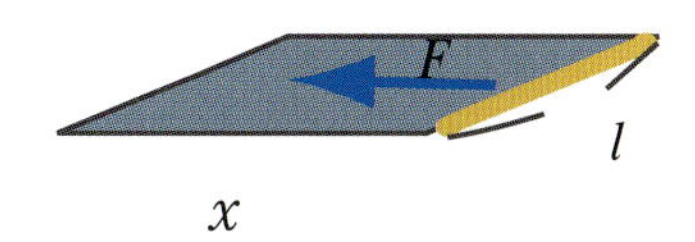

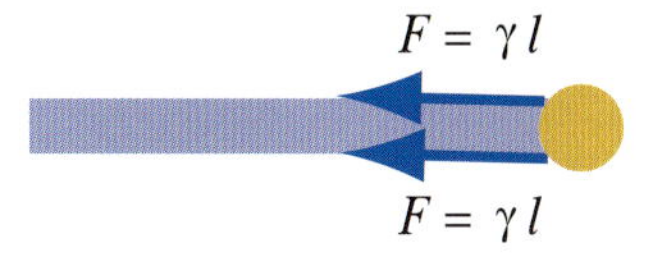

図10－16 液体膜に働く表面張力による力

10－13 球体の中の圧力 Ⓐ

水の中に油を入れたところ半径Rの球形になったとする。水の中の油の表面張力をγとし、この表面張力が作り出す圧力Pを求めてみよう。

球の表面積は$A=4\pi R^2$であるので、表面を作り出すのに必要なエネルギーは$W=4\pi\gamma R^2$である。今、半径をΔRだけ大きくすると、エネルギーは

$$\begin{aligned}\Delta W &= W(R+\Delta R)-W(R)\\ &= 4\pi\gamma[(R+\Delta R)^2-R^2]\\ &\simeq 8\pi\gamma R\Delta R\end{aligned}$$

だけ増加する。これは、表面張力が作り出す力(表面に垂直)に逆らって行う仕事に等しいはずなので

$$\Delta W=4\pi R^2 P\Delta R=8\pi\gamma R\Delta R$$

となり、

$$\boxed{P=\frac{2\gamma}{R}} \qquad (10.20)$$

となることがわかる。

シャボン玉などの膜では面が2面あるので圧力はこの2倍となり、$P=4\gamma/R$となる。この式からわかるように、小さな球の方がより大きな圧力が働くのである。

図10－17 シャボン玉にも表面張力が働いている。

私たちの肺には、およそ3億もの肺胞という小さな袋状の組織があり、その膜内に粘液がある。息を吐き出すときにはその粘液の表面張力で肺胞が縮み、内部の空気を押し出す。このように息を吐くときの動作は表面張力に助けられているのである。乳幼児は、その

表面張力による圧力のため吸気が困難になることがある。このようなとき、界面活性剤を処方して表面張力を下げ、吸気を楽にする。

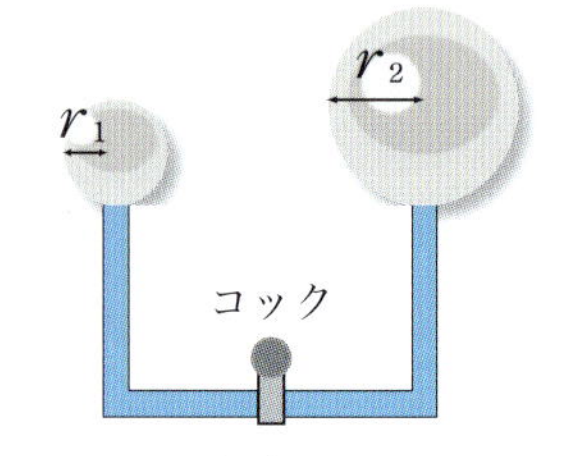

図10－18　連結されたシャボン玉

例題10－8　球体の中の圧力

図10－18のように、大小二つのシャボン玉が管の両端についていたとする。初め閉じられていたコックを開くと、どのような変化が起こるだろうか。

解答　半径の小さなシャボン玉の方が内部の圧力が高く、中の気体が大きなシャボン玉の方へ流れる。小さなシャボン玉はつぶれてしまう。

肺胞は液体で覆われた大小さまざまな球がたがいに連結されており、この例の状況に近い。小さな肺胞がつぶれてしまわないのは、肺胞には体内で作られた界面活性物質が塗布されており、肺胞が小さくなるとその濃度が高くなるため表面張力はより小さくなり、逆に大きくなると濃度が薄くなって表面張力は比較的大きくなって、大きさが異なっても内圧を等しく保つことができるからである。■

10－14　流体の動力学　Ⅰ

風が吹いて空気が移動したり、川を水が流れたりする現象は、共に流体の運動の例である。流体の流れの解析はいまだに複雑なテーマであり、乱流など複雑な流れについてはまだよくわかっていないことも多い。しかし、流体の基本的な性質は、より理想的なモデルを用いることではっきりしてくる。ここでは次の四つの仮定に基づく**理想流体**モデルと呼ばれるものを見ていこう。

1. 流体は非圧縮流体である。つまり密度が一定である。これは水などの液体に対して非常によい近似となる。
2. 流体には粘性がない。つまり、油やケチャップのようにべとべとしていなくてさらさらしている。これは、質点の力学において摩擦がないことに対応している。
3. 流れは定常的である。これは流体の分子が加速し流体の場所により速度が異なることはあっても、流体内の各点での速度は一定であることを意味する。
4. 流体は渦をなしていない。これは、流体内部に物体をおいても回転しないことをいう。

たばこの煙も流体の運動の一つである。最初に定常的に流れているたばこの煙も上方では乱れて乱流となる。理想流体モデルはこの乱流になる前までの運動で成り立つ。

10－15 連続の式

川を流れる水は、川幅がせまいところでは速く流れて、広がったところでは緩やかになる。ラッシュアワーの改札口では改札口に入るまではゆっくりだが、改札機のところでは急激に速くなる。こうした現象は流体に限らず見られるが、ここでは理想流体においてこのことを調べてみよう。

流体を粒子の集まりとしてみよう。最初に断面積A_1の面1を、v_1のスピードで粒子が通過したとする。粒子の単位体積あたりの数をnとすると、単位時間あたりに面1を通過する粒子の数は$N = nA_1 v_1$である。密度が変化しないとすると、面2を通過する単位時間あたりの粒子の数は、同様にして$N = nA_2 v_2$となる。

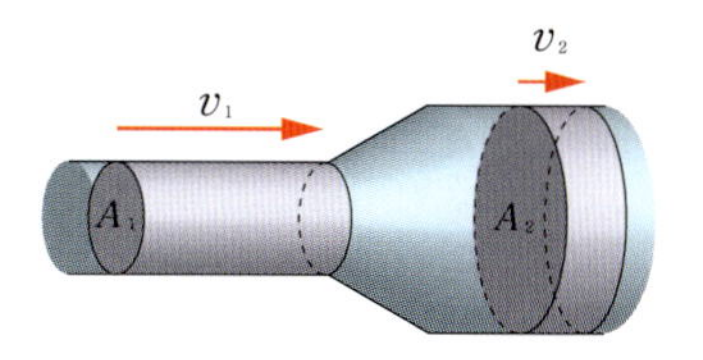

図10－19 異なる断面積を持つ領域を通過する流体

この通過する粒子の数が等しくなければどこかで粒子の密度が増減することになり、密度が一定ではなくなってしまう。今は密度が一定の流体としているので、通過する粒子の数はどこでも等しくなければならない。よって

$$A_1 v_1 = A_2 v_2 \tag{10.21}$$

という関係があることがわかる。これを**連続の式**という。面1から面2に至る区間に単位時間あたりに入ってくる流体の量は、出て行く流体の量に等しくなる。これが連続の式の意味である。たとえば面積が半分のところを通過するときには2倍のスピードとなる。

連続の式に現れている

$$Q = Av$$

を**体積流量率**という。これは単位時間あたりにどれだけの体積の流体が通過するかを計るものである。

例題10－9　血流のスピード

大動脈では管の半径は1 cm、血流量はQ=5 ℓ/min程度である。血流の平均スピードを見積もりなさい。

解答　$v = Q/A = (5\ \ell/\mathrm{min})/\pi \times (1\mathrm{cm})^2 = 27\ \mathrm{cm/s}$となる。■

10－16 ベルヌーイ方程式 

連続の式と同様に重要な式が、流体におけるエネルギー保存の法則である。

図10－20のように注目する部分に対する時間Δtの間の流体の移動を考える。流入、流出する部分の体積をdVとすると$dV = A_1 ds_1 = A_2 ds_2$である。周りの流体がこの区間の流体に行う仕事は両端での圧力をp_1, p_2とすると

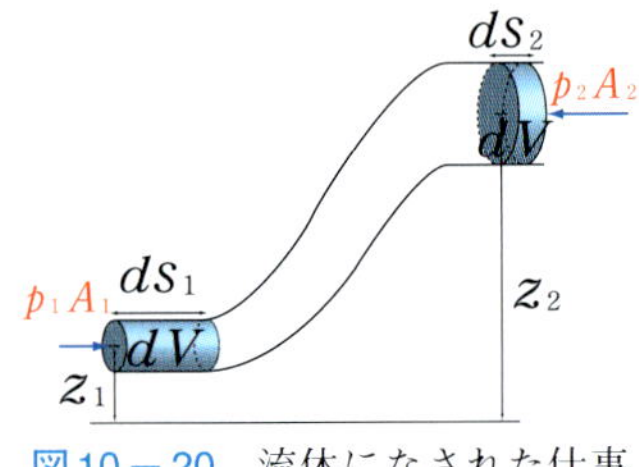

図10－20　流体になされた仕事とエネルギーの出入り

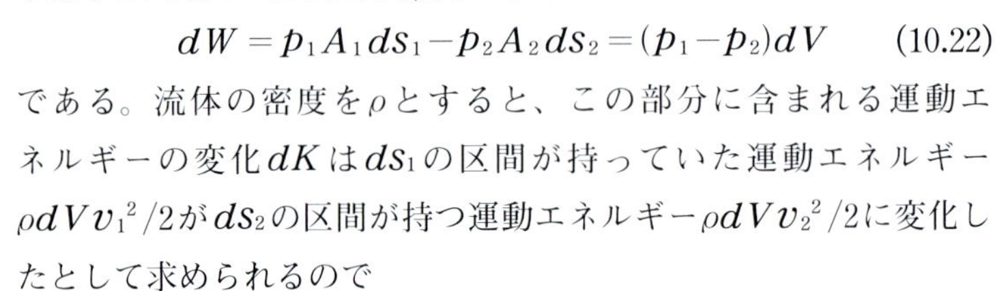

$$dW = p_1 A_1 ds_1 - p_2 A_2 ds_2 = (p_1 - p_2)dV \tag{10.22}$$

である。流体の密度をρとすると、この部分に含まれる運動エネルギーの変化dKはds_1の区間が持っていた運動エネルギー$\rho dV v_1{}^2/2$がds_2の区間が持つ運動エネルギー$\rho dV v_2{}^2/2$に変化したとして求められるので

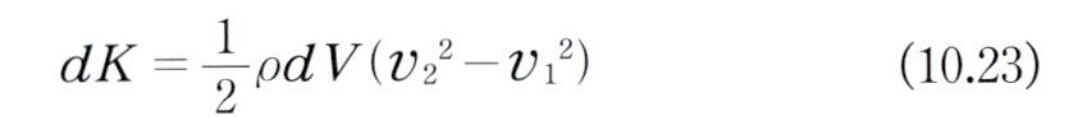

$$dK = \frac{1}{2}\rho dV(v_2{}^2 - v_1{}^2) \tag{10.23}$$

である。同様に位置エネルギーの変化は

$$dU = \rho dVg(z_2 - z_1) \tag{10.24}$$

である。よって仕事と力学的エネルギーの関係により

$$(p_1 - p_2)dV = \frac{1}{2}\rho dV(v_2{}^2 - v_1{}^2) + \rho dVg(z_2 - z_1)$$

となる。これより

$$\boxed{p_1 + \frac{1}{2}\rho v_1{}^2 + \rho g z_1 = p_2 + \frac{1}{2}\rho v_2{}^2 + \rho g z_2} \tag{10.25}$$

が成り立つ。これを**ベルヌーイ方程式**という。ベルヌーイ方程式は単位体積あたりのエネルギー保存の式である。

このベルヌーイ方程式はエネルギー保存の法則を表したものであるが、ニュートンの第二法則の視点からその意味を考えてみよう。たとえば、圧力が高い方から低い方に流体の流れがあるとしよう。すると流体は圧力が高い方から低い方に力を受けるので加速していく。そのため運動エネルギーが増加する。したがって、流れが速くなることと圧力が小さくなることは連動するのである。また、位置が上昇するときには重力を受けるので減速して運動エネルギーは減少する。これらのことを理想流体で示したのがベルヌーイ方程式なのである。

流れが速くなるために圧力が下がらなければならないことは、理想流体に限らず比較的一般に成り立つ。しかし、ベルヌーイ方程式は非圧縮性流体での方程式であるので、空気などの圧縮性流体に対しては必ずしも成り立たない。また後で述べるように、摩擦（粘性）

が重要になる場合にも成り立たない。こうしたベルヌーイ方程式の適用限界にも注意しよう。

図10－21　血栓部分の血圧はどのようになるか。

例題10－10 血管中の血栓

血管内に血栓ができている。狭くなった部分の血圧は、通常に比べてどうなるか？

解答　連続の式から、断面積の小さな部分を通過する血流は速くなる。ベルヌーイ方程式から、そこでの血圧は下がる。よって血栓部分の血圧は、その周囲に比べて低い。■

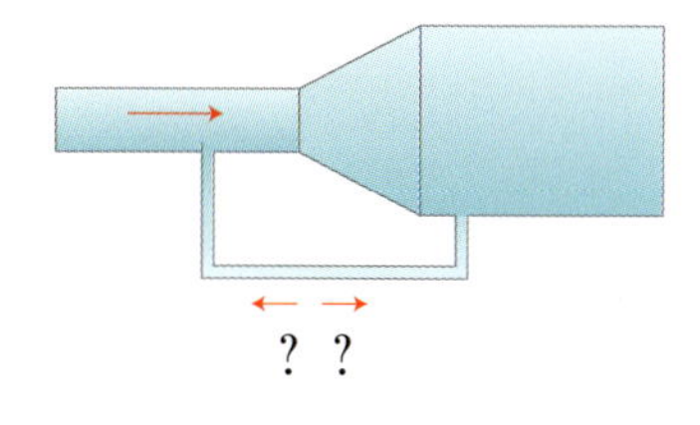

図10－22　ベンチュリ管の原理

例題10－11 ベンチュリ管

図のようにパイプの狭いところと広いところとに細い管をつなげる。細い管の中の水流の向きはどちらか？

解答　連続の式から、管の狭いところはより流速が速く、したがってベルヌーイ方程式より、圧力が低いことがわかる。よって、図の左向きに水流が起きる。■

例題10－12 連続の式とベルヌーイ方程式

v_1のスピードで半径r_1のパイプを流れてきた流体が半径r_2の部分を通過する。このときの圧力差を求めなさい。

解答　連続の式から$A_1 v_1 = A_2 v_2$であり、$A_1 = \pi r_1^2$, $A_2 = \pi r_2^2$より

$$v_2 = \frac{r_1^2}{r_2^2} v_1$$

となる。したがってベルヌーイ方程式より

$$p_1 + \frac{1}{2}\rho v_1^2 = p_2 + \frac{1}{2}\rho v_2^2 = p_2 + \frac{1}{2}\rho\left(\frac{r_1}{r_2}\right)^4 v_1^2$$

となる。これより

$$p_2 - p_1 = \frac{1}{2}\rho v_1^2\left(1 - \left(\frac{r_1}{r_2}\right)^4\right)$$

となることがわかる。■

例題10－13 ベルヌーイ方程式と空気抵抗

自転車でvのスピードで走っているとき、正面方向に加わる空気による圧力を求めなさい。

解答 自転車に乗っている人が静止しているとする系において、空気は流速vでやってきて、正面では流速がゼロとなるとして求める。そのためベルヌーイ方程式より

$$p_1 + \frac{1}{2}\rho v^2 = p_2 + 0$$

となり圧力差は

$$p_2 - p_1 = \frac{1}{2}\rho v^2$$

となることがわかる。これは、4－8節で述べた空気抵抗による圧力である。■

10－17 穴から吹き出る流体のスピードⅠ

ベルヌーイ方程式を用いると穴から吹き出る流体のスピードを求めることができる。このことについて調べてみよう。

例題10－14 穴から吹き出る流体

水面から深さhのところに小さな穴があいた。その直後に水の吹き出すスピードを求めなさい。

解答 吹き出る位置を原点として、水面での単位体積あたりのエネルギーはρghである。吹き出す流体の単位体積あたりの運動エネルギーは$\frac{1}{2}\rho v^2$である。水面でも吹き出る位置でも外圧は大気圧で等しいので、ベルヌーイ方程式より

$$\rho gh = \frac{1}{2}\rho v^2$$

となる。これより

$$v = \sqrt{2gh}$$

である。これは高さhからそっと落とした場合のスピードと等しい。■

例題10－15 ベルヌーイ方程式の応用

半径Rの蛇口からスピードv_0で水が下に向かって出ている。蛇口の出口から下にhのところでの、水流の半径を求めなさい。また、水流が細くなると水が粒上になる。この理由は何か？

解答 hだけ下での水のスピードをvとすると、ベルヌーイ方程式より

$$\frac{1}{2}\rho v_0^2+\rho gh=\frac{1}{2}\rho v^2$$

である。これより

$$v=\sqrt{v_0^2+2gh}$$

となる。連続の式よりhだけ下での水流の半径をrとすると

$$v_0R^2=vr^2$$

となり、これより

$$r=R(1+2gh/v_0^2)^{-1/4}$$

となることがわかる。

水には表面張力により表面をできるだけ減少させるような力が働く。円筒状よりも球面状になった方が表面積を減らすことができる。細くなると表面張力が作り出す力が大きくなるため、水は落下するにつれて粒状になる。■

10－18 粘性 Ⅰ

完全流体では、太さが一定のパイプの中を流れるとき、パイプの出口と入り口では圧力が等しい。また、流体の流れの速さもパイプの壁の近くか中心部かにかかわらず一定である。しかし、実際の流れではこのようなことはない。長く細いパイプでは、出口の圧力は入り口の圧力よりも小さい。どろどろとした液体では、パイプの中央部の液体の速さは、パイプと接触している部分の速さよりも大きい。特に、パイプと接触している部分の液体の速度はゼロとなる。

これを理解するには、ブロックの間に摩擦力がある場合と、ない場合を考えるとわかりやすい。摩擦がない場合は一つのブロックを動かしても他に影響しない、しかし、摩擦があればつぎつぎに他のブロックが動いていく。流体においてもこれと同様のことが起こると期待される。つまり、流体中で隣り合う分子の平均速度が異なるとたがいが離れることになるので、特に液体などの分子間力の比較的強い流体においては分子間力によりそれを抑制しようとする引力が摩擦力として働くはずである。このような性質を**粘性**という。

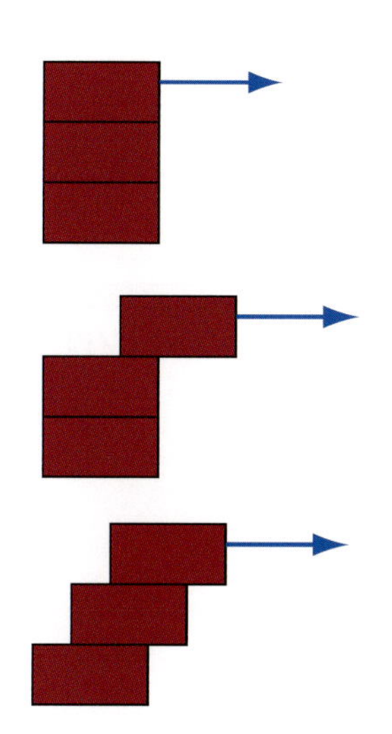

図10－23 粘性を持つ流体の運動は摩擦のあるブロックの運動に似ている。

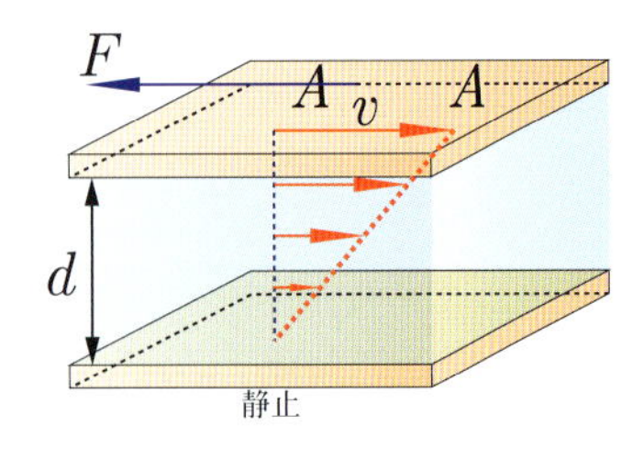

図10－24 平行な壁の間を流れる流体

表10－1 主な流体の粘度

素材	粘度 (Pa・s)
エチルアルコール	1.1×10^{-3}
水（0℃）	1.79×10^{-3}
水（20℃）	1.0×10^{-3}
水（100℃）	0.28×10^{-3}
植物油（20℃）	69×10^{-3}
植物油（40℃）	26×10^{-3}
牛乳（30℃）	3×10^{-3}
血液（30℃）	$(3\sim4)\times10^{-3}$
空気（15℃）	1.8×10^{-5}
蜂蜜	10
ケチャップ	50
ラード	1000

流体を間にはさんだ2枚の平行な壁を考えてみよう。一つの壁を速度 v で動かし続けるのに必要な力Fは、 v に比例し、壁の面積 A に比例し、壁間の距離dに反比例する。このことを

$$F=\eta\frac{Av}{d} \tag{10.26}$$

と表したときの係数ηを**粘度（粘性係数）**という。実際にはこの関係式は、流体中の壁に対して垂直な方向をy軸として、 v がyに比例して変化する場合に成り立つ式である。より一般には、流体を分ける面の面積を A とするとき、摩擦力

$$F=\eta A\frac{dv}{dy} \tag{10.27}$$

が働く。

ポアズイユの法則

円形のパイプ内の流れのスピードは、粘性の効果でパイプの管壁でゼロになり、中央で最大になる。この流れを維持するには圧力差が必要であり、管の半径をR、長さをL、管の両端での圧力をp_1, p_2とすると、単位時間あたりに流れる流体の体積は

$$\frac{\Delta V}{\Delta t}=\frac{\pi R^4(p_1-p_2)}{8\eta L} \tag{10.28}$$

と計算される。これを**ポアズイユの法則**という。この法則より、一定の流量を流すためには、半径が半分になると圧力差は16倍になることがわかる。これは、コレステロールの多い食事をして血管が狭くなったときに、血圧が上がる現象をよく説明してくれる。また、表10－2のように、動脈から遠いほど内圧は低くなっていくことがわかる。

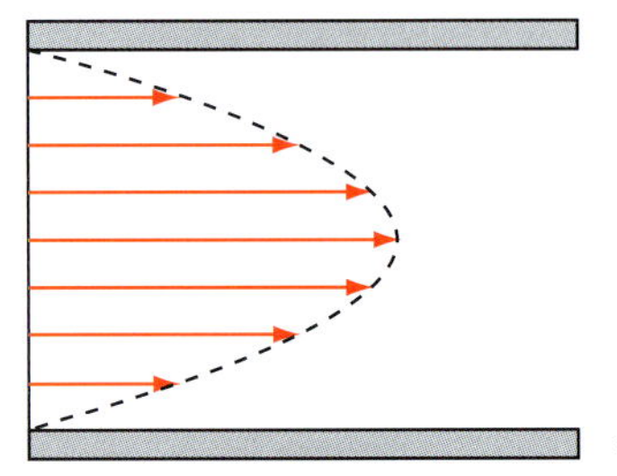

図10－25 円形のパイプ内を流れる粘性流体

例題10－16 注射器

大動脈、および動脈の管半径、血流量をそれぞれ1 cm, 0.5 cm、5 ℓ/min, 2 ℓ/minとするとき、単位長さあたりの血圧降下を計算しなさい。血液の粘性係数は$\eta=4\times10^{-3}$ Pa·sとする。

解答 ポアズイユの法則を用いると、単位長さあたりの血圧降下は$\Delta P/L=8\eta Q/\pi R^4$となる。ここで$Q$は体積流量率である。これより、それぞれの血圧降下は0.6 mmHg/m, 4 mmHg/m程度と計算される。大動脈ではほとんど血圧は下がらないことがわかる。■

表10－2 主な血管の内圧と張力

血管	直径 (mm)	壁の厚さ (mm)	内圧 (mmHg)	張力 (N/m)
大動脈	24.0	3.0	100	16
大きい動脈	8.0	1.0	97	5.2
中くらいの動脈	4.0	0.8	90	2.4
小動脈	2.0	0.5	75	1.0
細動脈	0.3	0.02	60	0.12
毛細血管	0.008	0.001	30	0.00016
小静脈	3.0	0.2	18	0.36
中静脈	5.0	0.5	15	0.50
大きい静脈	10.0	0.8	10	1.0
大静脈	30.0	1.5	10	2.0

演習問題10

Ⓑ **10.1** 例題10−5で、二つの台が同じ高さにある状態から台1を静かに押し込む（台2を持ち上げる）のに行った仕事を計算しなさい。

Ⓑ **10.2** ある物体の重さを、大気中で測るとW_a、水中に完全に沈んだ状態で測るとW_wであった。水の密度をρ_wとするとき、この物体の密度を求めなさい。

Ⓑ **10.3** 気圧が1000 hPaの日と950 hPaとでは、大気中の浮力の影響で同じ分銅でも重さは変わりうる。どの程度の変化があるか計算しなさい。

Ⓘ **10.4** アメンボのように、物体を表面張力のみで水面上に支えるとする。水面に接する部分は圧力を無視できるように長さLの円周状であるとし、水面はこの周に沿って水平面からの角度θでくぼんでいるとする。物体の質量を1 kgとすると、Lは最小でもどの程度でなければならないか。水の表面張力は$\gamma = 7.3 \times 10^{-2}$ J/m^{2}とする。

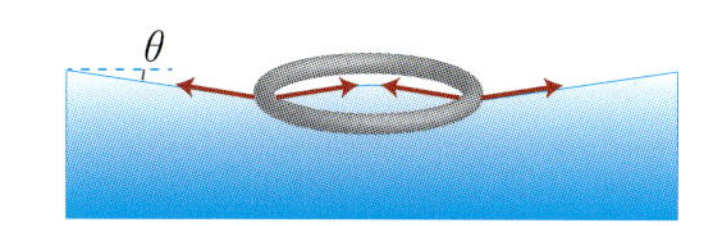

図10－26 水面に表面張力で浮かぶ円周

Ⓘ **10.5** 針の長さが1 cm、管内の太さが直径1 mmの注射器を用いて、20 mℓ/minの割合で血管に点滴したい。血管内の平均血圧を100 mmHgとするとき、薬剤を流し込むのに必要な圧力を得るには、薬剤は血管からどの程度の高さにつるせばよいか。この薬剤の粘性係数は$\eta = 2.0 \times 10^{-3}$ Pa·s、密度は1.0×10^3 kg/m^{3}とする。

10.6 高層の風は等圧線に対して平行に近い。地上付近の風は等圧線に対してどのように流れると考えられるか。地面等からの粘性の効果を考慮して答えなさい。

演習問題解答

10.1 $A_1/A_2 \equiv \alpha$とおく。台1をx_1押し下げたとき、台2がx_2持ち上がるとすると、流体は非圧縮として$x_1A_1 = x_2A_2$であるから $x_2 = \alpha x_1$。このとき台1に加えている力$F(x_1)$は$F(x_1)/A_1 = mg/A_2 + \rho g(x_1 + x_2)$ より $F(x_1) = \alpha mg + (1+\alpha)\rho g A_1 x_1$となる。行った仕事は

$$W = \int_0^{x_{1f}} F(x_1)\,dx_1 = \alpha mg x_{1f} + (1+\alpha)\rho g A_1 {x_{1f}}^2/2$$

となる。ここでx_{1f}は最終的に押し下げた距離で、持ち上げた距離を$x_{2f} = \alpha x_{1f}$とすれば$x_{1f} + x_{2f} \equiv h$なので$x_{1f} = h/(1+\alpha)$である。このとき仕事は

$$W = mgx_{2f} + \rho g A_1 x_{1f} h/2$$

と書け、第1項は車の位置エネルギーの変化、第2項は流体の位置エネルギーの変化になっており、質点系の力学の結果に一致する。

10.2 物体の体積をVと書くと、水中での力のつり合いから$W_w = W_a - \rho_w g V$となるから、$V = (W_a - W_w)/\rho_w g$である。これより物体の密度は$m/V = W_a/gV = \rho_w W_a/(W_a - W_w)$と求められる。

10.3 大気中でも浮力が働くため、精密な測定では重さに違いが出る。空気の密度をそれぞれρ_{1000}, ρ_{950}とし、分銅の密度をρ、体積をVとすると、重さの比は

$$\begin{aligned}\frac{\rho g V - \rho_{950} g V}{\rho g V - \rho_{1000} g V} &= \frac{1-\rho_{950}/\rho}{1-\rho_{1000}/\rho} \simeq (1-\rho_{950}/\rho)(1+\rho_{1000}/\rho)\\ &\simeq 1 + (\rho_{1000} - \rho_{950})/\rho\\ &= 1 + (1 - \rho_{950}/\rho_{1000})\rho_{1000}/\rho\end{aligned}$$

となる。ここで空気の平均密度ρ_{1000}, $\rho_{950} \simeq 1.3\,\mathrm{kg/m^3}$は分銅の密度$\rho = 8000\,\mathrm{kg/m^3}$に比べて十分小さいことを用いた。空気を理想気体と見なすと状態方程式よりpとρは比例するので、$\rho_{950}/\rho_{1000} = 950/1000$より、重さの変化はもとの$8\times10^{-6}$程度となる。たとえば100 g程度の分銅を測るときには、0.8 mg程度の違い

として現れる。

10.4 表面張力による上向きの力は$2\gamma L\sin\theta$である。$\theta=\pi/2$でこの力は最大となる。このとき物体の重力とつり合うとすると、$L=mg/2\gamma=67\,\mathrm{m}$となる。

10.5 ポアズイユの法則を用いると、注射器内と血管内とに必要な圧力差は

$$\Delta P=\frac{8\times(20\,\mathrm{m\ell/min})\times(2.0\times10^{-3}\,\mathrm{Pa\cdot s})\times1\,\mathrm{cm}}{\pi\times(0.5\,\mathrm{mm})^4}=272\,\mathrm{Pa}$$

であり、注射器に必要な圧力は$P=100\,\mathrm{mmHg}+\Delta P=1.36\times10^4\,\mathrm{Pa}$となる。これより薬剤をつるす高さ$h$は$h=P/\rho g=1.4\,\mathrm{m}$でこの例ではほぼ血圧だけで決まる。

10.6 風には気圧差による力と、コリオリ力、および地表付近からの粘性に伴う摩擦力が働く。コリオリ力は、北半球では進行方向右向きに働く。摩擦力は、進行方向逆向きに働くとすると、これらのつり合いから、風は等圧線を斜めに横切るように吹くと考えられる。

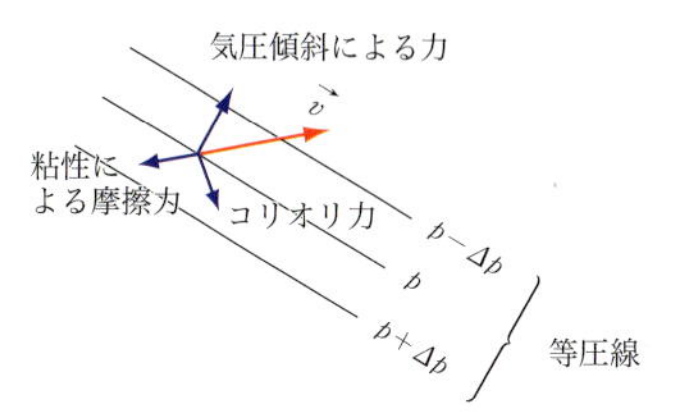

図10－27 地上付近の風に働く力

11 振動

図11－1 ブランコの運動も振動現象としてモデル化できる。

ボウルの中にビー玉を入れると底を中心に行ったり来たりする運動をする。また子供が乗るブランコも最下点を中心とする往復運動をする。これらは運動の中でも重要で典型的でもある。このように平衡状態になる位置の周りで繰り返し行われる運動を振動という。

振動はきわめて一般的だが、ここでは主に、振動の中でも最も単純である単振動について学んでいこう。

高校物理 11－1 単振動 Ⓑ

振動する物体を**振動子**という。振動は次のような特徴を持つ。

1. 振動は平衡状態となる位置の周りで起こる。
2. 振動は周期的である。

1秒間での繰り返しの数を**振動数**(frequency)といい、1回繰り返すのにかかる時間を**周期**(period)という。これらの量は円運動においても定義された。

周期Tと振動数fの間には

$$T=\frac{1}{f} \tag{11.1}$$

の関係がある。振動数の単位はヘルツ(hertz)であり、Hzと省略して書かれる。これは、1887年に電波を初めて生成した物理学者Heinrich Hertzにちなんで名づけられた。この単位は1秒間の振動回数なので

$$1\,\mathrm{Hz}=1\,\mathrm{s}^{-1} \tag{11.2}$$

である。

最も単純な振動運動は三角関数で書くことができるものである。このような運動を**単振動**あるいは**調和振動**といい、そのような振動をする物体を**調和振動子**という。平衡位置からの変位が

$$x(t)=A\cos(\omega t) \tag{11.3}$$

で表される運動では、変位はAから$-A$までの値を繰り返す。このAを単振動の**振幅**という。また$\omega t=2\pi$となる時間で変位は元に戻る。この時間が周期Tであるから、$\omega=\dfrac{2\pi}{T}$となり、

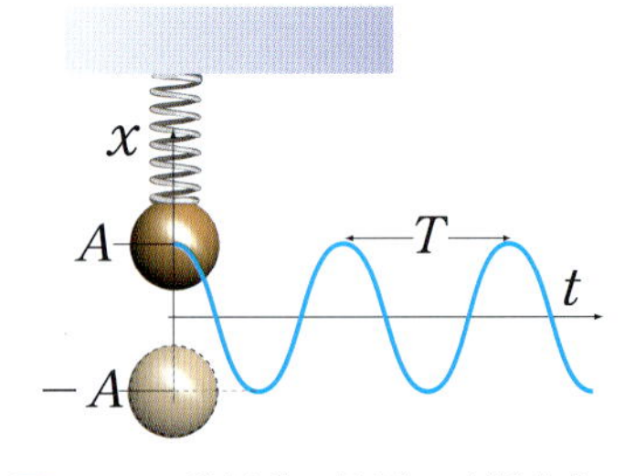

図11－2 単振動：位置の時間変化をグラフで表すと正弦波になる。

$$x(t) = A\cos\left(\frac{2\pi t}{T}\right) \tag{11.4}$$

と書くことができる。また関係(11.1)によりこれを振動数で書けば

$$x(t) = A\cos(2\pi f t) \tag{11.5}$$

となる。ここで

$$\omega = 2\pi f \tag{11.6}$$

は余弦関数(11.3)の変数ωtが1秒間に変化する量を表している。三角関数の変数は一般に角度を表していると考えられるので、ωを**角振動数**という。

(11.5)よりこの振動の速度は

$$v(t) = \frac{dx}{dt}(t) = -2\pi f A\sin(2\pi f t) \tag{11.7}$$

となる。これより、スピードが最も大きくなるのは$x(t)=0$となるときで、その値は

$$v_{\max} = 2\pi f A \tag{11.8}$$

となることがわかる。振幅が2倍になると、最高スピードも2倍になる。また振動数が2倍になるとそれぞれの位置でのスピードも2倍になることがわかる。

11－2　単振動と円運動　B　高校物理

半径A、角速度ωの円運動は(2.51)より

$$\vec{r} = (A\cos(\omega t + \phi_0),\ A\sin(\omega t + \phi_0))$$

と表される。単振動はこのx方向だけを見る運動であるといえる。ϕ_0は時刻$t=0$での角度を表している。

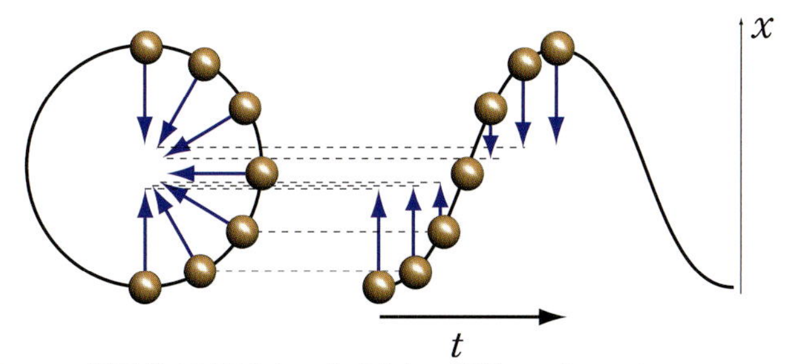

図11－3 単振動は円運動を一次元方向に射影したものになっている。向心力を射影した力が単振動を起こす力になる。

単振動の場合も$t=0$での位置を$x_0 = A\cos\phi_0$で指定すると、時刻tでの位置は$x(t) = A\cos(\omega t + \phi_0)$と表される。$\omega t + \phi_0$を振動の**位相**、$\phi_0$を初期位相という。速度は$v(t) = -A\omega\sin(\omega t + \phi_0)$となるので$t=0$での速度は

$$v_0 = -\omega A \sin\phi_0$$

となる。

放物運動などにおいては、最初の位置と速度を与えて後の時刻での位置や速度を求めた。しかし単振動では、$x_0 = A\cos\phi_0$、$v_0 = -\omega A \sin\phi_0$の関係により振動の位相と振幅が最初の位置と速度から求められることになり、それらにより運動が決定される。

高校物理

11－3 単振動のための力 Ⓑ

単振動はどのような力によって引き起こされるのかを見てみよう。

ニュートンの運動方程式

$$F = m\frac{d^2x}{dt^2}$$

より、単振動において働く力は

$$F = -m\omega^2 A\cos(\omega t + \phi_0) = -m\omega^2 x(t) \tag{11.9}$$

である。つまり

$$k = m\omega^2 \tag{11.10}$$

というバネ定数を持つフックの法則に従う力によって単振動が起こるのである。

このことからバネ定数kを用いると

$$\omega = \sqrt{\frac{k}{m}},\quad f = \frac{1}{2\pi}\sqrt{\frac{k}{m}},\quad T = 2\pi\sqrt{\frac{m}{k}} \tag{11.11}$$

という関係があることがわかる。このとき単振動の運動方程式は

$$\frac{d^2x}{dt^2} = -\frac{k}{m}x \tag{11.12}$$

である。

例題11－1　単振動の例

図のように紐の両端を長さLで固定して、中間に質量mの物体をつけた。そして、上に$X(\ll L)$だけ持ち上げて手を離した。紐の質量は無視でき張力Tは一定としてこの振動の振動数と振幅を求めなさい。

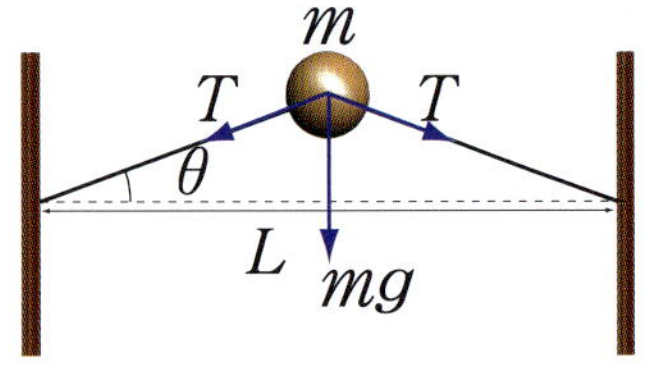

図11－4 両端から紐の張力が働いている物体

解答 図のように物体がxだけ上にあるときの角度をθとすると、物体に加わる力は上方を正にとり

$$F=-(2T\sin\theta+mg)\approx-(2T\theta+mg)$$

である。この角度は$\theta\approx\dfrac{x}{L/2}$であるので

$$F=-(4\frac{T}{L}x+mg)$$

である。よって運動方程式は

$$m\frac{d^2x}{dt^2}=-(4\frac{T}{L}x+mg)$$

である。つり合いの位置は

$$-F=4\frac{T}{L}x+mg=0$$

より$x_0=-mgL/4T$である。したがってこの点を中心とした振動をする。そのため、振幅は$A=X-x_0=X+mgL/4T$である。また振動の振動数は

$$f=\frac{\omega}{2\pi}=\frac{1}{2\pi}\sqrt{\frac{4T}{mL}}=\frac{1}{\pi}\sqrt{\frac{T}{mL}}$$

となる。■

11－4　単振動のエネルギー　Ⓑ

高校物理基礎
高校物理

バネの弾性的ポテンシャルエネルギー（弾性エネルギー）は(5.12) でバネが自然長にあるときの物体の位置を原点にとると

$$U_S=\frac{1}{2}kx^2 \tag{11.13}$$

であるから、単振動では力学的エネルギー

$$E=\frac{1}{2}mv^2+\frac{1}{2}kx^2 \tag{11.14}$$

が保存する。この値は特にバネが最も伸び縮み（$x=\pm A$）して静止（$v=0$）したときの値に等しいので、

$$E=\frac{1}{2}kA^2 \tag{11.15}$$

となる。バネ定数は角振動数により$k=m\omega^2$と書くことができるので、力学的エネルギーは

$$E=\frac{1}{2}mv^2+\frac{1}{2}m\omega^2x^2 \tag{11.16}$$

と書くこともできる。

また逆にこのエネルギーを時間で微分することにより$ma=-m\omega^2x$という運動方程式を導き出すことができる。

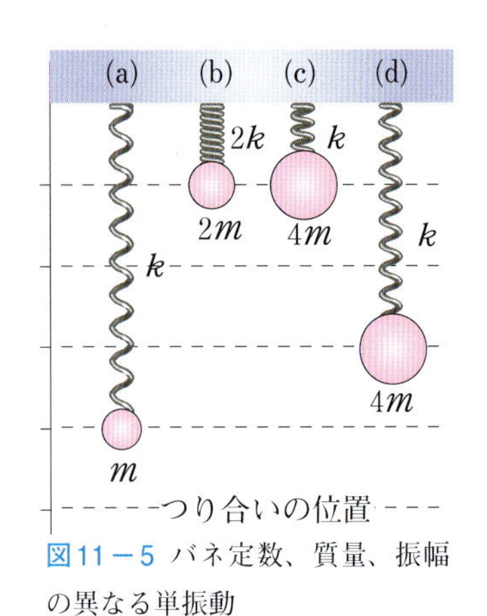

図11－5 バネ定数、質量、振幅の異なる単振動

例題11－2　単振動とエネルギーの保存
図のように、水平面上でバネをつり合いの位置から縮め、そっと手を離す。つり合いの位置においてスピードが小さい順に並べなさい。

解答　弾性エネルギーは、振幅とバネ定数を考慮し(a)を基準にすると、(b)は32倍、(c)は16倍、(d)は4倍。質量を考慮すると、つり合い位置での速度の2乗は(b)は16倍、(c)は4倍、(d)は等倍となる。よって(a)と(d)、(c)、(b)の順となる。

高校物理

11－5　振り子　B

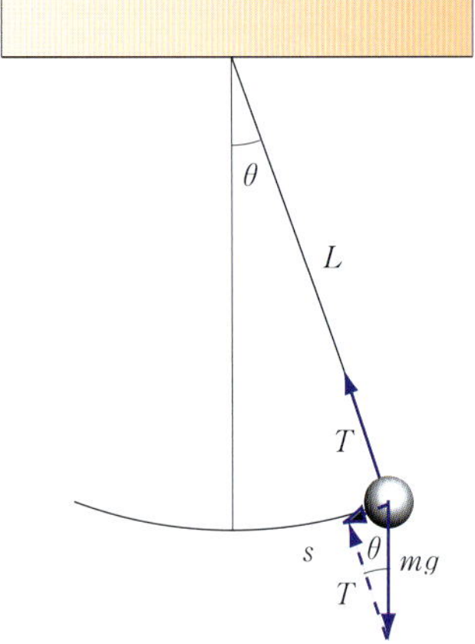

図11－6 振り子

私たちが見慣れた振動の一つに振り子がある。図11－6のように質量mの質点を、長さLの質量が無視できる糸に取りつけた振り子では、糸と垂直方向の重力の成分は

$$F = -mg\sin\theta$$

である。最下点から測った円弧の長さを右向きを正としてsとすると中心角θとは$\theta = s/L$の関係があるので、糸と垂直方向の運動方程式は

$$m\frac{d^2s}{dt^2} = -mg\sin\left(\frac{s}{L}\right) \qquad (11.17)$$

となる。または角度について

$$\frac{d^2\theta}{dt^2} = -\frac{g}{L}\sin\theta \qquad (11.18)$$

という方程式となる。

振り子の振れる角度が10°程度以内であれば$\sin\theta \approx \theta$がよい近似となる。このようなとき$\sin\theta \approx \theta = s/L$とすると、方程式(11.17)は

$$\frac{d^2s}{dt^2} = -\frac{g}{L}s \qquad (11.19)$$

となり、振り子の振動は単振動となる。これより角振動数は

$$\omega = \sqrt{\frac{g}{L}} \qquad (11.20)$$

で、周期は

$$T = 2\pi\sqrt{\frac{L}{g}} \qquad (11.21)$$

となる。この周期を見積もるため$g \approx \pi^2\,\mathrm{m/s^2} = 9.87\,\mathrm{m/s^2}$としてみる。すると

$$T \approx 2\sqrt{L\,\mathrm{m}^{-1}}\,\mathrm{s}$$

となり、長さ1 mの振り子の周期が約2秒となることがわかる。

図11－7 柱時計は振り子の等時性（周期が振幅によらず一定であること）を利用して時を刻む。

11－6 減衰振動 I

現実的な振動はしだいに弱くなっていく。振り子などでゆっくりした振れのときには、空気抵抗による力はその速度に比例し、

$$\vec{\mathrm{D}} = -b\vec{v} \tag{11.22}$$

と表される。このbを**減衰定数**という。自動車ではさまざまな外的ショックを和らげるため、図11－8のようなショックアブソーバー（ダンパー）が用いられている。バネなどは空気抵抗に加えてバネがきしむことによる減衰や、接触する部分の摩擦力もある。

図11－8 ダンパー

速度に比例する空気抵抗による力を加えると、合力は

$$F = -kx - bv$$

となるので、運動方程式は

$$\frac{d^2x}{dt^2} + \frac{b}{m}\frac{dx}{dt} + \frac{k}{m}x = 0 \tag{11.23}$$

となる。この方程式の解法は後で示すことにし、ここでは解が

$$x(t) = Ae^{-bt/2m}\cos(\omega t + \phi_0) \tag{11.24}$$

で与えられるという結果を用いる。実際にこれが解となることは方程式に代入することによりわかる。解となる条件は$\omega_0 = \sqrt{k/m}$として

$$\omega = \sqrt{\omega_0{}^2 - \left(\frac{b}{2m}\right)^2} \tag{11.25}$$

である。$b/2m \ll \omega_0$であれば、この角振動数はω_0とほとんど変わらない。また振動しながら振幅は

$$x_{\max}(t) = Ae^{-bt/2m} \tag{11.26}$$

と減衰していく。このように振幅は指数関数的に減少し、減衰していくのである。

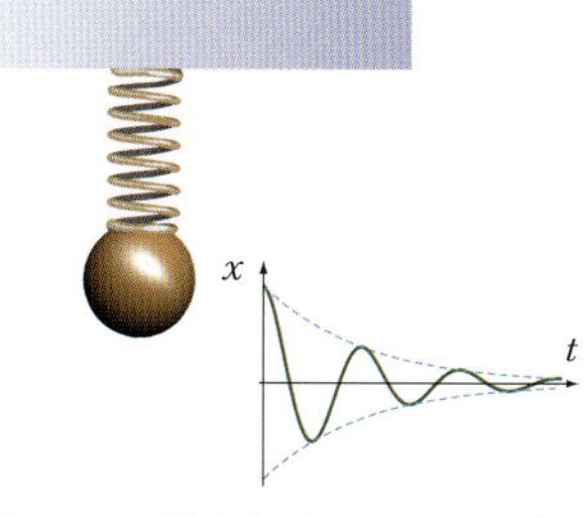

図11－9 減衰振動のグラフ：振幅が指数関数的に減少していく。

この減衰により振幅が$e^{-1/2} \approx 0.6$倍となるのは時間が

$$\tau = \frac{m}{b} \tag{11.27}$$

たったときである。これを減衰の**時定数**という。時定数を用いると(11.26)は

$$x_{\max}(t) = Ae^{-t/2\tau} \tag{11.28}$$

と表され、エネルギーは

$$E = \frac{1}{2}kx_{\max}{}^2 = \left(\frac{1}{2}kA^2\right)e^{-t/\tau} \tag{11.29}$$

とやはり指数関数的に減少していくことがわかる。特に時定数となる時間$t=\tau$で最初の$1/e \approx 0.37$倍のエネルギーとなる。また、$t=2\tau$では0.14倍となり、時定数が減衰にかかる時間としてよい目安となっていることがわかる。時定数は振動の寿命を表しているともいえ、振動がどのくらい続くかの目安になるのである。

11－7　指数関数と三角関数の関係 Ⓐ

指数関数を

$$e^z = 1+z+\frac{z^2}{2!}+\frac{z^3}{3!}+\cdots=\sum_{n=0}^{\infty}\frac{z^n}{n!} \tag{11.30}$$

として定義しよう。この関数は

$$\frac{d}{dz}e^z = e^z \tag{11.31}$$

を満たすことが定義を用いて確かめられる。

特にA, kを定数としたAe^{kz}という関数は、合成関数の微分より

$$\frac{d}{dz}(Ae^{kz}) = k(Ae^{kz})$$

を満たすことになり、言い換えると方程式

$$\frac{d}{dz}f(z) = kf(z) \tag{11.32}$$

を満たす関数である。このように、微分しても元の形に戻る関数は非常に便利である。

(11.30)で特にzを純虚数にとると

$$e^{i\theta} = 1+i\theta+\frac{(i\theta)^2}{2!}+\frac{(i\theta)^3}{3!}+\frac{(i\theta)^4}{4!}+\cdots$$

で、$i^2=-1$となるので和の一つおきに虚数が現れることより

$$e^{i\theta} = \left(1-\frac{\theta^2}{2!}+\frac{\theta^4}{4!}+\cdots\right)+i\left(\theta-\frac{\theta^3}{3!}+\cdots\right) \tag{11.33}$$

と整理できる。

一方

$$\cos\theta = a_0+a_1\theta+a_2\theta^2+a_3\theta^3+a_4\theta^4+\cdots$$

と表してこの係数を求めてみよう。まず、両辺で$\theta=0$とすると

$$a_0 = 1$$

となる。次に両辺をθで微分し、

$$-\sin\theta = a_1+2a_2\theta+3a_3\theta^2+\cdots$$

において$\theta=0$とすると

$$-\sin 0 = 0 = a_1$$

となる。さらに両辺微分してこの操作を繰り返すと

$$\cos\theta = 1 - \frac{\theta^2}{2!} + \frac{\theta^4}{4!} + \cdots \tag{11.34}$$

となることがわかる。また、この式を微分すれば

$$\sin\theta = \theta - \frac{\theta^3}{3!} + \cdots \tag{11.35}$$

と表されることもわかる。

これらの関係により

$$e^{i\theta} = \cos\theta + i\sin\theta \tag{11.36}$$

という関係があることがわかる。この結果を**オイラーの公式**という。図11－10のように複素平面上で$e^{i\theta}$は中心からの距離が1で角度がθの位置にあることがわかる。

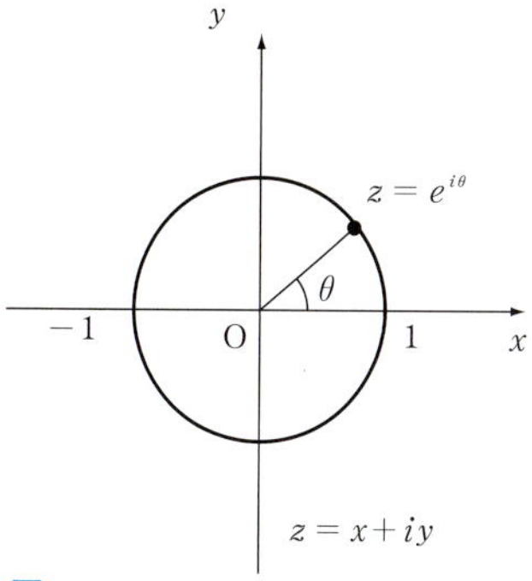

図11－10　オイラーの公式の複素平面上での表現

一般の関数$f(x)$に関しては

$$f(x) = f(0) + \left(\frac{df}{dx}\right)(0)x + \left(\frac{d^2f}{dx^2}\right)(0)\frac{x^2}{2!} + \left(\frac{d^3f}{dx^3}\right)(0)\frac{x^3}{3!} + \cdots$$
$$= \sum_{n=0}^{\infty}\left(\frac{d^nf}{dx^n}\right)(0)\frac{x^n}{n!} \tag{11.37}$$

が成り立つ。このようなxのべき乗による展開を**テイラー展開**という。

11－8　減衰振動の解　Ⓐ

減衰振動の運動方程式(11.23)は$\beta = b/2m$、$\omega_0 = \sqrt{k/m}$とおくと

$$\frac{d^2x}{dt^2} + 2\beta\frac{dx}{dt} + \omega_0{}^2x = 0 \tag{11.38}$$

である。この方程式の解を指数関数を利用して求めてみよう。指数関数は微分しても元の形に戻る。この性質により方程式が解けることになる。

具体的に解を

$$x = Ae^{\gamma t} \tag{11.39}$$

としてみると、

$$\frac{dx}{dt} = \gamma x,\quad \frac{d^2x}{dt^2} = \gamma^2 x$$

となるので、(11.39)を方程式(11.38)に代入すると

$$\gamma^2 + 2\beta\gamma + \omega_0{}^2 = 0 \tag{11.40}$$

という条件が得られる。つまり、γがこの条件を満たせば(11.39)が解となるのである。この方程式の解は中学で学んだように

$$\gamma = -\beta \pm \sqrt{\beta^2 - \omega_0{}^2} \tag{11.41}$$

である。

減衰が小さいとき

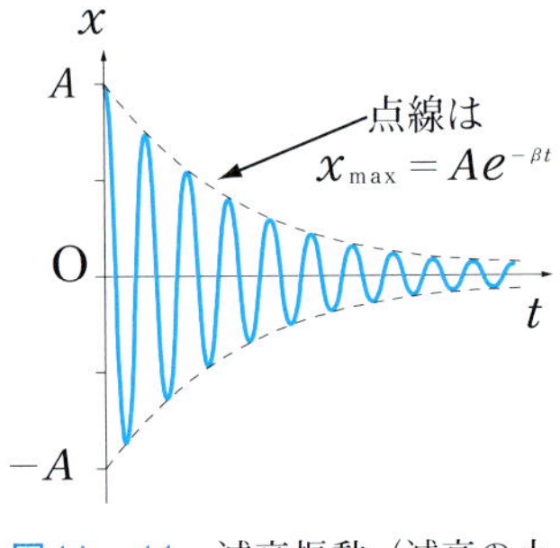

図11－11　減衰振動（減衰の小さいとき）の解

減衰が小さいときには$\omega_0 > \beta$であるので、(11.41)は

$$\gamma = -\beta \pm i\sqrt{\omega_0{}^2 - \beta^2} \equiv -\beta \pm i\omega \tag{11.42}$$

となる。よってこれらに対応する(11.39)の

$$x_1 = A_1 e^{-\beta t} e^{i\omega t}, \quad x_2 = A_2 e^{-\beta t} e^{-i\omega t}$$

が共に解であるが、この二つの和も解であることは代入すればすぐにわかるだろう。

よって解は一般的に

$$x(t) = e^{-\beta t}(A_1 e^{i\omega t} + A_2 e^{-i\omega t}) \tag{11.43}$$

となる。これは$x(t)$が実数であるという条件を加えると

$$x(t) = Ae^{-\beta t}\cos(\omega t + \phi_0) \tag{11.44}$$

という11－6節で用いた形にすることができる。

減衰が激しいとき

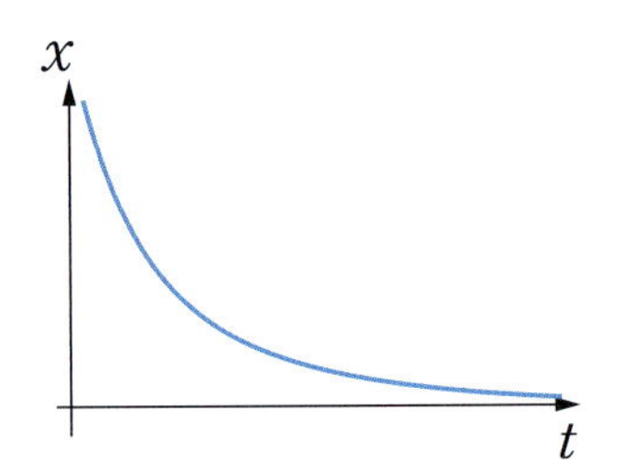

図11－12　減衰振動（減衰の激しいとき）の解

減衰が激しく$\beta > \omega_0$となる場合を見てみよう。このとき、解は

$$x(t) = A_1 e^{-(\beta - \sqrt{\beta^2 - \omega_0{}^2})t} + A_2 e^{-(\beta + \sqrt{\beta^2 - \omega_0{}^2})t} \tag{11.45}$$

となる。

この二つの関数はどちらも指数関数として減衰する。そのため、一度も振動することなしに減衰してしまう。

11－9　臨界減衰　Ⓐ

前節で減衰振動の方程式の解は、$\omega_0 > \beta$では減衰振動し、$\omega_0 < \beta$では振動せずに減衰してしまうことを見た。これより

$$\beta = \omega_0 \tag{11.46}$$

が振動するかどうかの境目であり、この条件が満たされるときを**臨界減衰**という。

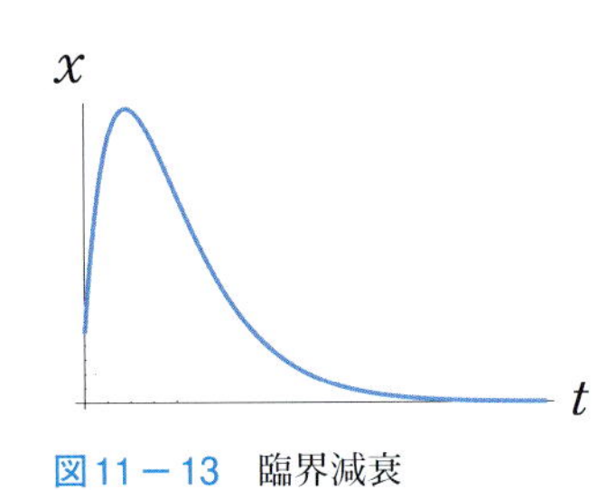

図11－13　臨界減衰

臨界減衰では(11.43)の解において$\omega = 0$となるので、二つの解が一つだけになってしまうように思える。しかし、ωがゼロでないとき

$$\frac{e^{-\beta t}}{\omega}(e^{i\omega t} - e^{-i\omega t})$$

も解であり、この関数で$\omega \to 0$とすると$Ate^{-\beta t}$が解になることがわかる。したがって臨界減衰では

$$x(t) = A_1 e^{-\beta t} + A_2 te^{-\beta t} \tag{11.47}$$

が解となる。この関数もまた振動しない。

11 − 10　強制振動と共鳴　Ⓐ

振動は通常減衰する。振動を続けさせるためには外部から強制的に振動させる力を加える。たとえば、ブランコではブランコをこいだり外部から人が押したりして振動を続ける。

外部からの力を$F=F_{ext}\cos\omega t$とする。$f_{ext}=F_{ext}/m$とおくと運動方程式は

$$\frac{d^2x}{dt^2}+2\beta\frac{dx}{dt}+\omega_0{}^2x=f_{ext}\cos\omega t \tag{11.48}$$

と表すことができる。

ここで電気回路でも重要となる次の技法を用いる。それは、

$$\frac{d^2y}{dt^2}+2\beta\frac{dy}{dt}+\omega_0{}^2y=f_{ext}\sin\omega t \tag{11.49}$$

という方程式も用意し、

$$z(t)=x(t)+iy(t) \tag{11.50}$$

という関数に関する方程式を考える。(11.48)と(11.49)より、$z(t)$に関する方程式は

$$\frac{d^2z}{dt^2}+2\beta\frac{dz}{dt}+\omega_0{}^2z=f_{ext}e^{i\omega t} \tag{11.51}$$

となる。この方程式(11.51)の解が求められれば、その実数部分をとることによって元の方程式(11.48)の解が得られる。方程式(11.51)は(11.48)よりも解くのに便利であることを以下に示していこう。

方程式(11.51)は右辺に指数関数が現れているので、最も自然な解の形は

$$z(t)=Ce^{i\omega t} \tag{11.52}$$

である。これを方程式に代入すると

$$(-\omega^2+2i\beta\omega+\omega_0{}^2)Ce^{i\omega t}=f_{ext}e^{i\omega t} \tag{11.53}$$

となる。これより

$$C=\frac{f_{ext}}{\omega_0{}^2-\omega^2+2i\beta\omega} \tag{11.54}$$

のときに(11.52)は解となる。これは複素数であるので大きさと位相の部分に分けて

$$C=Ae^{i\phi_0} \tag{11.55}$$

と書くことができる。大きさは

$$A^2 = CC^* = \frac{f_{ext}}{\omega_0{}^2 - \omega^2 + 2i\beta\omega}\frac{f_{ext}}{\omega_0{}^2 - \omega^2 - 2i\beta\omega} = \frac{f_{ext}{}^2}{(\omega_0{}^2 - \omega^2)^2 + 4\beta^2\omega^2} \tag{11.56}$$

から求められる。

以上より(11.51)の解は

$$z(t) = Ae^{i(\omega t + \phi_0)} \tag{11.57}$$

となることがわかった。この関数の実数部分はオイラーの公式より

$$x(t) = A\cos(\omega t + \phi_0) \tag{11.58}$$

であり、外力の振動数ωで振動する解となる。(11.48)の解としてはこの解に(11.43)を加えることもできるが、(11.43)は時間と共に減衰するので、時間が十分に経過したときの運動は(11.58)で表される。

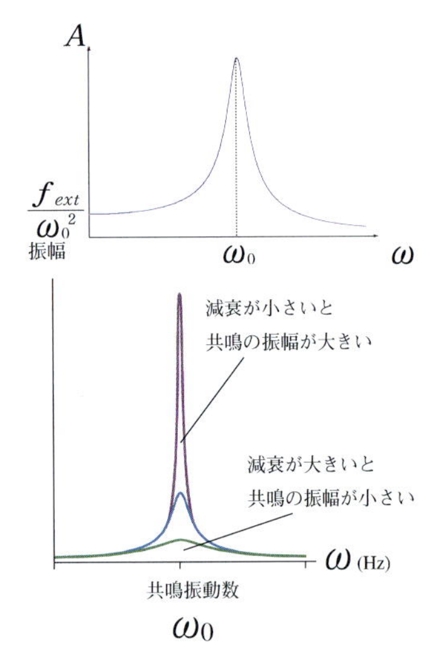

図11－14　外力の振動数と振幅の関係

外部からの力の振動数が$\omega \ll \omega_0$であるとき、

$$A^2 = \frac{f_{ext}{}^2}{(\omega_0{}^2 - \omega^2)^2 + 4\beta^2\omega^2} \approx \frac{f_{ext}{}^2}{\omega_0{}^4} \tag{11.59}$$

となり、ほぼ一定の振幅の振動となる。また、$\omega \gg \omega_0$という大きな振動数の外力では、振動の振幅は小さい。

$\beta \ll \omega_0$で減衰が弱いとき、振幅は$\omega \simeq \omega_0$、つまり、外力の振動数が単振動の振動数に等しいとき最大になる。このとき、

$$A^2 = \frac{f_{ext}{}^2}{4\beta^2\omega_0{}^2} \tag{11.60}$$

となり、これは非常に大きな振幅となる。このように、外力による振動数と単振動の振動数が一致したときに、非常に大きな振幅の振動になる現象を**共鳴**という。この現象は後に交流回路においても現れる。

11－11　二原子分子の振動　Ⅰ

質量m_1の原子と質量m_2の原子が分子間力で結びつけられている。平衡な位置からずれたときにたがいに働く力はバネ定数kのフックの法則に従うとしよう。このとき分子振動の振動数を求めてみよう。簡単のため分子全体の回転は考えず、二原子を結ぶ直線上で振動するものとする。

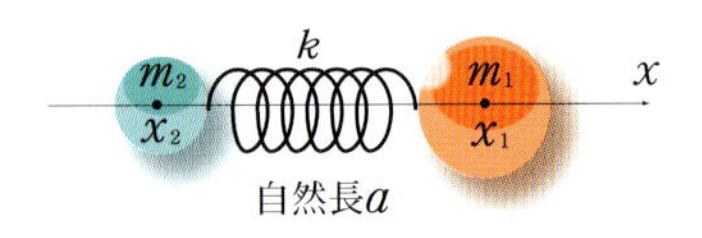

図11－15　二原子分子の振動モデル

平衡状態での原子間距離をaとし、質量m_1の原子の位置x_1と質量m_2の原子の位置x_2は$x_1 > x_2$の場合を考えると、それぞれの運動方程式は

$$m_1 \frac{d^2 x_1}{dt^2} = -k(x_1 - x_2 - a)$$
$$m_2 \frac{d^2 x_2}{dt^2} = k(x_1 - x_2 - a) \tag{11.61}$$

となる。したがって、相対距離に関しての方程式は

$$\frac{d^2}{dt^2}(x_1 - x_2 - a) = \frac{d^2 x_1}{dt^2} - \frac{d^2 x_2}{dt^2} = -\left(\frac{k}{m_1} + \frac{k}{m_2}\right)(x_1 - x_2 - a)$$

となる。換算質量

$$\mu = \frac{m_1 m_2}{m_1 + m_2}$$

を用いると方程式は

$$\mu \frac{d^2}{dt^2}(x_1 - x_2 - a) = -k(x_1 - x_2 - a) \tag{11.62}$$

となる。よって原子間の変位は、角振動数

$$\omega = \sqrt{\frac{k}{\mu}} \tag{11.63}$$

での単振動となることがわかる。

演習問題11

Ⓑ **11.1** 単振動に関する次の説明は正しいか。正誤を答えなさい。
(1) 同じバネを2倍大きく引っ張ってから振動させると、単振動の振動数も2倍になる。
(2) 同じバネを2倍大きく引っ張ってから振動させると、単振動の最高速度の大きさも2倍になる。

Ⓑ **11.2** (1)半径rの半球形のボウルの底にビー玉が静止している。このビー玉を底からわずかにずれた位置に置き静かに手を離すと、どのような運動をするか。ビー玉の動径が鉛直線となす角θについての運動方程式を考えて答えなさい。(2)厚さdで断面積がSの板が水面に浮かんでいる。この板を、完全には水面に沈まないように上から押して手を離した。その後の板の運動はどのようになるか。つり合い位置を原点とし鉛直上方にz軸をとり運動方程式を考えて答えなさい。

Ⓘ **11.3** (1)質量Mで長さLの一様な棒の一端を回転中心として、重力のもとでの振り子運動を考える。鉛直方向からの棒の振れ角をθとして、この回転運動の方程式を書きなさい。特に$|\theta|$が十分小

さいときにこの方程式を解き、運動の周期Tを求めなさい。(2) 人が歩行するときの脚の往復運動を、脚と同じ長さLの一様な棒の振り子運動と同じ周期で行う。自然な歩行速度では、片足が地面についてから離れるまでの時間が$T/2$になっていると考える。このときのLと歩幅を0.8 mとして、歩行速度を求めなさい。

A 11.4 単振動の微分方程式$d^2x(t)/dt^2 = -\omega^2 x(t)$の解法を考えよう。$dx(t)/dt = v(t)$とおくと、方程式は$x(t)$, $v(t)$に関する連立微分方程式$dx(t)/dt = v(t)$, $dv(t) = -\omega^2 x(t)$となる。ここで$z(t) = x(t) + iv(t)/\omega$とおくと、$dz(t)/dt = -i\omega z(t)$となる。この微分方程式を解き、$x(t)$を求めなさい。

A 11.5 (1) 強制振動の解 (11.58) は、微分方程式 (11.48) の一つの解であるが、一般解（ある時刻における位置と速度の値を指定できる解）ではなく、特殊解と呼ばれる。一般解を$x(t)$、特殊解を$x_s(t)$と書くとき、$x(t) - x_s(t)$が減衰振動の微分方程式 (11.38) を満たすことを利用して、強制振動の一般解$x(t)$を求めなさい。(2) 強制振動において、系の力学的エネルギーの時間変化を求めなさい。(3) 減衰がない$\beta = 0$の場合に、初期条件$x(0) = 0$, $v(0) = 0$を満たす強制振動の解を求めなさい。この解は$\omega \to \omega_0$の共鳴現象においてどのように振る舞うか調べなさい。

A 11.6 二酸化炭素CO_2分子のように、直線上に並んだ三原子分子を考えよう。簡単のため、この直線方向の運動のみを考えることにする。重心系における位置座標を、中央の分子（質量Mとする）はX、両端の分子（質量はどちらもmとする）はそれぞれx_1, x_2 $(x_2 > x_1)$とする。C－O間の結合の平衡状態の長さをaとし、この結合がバネ定数kのバネとして働くものとする。(1) 各原子について運動方程式を立てなさい。(2) $2X - x_1 - x_2$および$x_2 - x_1 - 2a$に関する運動方程式は単振動の方程式になることを確認し、これらを解きなさい。さらに、この重心系において重心座標が常に0になることを用いて、X, x_1, x_2を求めなさい。(3) $M/m = 12/16$（炭素分子と酸素分子のおおよその質量比）とするとき、(2) で見た二つの単振動の振動数の比はいくらになるか。

演習問題解答

11.1 (1) 同じバネなら振動数は決まっているはずだから、大きく引っ張っても振動数は大きくならない。よって誤り。(2) このとき力学的エネルギーは4倍になる。最高速度となるのは力学的エネルギーが運動エネルギーのみになるときだから、最高速度の大きさの2倍になることがわかる。よって正しい。

11.2 (1)ビー玉の動径が鉛直線となす角θは$|\theta|\ll 1$であるとする。このときビー玉に働く重力の球面の接線方向の成分は$-mg\sin\theta\approx -mg\theta$となるから、この方向の運動方程式は

$$m\frac{d^2(r\theta)}{dt^2}=-mg\theta \quad \therefore \quad \frac{d^2\theta}{dt^2}=-\frac{g}{r}\theta$$

となるから、運動は周期$2\pi\sqrt{r/g}$の単振動となる。(2)つり合いの位置を原点とし、鉛直上方にz軸をとる。位置zでは浮力が$-\rho gSz$増加する（ρは水の密度）から、運動方程式は$md^2z/dt^2=-\rho gSz$となり、運動は周期$2\pi\sqrt{m/\rho gS}$の単振動となる。

11.3 (1)棒の慣性モーメントは$I=L^2M/3$である。重心に重力によるトルクのみが働いている場合の運動であるから、剛体回転の運動方程式は$Id^2\theta/dt^2=-(L/2)Mg\sin\theta\simeq -(L/2)Mg\theta$となる。近似は$|\theta|$が十分小さいときのものであり、このとき運動は周期$T=2\pi\sqrt{2I/LMg}=2\pi\sqrt{2L/3g}$の単振動となることがわかる。(2)一歩の時間が$T/2$とすると、単位時間あたりの歩数は$1\mathrm{s}/(T/2)=2\mathrm{s}/T$である。一歩で0.8 m進むので、単位時間あたりの移動距離は$0.8\,\mathrm{m}\times 2\,\mathrm{s}/T=1.1\,\mathrm{m}$である。したがって歩行速度は1.1 m/s=3.9 km/hである。

11.4 指定のおき換えを行うと、$z(t)=z(0)e^{-i\omega t}$と一意に求められる。これより解は$x(t)=\mathrm{Re}\,z(t)=x(0)\cos\omega t+\omega^{-1}v(0)\sin\omega t$と求められる。速度は$v(t)=\omega\,\mathrm{Im}\,z(t)=v(0)\cos\omega t-\omega x(0)\sin\omega t$と求められ、これは位置を微分したものと一致する。

11.5 (1)

$$\frac{d^2(x-x_s)}{dt^2}+2\beta\frac{d(x-x_s)}{dt}+\omega_0{}^2(x-x_s)=0$$

となり、$x(t)-x_s(t)$はたしかに減衰振動の方程式を満たす。した

がって、$x(t)-x_s(t)$は減衰振動の一般解で表される。たとえば$\omega_0>\beta$のときは$x(t)-x_s(t)=Ce^{-\beta t}\cos(\omega t+\phi_0)$となり、これより$x(t)=Ce^{-\beta t}\cos(\omega t+\phi_0)+x_s(t)$となる。この解は任意定数を二つ含み、強制振動の一般解である。減衰の大きなときや臨界減衰のときも同様である。いずれの場合も十分な時間が経過すると第1項は減衰し、解は特殊解の部分で表されるようになる。(2) 強制振動の方程式の両辺にdx/dtを掛けて整理すると、

$$\frac{d}{dt}\left(\frac{1}{2}\left(\frac{dx}{dt}\right)^2+\frac{\omega_0{}^2}{2}x^2\right)=f_{ext}\cos\omega t\frac{dx}{dt}-2\beta\left(\frac{dx}{dt}\right)^2$$

となる。いずれも単位質量あたりとして、左辺が系の力学的エネルギーの時間変化、右辺第1項は外力が行う仕事率、また第2項は静止しない限り常に負で、摩擦によるエネルギーの散逸率を表している。(3) 一般解は$x(t)=C\cos(\omega_0 t+\phi_0)+A\cos\omega t$となり、初期条件は$C\cos\phi_0+A=0,\ -C\sin\phi_0=0$である。これより$\phi_0=0,\ C=-A$と選んでよいから、初期条件を満たす解は$x(t)=A(\cos\omega t-\cos\omega_0 t)$である。この解は

$$x(t)=\frac{f_{ext}}{\omega_0{}^2-\omega^2}(\cos\omega t-\cos\omega_0 t)=\frac{-f_{ext}}{\omega+\omega_0}\frac{\cos\omega t-\cos\omega_0 t}{\omega-\omega_0}$$

$$\to\frac{f_{ext}t}{2\omega_0}\sin\omega_0 t\quad(\omega\to\omega_0)$$

となるから、摩擦のないときに共鳴振動数で強制振動を行うと、振幅は時間に比例して増大していくことがわかる。

11.6 (1) 座標x_1の原子とXの原子とをつなぐバネの伸びは$X-x_1-a$、同様に他方のバネの伸びはx_2-X-aであるから、運動方程式は

$$M\frac{d^2X}{dt^2}=-k(X-x_1-a)+k(x_2-X-a)=-k(2X-x_1-x_2),$$

$$m\frac{d^2x_1}{dt^2}=k(X-x_1-a),$$

$$m\frac{d^2x_2}{dt^2}=-k(x_2-X-a),$$

となる。(2) (1) より

$$\frac{d^2(2X-x_1-x_2)}{dt^2}=-k\left(\frac{2}{M}+\frac{1}{m}\right)(2X-x_1-x_2),$$

$$\frac{d^2(x_2-x_1-2a)}{dt^2}=-\frac{k}{m}(x_2-x_1-2a)$$

となり、これらは単振動の方程式である。

よって、$\omega\equiv\sqrt{k/m}$, $\omega'\equiv\sqrt{k(2/M+1/m)}$ とおくと、$x_2-x_1-2a=A\cos(\omega t+\phi_0)$, $2X-x_1-x_2=B\cos(\omega' t+\phi_0')$ のように解ける。重心系の条件 $MX+mx_1+mx_2=0$ も用いると、

$$X=\frac{m}{M+2m}B\cos(\omega' t+\phi_0'),$$

$$x_2-a=\frac{A}{2}\cos(\omega t+\phi_0)-\frac{M/2}{M+2m}B\cos(\omega' t+\phi_0'),$$

$$x_1+a=-\frac{A}{2}\cos(\omega t+\phi_0)-\frac{M/2}{M+2m}B\cos(\omega' t+\phi_0')$$

と求まる。これより、振動数 ω の単振動は二つの酸素分子がたがいに逆位相で動く振動を表し、振動数 ω' の単振動は二つの酸素分子は同じ運動をし、炭素分子がそれと逆位相で動く振動を表すことがわかる。このような振動系を構成する独立な単振動は基準振動と呼ばれる。(3) $\omega/\omega'=\sqrt{1/(1+2m/M)}=\sqrt{3/11}\fallingdotseq 0.52$ となる。実際の二酸化炭素分子の場合、対応する基準振動数の比は0.59程度であることが、赤外線の吸収スペクトルやラマン散乱などからわかる。

12 波の物理

図12－1　海水面の波

波は振動が空間をつぎつぎに伝わる現象である。波は海に行けば見ることができる。水たまりに雨粒が落ちて円形に広がる波も身近な波の例である。ピアノを弾くと背面にあるワイヤーが振動し、それが音波となって私たちに聞こえる。携帯電話での信号も波であり、光もまた波である。それだけではなく、電子などの物質も波としての性質を持つのである。この章ではこれらの波の現象全般に共通する性質について学んでいこう。

高校物理基礎
高校物理

12－1　さまざまな波　Ⓑ

波は一定のスピードで進行することが多い。ここではまず、波を3種類に分類してみよう。

1．力学的波

物質が媒介して伝わる波を力学的波という。たとえば、音は空気が媒介して伝わり、海の波は海水が媒介している。

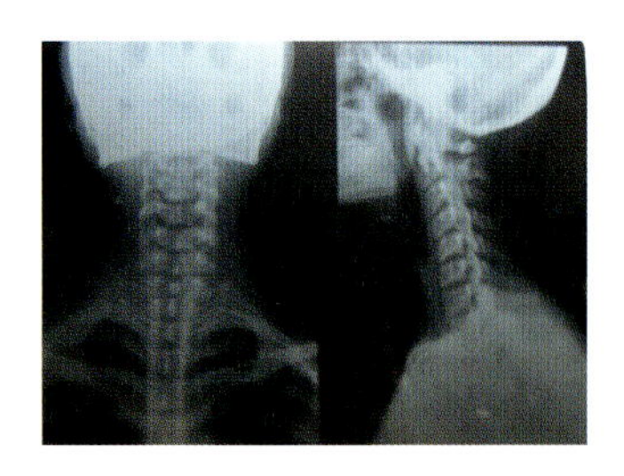

図12－2　エックス線は電磁気的な波である。

2．電磁波

可視光や電波、紫外線、エックス線、ガンマ線など媒介する物質がなくても伝わる電気、磁気的な波を電磁波という。

3．物質波

電子や原子は、それ自身波としての性質があり、物質波と呼ばれる。これらは粒子としての性質と共に波としての性質があり、エネルギーが量子化される要因となっている。

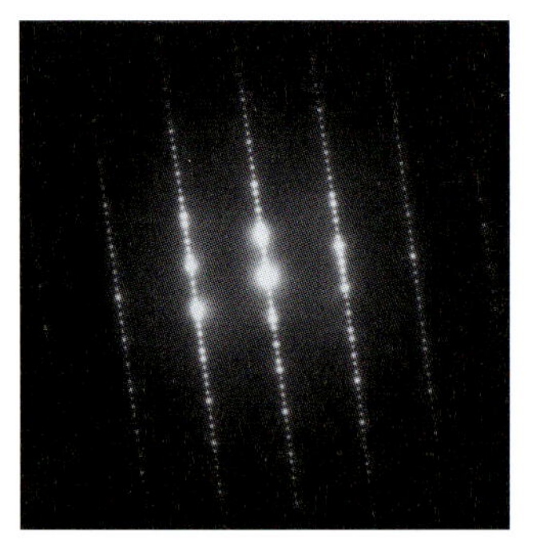

図12－3　電子の波としての性質によって起こる干渉

力学的波が伝わっていく物質を**媒質**という。波は媒質中を進行するが、媒質は全体として進行していくわけではないので注意しよう。海の波は船を揺らすなどの仕事をする。また、音は鼓膜を振動させるなどの仕事をする。したがって、波はエネルギーを持っている。このように波はエネルギーを運ぶが媒質は運ばないことに注意しよう。

12－2　進行波　B

高校物理基礎

波は進行するが、媒質は進行しないということを理解するには、波の進行と媒質の粒子の移動とを区別して考える必要がある。

図12－4のようにロープを少し揺らすと揺れが波として進行していく。しかし、ロープの各点での動きを見ると、ロープには最初に張力により上向きの加速度がかかり、それがしだいにおさまり、そして下に戻り始め、最後に減速して静止する。このように、ロープはニュートンの第二法則に従って上下運動をしているだけであり、前に進んでいくわけではない。またロープの運動を考えると、波としての新しい法則が現れるわけではない。ロープの連動する動きが波という現象を生じさせているのである。

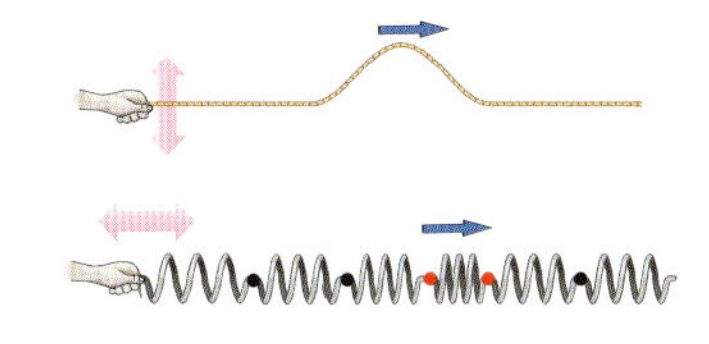

図12－4　ロープや連結したバネに与えた振動は波として進行する。

ロープのように波が進行する方向と垂直な方向に振動する波を**横波**という。バネを多数結びつけて前後に振動させたときにできる波は、進行方向に向かってバネが振動する。このように進行方向に振動する波を**縦波**という。

12－3　一次元的な波 

高校物理基礎

弦を伝わる波

長さLで質量がmの弦（紐）があるとしよう。単位長さあたりの弦の質量

$$\mu = \frac{m}{L} \tag{12.1}$$

を**線密度**という。この弦の両端を引っ張り張力Tを与えると、弦を伝わる波のスピードは12－7節で示すように

$$v_{\text{string}} = \sqrt{\frac{T}{\mu}} \tag{12.2}$$

で与えられる。これにより、波のスピードは線密度が大きいほど小さくなり、張力が大きいほど大きくなることがわかる。

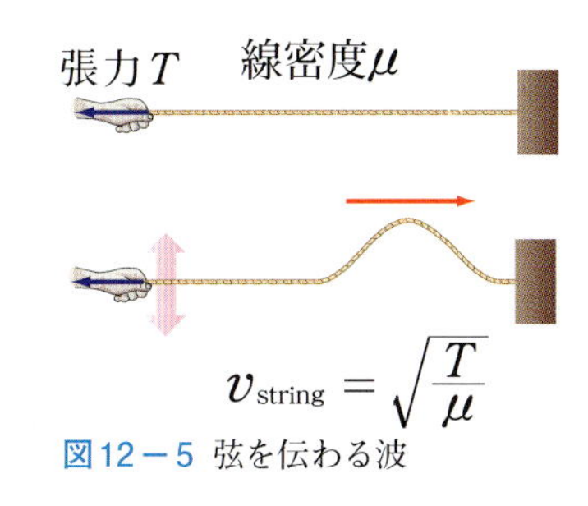

図12－5　弦を伝わる波

張力や線密度の変化による波の速度の変化は次のようにして定性的に理解できる。図12－5のようにパルス状の波を立てる。すると、弦の各点の粒子は張力によって元の位置に回復しようとする。したがって、張力が大きいほど回復が早く波のスピードが速いのである。また、線密度が大きいと加速が小さくなる。そのため、復元されるまでの時間が長くなり、波のスピードは遅くなるのである。

12－4　一般的な波　B

進行する一般的な波を考えてみよう。ある時刻での波の形が $y=D(x)$ で表され、その最大の変位が $D(0)$ であるとする。

この波が右（x 軸正方向）にスピード v で進行していくとすると、波の最大変位の位置が $x=vt$ へと移動していく。この位置に $D(0)$ が対応するので、位置 x、時刻 t における波の変位は

$$D(x,\ t)=D(x-vt) \tag{12.3}$$

で表されることがわかる。同様に左向きにスピード v で進行する波は

$$D(x,\ t)=D(x+vt) \tag{12.4}$$

で表される。これは左にスピード v で進行する波では、$x=-vt$ という点が波の最大変位の位置に対応するからである。

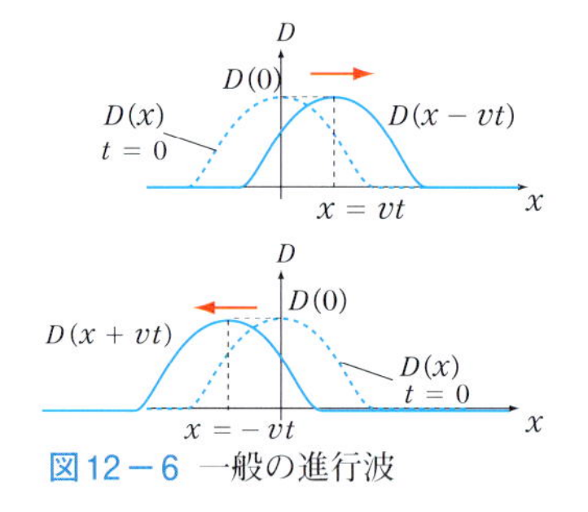

図12－6　一般の進行波

高校物理基礎
高校物理

12－5　正弦波　B

各点が単振動するような波を**正弦波**という。各点の単振動の周期 T を波の**周期**といい、1秒間に振動する回数 f を振動数または**周波数**(frequency)という。これらの関係は

$$T=\frac{1}{f} \tag{12.5}$$

であり、単振動のときと同じである。

単振動と同様に、波の最大変位の大きさを波の**振幅**という。隣り合う波の山から山あるいは谷から谷までの長さを波の**波長**という。

正弦波での基本的な関係式

波は周期 T の間に波長 λ だけ進む。したがって波のスピードと波長、周期との間には

$$v=\frac{\lambda}{T} \tag{12.6}$$

の関係があることがわかる。また、(12.5)の関係により

$$v=f\lambda \tag{12.7}$$

と表すこともできる。単位時間に各点が f 回振動し、1回の振動ごとに波は λ だけ進行する。したがって、単位時間あたりの波の移動距離は $f\lambda$ である。このようにして(12.7)の関係を理解してもよい。

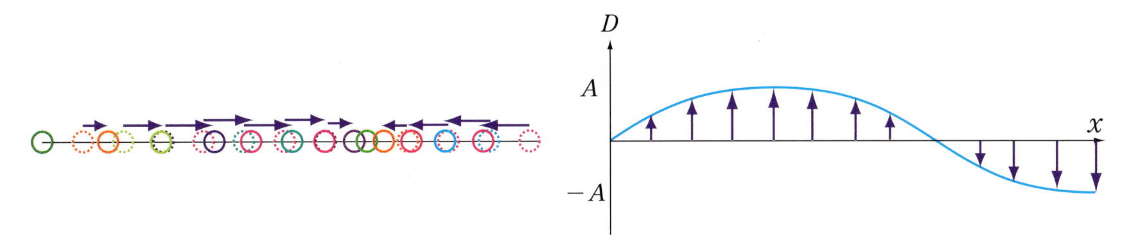

図12−7　縦波の正弦波

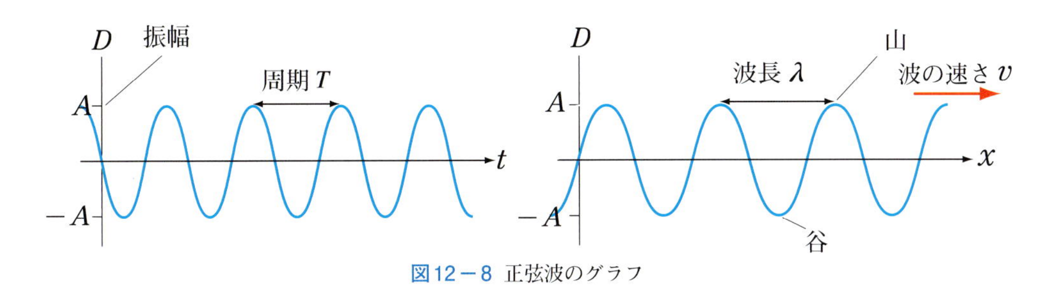

図12−8　正弦波のグラフ

波長λ、振幅Aの正弦波の$t=0$における形を

$$D(x,\ t=0)=A\sin\left(2\pi\frac{x}{\lambda}+\phi_0\right) \tag{12.8}$$

と表すと、先の一般的な規則(12.3)により時刻tにおける正弦波は

$$D(x,\ t)=A\sin\left(2\pi\frac{x-vt}{\lambda}+\phi_0\right) \tag{12.9}$$

と表される。これは(12.6)を用いると

$$\boxed{D(x,\ t)=A\sin\left(2\pi\left(\frac{x}{\lambda}-\frac{t}{T}\right)+\phi_0\right)} \tag{12.10}$$

と表すことができる。この形は大変便利であり、周期T秒後に同じ形となること$D(x,\ t+T)=D(x,\ t)$を$\sin(\theta-2\pi)=\sin\theta$の性質を用いて簡単に示すことができるのである。

単振動の角振動数を

$$\omega=2\pi f=\frac{2\pi}{T} \tag{12.11}$$

と定義した。これは単位時間あたりの角度変化を表す。そこで空間方向でも同様に**波数**kを

$$\boxed{k=\frac{2\pi}{\lambda}} \tag{12.12}$$

と定義する。角振動数と波数を用いると波の形は

$$D(x,\ t)=A\sin(kx-\omega t+\phi_0) \tag{12.13}$$

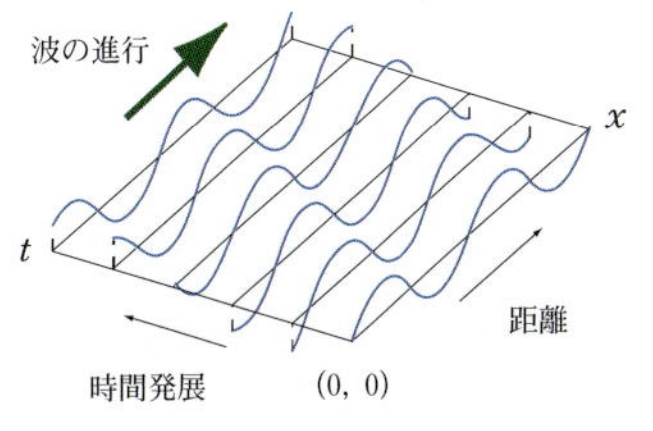

図12−9　波の時間的変化と空間的進行との関係

と簡潔に表すことができる。また(12.7)により、波数と角振動数の間には

$$\omega = vk \tag{12.14}$$

の関係があることがわかる。

高校物理

12－6　平面波と球面波　Ⅰ

水面ではさまざまな方向に進行する波がある。これがどのように表されるのか見てみよう。

平面波

はじめに位置$(x,\ y)$、時刻tにおける変位が

$$D(x,\ y,\ t) = A\sin(k_x x + k_y y - \omega t + \phi_0) \tag{12.15}$$

と表される波を考える。ここで$\phi = k_x x + k_y y - \omega t + \phi_0$を波の**位相**という。位相が同じところでは同じ変位になる。

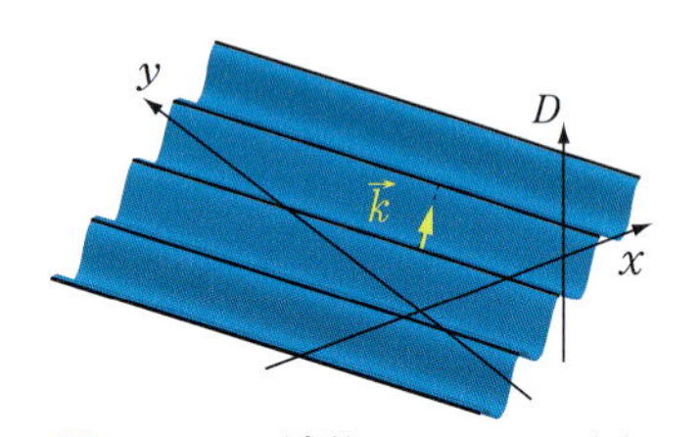

図12－10　波数ベクトルに垂直方向に位相のそろった波(平面波)

この位相を$\vec{k} = (k_x,\ k_y)$, $\vec{r} = (x,\ y)$を用いて

$$\phi = \vec{k}\cdot\vec{r} - \omega t + \phi_0 \tag{12.16}$$

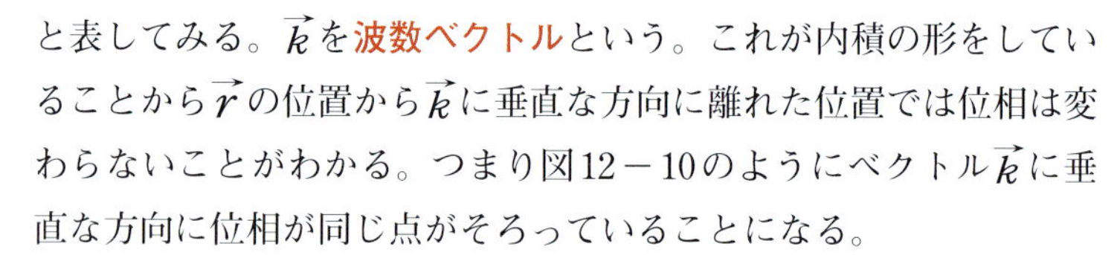
と表してみる。$\vec{k}$を**波数ベクトル**という。これが内積の形をしていることから$\vec{r}$の位置から$\vec{k}$に垂直な方向に離れた位置では位相は変わらないことがわかる。つまり図12－10のようにベクトル$\vec{k}$に垂直な方向に位相が同じ点がそろっていることになる。

特に$\vec{r}$が$\vec{k}$の方向と一致するとき位相は

$$\phi = kr - \omega t + \phi_0,\quad k = \sqrt{{k_x}^2 + {k_y}^2},\quad r = \sqrt{x^2 + y^2} \tag{12.17}$$

となり、先の一次元の波の位相と同じ形になる。したがって、波は$\vec{k}$の向きに進行し、そのスピードをvとすると

$$\omega = v\sqrt{{k_x}^2 + {k_y}^2} \tag{12.18}$$

の関係があることがわかる。

このように(12.15)で表される波は波数ベクトル$\vec{k}$の方向に進行する**平面波**を表していることがわかった。

図12－11　球面波

球面波

水面に物体を落としたときには、その波は円形に広がっていく。平面波に対し、ある点から対称に広がるこのような波を**球面波**（特に二次元であることを明確にする場合は円形波）という。球面波の

中心となる点を原点とするとき、球面波は減衰を無視すると

$$D(x,\ y,\ t)=A\sin(kr-\omega t+\phi_0),\qquad r=\sqrt{x^2+y^2} \tag{12.19}$$

と表される。この式は、時刻tにおいて原点からの距離がrとなる位置（球面）においては位相が等しく、また位相の等しい位置は中心から外側に向かってスピード$v=\omega/k$で進行する波を表すことがわかる。

12－7　弦での波の運動　Ⓐ

図12－12のように張力Tが働いている線密度μの弦の運動を見てみよう。xから$x+\Delta x$の部分の運動をニュートンの第二法則から求めてみる。

図のように張力による力のx成分は$T(\cos\alpha_2-\cos\alpha_1)$であり、$y$成分は$T(\sin\alpha_2-\sin\alpha_1)$である。角度$\alpha_1,\ \alpha_2$が小さい場合を考えると、$x$成分の力は無視できることがわかる。また、

$$\sin\alpha\approx\tan\alpha=\frac{\partial D}{\partial x} \tag{12.20}$$

であり、この部分の質量は$\mu\Delta x$であるから、ニュートンの第二法則よりy方向の運動は

$$T\left(\frac{\partial D_2}{\partial x}-\frac{\partial D_1}{\partial x}\right)=\mu\Delta x\frac{\partial^2 D}{\partial t^2} \tag{12.21}$$

という方程式で記述されることがわかる。

この両辺をΔxで割り、Δxをゼロにする極限をとる。

$$\lim_{\Delta x\to 0}\frac{1}{\Delta x}\left(\frac{\partial D(x+\Delta x,\ t)}{\partial x}-\frac{\partial D(x,\ t)}{\partial x}\right)=\frac{\partial^2 D}{\partial x^2}$$

となることを用いると、方程式は

$$T\frac{\partial^2 D}{\partial x^2}=\mu\frac{\partial^2 D}{\partial t^2}$$

となる。ここで

$$v=\sqrt{\frac{T}{\mu}} \tag{12.22}$$

と書くと方程式は

$$\frac{\partial^2 D}{\partial x^2}=\frac{1}{v^2}\frac{\partial^2 D}{\partial t^2} \tag{12.23}$$

と表される。これを一次元の**波動方程式**という。

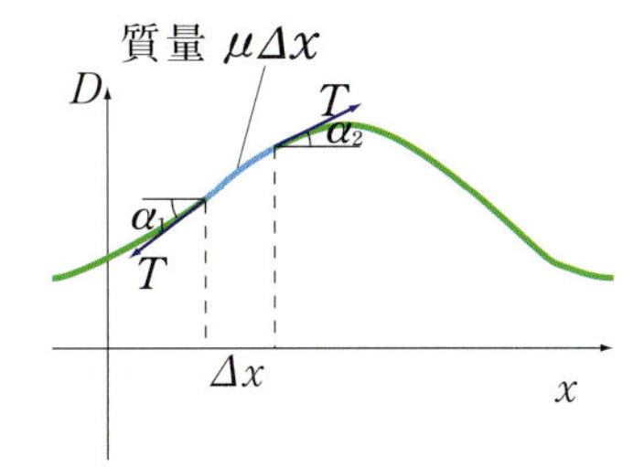

図12－12　張力の働く弦に伝わる波

波動方程式の解

波動方程式(12.23)は

$$\left(\frac{\partial}{\partial x}-\frac{1}{v}\frac{\partial}{\partial t}\right)\left(\frac{\partial}{\partial x}+\frac{1}{v}\frac{\partial}{\partial t}\right)D=0 \tag{12.24}$$

と表すことができる。そこで関数Dが

$$\left(\frac{\partial}{\partial x}+\frac{1}{v}\frac{\partial}{\partial t}\right)D=0 \tag{12.25}$$

または

$$\left(\frac{\partial}{\partial x}-\frac{1}{v}\frac{\partial}{\partial t}\right)D=0 \tag{12.26}$$

という方程式を満たせば、波動方程式の解となる。

$$\left(\frac{\partial}{\partial x}+\frac{1}{v}\frac{\partial}{\partial t}\right)(x-vt)=1-1=0$$

となることから、$x-vt$の任意の関数$D(x-vt)$は(12.25)の解となる。また同様に(12.26)の解は$D(x+vt)$である。このように波動方程式の解はスピードvで進行する波となる。

弦における波のエネルギー

正弦波における波のエネルギーを見てみよう。正弦波では、弦の各点は単振動している。そのため、単振動のエネルギーにより弦によって運ばれるエネルギーを導出することができる。

質量m、バネ定数k、振幅Aの単振動のエネルギーは、変位が最大のとき速度がゼロとなり、弾性的ポテンシャルエネルギーのみとなることから（11.15）のように

$$E=\frac{1}{2}kA^2$$

であることがわかる。バネ定数は振動の角振動数により$k=m\omega^2$と書くことができるから、エネルギーは

$$E=\frac{1}{2}m\omega^2A^2$$

となる。

弦の区間dxには$dm=\mu dx$の質量があるのでこの区間の持つ弦のエネルギーは

$$dE=\frac{1}{2}\mu dx\omega^2A^2 \tag{12.27}$$

となる。波の先端では上下運動が前方の部分を引っ張ることで仕事をし、エネルギーを伝える。こうして波と共にエネルギーも運ばれ

る。

時間dtの間に波の先端を移動するエネルギーを考えると、$dx = vdt$の区間の単振動のエネルギーが運ばれるので、単位時間あたりに弦の波によって運ばれるエネルギーは

$$P = \frac{dE}{dt} = \frac{1}{2}\mu\frac{dx}{dt}\omega^2 A^2 = \frac{1}{2}\mu v\omega^2 A^2 \qquad (12.28)$$

となる。これを**波のパワー**（仕事率）と呼ぶ。

例題12－1　波のエネルギー

線密度600 g/mの弦が60 Nの張力で固定されている。400 Hzの振動が振幅3.0 mmで伝搬するとき、1 sあたりに移動するエネルギーを求めなさい。

解答　$P = \frac{1}{2}\sqrt{(0.6\mathrm{kg/m})(60\mathrm{N})}(2\pi\times 400\mathrm{Hz})^2(3\times 10^{-3}\mathrm{m})^2 = 170\mathrm{W}$

となる。■

12－8　弦における波のエネルギー Ⓐ

弦の波によって運ばれるエネルギーを別の立場から見てみよう。そのために、まず弦の長さLの区間が持つエネルギーを考える。

質点の運動エネルギーは

$$\frac{1}{2}mv^2$$

であった。弦に平行な方向の変位は小さいので、弦と垂直方向の変位の運動エネルギーのみを考える。すると単位長さあたりの運動エネルギーは

$$\frac{\mu}{2}\left(\frac{\partial D}{\partial t}\right)^2$$

であり、長さLの区間全体での運動エネルギーは

$$\frac{\mu}{2}\int_0^L\left(\frac{\partial D}{\partial t}\right)^2 dx \qquad (12.29)$$

である。

弦のポテンシャルエネルギーはどうなるのであろうか？　弦は振動すると振動していないときに比べて弦の長さが伸びる。その伸びのポテンシャルエネルギーを考える。この区間の長さがSになっているとすると自然長Lとの差$(S-L)$だけ伸びたことになる。張力Tに逆らって弦を伸ばすのに必要な仕事は$T(S-L)$となり、これが

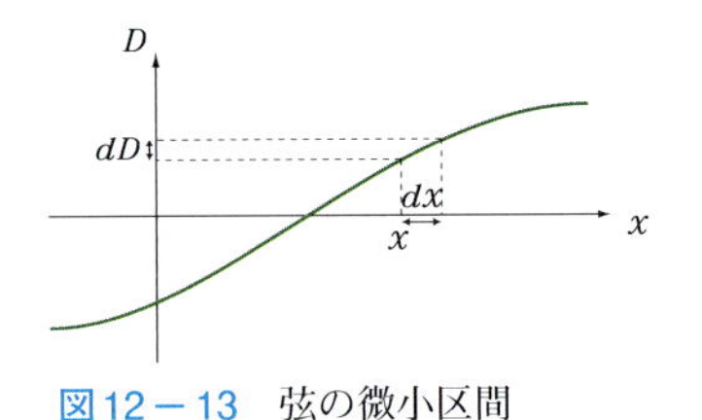

図12－13　弦の微小区間

弦のポテンシャルエネルギーである。

図12－13のように微小区間の弦の長さは$ds=\sqrt{dx^2+dD^2}$であり、これは

$$ds=\sqrt{1+\left(\frac{\partial D}{\partial x}\right)^2}\,dx \tag{12.30}$$

と書くことができる。そこで全体の長さは

$$S=\int ds=\int_0^L \sqrt{1+\left(\frac{\partial D}{\partial x}\right)^2}\,dx$$

である。よってポテンシャルエネルギーは

$$U=T\int_0^L\left[\sqrt{1+\left(\frac{\partial D}{\partial x}\right)^2}-1\right]dx \tag{12.31}$$

となる。ここで、$(1+x)^{1/2}$はxが1に比べて十分小さいとき

$$(1+x)^{1/2}\approx 1+\frac{1}{2}x$$

と近似できるので、弦の傾きが小さいとすれば

$$U\approx\frac{T}{2}\int_0^L\left(\frac{\partial D}{\partial x}\right)^2 dx \tag{12.32}$$

となる。これより振動が小さいときには長さLの区間全体が持つエネルギーは

$$E=\int_0^L\left[\frac{\mu}{2}\left(\frac{\partial D}{\partial t}\right)^2+\frac{T}{2}\left(\frac{\partial D}{\partial x}\right)^2\right]dx \tag{12.33}$$

と表される。

このエネルギーの時間的変化を考えると

$$\frac{dE}{dt}=\frac{d}{dt}\int_0^L\left[\frac{\mu}{2}\left(\frac{\partial D}{\partial t}\right)^2+\frac{T}{2}\left(\frac{\partial D}{\partial x}\right)^2\right]dx$$

$$=\int_0^L\left[\mu\left(\frac{\partial D}{\partial t}\right)\left(\frac{\partial^2 D}{\partial t^2}\right)+T\left(\frac{\partial D}{\partial x}\right)\left(\frac{\partial^2 D}{\partial t\,\partial x}\right)\right]dx$$

となり、波動方程式

$$\mu\frac{\partial^2 D}{\partial t^2}=T\frac{\partial^2 D}{\partial x^2}$$

を用いると

$$\frac{dE}{dt}=T\int_0^L\left[\left(\frac{\partial D}{\partial t}\right)\left(\frac{\partial^2 D}{\partial x^2}\right)+\left(\frac{\partial D}{\partial x}\right)\left(\frac{\partial^2 D}{\partial t\,\partial x}\right)\right]dx$$

となる。ここで、

$$\frac{\partial}{\partial x}\left(\frac{\partial D}{\partial x}\frac{\partial D}{\partial t}\right)=\left(\frac{\partial^2 D}{\partial x^2}\right)\left(\frac{\partial D}{\partial t}\right)+\left(\frac{\partial D}{\partial x}\right)\left(\frac{\partial^2 D}{\partial t\,\partial x}\right)$$

であるから、

$$\frac{dE}{dt} = T\int_0^L \frac{\partial}{\partial x}\left(\frac{\partial D}{\partial x}\frac{\partial D}{\partial t}\right)dx$$
$$= T\left(\frac{\partial D}{\partial x}\frac{\partial D}{\partial t}\right)(x=L) - T\left(\frac{\partial D}{\partial x}\frac{\partial D}{\partial t}\right)(x=0) \tag{12.34}$$

と表される。この式から

$$P(x,\ t) = -T\,\frac{\partial D}{\partial x}(x,\ t)\,\frac{\partial D}{\partial t}(x,\ t) \tag{12.35}$$

は、時刻tに位置xを通過する単位時間あたりのエネルギーと解釈することができる。

正弦波では、

$$D = A\sin(kx - \omega t)$$

とすると

$$P = TA^2 k\omega\cos^2(kx-\omega t) = \mu v\,\omega^2 A^2\cos^2(kx-\omega t)$$

と計算される。ここで、$\cos^2(kx-\omega t)$を1周期にわたって時間的に平均すると$\langle\cos^2(kx-\omega t)\rangle = 1/2$となるので、$P$の時間平均は

$$P = \frac{1}{2}\mu v\,\omega^2 A^2 \tag{12.36}$$

となり、(12.28)と一致する。

12－9　波の重ね合わせ　B

高校物理基礎

水面に石を落とすと円形に広がる波紋が生じる。2か所に石を落として観察すると、二つの波紋の山と山が出会うと大きな山ができるということ、全体としては二つの円形に広がる波という特徴が保たれていること、を見ることができる。

ロープでも両端から波を起こすと、それらは途中で重なり合い、それぞれの波の和となってその後通り過ぎる。

このように、二つ以上の波が同時に存在するとき、媒質の変位はそれぞれの波の和に等しくなる。これを波の**重ね合わせの原理**という。

図12－14　複数の波紋が出会うところで変位が足し合わされる。

一般にいくつかの波があるとき、それぞれの波による変位をD_1, D_2, D_3, …とすると、全体の変位は

$$D_{net} = D_1 + D_2 + D_3 + \cdots = \sum_i D_i \tag{12.37}$$

となる。

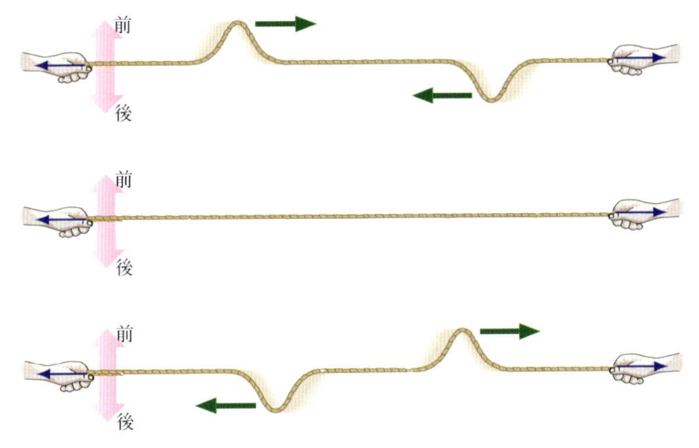

図12－15　波の変位は足し合わされる（重ね合わされる）。

12－10　重ね合わせの原理と波動方程式 Ⓐ

波の重ね合わせの原理は、ニュートンの法則などのような基本法則ではなく、媒質についてのニュートンの法則による帰結の一つであることに注意しよう。

ニュートンの第二法則から、媒質に対して波動方程式

$$\frac{\partial^2 D}{\partial x^2}-\frac{1}{v^2}\frac{\partial^2 D}{\partial t^2}=0$$

が成り立つことが導かれた。この方程式の解 $D_1, D_2, D_3, \cdots$ があったとすると

$$D_{\mathrm{net}}=D_1+D_2+D_3+\cdots=\sum_i D_i$$

もまたこの方程式の解になっている。したがって、重ね合わせの原理が成り立つのである。

たとえば、$D_1(x-vt)$ という解と $D_2(x+vt)$ という解の和

$$D=D_1(x-vt)+D_2(x+vt) \tag{12.38}$$

も波動方程式の解となる。

ただし、波動方程式は弦の振動が小さいとして導かれたものであるので、振幅の大きな波では方程式が修正を受け、重ね合わせの原理も成り立たなくなる。

高校物理
12－11　波の干渉 Ⓑ

点状の波の発生源（波源）から出た波は波源からの距離を r として(12.19)で表される。別の位置にある波源から同じ振幅の波を発生させたとき、それぞれの波源から r_1, r_2 の距離となる位置での振

動は、それらの重ね合わせで

$$D(t) = A\sin(kr_1 - \omega t + \phi_1) + A\sin(kr_2 - \omega t + \phi_2) \quad (12.39)$$

となる。ここで、三角関数の加法定理

$$\sin(\alpha \pm \beta) = \sin\alpha\cos\beta \pm \cos\alpha\sin\beta$$

から導かれる関係式

$$\sin\alpha\cos\beta = \frac{1}{2}(\sin(\alpha+\beta) + \sin(\alpha-\beta)) \quad (12.40)$$

で、特に$\alpha+\beta = A$, $\alpha-\beta = B$とおいた

$$\sin A + \sin B = 2\cos\left(\frac{1}{2}(A-B)\right)\sin\left(\frac{1}{2}(A+B)\right) \quad (12.41)$$

の関係を用いると、

$$\begin{aligned} D &= 2A\cos(k(r_1 - r_2)/2 + (\phi_1 - \phi_2)/2) \\ &\quad \times \sin(k(r_1 + r_2)/2 - \omega t + (\phi_1 + \phi_2)/2) \end{aligned} \quad (12.42)$$

となる。

これは振幅が位置によって異なる値

$$|2A\cos(k(r_1 - r_2)/2 + (\phi_1 - \phi_2)/2)| \quad (12.43)$$

の振動をすることを意味する。距離と位相の差をΔを用いて表すと

$$2\pi\frac{\Delta r}{\lambda} + \Delta\phi = 2\pi m, \quad m = 整数 \quad (12.44)$$

となる位置においては最も振動が激しく、

$$2\pi\frac{\Delta r}{\lambda} + \Delta\phi = \pi(2m+1), \quad m = 整数 \quad (12.45)$$

となる位置は振動しない点となる。

このように複数の波の重ね合わせにより強め合ったり弱め合ったりする現象を波の**干渉**といい、図12－16のような**干渉縞**が現れる。

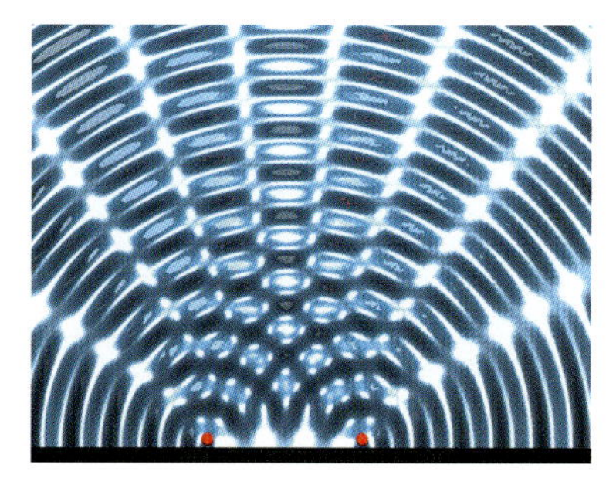

図12－16　干渉縞

12－12　波の反射と透過　Ⓐ 高校物理基礎

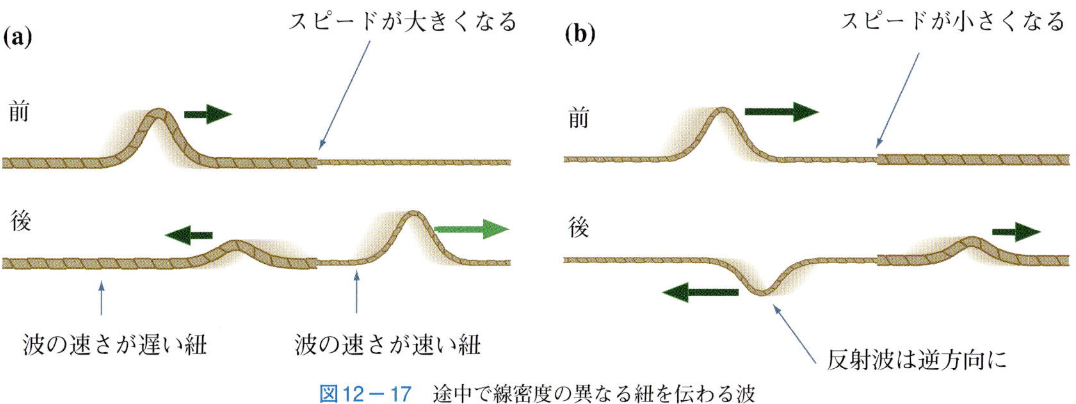

図12－17　途中で線密度の異なる紐を伝わる波

図12－17のように線密度の異なる紐を接合しておく。すると、進行する波は線密度の異なる点で、反射する。

線密度の大きな弦から小さな弦に波が進行すると、接合点を透過して進行する波も反射する波も入射する波と同じ方向に変位する。しかし、線密度の小さい方から大きい方へ入射するときは、透過する波の変位は元と同じであるが、反射する波の変位は入射波と逆になる。$\sin(\phi+\pi)=-\sin\phi$となるので、このとき位相がπだけずれたと表現する。波はつぎつぎと隣の原子を引きつけることによって生まれる。線密度が小さい弦から大きい弦に接合するところでは、質量の大きな弦を動かすのに必要な力は大きくなり、そのため反作用の力が密度の小さな弦を逆向きに加速する作用が大きくなる。このために反射波の変位方向が逆になるのである。

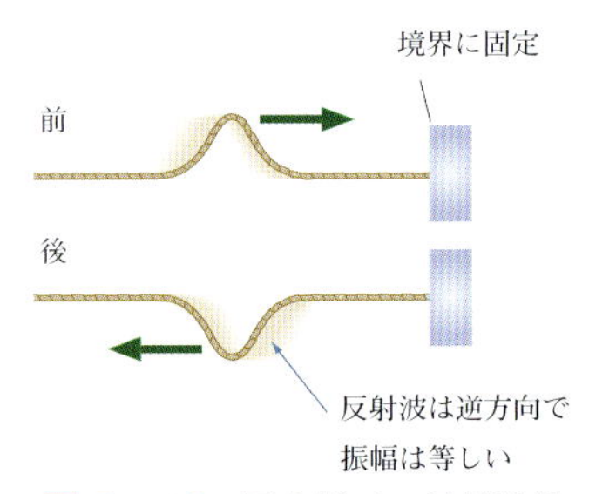

図12－18　固定端での反射波は位相がπ変わる。

また紐の一端が壁などに固定してあると、壁を引きつける力の反作用で紐の変位が逆転し、反射波の位相はπだけずれる。これは接合する相手側の紐の線密度が非常に大きい場合に相当する。

弦の波の反射と透過

線密度μ_1の紐から線密度μ_2の紐への波の伝わりを見てみよう。紐を張る張力をTとすると、それぞれの波のスピードは、

$$c_1=\sqrt{\frac{T}{\mu_1}},\quad c_2=\sqrt{\frac{T}{\mu_2}} \tag{12.46}$$

である。

二つの紐の接合点を$x=0$としよう。この接合点では二つの紐の変位が同じでなければ紐が切れてしまうので

$$D(x-0)=D(x+0) \tag{12.47}$$

である。ここで$x-0$は線密度μ_1の紐の変位で$x+0$は線密度μ_2の紐の変位を表している。

また、紐の接合点の分子は非常に軽いのでこの分子にかかる力はつり合っていなければならない。さもなければ接合点だけ非常に大きな加速をすることになってしまう。(12.20)を用いると、変位方向の力のつり合いより

$$T\frac{\partial D}{\partial x}(x-0)=T\frac{\partial D}{\partial x}(x+0) \tag{12.48}$$

となる。

入射波を$A\sin(k_1x-\omega_1t)$とし、透過波を$B\sin(k_2x-\omega_2t)$、反射波を$C\sin(-k_1'x-\omega_1't)$とする。このとき$x<0$での波は

$$A\sin(k_1x-\omega_1t)+C\sin(-k_1'x-\omega_1't) \tag{12.49}$$

であり、$x>0$では

$$B\sin(k_2x-\omega_2 t) \tag{12.50}$$

となる。

ここで(12.47)の条件は

$$A\sin(-\omega_1 t)+C\sin(-\omega_1' t)=B\sin(-\omega_2 t) \tag{12.51}$$

となり、これがすべての時刻で成り立つためには、角振動数がすべて等しくなる必要がある。これは、波がそれぞれ勝手に時間変化してしまっては接続点での値がずれてしまうためである。したがって

$$\omega_1=\omega_1'=\omega_2 \tag{12.52}$$

となるのでこの値をωとおこう。(12.51)より振幅については

$$A+C=B \tag{12.53}$$

の関係が成り立つ。また、波数は(12.14)より

$$k_1=k_1'=\frac{\omega}{c_1},\quad k_2=\frac{\omega}{c_2} \tag{12.54}$$

と表される。

次に力のつり合いを表す(12.48)に(12.49)と(12.50)を代入すると

$$Ak_1\cos(-\omega t)-Ck_1\cos(-\omega t)=Bk_2\cos(-\omega t)$$

が得られる。これより

$$A-C=\frac{k_2}{k_1}B \tag{12.55}$$

の関係が成り立つことがわかる。(12.53)と(12.55)より

$$B=\frac{2k_1}{k_1+k_2}A,$$

$$C=\frac{k_1-k_2}{k_1+k_2}A$$

となる。

これを(12.54)の関係より書き直すと

$$B=\frac{2c_2}{c_1+c_2}A,\qquad C=\frac{c_2-c_1}{c_1+c_2}A \tag{12.56}$$

と表される。BはAと同符号になることから、透過波は入射波と同じ位相で進むことがわかる。一方、反射波では、$\mu_1>\mu_2$のときは、$c_2>c_1$となり、CはAと同符号であるのに対し、$\mu_2>\mu_1$とすると、$c_2<c_1$となりこのときCはAと逆符号になる。これにより線密度が小さな弦から大きな弦に波が入射すると、反射波の位相はπだけ変わることが示された。

パワー反射係数とパワー透過係数

波のパワーは振幅の2乗に比例する。そこで、入射したエネルギーのうち反射したエネルギーの割合は

$$R=\frac{C^2}{A^2} \tag{12.57}$$

となる。これを**パワー反射係数**と呼ぶ。パワー反射係数は**反射率**と呼ばれることも多い。(12.56)を用いると

$$R=\left(\frac{c_2-c_1}{c_1+c_2}\right)^2 \tag{12.58}$$

となることがわかる。エネルギーの保存則より入射したエネルギーは反射したエネルギーと透過したエネルギーの和になる。よって**パワー透過係数**（**透過率**）を透過したエネルギーの割合とすると

$$T=1-R=\frac{4c_1c_2}{(c_1+c_2)^2} \tag{12.59}$$

となる。これは(12.28)と(12.56)を用いて確かめることができる。

高校物理基礎

12－13　定常波　B

両端を固定してある弦をはじくと、図12－19のように右にも左にも移動せず、上下に弦が動くような波ができる。このような波を**定常波**という。一方、波には一般に右に行く波と左に行く波とがあった。これらの波の関係はどのようになっているのであろうか？

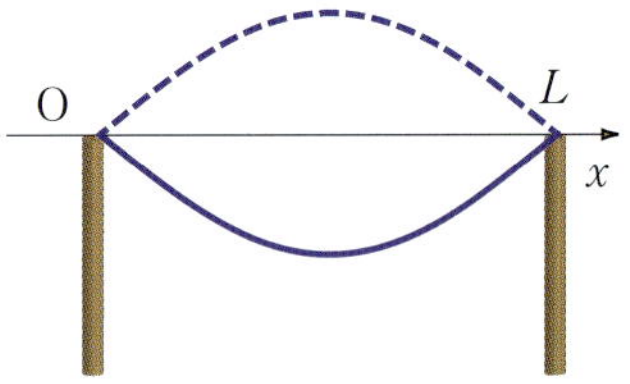

たとえば図12－19のような波はそのx方向の形状は

$$D(x,\ t)=A(t)\sin kx$$

となっている。その振幅が振動しているので

$$A(t)=A\cos\omega t$$

のように表される。ここで(12.40)において$\alpha=kx,\ \beta=\omega t$とすると、

$$D=\frac{A}{2}[\sin(kx+\omega t)+\sin(kx-\omega t)] \tag{12.60}$$

が得られる。このように定常波は右行きと左行きの進行波の和として表されるのである。

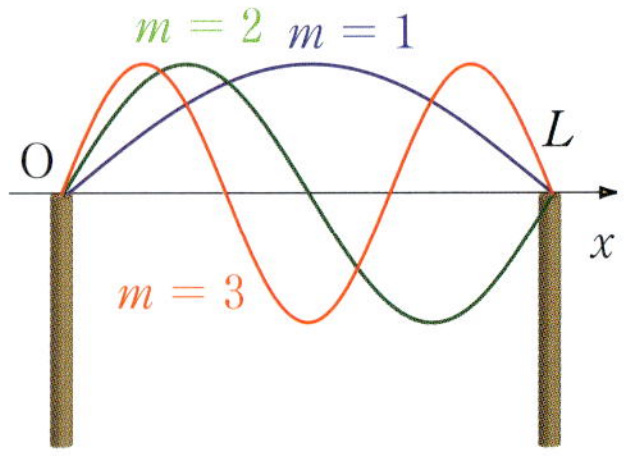

図12－19　定常波は進行しない波である。

図12－20　同じ弦にもさまざまな波長の定常波が生じる。

弦の定常波

両端が$x=0,\ L$の位置で固定されている弦を考える。弦の波の形を

$$D(x,\ t)=A(t)\sin kx \tag{12.61}$$

とすると、$D(x=L,\ t)=0$より

$$\sin kL = 0 \tag{12.62}$$

である必要がある。$\sin m\pi = 0,\ m = 1,\ 2,\ 3,\ \cdots$であるので

$$kL = \frac{2\pi L}{\lambda} = m\pi,\quad m = 1,\ 2,\ 3,\ \cdots \tag{12.63}$$

となる。

これより定常波の波長は

$$\lambda_m = \frac{2L}{m},\quad m = 1,\ 2,\ 3,\ \cdots \tag{12.64}$$

となる。つまり、定常波の波長は弦の長さの2倍を整数で割ったものしかないのである。

また$v = f\lambda$の関係により、振動数は

$$f_m = \frac{v}{\lambda_m} = m\frac{v}{2L},\quad m = 1,\ 2,\ 3,\ \cdots \tag{12.65}$$

という値をとる。特に一番小さい振動数である

$$f_1 = \frac{v}{2L} \tag{12.66}$$

を弦の**基本振動数**という。(12.65)より、すべての振動はこの整数倍の振動数を持つ。基本振動数以外の振動を倍振動という。

12－14　一般的な定常波　Ⓐ

ロープを少し振動させると定常波ができる。しかしこれは一般的には正弦関数の形にはならない。このような波は正弦波とどのような関係があるのであろうか？

この問題を考えるのに、もう少し簡単な場合を見てみよう。両端が固定された弦の中央を引っ張ると図12－21のような三角形になる。この状態で手を離すと、最大振幅では波形が三角形となるように振動する。これまで正弦波のみを見てきたが、このようなより一般の波形はどのようにして表されるのであろうか？

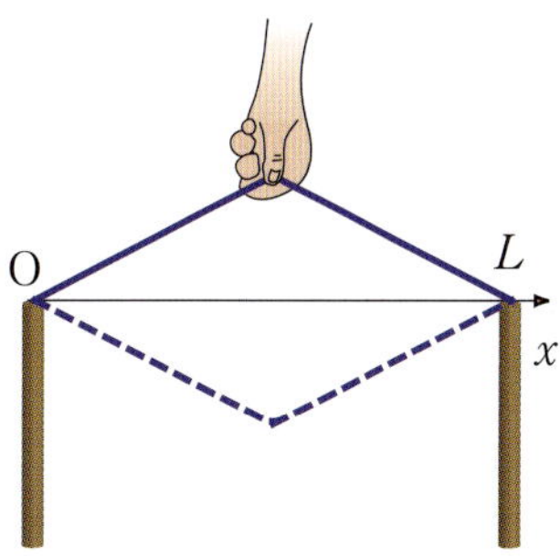

図12－21　この状態で手を離すと三角形状の定常波が見られる。

この問題を考えるとき、重ね合わせの原理により正弦波の重ね合わせも解となることが参考になる。この場合は$D(x = 0,\ t) = D(x = L,\ t) = 0$の条件を満たす正弦関数の重ね合わせにより解を求めることができるのである。そこでこの波を

$$D(x,\ t) = \sum_{n=1}^{\infty} A_n(t)\sin\frac{n\pi x}{L} \tag{12.67}$$

とおく。$t = 0$のときに弦の形が$D_0(x)$であるとし、また、そっと離すのでそのときの弦の速度はゼロとする。つまり

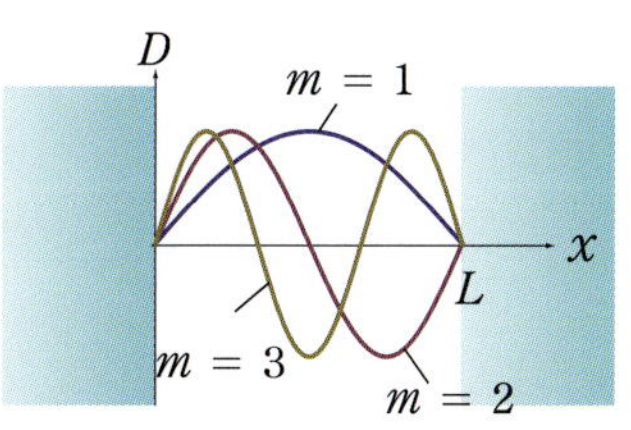

図12－22　両端での変位が0となる正弦関数

$$D(x,\ t=0)=D_0(x)=\sum_{n=1}^{\infty}A_n(0)\sin\frac{n\pi x}{L}$$
$$\frac{\partial}{\partial t}D(x,\ t=0)=0=\sum_{n=1}^{\infty}\frac{d}{dt}A_n(0)\sin\frac{n\pi x}{L} \tag{12.68}$$

である。

このとき、$A_n(0)$をどのように決めたらよいのであろうか？　これには、次の関係を用いる。

$$\int_0^L \sin\frac{m\pi x}{L}\sin\frac{n\pi x}{L}dx=0,\quad m\neq n$$
$$\int_0^L\left(\sin\frac{n\pi x}{L}\right)^2 dx=\frac{L}{2} \tag{12.69}$$

これらは、三角関数の加法定理を用いて

$$\sin\alpha\sin\beta=\frac{1}{2}(\cos(\alpha-\beta)-\cos(\alpha+\beta)) \tag{12.70}$$

と変形し、実際に積分することで確かめられる。

そこで

$$D_0(x)=\sum_{n=1}^{\infty}A_n(0)\sin\frac{n\pi x}{L} \tag{12.71}$$

の両辺に$\sin\dfrac{m\pi x}{L}$を掛けて、xについて0からLまで積分すると

$$A_m(0)=\frac{2}{L}\int_0^L D_0(x)\sin\frac{m\pi x}{L}dx \tag{12.72}$$

となる。(12.71)は両端が固定された関数は正弦関数の重ね合わせとして表されることを意味し、(12.72)はその展開係数を与えている。このような正弦関数での展開を**フーリエ級数展開**という。同様にすると

$$\frac{d}{dt}A_m(0)=0$$

となる。

次に関数$A_n(t)$を決定するため(12.67)を波動方程式に代入すると

$$0=\frac{\partial^2 D}{\partial x^2}-\frac{1}{v^2}\frac{\partial^2 D}{\partial t^2}=\sum_{n=1}^{\infty}\left[-\left(\frac{n\pi}{L}\right)^2 A_n-\frac{1}{v^2}\frac{d^2A_n}{dt^2}\right]\sin\frac{n\pi x}{L}$$

となる。この両辺に$\sin\dfrac{m\pi x}{L}$を掛けて、xについて0からLまで積分すると

$$\frac{d^2A_m}{dt^2}=-v^2\left(\frac{m\pi}{L}\right)^2 A_m$$

が得られる。$v=\sqrt{T/\mu}$よりこれは

$$\mu L\frac{d^2A_m}{dt^2}=-\frac{T}{L}(m\pi)^2A_m \tag{12.73}$$

となり、振幅$A_m(t)$についてのニュートンの運動方程式ととらえることができる。この式は単振動の運動方程式であるので、$\frac{d}{dt}A_m(0)=0$に注意すると解は

$$A_m(t)=A_m(0)\cos(\omega_m t),\qquad \omega_m=2\pi f_m=\frac{m\pi v}{L} \tag{12.74}$$

となることがわかる。したがって、一般的な定常波は基本振動およびさまざまな倍振動の定常波の重ね合わせとして表されることがわかった。

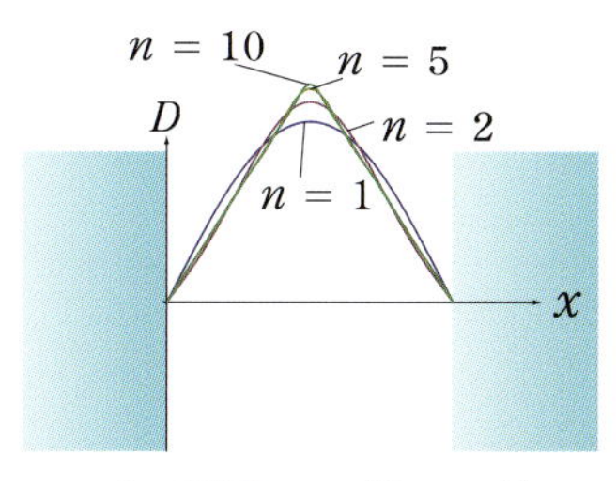

$\sum_{m=1}^{n}\frac{(-1)^{m+1}}{(2m-1)^2}\sin\frac{(2m-1)\pi x}{L}$

図12－23　たとえば図12－21の三角形状の波も正弦波の重ね合わせで表現できる。

演習問題12

Ⓑ **12.1** 図12－24はある縦波の変位について、進行方向の変位が正となるようにグラフに表したもので、上図は時刻0における各地点での変位を、下図はある地点での変位の時間変化を示す。(1) 縦波の疎密によって圧力が最大となっている地点を上図のAからDの中から答えなさい。(2) 下図が表していると考えられる地点を上図のAからDの中から答えなさい。

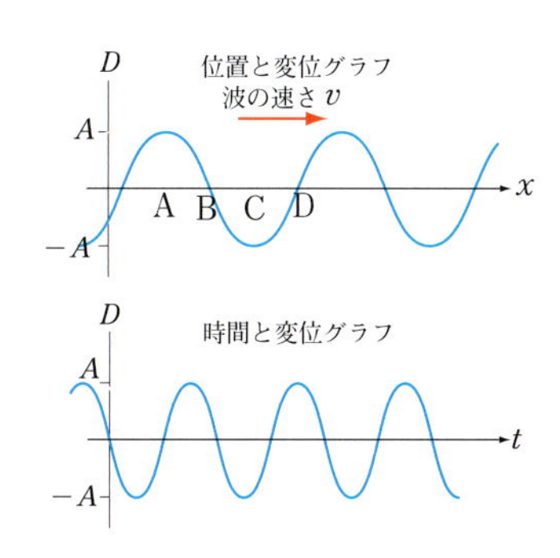

図12－24 時刻0における縦波の変位（上）とある地点での時間変化

Ⓑ **12.2** ギターなどの弦をはじいて定常波による音を発生させるとき、より高い音を出すためにはどのようにすればよいか。波の振動数が大きいほど高い音になることに注意して説明しなさい。

Ⓑ **12.3** 12－11節で扱った干渉縞の振動が激しい点（または振動しない点）を結ぶと、どのような曲線になるか調べなさい。

Ⓐ **12.4** 弾性体内の伸び縮みの変位が、ある一方向（x軸方向とする）へ波として伝わる場合を考えよう。時刻t、位置xにおけるこの変位を$u(x,t)$で表す。この変位に対してx軸と垂直な断面に働く応力$P(x,t)$は、単位長さあたりの伸び縮みに比例する。この比例係数であるヤング率をY、密度をρとする。$u(x,t)$が波動方程式に従うことを示し、波のスピードを求めなさい。

Ⓐ **12.5** 弦を伝わる正弦波について、エネルギーの流れ (12.35) の時間平均を計算しなさい。また、エネルギーの流れはエネルギー

密度と波のスピードの積であることを確認しなさい。

Ⓐ **12.6** x軸上の$x<0$の領域に紐がある。この紐を伝わる波は波動方程式の解として$D(x,\ t)=D_1(x-vt)+D_2(x+vt)$と表される。$v$は波のスピードである。(1) 紐が$x=0$で固定されている場合、および (2) 固定されずに自由に運動できる場合のそれぞれについて、条件を満たす波の式を求めなさい。

Ⓐ **12.7** 式(12.68)で、弦の形が

$$D_0(x)=\begin{cases}\dfrac{A}{L/2}x & (0\leq x\leq L/2)\\[2ex] \dfrac{A}{L/2}(L-x) & (L/2\leq x\leq L)\end{cases}$$

で与えられているとき、フーリエ級数展開を実行し、$D_0(x)$を三角関数の重ね合わせで表しなさい。

演習問題解答

12.1 (1) 圧力が最大になる地点は、その後方からの変位が正、前方からの変位が負となって、圧縮により密となっている点である。図の中ではBが該当する。(2) 時刻0において変位が0で、その後、負の変位に転ずる位置であるから、Dが該当する。

12.2 定常波の（基本）振動数は(12.66)で表されるから、静止状態の弦の長さLを小さくするか、波のスピードvを大きくすれば振動数は高くなる。前者のためには弦の途中を指で押さえるなどすればよい。後者のためには、波のスピードが(12.2)で表されることから、より細くてμが小さい弦を弾くか、弦を張る張力Tを大きくすればよい。いずれも直感的に容易に理解できるだろう。

12.3 求める曲線は、振動源からの距離の差が一定となる点を連ねた曲線であるので、振動源を焦点とする双曲線になる。

12.4 位置xで幅Δx、断面積ΔSの微小領域を考える。この領域での運動方程式は

$$\Delta x \Delta S \rho \frac{\partial^2 u}{\partial t^2}(x,\ t) = \Delta S(P(x,\ t) - P(x+\Delta x,\ t))$$

$$= -\Delta x \Delta S \frac{\partial P}{\partial x}(x,\ t)$$

となる。ここで応力について

$$P(x,\ t) = -Y\frac{u(x+\Delta x,\ t) - u(x,\ t)}{\Delta x} = -Y\frac{\partial u}{\partial x}(x,\ t)$$

が成り立つから、$u(x, t)$は波動方程式

$$\frac{\partial^2 u}{\partial x^2}(x,\ t) = \frac{\rho}{Y}\frac{\partial^2 u}{\partial t^2}(x,\ t)$$

に従う。これより波のスピードは$v = \sqrt{Y/\rho}$となることがわかる。

12.5 時間平均は

$$\frac{1}{T}\int_0^T \cos^2(kx - \omega t)\,dt = \frac{1}{2T}\int_0^T (1 + \cos 2(kx - \omega t))\,dt = \frac{1}{2}$$

より(12.36)となることがわかる。この正弦波のエネルギー密度は

$$\varepsilon = \frac{\mu}{2}\left(\frac{\partial D}{\partial t}\right)^2 + \frac{T}{2}\left(\frac{\partial D}{\partial x}\right)^2 = \frac{A^2}{2}(\mu\omega^2 + Tk^2)\cos^2(kx - \omega t)$$

$$= \mu\omega^2 A^2 \cos^2(kx - \omega t)$$

となるから、$P = v\varepsilon$が成立している。

12.6 (1) 固定端の条件は$0 = D(0,\ t) = D_1(-vt) + D_2(vt)$である。ここで時刻$t$は任意であるから、この条件は$D_2(x) = -D_1(-x)$となり、よって波は$D(x,\ t) = D_1(x - vt) - D_1(-x - vt)$と表される。後退波は反射波を表すと考えられるが、それは前進波（入射波）に対して位相がπだけずれた波であることがわかる。(2) $x = 0$において紐に張力が働かず自由に運動しているとすると、条件は$0 = (\partial D/\partial x)(0,\ t) = D_1'(-vt) + D_2'(vt)$となる。これより$C$を定数として$D_2(x) = D_1(-x) + C$となるが、後退波（自由端における反射波）は前進波（入射波）がないとき存在しないとすると$C = 0$でよい。これより波は$D(x,\ t) = D_1(x - vt) + D_1(-x - vt)$と表される。反射波の位相は入射波と同じであることがわかる。

12.7 (12.72)を用いて計算すると

$$A_m(0) = \frac{2}{L}\left[\int_0^{L/2} \frac{A}{L/2} x \sin\frac{m\pi x}{L}\,dx + \int_{L/2}^{L} \frac{A}{L/2}(L - x)\sin\frac{m\pi x}{L}\,dx\right]$$

$$= \frac{A}{(L/2)^2}(1 + (-1)^{m+1})\int_0^{L/2} x \sin\frac{m\pi x}{L}\,dx$$

となる。2項目の積分では$y=L-x$と置換して$\sin m\pi=(-1)^m$となることを用いた。この式はmが偶数のとき0となるから、残る積分はmが奇数のときのみ考えればよい。部分積分により積分は

$$-\frac{L^2}{2m\pi}\cos\frac{m\pi}{2}+\left(\frac{L}{m\pi}\right)^2\sin\frac{m\pi}{2}=\left(\frac{L}{m\pi}\right)^2(-1)^{\frac{m-1}{2}}$$

となる。以上によって

$$\begin{aligned} D_0(x) &= \sum_{m=1}^{\infty} A_{2m-1}(0)\sin\frac{(2m-1)\pi x}{L} \\ &= \sum_{m=1}^{\infty}\frac{8A}{(2m-1)^2\pi^2}(-1)^{m-1}\sin\frac{(2m-1)\pi x}{L} \end{aligned}$$

と展開される。

13 音の物理

音波は流体や弾性体中を伝わる波であり、その性質の多くは一般の波についての知識で理解できるものであるが、ここでは日常経験における音を通じて認識される波動現象を中心に学んでいくことにしよう。

13－1 音波 Ⓑ

高校物理基礎
高校物理

物体を振動させると空気も振動する。これが波となって伝わるのが**音波**である。空気中では、空気は圧縮されるとその膨張する力により周りの空気を圧縮し、それがつぎつぎに引き起こされて音波が伝わる。

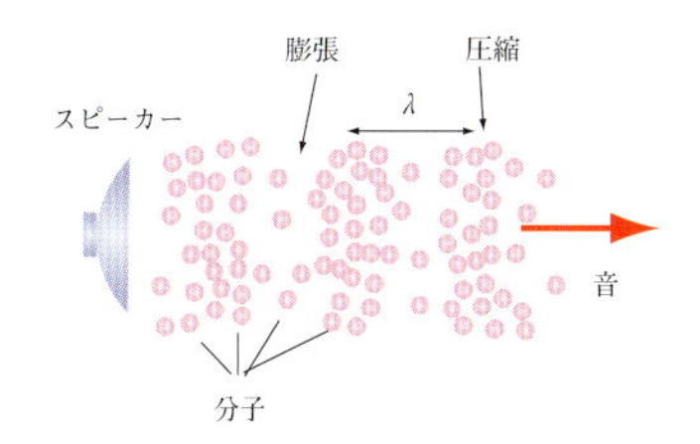

図13－1 音は物体の振動が空気中を伝わる波である。

空気のような気体中では音波は縦波である。これは進行方向に垂直な変位に対しては、引き戻す力が働かないからである。同様に液体中でも音は縦波である。一方、固体中では進行方向に垂直の変位に対しても引き戻す力が働くので、縦波だけでなく横波もある。しかし特に断らない限り音波は縦波としておく。

音波のスピードは媒質によって異なる。空気中では20℃のときに音速は343 m/sである。温度が低いと音速は小さくなり温度が高いと音速は大きくなる。また、音速は圧縮に対する復元力が大きいほど大きい。そのため、一般に気体よりも液体の方が音速が大きく、また液体よりも固体の方が音速が大きい。

私たちの耳はおよそ20 Hzから20 kHzの音を聞くことができる。聞き取ることのできる音の周波数の上限は年齢と共に下降していく。20 kHzを超える音を**超音波**という。水中の音速は1480 m/sであるので3 MHzの超音波の波長は、0.5 mmである。このような超音波は体内の超音波診断に用いられている。体内での音の反射エコーを計測して臓器の形状を見いだすのである。

人間の耳には、音の振動数は音の高さとして聞こえる。

13－2 耳の構造 Ⓘ

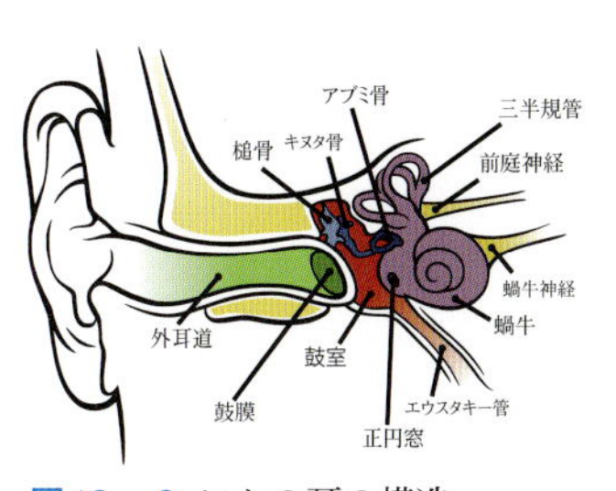

図13－2 ヒトの耳の構造

外耳道を通った音は、中耳に伝達され、リンパ液の詰まった蝸牛（かぎゅう）へと伝えられる。そして、蝸牛神経で電気信号として脳に情報が伝えられる。それではなぜ中耳が存在するのであろうか？　中耳に欠損が生じると音を聞く能力が著しく阻害されることがわかる。蝸牛内部は液体である。弦の波は波のスピードが変化するところで反射が発生する。音の場合も同様であり、空気から液体などに音が伝わるときには、反射と透過が起こる。そのため、空気中の音のエネルギーの多くは反射され、わずか10%ほどのエネルギーのみが蝸牛へと伝えられることになる。中耳ではこの減衰を補うため音圧の増幅が行われるのである。鼓膜では55 mm^{2}程度の部分が振動する。それが、あぶみ骨内部では、断面積が3.2 mm^{2}程度の領域に伝えられる。このように中耳を音が伝わる間に音のエネルギーが狭い領域に集められ、音圧が増幅されることになる。

13－3　音波のパワーと強度　B

単位時間に運ばれる波のエネルギーを**波のパワー**という。単位は仕事率と同じでW（ワット＝J/s）である。エネルギーは保存するので音源から遠くなっても音全体のパワーは変わらない。しかし、耳に聞こえる音の大きさは鼓膜という面に加わる音のパワーで決まる。このため、単位面積あたりの音のパワーである音の**強度**が重要となる。つまり、面積Sの面に波のパワーPが伝わるとき、その音の強度は

$$I = \frac{P}{S} \tag{13.1}$$

である。SI単位系で波の強度の単位はW/m^{2}となる。

図13－3　音源からの距離が倍になれば音の強度は4分の1になる。

音源での音のパワーをP_{source}とする。この音がすべての方向に等しく広がっていくとすると、音源から距離r離れた地点での音の強度は、半径rの球面の表面積が$4\pi r^2$であることより

$$I = \frac{P_{\mathrm{source}}}{4\pi r^2} \tag{13.2}$$

となる。つまり音の強度は逆二乗の法則に従うのである。拡声器では音が広がる角度を制限することで、音の強度の減衰が抑えられている。また、中耳では音が広がらずに集められるので、音の強度は強められるのである。

人は$I_0 = 10^{-12}$ W/m^{2}以下の強度の音は聞くことはできない。これは空気での圧力変化の振幅（音圧）にして$p_0 = 2\times10^{-5}$ Paに相当する。また、1W/m^{2}以上では耳が非常に痛くなる。つまり、人が通常聞くのはこの間の強度の音であり、程度にして10^{12}倍ほど異なる音を聞くということになる。このように、人の耳の聞く範囲は非常に大きいので、強度を表すための便利な量として、音圧レベル

$$\beta = 10\log\left(\frac{I}{I_0}\right),\quad I_0 = 10^{-12}\,\mathrm{W/m^2} \tag{13.3}$$

が用いられる。あるいは、音の強度は音圧の２乗に比例するので

$$\beta = 10\log\left(\frac{p^2}{{p_0}^2}\right),\quad p_0 = 2\times 10^{-5}\,\mathrm{Pa} \tag{13.4}$$

とする。この単位を**デシベル**(dB)という。このような基準値を設けた対数量に対する単位としてのデシベルは、音響工学だけでなく、電気工学などでも用いられる。

例題13－1　音の強度と音圧

80 dBの音の強度と音圧を求めなさい。

解答　80 dB = $10\log(I/I_0)$ より強度は $I = 10^8 I_0 = 10^{-4}\,\mathrm{W/m^2}$ で、同様に音圧は $p = 10^4 p_0 = 0.2\,\mathrm{Pa}$ となる。■

13－4　音色

Ⓑ 高校物理基礎
高校物理

前章では、弦を振動させると一般的には基本振動だけでなく多数の倍振動の重ね合わせとなることを見た。私たちが音を聞くとき、音の高さとしては基本振動数を聞くことになる。一般的には倍音（倍振動）が加わり、それらは音色の違いとして現れる。楽器によって倍音の強度は異なり、それによって音色が異なることになる。

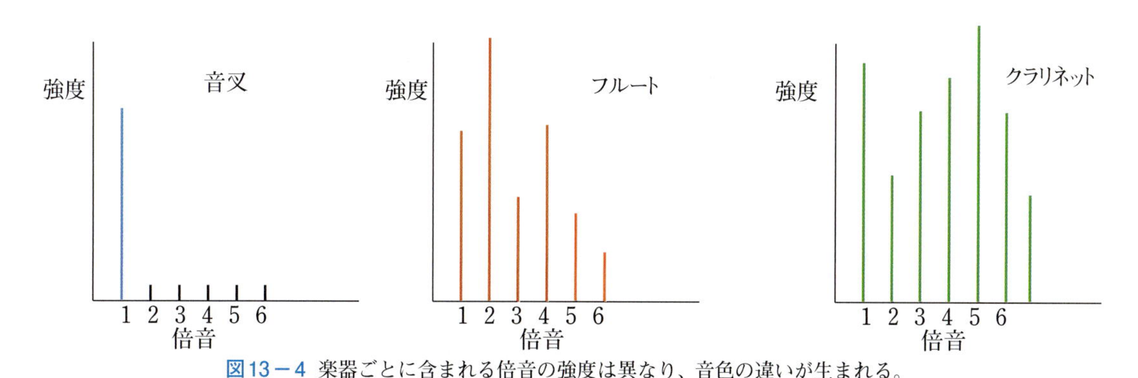

図13－4　楽器ごとに含まれる倍音の強度は異なり、音色の違いが生まれる。

典型的な例が矩形波である。これは、図13－5のように正弦波の集まりとして表される。同じ波長の波でも、その波形によって音色が変わる。

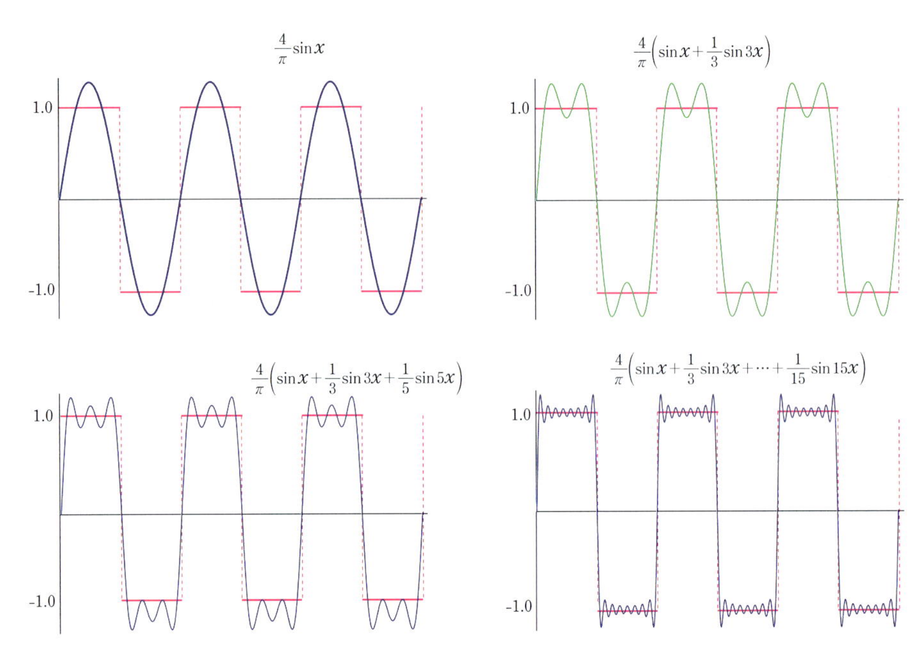

図13－5 倍振動を加えると矩形波（赤線）に近づく。音としてはいずれも同じ基本振動数を持つのですべて同じ高さであるが、音色は異なっている。

高校物理

13－5 ドップラー効果 Ⓑ

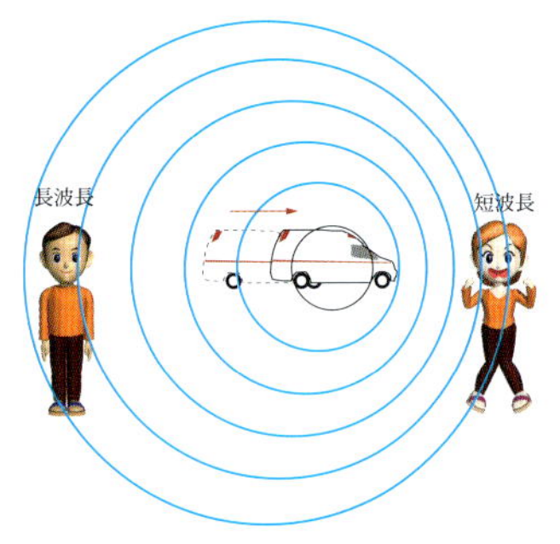

図13－6 移動する音源からの音は、音波の波長が変化することによって変化する。

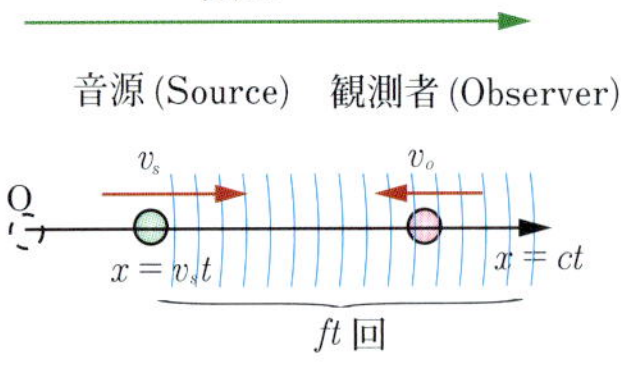

音速c

音源 (Source)　観測者 (Observer)

v_s　v_o

O

$x=v_s t$　$x=ct$

ft回

図13－7 音源、観測者の速度とドップラー効果

救急車が向かってくるときにはサイレンは高い音であるが、通り過ぎると低い音に変わる。このように、音源や観測者が移動することによって音の振動数が変化する現象を**ドップラー効果**という。

日常生活の中では止まっている観測者に救急車が近づく場合も、止まっている救急車に乗用車に乗った観測者が近づく場合も、同じようにサイレンの音が高くなるように感じるが、この二つは異なる理由により起こる現象であることに注意しよう。音源が動く場合には、図13－6のように音は音源から球面波として広がるので、音源が移動することで前方の波長が短くなり、後方の波長が長くなることがドップラー効果の原因となる。これに対し、観測者が動く場合には、音のスピードは媒質である空気に対して決まった値となるので、動く観測者にとっては音速が変化することが原因となる。

図13－7のように音源と観測者が一直線上で運動する場合のドップラー効果による振動数の変化を求めよう。音源が動くスピードをv_s、観測者のスピードをv_o、音速をcとし、音源は振動数fの音を出しているとする。ここではたがいに接近する場合を考えているが、v_s, v_oを負の値にとればたがいに遠ざかる場合も同様に扱える。

図のように、時刻0にOにいた音源が放った音は時刻tにはctの

距離だけ広がり、音源は$v_s t$だけ動く。この間にft回の振動が起こっているので、音源の前方での波長は

$$\lambda' = \frac{ct - v_s t}{ft} = \frac{c - v_s}{f} \tag{13.5}$$

となり、音源が止まっている場合の波長$\lambda = c/f$より短くなる。観測者は波長がλ'に変化した音を聞くが、観測者にとっては音波は$c + v_o$の相対速度で進む。したがって、観測者が1秒間に受ける振動は、距離$c + v_o$の間にある音の振動であることに注意すると、その振動数は

$$f' = \frac{c + v_o}{\lambda'} = \frac{c + v_o}{c - v_s} f \tag{13.6}$$

に変化することがわかる。

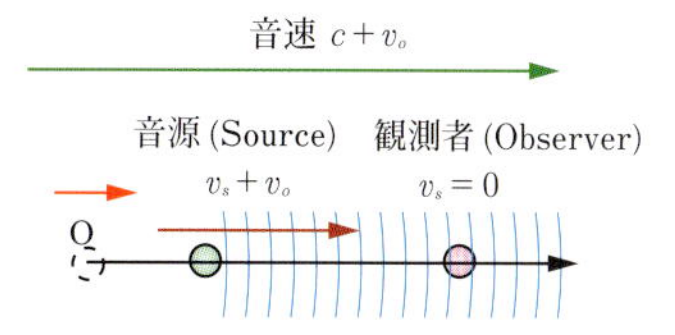

図13－8 観測者の移動は相対速度で考えれば音速の変化と同等である。

13－6 うなり

高校物理基礎
高校物理

これまで振動数の同じ二つの波の重ね合わせを見てきたが、振動数の異なる波の重ね合わせを調べてみよう。二つの音の振動数（周波数）が非常に近いとき、音が大きくなったり小さくなったりする現象が起こる。これを**うなり**という。

$$D_1 = A \sin(k_1 x - \omega_1 t)$$

$$D_2 = A \sin(k_2 x - \omega_2 t)$$

という二つの波の重ね合わせを見てみよう。ある点での強度を見たいので$x = 0$の点で調べてみる。重ね合わされた波は

$$D(x=0,\ t) = -A[\sin(\omega_1 t) + \sin(\omega_2 t)] \tag{13.7}$$

となるが、これは(12.41)を用いると

$$D = -2A \cos\left[\frac{1}{2}(\omega_1 - \omega_2)t\right] \sin\left[\frac{1}{2}(\omega_1 + \omega_2)t\right] \tag{13.8}$$

と変形される。ここで$\omega_2 \approx \omega_1$のとき(13.8)に現れる

$$\widetilde{A} = 2A \cos\left[\frac{1}{2}(\omega_1 - \omega_2)t\right]$$

は時間と共に非常にゆっくり変化する。したがって(13.8)は図13－9のように振幅の大きさがゆっくり変化するような振動を表す。

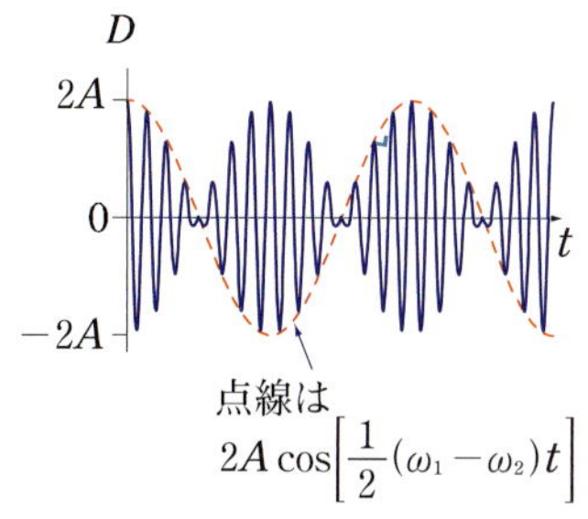

図13－9 うなり：振幅自体が緩やかに振動する。

図13－9のように$\widetilde{A}$が1回振動する間に音の強弱は2回繰り返される。そのため1秒間あたりの強弱の回数は

$$f = \left| 2\frac{1}{2}(\omega_1 - \omega_2)/2\pi \right| = |f_1 - f_2| \tag{13.9}$$

となる。これを**うなりの回数**(beat frequency)という。

13－7　音の波動方程式 

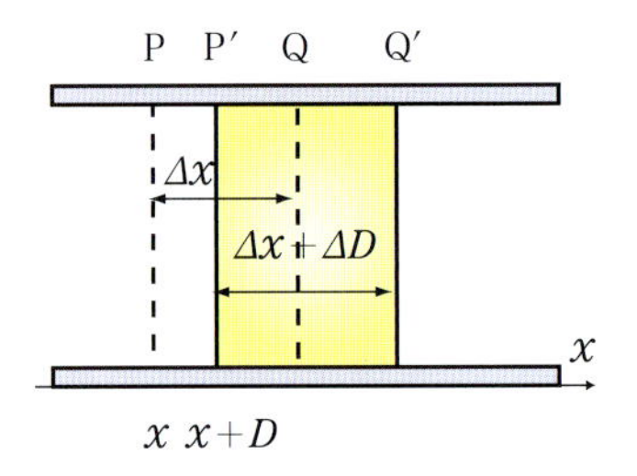

図13－10　チューブ内の変位

断面積Sのチューブの中を伝わる音を見てみよう。図13－10のように音がないときにxの位置からΔxの幅の区間PQにある空気を考えよう。音が入射するとチューブ内の空気が移動してP, Qの位置はP′, Q′になる。そこで、Pの位置は$x+D$に、区間の幅は$\Delta x+\Delta D$になるとしよう。このとき密度が変化し、そのため区間にかかる圧力も変化することになる。

平衡時の空気の密度をρ_0とすると区間内の空気の質量は

$$\rho_0 \Delta V = \rho_0 \Delta x S$$

である。区間の幅が変化しても全体の質量は変わらない。このことから密度は

$$\rho(\Delta x+\Delta D)S = \rho_0 \Delta x S \qquad (13.10)$$

とならなければならない。つまり

$$\rho = \frac{\rho_0 \Delta x}{(\Delta x+\Delta D)} = \rho_0 \frac{1}{1+\dfrac{\partial D}{\partial x}} \qquad (13.11)$$

である。ここで$\dfrac{\partial D}{\partial x}$が小さいとして、

$$1/(1+x) \simeq 1-x$$

の近似を用いると

$$\rho = \rho_0\left(1-\frac{\partial D}{\partial x}\right) \qquad (13.12)$$

となる。

この区間に作用する力はP′およびQ′で受ける圧力を用いて$F=Sp_{P'}-Sp_{Q'}$であるので、区間内の空気に対する運動方程式は

$$\rho_0 \Delta x S \frac{\partial^2 D}{\partial t^2} = S(p_{P'}-p_{Q'}) = -S\Delta x \frac{\partial p}{\partial x}$$

となる。これより

$$\rho_0 \frac{\partial^2 D}{\partial t^2} = -\frac{\partial p}{\partial x} \qquad (13.13)$$

が得られる。圧力はその位置での密度によって変化し、$p=p(\rho(x,\ t))$という関数になる。そのため、

$$\frac{\partial p}{\partial x} = \frac{dp}{d\rho}\frac{\partial \rho}{\partial x}$$

であり、(13.13)は

$$\rho_0 \frac{\partial^2 D}{\partial t^2} = -\frac{dp}{d\rho}\frac{\partial \rho}{\partial x} \qquad (13.14)$$

となる。この式において(13.12)を用いると

$$\frac{\partial^2 D}{\partial t^2}=\frac{dp}{d\rho}\frac{\partial^2 D}{\partial x^2} \tag{13.15}$$

となり、波動方程式で表されることがわかる。これより音速は

$$c=\sqrt{\frac{dp}{d\rho}} \tag{13.16}$$

となることがわかる。

13－8　音速　I

音による圧力変化は非常に早いので断熱的に変化する。このため、15章で見るように比熱比を$\gamma=C_p/C_V$としてpV^γが一定として変化する。密度は体積に反比例するのでCを定数として

$$p=C\rho^\gamma \tag{13.17}$$

の関係になる。空気中では大気圧をp_0、そのときの密度をρ_0とすれば$p_0=C\rho_0{}^\gamma$の関係が成り立つので二つの式より

$$\left(\frac{p}{p_0}\right)=\left(\frac{\rho}{\rho_0}\right)^\gamma$$

となる。微小な変化に対する

$$\frac{p_0+dp}{p_0}=1+\frac{dp}{p_0}=\left(\frac{\rho_0+d\rho}{\rho_0}\right)^\gamma=\left(1+\frac{d\rho}{\rho_0}\right)^\gamma\approx 1+\gamma\frac{d\rho}{\rho_0}$$

の関係より、

$$\frac{dp}{d\rho}=\gamma\frac{p_0}{\rho_0} \tag{13.18}$$

となる。よって音速は(13.16)から

$$c=\sqrt{\gamma\frac{p_0}{\rho_0}} \tag{13.19}$$

と計算される。20℃ 1気圧では$\rho_0=1.2\ \mathrm{kg/m^3}$, $p_0=1.01\times10^5\ \mathrm{Pa}$であり、空気の比熱比は、空気のほとんどを占める窒素と酸素が二原子分子であることから、$\gamma=1.4$である。これより$c=343\ \mathrm{m/s}$となり、実際の実測値と非常によく一致する。

また、空気のモル質量をMとし、絶対温度をTとすると、理想気体の状態方程式は、

$$p=\frac{\rho}{M}RT \tag{13.20}$$

となる。よって音速(13.19)は

$$c=\sqrt{\gamma\frac{RT}{M}} \tag{13.21}$$

となる。これより、温度が高い方が音速が大きくなることがわかる。

高校物理

13－9　衝撃波

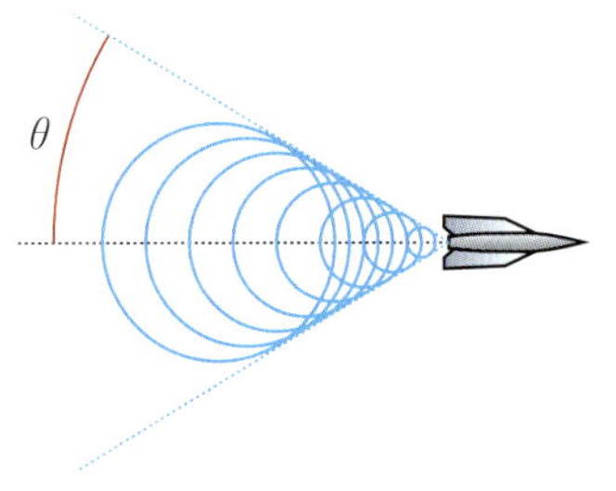

図13－11 音速を超えるジェット機が作る衝撃波。

ジェット機が音速を超えて飛ぶと、強い衝撃音が発生する。この衝撃音は、多数の音波が重ね合わさって強められた波面の進行によるものである。このような波面の前後には圧力の急激な変化が伴い、**衝撃波**とよばれる。ここではこの衝撃波の発生する様子を調べてみよう。

ジェット機がエンジン音を発しながらスピードvで飛んでいるとする。ある時刻において発した音の波面は、時間T後に半径cT（cは音速）の球面となり、この間ジェット機はvTだけ進む。このとき$v>c$ならば、より後の時刻に発した球面波の中心は、常にそれ以前の時刻に発した球面波面の外側にあるから、それらの球面波が重ね合わせられて強め合う面が生じるのである。図13－11のように、この面はジェット機の描く軌跡と角度θをなす円錐面となり、角度θは

$$\sin\theta = \frac{c}{v} \tag{13.22}$$

の関係から定まる。右辺の逆数v/cはジェット機のスピードが音速の何倍であるかを表す数で、**マッハ数**とよばれる。

地上の人にジェット機の作る衝撃波面が到達すると、はじめに非常に強い衝撃音が観測され、次に衝撃波面の内側にある通常の音波によってエンジン音が観測されることになる。

演習問題13

Ⓘ **13.1** 走行している自動車に、正面から超音波を当てた。この反射波と、もとの超音波とを合成したところ、周波数Δfのうなりを生じた。この自動車のスピードはいくらか。自動車が受け取る音波、および自動車から反射する音波のドップラー効果を用いて考えなさい。もとの周波数をf、音速をcとする。

Ⓑ **13.2** 音叉を用いたピアノの調律では、どのような物理現象が利用されているか答えなさい。

Ⓑ **13.3** ある工事現場から10 m離れた地点で、騒音の音圧レベルが

60 dBになった。この現場で発生している音のパワーはどの程度か。

Ⓑ **13.4** 超音波を用いて、体内の様子を映し出す装置がある。一般に波は異なる媒質が接する境界で反射される。この装置で発生した超音波は、体内の各組織の境界で反射し、この反射波が装置に戻るまでにかかった時間からその組織までの距離（深さ）を求め、映像を得ることができる。体内を伝わる音波のスピードは1500 m/s程度である。(1) 深さ5 cmにある組織からの反射波が戻るのにかかる時間はいくらか。(2) 波はその波長程度以下の大きさの領域でよく回折されるため、超音波によって正しく見分けられる組織の大きさは、おおよそ超音波の波長程度となる。この装置で0.75 mm程度の組織まで見るためには、超音波の周波数はどの程度であればよいか。

演習問題解答

13.1 こちらに向かってくる自動車のスピードをvとすると、ドップラー効果により自動車が受ける超音波の周波数は$f'=f(c+v)/c$となる。この超音波を自動車が波源となって出すことになるので、戻ってくる反射波の周波数は$f''=f'c/(c-v)=f(c+v)/(c-v)$となる。うなりの周波数は$\Delta f=|f''-f|=2fv/(c-v)$となり、自動車のスピードは$v=c\Delta f/(2f+\Delta f)$と求められる。なお、自動車や野球のボールのスピードなどの測定には、同様の原理で電波を用いたものが使われている。

13.2 音叉の音とピアノの音によるうなりを利用する。うなりが消えれば、音叉の音とピアノの音の周波数は一致している。またうなりの周波数からピアノの周波数を決めることもできる。周波数の近い二つの音に対して、うなりの周波数は小さく比較的容易に測定できるが、個別に聞いて周波数の差を決めることは難しい。

13.3 観測される音の強度が$P/4\pi(10\ \mathrm{m})^2=10^{-6}\ \mathrm{W/m^2}$となるから、パワーは$P=1.2\times10^{-3}\ \mathrm{W}$である。

13.4 (1) 往復で10 cm進むからおよそ6.7×10^{-5} sで戻ることになる。(2) 波長が$\lambda=0.75$ mm程度の超音波を用いればよい。周波数は$f=c/\lambda=1500\ \mathrm{m/s}/0.75\ \mathrm{mm}=2\ \mathrm{MHz}$となる。

14 光の波動性と粒子性

光は電磁波の一種であり、波としての性質を持つ。光のスピードは$c = 299{,}792{,}458\ \mathrm{m/s}$である。電磁波の正体については電磁気学を学んだ後に見ることにして、ここでは光を波と認めた上でその性質を学んでいこう。一方で、光は電子などと同じく粒子としての性質も持っている。光の粒子性は日常的な現象においてはほとんど現れないが、現代の物理学にとってきわめて重要な量子化という考え方の発展のもとになったものである。この章ではこうした考えの一端についても見ていこう。

高校物理

14－1 光の干渉とヤングの二重スリット実験 Ⓑ

レーザー光は単色で位相のそろった光を放射する。これを0.1 mm程度の間隔のスリットに通すと、離れた位置にあるスクリーンに干渉縞が現れる。

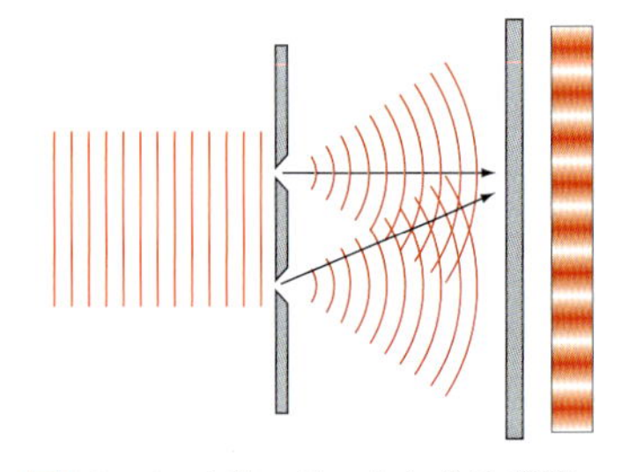

図14－1 二重スリットによる干渉

このような干渉縞は水面波でも確認できる。二つのスリットに波が通ると、それらのスリットの点に波の発生源があるかのように球面波が現れて干渉を起こす。スリットの位置にある水の振動が周りの水の振動を引き起こし、あたかもそこに点状の波源があるかのように波が進むのである。このようにして波がスリットの裏側にも回り込んで進む現象を**回折**という。

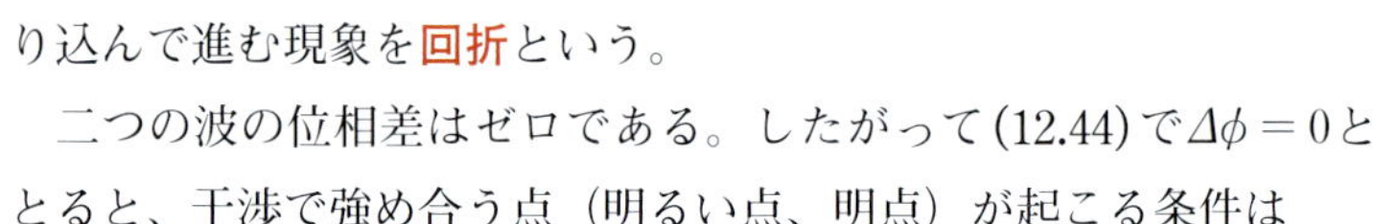

二つの波の位相差はゼロである。したがって(12.44)で$\Delta\phi = 0$ととると、干渉で強め合う点（明るい点、明点）が起こる条件は

$$\Delta r = m\lambda, \quad m: \text{整数} \tag{14.1}$$

となる。

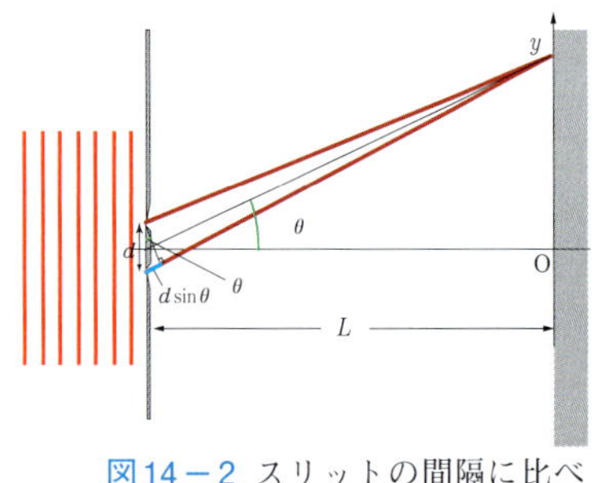

図14－2 スリットの間隔に比べスクリーンが十分遠方にある場合

図14－2のようにスリットの間隔に比べてスクリーンが遠いときに、角度θの点での距離の差は、スリットの間隔をdとするとき

$$\Delta r = d \sin\theta$$

となる。よってm番目の明点は

$$\sin\theta_m = m\frac{\lambda}{d} \tag{14.2}$$

となる角度θ_mで起こる。

角度が十分小さいときスリットとスクリーンの距離をL、スクリーンの中心からの距離をyとすると

$$\tan\theta = \frac{y}{L} \approx \sin\theta$$

であるので、(14.2)の条件は

$$y_m = \frac{m\lambda L}{d},\ m: \text{整数} \tag{14.3}$$

となる。このように角度が小さいとき、明点は等間隔に並ぶ。

重ね合わさった波の振幅は(12.43)より

$$B = 2A\cos\left(\frac{k\Delta r}{2}\right) = 2A\cos\frac{\pi\Delta r}{\lambda}$$

である。距離の差は角度が小さいとき

$$\Delta r = d\sin\theta \approx d\tan\theta = \frac{dy}{L}$$

であるので、振幅は

$$B = 2A\cos\left(\frac{\pi d}{\lambda L}y\right) \tag{14.4}$$

となる。

14－2　干渉縞の光の強度　Ⅰ

干渉縞の光の強度は、単位面積あたりの波のパワーであるので振幅の２乗に比例するから、強度はCを定数として

$$I = CB^2 = 4CA^2\cos^2\left(\frac{\pi d}{\lambda L}y\right) \tag{14.5}$$

となる。$y = 0$のときの光の強度をI_0とすると

$$I_0 = I(y=0) = 4CA^2 \tag{14.6}$$

である。これより強度は

$$I = I_0\cos^2\left(\frac{\pi d}{\lambda L}y\right) \tag{14.7}$$

となり、位置による明るさの強度の変化がわかることになる。

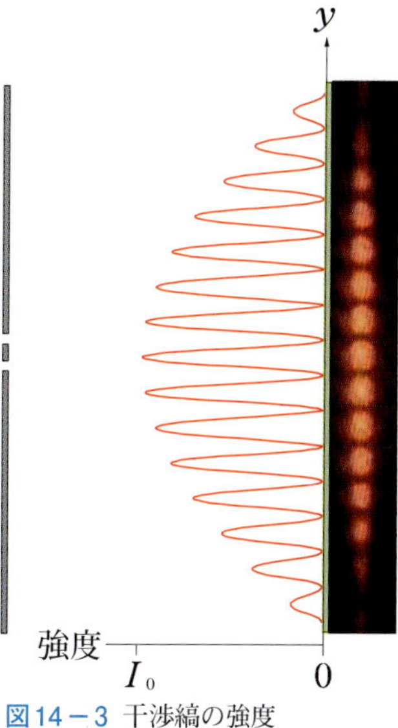

図14－3　干渉縞の強度

14－3　回折格子　Ｂ

高校物理

二重スリットの代わりに等間隔に並んだ多数のスリットを用意しよう。このような多数のスリットを持つ機器を**回折格子**という。

スリットの数をNとすると、N個の波の重ね合わせにより干渉が起こる。明点の起こる条件は二重スリットと同じである。つまり、

$$d\sin\theta_m = m\lambda,\ m\text{: 整数} \tag{14.8}$$

という角度の方向に明点が現れる。

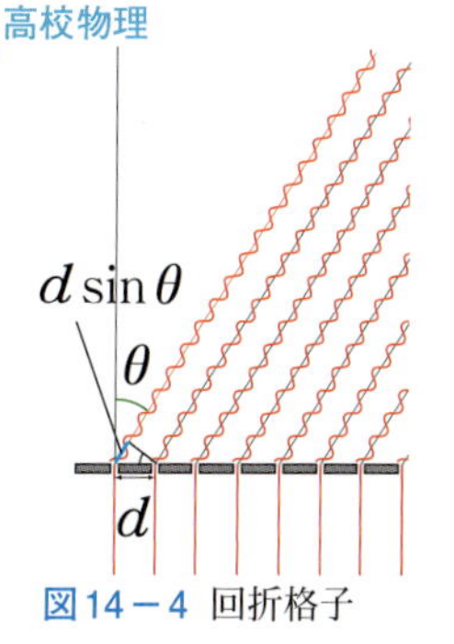

図14－4　回折格子

明点での振幅は二重スリットのときは2倍になるが今度はN倍となる。強度は振幅の2乗に比例するので、明点での強度は単スリットでの強度I_1によって

$$I = N^2 I_1 \tag{14.9}$$

と表される。つまり、スリットの数が多いと明点が非常に強くなる。100個のスリットの場合には10,000倍の強度となる。

一方、明点を外れると多数のスリットからの波の位相がばらばらになるため全体として強度は小さくなる。このため明点の幅が小さくなるのである。このことはまた、エネルギー保存の法則からも導かれる。つまり、全体としてスリットを通過する光の量はスリット一つのときに比べてN倍になる。一方、明点での光の強度はN^2倍になったのでそれ以外の点の強度は非常に小さくなるのである。

このように明点がはっきりすることから、回折格子は光の波長の測定に用いられる。原子や分子から放出される光の波長を測定することを分光(spectroscopy)という。高校化学で学んだように分子はそれぞれに特有の波長を持った光を放出する。炎色反応もその一つである。そして回折格子による分光は分子を特定する有効な手段の一つなのである。

14－4 回折格子の光の強度 Ⓐ

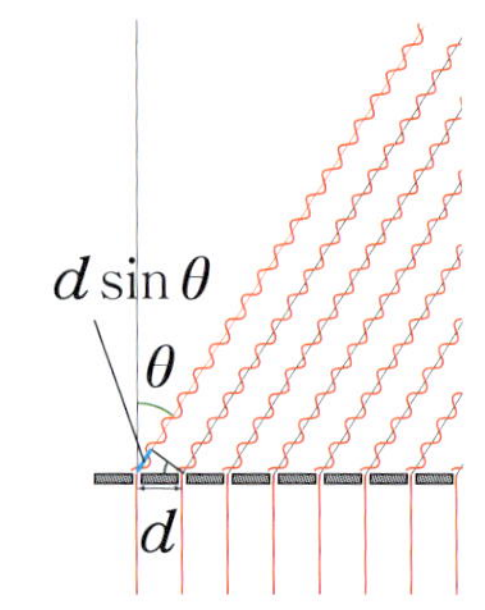

図14－5 回折格子

図14－5のようにN個のスリットを持つ回折格子から遠方へ角度θの方向に進む光を見てみよう。二重スリットと同様に隣り合うスリットからの光の距離の差は

$$\boldsymbol{r}_{n+1} - \boldsymbol{r}_n = \boldsymbol{d}\sin\theta \tag{14.10}$$

である。これより

$$\boldsymbol{r}_n = \boldsymbol{r}_1 + (\boldsymbol{n}-1)\boldsymbol{d}\sin\theta \tag{14.11}$$

となる。遠方での光は重ね合わせの原理により

$$D = \sum_{n=1}^{N} D_n = \sum_{n=1}^{N} A\sin\left(\frac{2\pi \boldsymbol{r}_n}{\lambda} - \omega \boldsymbol{t}\right)$$

であり、(14.11)の関係により

$$D = \sum_{n=0}^{N-1} A\sin\left(\frac{2\pi \boldsymbol{r}_1}{\lambda} - \omega \boldsymbol{t} + \frac{2\pi \boldsymbol{d}\sin\theta}{\lambda}\boldsymbol{n}\right) \tag{14.12}$$

となる。

次にこの和を評価してみよう。表式を簡単にするため

$$\alpha = 2\pi \boldsymbol{r}_1/\lambda - \omega \boldsymbol{t}, \quad \beta = 2\pi \boldsymbol{d}\sin\theta/\lambda \tag{14.13}$$

と定義すると

$$D=\sum_{n=0}^{N-1}A\sin(\alpha+\beta n)$$

となる。オイラーの公式から

$$\sin\alpha=\frac{e^{i\alpha}-e^{-i\alpha}}{2i} \tag{14.14}$$

であることを利用すると、

$$\begin{aligned}D=A\sum_{n=0}^{N-1}\sin(\alpha+\beta n)&=\frac{A}{2i}\left(\sum_{n=0}^{N-1}e^{i(\alpha+\beta n)}-\sum_{n=0}^{N-1}e^{-i(\alpha+\beta n)}\right)\\&=\frac{A}{2i}\left(e^{i\alpha}\sum_{n=0}^{N-1}e^{i\beta n}-e^{-i\alpha}\sum_{n=0}^{N-1}e^{-i\beta n}\right)\end{aligned}$$

となる。ここで高校数学で学んだように$x\neq 1$のとき

$$\sum_{n=0}^{N-1}x^n=\frac{1-x^N}{1-x}$$

となるので、$x=e^{i\beta}$, $e^{-i\beta}$ととることにより

$$\begin{aligned}D&=\frac{A}{2i}\left(e^{i\alpha}\frac{1-e^{iN\beta}}{1-e^{i\beta}}-e^{-i\alpha}\frac{1-e^{-iN\beta}}{1-e^{-i\beta}}\right)\\&=\frac{A}{2i}\left(e^{i\alpha+i\frac{N-1}{2}\beta}\frac{e^{-iN\beta/2}-e^{iN\beta/2}}{e^{-i\beta/2}-e^{i\beta/2}}-e^{-i\alpha-i\frac{N-1}{2}\beta}\frac{e^{iN\beta/2}-e^{-iN\beta/2}}{e^{i\beta/2}-e^{-i\beta/2}}\right)\\&=\frac{A}{2i}\left(e^{i\alpha+i\frac{N-1}{2}\beta}-e^{-i\alpha-i\frac{N-1}{2}\beta}\right)\frac{e^{iN\beta/2}-e^{-iN\beta/2}}{e^{i\beta/2}-e^{-i\beta/2}}\end{aligned}$$

と計算できる。ここで再び(14.14)を用いると

$$D=A\sin\left(\alpha+\frac{N-1}{2}\beta\right)\frac{\sin\dfrac{N\beta}{2}}{\sin\dfrac{\beta}{2}}$$

となる。$\alpha=2\pi r_1/\lambda-\omega t$, $\beta=2\pi d\sin\theta/\lambda$を代入すると

$$D=A\frac{\sin\dfrac{\pi dN\sin\theta}{\lambda}}{\sin\dfrac{\pi d\sin\theta}{\lambda}}\sin\left(\frac{2\pi r_1}{\lambda}-\omega t+\frac{N-1}{2}\frac{2\pi d\sin\theta}{\lambda}\right) \tag{14.15}$$

となり、これは振幅が

$$B=A\frac{\sin\dfrac{\pi dN\sin\theta}{\lambda}}{\sin\dfrac{\pi d\sin\theta}{\lambda}} \tag{14.16}$$

となる波であることを表している。

光の強度は振幅の２乗に比例するので

$$I_N = CB^2 = CA^2\left(\frac{\sin\dfrac{\pi dN\sin\theta}{\lambda}}{\sin\dfrac{\pi d\sin\theta}{\lambda}}\right)^2$$

と表される。スリット一つのときの強度をI_1とすると、これは上の式で$N=1$としたものに他ならない。つまり$CA^2=I_1$であり、これより強度の分布は

$$I_N = CB^2 = I_1\left(\frac{\sin\dfrac{\pi dN\sin\theta}{\lambda}}{\sin\dfrac{\pi d\sin\theta}{\lambda}}\right)^2 \tag{14.17}$$

となる。

この分布をグラフに示す。Nが大きくなるにしたがって明点の強度が大きくしかも幅が狭くなる。

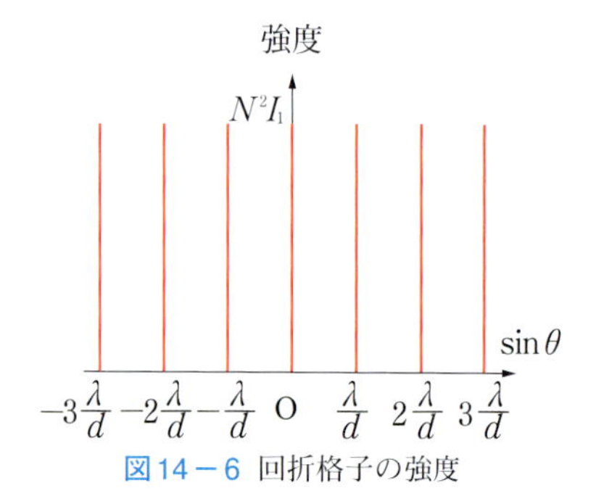

図14－6 回折格子の強度

高校物理

14－5 ホイヘンスの原理 Ⅰ

細いスリットを抜けて出た光は円形に広がる波であることを見た。それでは幅の広いスリットの場合はどうなるのであろうか？　これは細いスリットの集まりであると考えることができる。細いスリットを多数集めるとスリット間の間隔がなくなり幅のあるスリットができる。したがって、幅のあるスリットからの光は、スリットの間の各点から球面波が発生しているとして考えてもよいのである。さらに一般化して幅を無限大にすると平面波がそのまま進むことになる。これは平面波の各波は、それ以前の波の各点から発生した波の重ね合わせとして考えられることを示している。

以上をまとめると、つぎのようになる。波面の各点を波の発生源として球面波が発生し、これらの重ね合わせで次の波が作られる。

これを**ホイヘンスの原理**という。原理とはいってもまったく新しい原理ではなく、実際には波動方程式からの帰結であることを示すことができる。この証明は込み入っているのでここでは行わないが感覚的にだけでも理解しておこう。

14－6 単スリットによる干渉 Ⅰ

幅dが波長程度の単スリットでも干渉が起こる。これはホイヘンスの原理により次のように説明できる。

単スリットを幅が非常に小さい多数のスリットの集まりと考え

る。すると$d/2$だけ離れた二つの微小スリットからの光が干渉により打ち消し合う条件は、たがいに半波長だけずれることであるため

$$\frac{d}{2}\sin\theta = \frac{\lambda}{2}$$

となる。この条件が満たされる角度では、単スリットをつくる各微小スリットに対して干渉により打ち消し合う対をつくることができるためスクリーン上には暗点ができるが、この干渉が起こるためにはスリットの幅が光の波長より大きくなる必要があることがわかる。

同様に$d/4$だけ離れた点が打ち消し合う条件は

$$\frac{d}{4}\sin\theta = \frac{\lambda}{2}$$

となる。これを繰り返すと一般に暗点が現れる条件は

$$d\sin\theta_m = m\lambda,\quad m\text{: 整数} \tag{14.18}$$

となることがわかる。

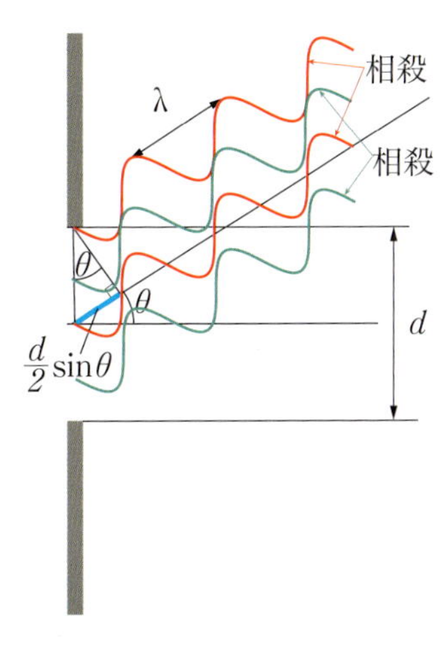

図14－7 単スリットによる干渉の暗点の条件

14－7 単スリットによる光の強度 Ⓐ

図14－8のように幅dのスリットがある。このスリットの幅に比べて十分長い距離$L(L \gg d)$のところにスクリーンがある。このスクリーンに垂直に、波長λの単色光を当てたときに、スクリーンにできる光の強度を求めてみよう。

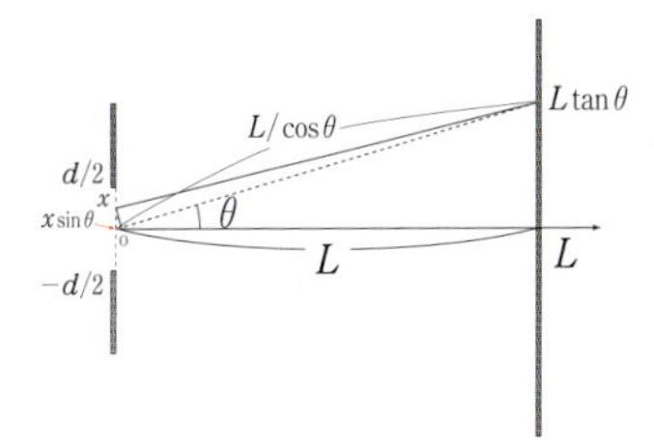

図14－8 単スリット

$L \gg d$であるので、スリット内の点xからスクリーン上の点までの距離は、図に示す角度θを用いて$L/\cos\theta - x\sin\theta$としてよい。したがって、ホイヘンスの原理と重ね合わせの原理により、スクリーン上での光は $\sin\frac{2\pi}{\lambda}(L/\cos\theta - x\sin\theta - ct)$ を$-\frac{d}{2} \leq x \leq \frac{d}{2}$の範囲の xについて重ね合わせたものとなるので、xから$x+dx$までの微小区間からの光の振幅adxとすると

$$\begin{aligned}D &= a\int_{-d/2}^{d/2} \sin\frac{2\pi}{\lambda}(L/\cos\theta - ct - x\sin\theta)dx \\ &= a\frac{\lambda}{2\pi\sin\theta}\Bigg[\cos\frac{2\pi}{\lambda}\left(\frac{L}{\cos\theta} - ct - \frac{d}{2}\sin\theta\right) \\ &\qquad - \cos\frac{2\pi}{\lambda}\left(\frac{L}{\cos\theta} - ct + \frac{d}{2}\sin\theta\right)\Bigg]\end{aligned}$$

となる。ここで(12.70)を用いると

$$D = \frac{a\lambda}{\pi\sin\theta}\sin\left(\frac{\pi d\sin\theta}{\lambda}\right)\sin\left(\frac{2\pi}{\lambda}\left(\frac{L}{\cos\theta} - ct\right)\right) \tag{14.19}$$

となり、振幅は

$$A(\theta) = ad\frac{\sin(\pi \boldsymbol{d} \sin\theta/\lambda)}{\pi \boldsymbol{d} \sin\theta/\lambda} \tag{14.20}$$

となることがわかる。正弦関数が$\lim_{x \to 0}\frac{\sin x}{x} = 1$という性質を持つことに注意すると、中心での光の振幅は$A(0) = ad$となることがわかる。光の強度は振幅の２乗に比例するため、中心の強度を$I(0)$とすると、

$$I(\theta) = I(0)\left(\frac{\sin(\pi \boldsymbol{d} \sin\theta/\lambda)}{\pi \boldsymbol{d} \sin\theta/\lambda}\right)^2 \tag{14.21}$$

となる。これは図14－9のようなグラフとなる。

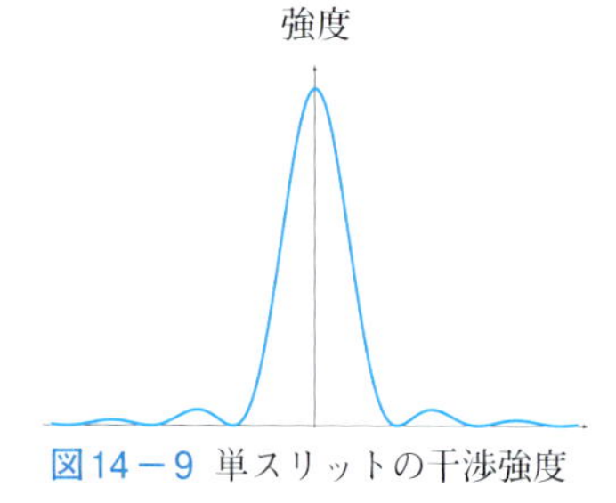

図14－9 単スリットの干渉強度

14－8 円形スリットによる回折 Ⅰ

上で見たのは細長いスリットによる回折であった。円形のスリットによる回折はより複雑であるのでここでは扱わないが、細長いスリットのときの経験から定性的には干渉が予想できるだろう。

波長λの光を直径Dの穴に通したとき暗点が現れる角度は

$$\theta = \frac{1.22\lambda}{D} \tag{14.22}$$

であり、図のように円形の暗線が描かれる。

図14－10 円形スリットによる干渉リング

またスクリーンまでの距離Lが遠ければ、暗線の方向は中心からの距離をyとして$\theta \approx y/L$となるので、中央の明るい領域は、直径

$$w = 2y \approx 2L\theta = \frac{2.44\lambda L}{D} \tag{14.23}$$

の円となる。

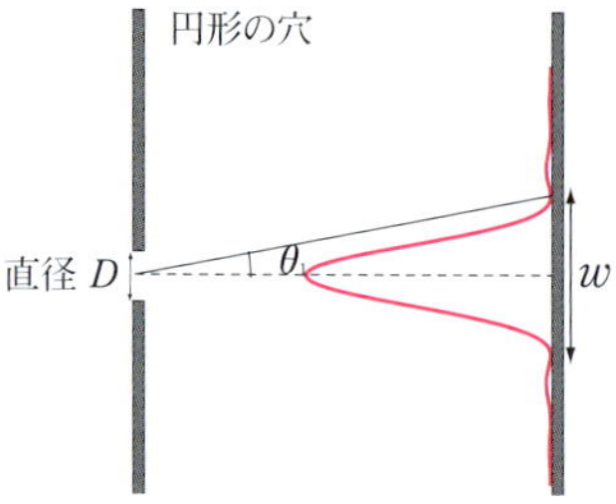

図14－11 スリットの幅と回折の広がり

これは穴が小さければ角度が広がり、穴が大きければその広がりの角度が小さくなり、ほぼ直進しているように見えることを表している。したがって、穴の大きさが波長に比べて大きいときには、光は直進するという光線の考え方を用いてよいことがわかる。

14－9 光学機器の解像度 Ⅰ

このような回折が起こるのは穴だけではない。光学機器では、レンズを用いて集光し像を結ぶ。レンズを学ぶときには意識しないことが多いが、像は、レンズのいろいろな部分を通る光が干渉する結果として結ばれるということである。したがって、レンズ自身が引き起こす回折の効果により像がぼけてしまうのである。

ある物体からの光がレンズに侵入する。レンズの焦点距離をf、

レンズの直径をDとすると、(14.23)で$L=f$とすることにより

$$w=\frac{2.44\lambda f}{D} \tag{14.24}$$

となる。これが遠方にある点状の光源が結ぶ像の大きさとなる。回折によって像がぼけるため、二点からの光がなす角度が小さいと、像が重なり合って見分けることが困難になる。区別できるための条件は一方の像の中心がもう一方の像の広がりより外側にあるという**レイリーの条件**で与えられる。

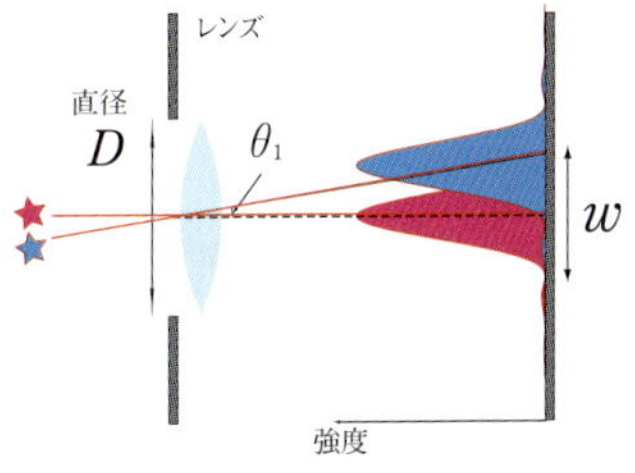

図14－12　レンズによる回折

望遠鏡の場合には、角度θだけ異なる遠方の二つの光源が結ぶ像の中心はスクリーン上で$f\theta$の距離となるので、区別できる限界は

$$f\theta=\frac{1.22\lambda f}{D} \tag{14.25}$$

という条件となる。これにより決まる角度

$$\theta_{\min}=\frac{1.22\lambda}{D} \tag{14.26}$$

を望遠鏡の**角度解像度**（分解能）という。この式から対物レンズの口径が大きな望遠鏡ほど高い解像度を持つことがわかる。

これに対し、顕微鏡は望遠鏡の場合と逆向きの光を考えると理解できる。つまり、スクリーン上の物体からの光を遠方から見るということである。この場合にスクリーン上の２点が区別できる条件も同じ条件で決まり、

$$d_{\min}=f\theta=\frac{1.22\lambda f}{D} \tag{14.27}$$

を顕微鏡の**解像度**という。レンズは強く屈折させると像をきれいに結ぶことが困難になるので、実際に用いられるレンズの焦点距離はレンズの半径と同じくらいになる。したがって、おおよそ$d_{\min}\approx\lambda$となる。

このように、光学機器の解像度には光の波動性による根本的な限界があるのである。

14－10　エックス線回折　Ⅰ

高校物理

1895年にドイツの物理学者レントゲンが驚くべき発見をした。真空管に電流を流し、電子が陽極に衝突したとき、目には見えないが写真乾板を感光させる光が放出されたのである。この光は「不明のもの」を意味するXにちなんで**エックス線**と命名された。エックス線が波長の短い光であることを明確に確認させたのがエックス線による回折である。原子が規則正しく並んだ結晶などにエックス線

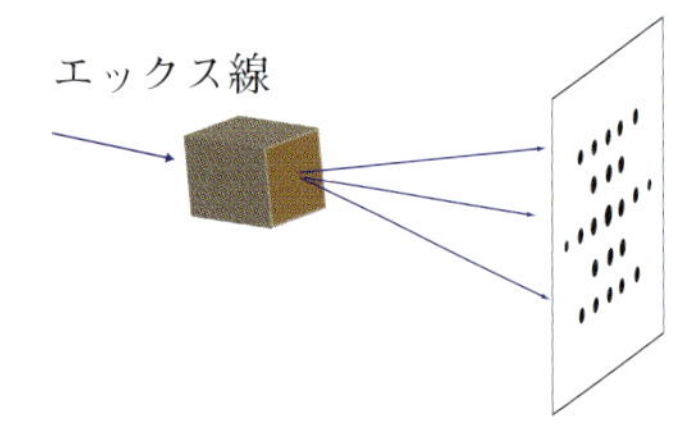

図14－13　結晶によって回折されたエックス線はその結晶構造に特有の干渉点のパターンを作る。

を入射すると、これらの原子によってエックス線は反射され、反射されたエックス線の干渉を見ることができる。

図14－14のように波長λのエックス線が角度θで入射し、原子によって反射される場合を考えよう。原子間隔をdとすると異なる層で反射された光が波長の整数倍だけずれているときには強め合い、反射光が見える。この強め合いのための条件は

$$\Delta r = 2d\cos\theta_m = m\lambda,\quad m: \text{整数} \tag{14.28}$$

である。これを**ブラッグの条件**という。

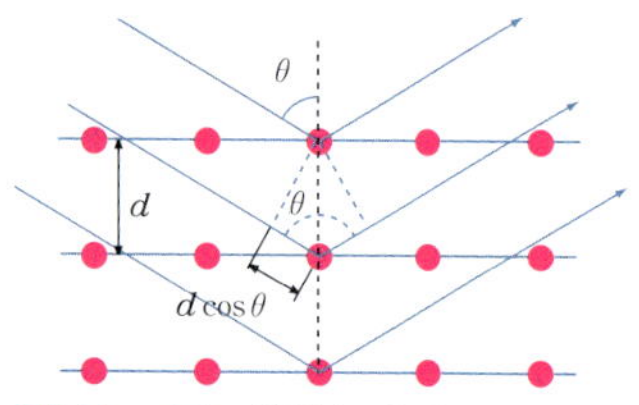

図14－14　結晶によるエックス線の回折（反射）

このエックス線回折により、結晶の構造がわかる。そのため、分子を結晶化することにより分子の構造が解析できる。エックス線回折は固体などの結晶構造の解析にとって非常に有用な解析法である。しかし、有用性は固体の解析だけにとどまらない。たとえば、DNAの構造解析に使われ、ワトソンとクリックの二重らせんの提唱につながったのもフランクリンによるエックス線回折による結果であった。また、タンパク質の構造の解析にもエックス線回折が用いられている。

高校物理

14－11　光子

図14－15　CCDとデジタルカメラ

CCDはデジタルカメラの光の受信部に用いられている機器である。多数の半導体の素子からなり、光が一つの素子に入射して電子をたたき出すと、それを電気的な信号として検知して信号化するのである。しかし、光が波であるとすると広がりを持つので、非常に多数の電子に一度に作用するため電子をたたき出すだけのエネルギーが得られないはずである。

CCDに非常に暗い光が入射したときには、光の信号の位置は最初は乱雑であるが、長時間たつとしだいに像が現れる。つまり、光は不連続な粒のようにして作用するのである。

二重スリットの実験においても光が弱い場合には、次のように作用する。光は最初は乱雑にCCDの各点に信号を送る。しかしその粒を多数集めるとその分布が干渉縞を作るのである。

光にはこのように粒子性がある。この光の粒を**光子**(photon)という。光子は次のような性質がある。

1. 光子は光のスピードで進行する。
2. それぞれの光子は振動数に比例したエネルギー

$$\boxed{E_{\text{photon}} = hf} \tag{14.29}$$

を持つ。ここで、比例係数

$$h = 6.63 \times 10^{-34}\,\mathrm{Js} \tag{14.30}$$

は**プランク定数**と呼ばれる。

3. 多数の光子の重ね合わせは古典的な波としての性質を持つ。

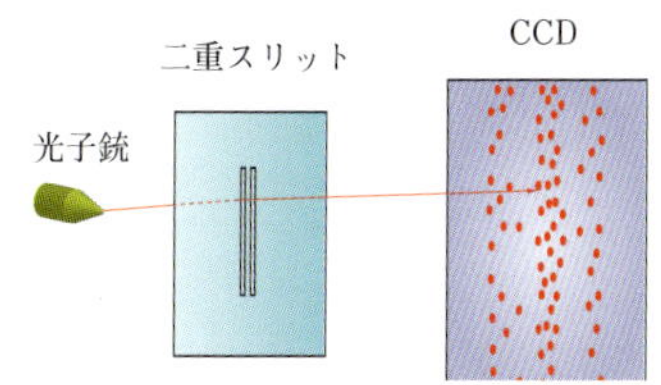

図14－16　多数の光子についての現象は波としての性質を示す。

たとえば600 nmの可視光の光の振動数は

$$f = \frac{c}{\lambda} = \frac{3.00 \times 10^{8}\,\mathrm{m/s}}{600 \times 10^{-9}\,\mathrm{m}} = 5.00 \times 10^{14}\,\mathrm{Hz}$$

である。これよりそのエネルギーは

$$\begin{aligned} E_{\mathrm{photon}} &= hf = (6.63 \times 10^{-34}\,\mathrm{Js}) \times (5.00 \times 10^{14}\,\mathrm{s}^{-1}) \\ &= 3.32 \times 10^{-19}\,\mathrm{J} \end{aligned}$$

である。よって白熱電球のように60Wの光であれば、1秒間に

$$N = \frac{60\,\mathrm{J/s}}{3.32 \times 10^{-19}\,\mathrm{J}} \approx 1.81 \times 10^{20}\,/\mathrm{s}$$

だけの光子を放出していることになる。このように、 私たちの通常の暮らしの中で扱われる光は非常に多数の光子からなるのでエネルギーはほぼ連続的に変化していると思ってよく、波としての性質しか見ることはない。

また、光子とはいってもニュートンの力学が成り立つような粒子ではない。実際、ニュートンの法則によれば力を受けていない粒子は等速直線運動するはずなので、スリットで曲がることはなく干渉も起こらないはずである。

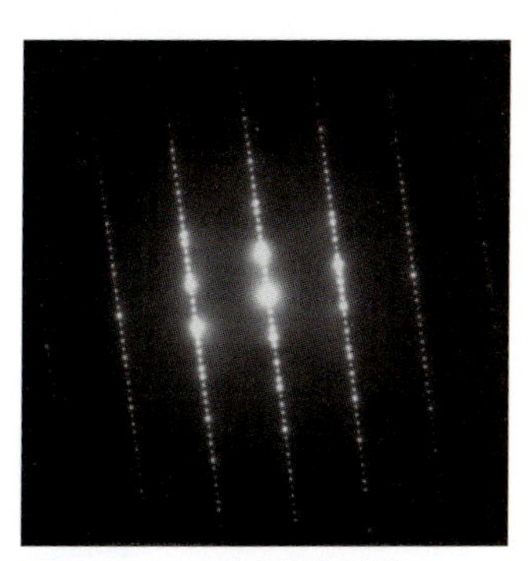

図14－17　電子線も干渉パターンを示し、波動性を持つ。

光が弱いときには光子は一つずつやってきて、スクリーンに衝突する。しかし、多数の光子の和をとると干渉縞が現れる。このため光子は他の光子との相互作用によって干渉するわけではなく、あえていうなら一つの光子が二つの異なる経路の両方を通って干渉しているといえる。このような一見矛盾したことが実際に起こっているのである。したがって、この光子の振る舞いを予言するためにはニュートンの法則に代わる新たな物理法則が必要になるのである。

14－12　物質波　Ⅰ 高校物理

1927年にベル研究所で応用上にも大変重要な実験がなされた。ダヴィソンとジャーマーという2人の物理学者が、金属表面での電子の散乱を観測した。電子銃の当てる角度を変えると、反射された電子線の強度が変化したのである。つまり、電子においてもエックス線回折同様の波の干渉が起こるのである。

これは電子に波としての性質があることを表している。1924年に当時フランスの大学院生であったド・ブロイは光の粒子性が明らかになるにつれて、物質にも波動性があるのではないかと提唱した。つまり、光に限らずすべての物質に粒子と波動の二重の側面があるというのである。

ド・ブロイは、質量がmで運動量pを持った粒子は、波長

$$\boxed{\lambda = \frac{h}{p}} \tag{14.31}$$

の波の性質を持つとした。この関係式は電子線回折や中性子線回折などをよく説明する。この関係によると、運動量の大きな粒子は、波として波長が短くマクロなスケールでは波としての性質が見えにくいのである。

14－13 エネルギーの量子化 Ⅰ

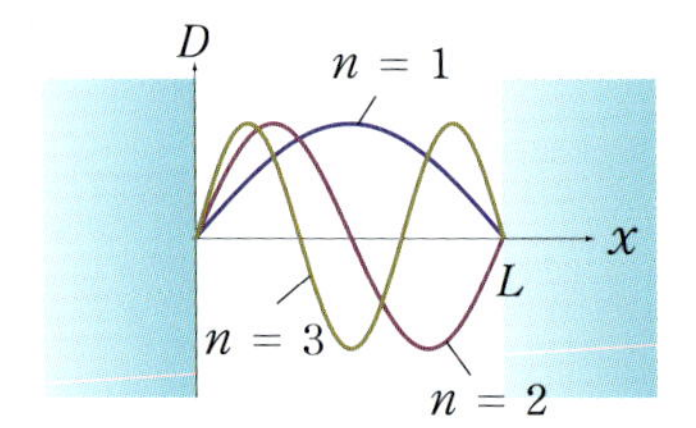

図14－18 有限領域に閉じ込められた波

電子が長さLの部分に閉じ込められているとしよう。12－13節では両端が固定された長さLの弦に生じる定常波の波長は

$$\lambda_n = \frac{2L}{n}, \quad n=1,\ 2,\ 3,\ \cdots \tag{14.32}$$

となることを見た。電子が波であるとすると同じ関係があるはずである。

ド・ブロイの関係式より電子の波長は

$$\lambda = h/p$$

となるので、運動量は

$$p_n = n\left(\frac{h}{2L}\right), \quad n = 1,\ 2,\ 3,\ \cdots \tag{14.33}$$

というとびとびの値をとる。また、粒子のエネルギーは

$$E = \frac{1}{2}mv^2 = \frac{1}{2m}p^2$$

であるので、こちらも

$$E_n = \frac{1}{2m}\left(\frac{hn}{2L}\right)^2 = \frac{h^2}{8mL^2}n^2 \tag{14.34}$$

という離散的な値をとる。

つまり束縛された粒子は離散的なエネルギーしか持てないのである。このように、束縛された粒子のエネルギーが離散的な値をとることを、エネルギーの**量子化**という。

電子の弦としてのこの解釈からはもう一つ重要なことがわかる。それは、通常の弦ならば振動しない弦も考えられるが、ミクロの世

界ではそうした状態は粒子がない状態として解釈され、束縛された状態の電子は最低の運動量が $p_1 = \dfrac{h}{2L}$ であり、最低エネルギーが

$$E_1 = \frac{h^2}{8mL^2} \tag{14.35}$$

となる、ということである。つまり、量子論的な粒子は束縛された状態では静止していることができないのである。これらの結果が示す粒子の描像は、通常の粒子のものとは大きく異なる。

この解釈をマクロな物体に適用するとどうなるであろうか？　たとえば 1 m の区間に 1 kg の物体が束縛されたとき、その最低運動量は

$$p = \frac{6.63 \times 10^{-34}\,\mathrm{Js}}{2 \times (1.00\,\mathrm{m})} = 3.32 \times 10^{-34}\,\mathrm{kg\ m/s}$$

であり、したがってスピードは

$$v = 3.32 \times 10^{-34}\,\mathrm{m/s}$$

となる。したがってこの物体は誤差の範囲内で静止していると見なすことができる。またそのエネルギーは非常に小さい。

つまり、マクロな物体のように質量が大きければ、こうした運動量やエネルギーが非常に小さい状態に対応し、運動量やエネルギーはほぼ連続的に変化すると考えることができるのである。

このようにして、マクロな世界ではニュートンの法則による記述が成り立つが、ミクロな世界においては別の法則が必要となるのである。

演習問題14

Ⓑ **14.1** ヤングの干渉実験で、スリット間隔 $d = 0.1$ mm、スクリーンまでの距離 $L = 2$ m のとき、明点間隔は 1 cm であった。実験に用いた光の波長を求めなさい。

❶ **14.2** この章で扱った回折光の広がりと、波長、およびスリットの幅の間には、定性的にはどのような関係が成り立っているといえるか。

❶ **14.3** 運動エネルギー E を持つ電子の波の波長を求めなさい。

❶ **14.4** 高エネルギーの光が電子に衝突して、電子が散乱される現

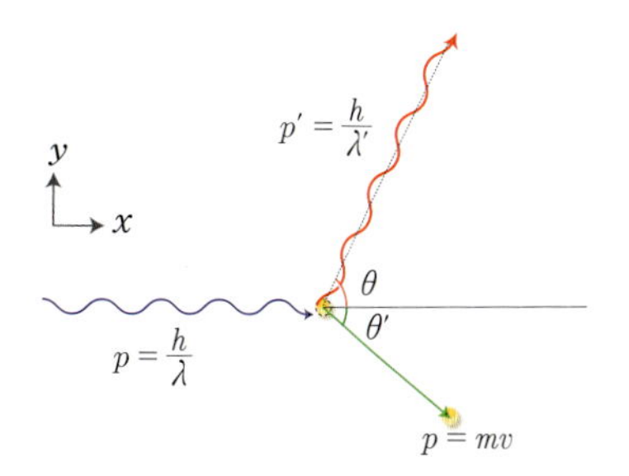

図14－19 光子と電子の衝突（コンプトン散乱）

象（コンプトン散乱）では、光を運動量h/λとエネルギーhc/λを持つ粒子（光子）であると見ることによって、実験結果が正しく説明される。静止している電子に光子が衝突し、衝突後は図14－19のような角度に散乱されたとする。衝突前後のエネルギー保存則、およびx、yの各方向についての運動量保存則を用いて、角度θでコンプトン散乱された光子について、散乱前後の波長の変化を計算しなさい。ただし、この変化は微小であるとしてよい。

演習問題解答

14.1 隣り合う明点の間隔は(14.3)より

$$\Delta y = \frac{\Delta m \lambda L}{d} = \frac{\lambda L}{d}$$

である。これより波長は

$$\lambda = \frac{d \Delta y}{L} = 5 \times 10^{-7}\,\mathrm{m}$$

と求められる。これはおおよそ緑色の光の波長である。

14.2 回折による光の広がりの程度は$\Delta\theta \sim \lambda/d$のようになっており、光の通過する領域の大きさが波長程度以下になると、回折の影響は大きいことがわかる。

14.3 この電子のスピードは$v=\sqrt{2E/m}$であり、したがって運動量は$p=mv=\sqrt{2mE}$となるから、波長は$\lambda = h/p = h/\sqrt{2mE}$と求められる。

14.4 光子の入射方向とその垂直方向に対する運動量保存則から、それぞれ

$$\frac{h}{\lambda} = \frac{h}{\lambda'}\cos\theta + mv\cos\theta', \quad 0 = \frac{h}{\lambda'}\sin\theta - mv\sin\theta'$$

が成り立つ。これからθ'を消去すると

$$m^2v^2 = \left(\frac{h}{\lambda} - \frac{h}{\lambda'}\cos\theta\right)^2 + \left(\frac{h}{\lambda'}\sin\theta\right)^2 = \left(\frac{h}{\lambda}\right)^2 + \left(\frac{h}{\lambda'}\right)^2 - 2\frac{h^2}{\lambda\lambda'}\cos\theta$$

$$= \left(\frac{h}{\lambda} - \frac{h}{\lambda'}\right)^2 + 2\frac{h^2}{\lambda\lambda'}(1-\cos\theta)$$

となる。一方エネルギー保存則から

$$\frac{hc}{\lambda}=\frac{hc}{\lambda'}+\frac{m}{2}v^2, \quad \therefore \quad m^2v^2=2mc\left(\frac{h}{\lambda}-\frac{h}{\lambda'}\right)$$

が成り立つから、vを消去すると

$$\left(\frac{h}{\lambda}-\frac{h}{\lambda'}\right)^2+4\frac{h^2}{\lambda\lambda'}\sin^2\frac{\theta}{2}=2mc\left(\frac{h}{\lambda}-\frac{h}{\lambda'}\right)$$

となる。波長の変化$\Delta\lambda=\lambda'-\lambda$が小さいとすると、左辺第1項は右辺と比べて無視できる。このとき波長の変化は

$$\Delta\lambda=\frac{2h}{mc}\sin^2\frac{\theta}{2}$$

と求められる。

索　引

記号・物理量（主な用法・使用箇所のみ）

$\leq, \geq$　不等号　16
$\ll, \gg$　十分小さい、大きいことを示す　21
$\sim$　概算・オーダーを示す　16
$\approx, \simeq, \cong, \fallingdotseq$　近似式、近似値を示す　22
$\propto$　比例することを示す　156
$\vec{\mathrm{A}}^2$　ベクトルの大きさの 2 乗　30
$\vec{\mathrm{A}} \times \vec{\mathrm{B}}$　ベクトル積　32
∂　偏微分記号　22
$\vec{\nabla}$　勾配、ナブラ　116
■　解答終わり　7
$a, \vec{a}$　加速度（acceleration）　9, 35
$\alpha, \vec{\alpha}$　角加速度（angular acceleration）　46, 174
a　楕円の長径　162
A　振幅（amplitude）　46, 220, 239
A　面積（area）　160, 171, 200
b　楕円の短径　162
b　粘性抵抗の比例係数　82, 225
c　光速　266
d　スリット間隔　266
dB　デシベル（単位、decibel）　259
$D(x, t)$　波の変位（displacement）　238
δ　誤差　20, 25
Δ　変化量（difference）　3, 25
e　跳ね返り係数　137
e　離心率（eccentricity）　162
E　力学的エネルギー（mechanical energy）　106
f　振動数（frequency）　220, 238
$F, \vec{\mathrm{F}}$　力（force）　59
$\vec{\mathrm{F}}^{ext}$　外力（external force）　127
$\vec{\mathrm{F}}_{net}$　全合力（net force）　127
$\vec{\mathrm{F}}_{i \to j}$　粒子 i から j への内力　127
ϕ　位相（phase）　221, 240
g　重力加速度（gravitational acceleration）　12
G　重力定数（gravitational constant）　144
$\vec{\Gamma}$　トルクベクトル　192
h　プランク定数　275
h　高さ（height）　39
Hz　ヘルツ（単位、hertz）　43
η　粘性係数　216
$\hat{i}$　第一方向の基底ベクトル　30
I　慣性モーメント（moment of inertia）　178
I　波の強度（intensity）　258, 267
$\hat{j}$　第二方向の基底ベクトル　30
J　ジュール（単位、joule）　99
k　バネ定数　102
k　波数　239
$\hat{k}$　第三方向の基底ベクトル　30
kg　キログラム（単位、kilogram）　14
K　運動エネルギー（kinetic energy）　98
ln　自然対数　16
log　常用対数　16
$L, \vec{\mathrm{L}}$　角運動量　157
λ　波長　238
m　質量（mass）　55
m　メートル（単位、meter）　14
μ_s, μ_k　静止 / 動摩擦係数　78
μ　換算質量　165
N　ニュートン（単位、newton）　62
$N, \vec{\mathrm{N}}$　垂直抗力（normal reaction）　56
$p, \vec{p}$　運動量　124
P　圧力（pressure）　200
P　仕事率（power）　111
$P, \vec{\mathrm{P}}$　全運動量　127
Pa　パスカル（単位、pascal）　200
Q　体積流量率　211
r　動径変数、位置ベクトルの大きさ　158

$\vec{r}$　位置ベクトル　30
$\vec{r}_{cm}$　質量中心の位置　67
R　マクロな球・円柱等の半径（radius）182
ρ　密度　199
s　秒（単位、second）　14
t　時間（time）　3
t_i　運動の開始時刻（initial time）　3
t_f　運動の終了時刻（final time）　3
T　周期　42, 220, 238
$T, \vec{T}$　張力（tension）　56
τ　時定数（time constant）　225
τ　トルク（torque）　175
τ_{net}　全トルク（net torque）　178
θ　角度変数　158
U　ポテンシャルエネルギー　107
$v, \vec{v}$　速度（velocity）　8, 35
v_{ter}　最終速度（terminal velocity）　83, 86
V　体積（volume）　199
W　仕事（work）　104
W　ワット（単位、watt）　111
ω　角速度、角振動数　43, 191, 221, 239
x　位置座標の第一成分　3
y　位置座標の第二成分　3
Y　ヤング率（Young's modulus）　171
z　位置座標の第三成分　3

あ

圧力（pressure）　200
圧力抵抗（pressure drag）　81, 84
暗黒物質（dark matter）　156

い

位相（phase）　221, 240
位置（position）　2
位置ベクトル（position vector）　29

う

宇宙原理（cosmological principle）　69
うなり（beat）　261
運動（motion）　2
運動エネルギー（kinetic energy）　98, 106
運動学（kinematics）　5
運動方程式（equation of motion）　60
運動量（momentum）　123
運動量保存の法則
　(law of conservation of momentum)　127

え

SI 接頭語（SI prefix）　15
SI 単位系 → 国際単位系
エックス線（X ray）　273
エネルギー（energy）　106
円運動（circular motion）　42, 87
遠心力（centrifugal force）　90

お

オイラーの公式（Euler's formula）　227
応力（stress）　172
重さ（weight）　55
音速（speed of sound）　263
音波（sound wave）　257

か

回折（diffraction）　266, 273
回折格子（diffraction grating）　267
解像度（resolution）　273
回転（rotaion）　118
回転エネルギー（rotational energy）　186
外力（external force）　65
科学的表記法（scientific notation）　19
角運動量（angular momentum）　157, 192
角運動量保存の法則
　(law of conservation of angular momentum) 158
角加速度（angular acceleration）　46, 174
核子（nucleon）　71
角振動数（angular frequency）　221

角速度（angular velocity） 43
角速度ベクトル（angular velocity vector） 191
角度解像度（angular resolution） 273
重ね合わせの原理（principle of superposition） 245
加速度（acceleration） 9, 35
ガリレオの相対性原理（Galilei's relativistic principle） 70
ガリレオ変換（Galilei transformation） 69
環境（environment） 65
換算質量（reduced mass） 165
干渉（interference） 247, 266
干渉縞（interference fringes） 247
慣性系（inertial system） 69
慣性モーメント（moment of inertia） 178
慣性力（inertial force） 89
完全弾性衝突（perfectly elastic collision） 130
完全非弾性衝突（perfectly inelastic collisioin） 129

き

軌跡（trajectory） 2
基底ベクトル（base vectors） 30
基本振動数（fundamental frequency） 251
逆二乗の法則（inverse-square law） 145
球面波（spherical wave） 240
強制振動（forced vibration） 229
強度（intensity） 258
共鳴（resonance） 230
極座標（polar coordinates） 158

く

空気抵抗（air drag） 58, 81, 113

け

系（system） 65
ケプラーの第一法則（Kepler's first law） 160
ケプラーの第三法則（Kepler's third law） 164
ケプラーの第二法則（Kepler's second law） 160
ケプラーの法則（Keplar's law） 143
減衰振動（damped oscillation） 225
減衰定数（attenuation constant） 225

こ

光子（photon） 274
向心加速度（centripetal acceleration） 87
向心力（centripetal force） 87
光速（speed of light） 266
剛体（rigid body） 172
勾配（gradient） 116
降伏現象（yield phenomenon） 173
効率（efficiency） 112
合力（resultant force） 55
国際単位系（international system of units） 14
誤差（error） 19
誤差の伝搬（propagation of errors） 20
コリオリ力（Coriolis force） 92
転がり抵抗（rolling registance） 57, 79
転がり抵抗係数（rolling registance coefficient） 80

さ

歳差運動（precession） 195
最終速度（terminal speed） 83, 85
座標（coordinates） 3
座標系（coordinate system） 3
作用（action） 64

し

ジェット気流（jet stream） 94
磁気的力（magnetic force） 58
次元（dimension）
　運動・空間の―― 3
　物理量の―― 15
仕事（work） 104

仕事と運動エネルギーの定理
(theorem of work and kinetic energy) 104
仕事率 (power) 111
質点 (mass point) 2
質量 (mass) 55
質量中心 (center of mass)
67, 113, 134, 136, 189
質量密度 (mass density) 199
時定数 (time constant) 225
周期 (period) 42, 220, 238
重心 (center of gravity) → 質量中心
重心座標系 (center-of-mass system) 136
周波数 (frequency) 238
自由落下 (free fall) 11
重力 (gravity) 55, 60
重力加速度 (gravitational acceleration) 11, 145
重力定数 (gravitational constant) 144
重力的ポテンシャルエネルギー
(gravitational potential energy) 99, 150
ジュール (joule) 99
シュワルツシルド半径
(Schwarzschild's radius) 152
瞬間速度 (instantaneous velocity) 8
衝撃波 (shock wave) 264
衝撃力 (impulsive force) 123
衝突 (collision) 123
進行波 (progressive wave) 237
振動子 (oscillator) 220
振動数 (frequency) 220
振幅 (amplitude) 46, 220, 238

す

垂直抗力 (normal reaction) 56
推力 (propulsion) 58, 137
スカラー量 (scalar quantity) 29
スピード (speed) 3

せ

正弦波 (sine wave) 238
静止摩擦係数 (coefficient of static friction) 78
静止摩擦力 (static friction) 57, 77
静水圧 (hydrostatic pressure) 203
静的平衡状態 (static equilibrium) 74, 175
成分 (component) 30, 47
線形性 (linearity) 31

そ

相互作用 (interaction) 54, 64
相対運動 (relative motion) 38
相対座標 (relative coordinate) 165
相対性 (relativity) 69
相対速度 (relative velocity) 38
速度 (velocity) 4, 35
塑性変形 (plastic deformation) 173

た

大質量ブラックホール
(super-massive black hole) 153
体積流量率 (volumetric flow rate) 211
大統一理論 (grand unified theory) 72
脱出速度 (escape velocity) 151
縦波 (longitudinal wave) 237
単位 (unit) 14
単位ベクトル (unit vector) 30
単振動 (simple oscillation) 46, 220
弾性 (elasticity) 102, 171
弾性エネルギー (elastic energy) 223
弾性的ポテンシャルエネルギー
(elastic potential energy) 102
弾性変形 (elastic deformation) 173

ち

力 (force) 52, 54
力のモーメント (moment of force) 175
中心力 (central force) 157, 159

中性子（neutron） 71, 133
超音波（ultrasonic wave） 257
潮汐力（tidal force） 153
張力（tension） 56
調和振動（harmonic oscillation） 220
調和振動子（harmonic oscillator） 220

つ

強い力（strong force） 71

て

定常波（standing wave） 250
テイラー展開（Taylor expansion） 227
デシベル（decibel） 259
電気的力（electric force） 58
電子（electron） 71
電磁気力（electromagnetic force） 71
電磁波（electromagnetic wave） 236
電弱相互作用（electroweak interation） 71

と

透過（transmission） 247
等加速度運動（uniformly accelerated motion） 10, 41
透過率（transmittance） 250
等速円運動（uniform circular motion） 44
等速直線運動（uniform linear motion） 7
動摩擦係数（coefficient of kinetic friction） 78
動摩擦力（kinetic friction） 57, 78
閉じた系（closed system） 127
ドップラー効果（Doppler effect） 260
トルク（torque） 175, 192

な

内積（inner product） 30
内力（internal force） 65
波のパワー（wave power） 243, 258

に

ニュートリノ（neutrino） 71
ニュートン（newton） 62
ニュートンの第一法則（Newton's first law） 53
ニュートンの第三法則（Newton's third law） 64
ニュートンの第二法則（Newton's second law） 59

ね

音色（tone timbre） 259
粘性（viscosity） 215
粘性係数（coefficient of viscosity） 216
粘性抵抗（viscous drag） 82
粘度（coefficient of viscosity） 216

は

媒質（medium） 236
波数（wave number） 239
波数ベクトル（wave number vector） 240
パスカル（pascal） 200
パスカルの原理（Pascal's principle） 205
波長（wave length） 238
波動方程式（wave equation） 241, 262
跳ね返り係数（coefficient of restitution） 129
バネ定数（spring constant） 102
パワー透過係数（power transmission coefficient） 250
パワー反射係数（power reflection coefficient） 250
反作用（reaction） 64
反射（reflection） 247
反射率（reflectance） 250
万有引力（universal gravitation） 144

ひ

非圧縮性流体（imcompressive fluid） 199
非保存力（nonconservative force） 108
標準大気圧（standard atmospheric pressure） 202
表面張力（surface tension） 208

ふ

フーリエ級数展開（Fourier series expansion） 252
復元力（restoring force） 56
フックの法則（Hooke's law） 102
物質波（material wave） 236, 275
ブラッグの条件（Bragg condition） 274
ブラックホール（black hole） 152
プランク定数（Planck constant） 275
振り子（pendulum） 224
浮力（buoyancy） 206

へ

平均速度（mean velocity） 6, 34
平行軸の定理（parallel axis theorem） 182
平面波（plane wave） 240
ベクトル積（vector product） 32
ベクトルの大きさ（vector's magnitude） 29
ベクトルの三重積（triple product） 34
ベクトル量（vector quantity） 4, 29
ヘルツ（hertz） 43, 220
ベルヌーイ方程式（Bernoulli's equation） 212
変位（displacement） 3
変位ベクトル（displacement vector） 34
偏西風（westerly） 94
偏微分（partial derivative） 22

ほ

ポアズイユの法則（Poiseuille's law） 216
ホイヘンスの原理（Huygens' principle） 270
貿易風（trade wind） 93
放物運動（parabolic motion） 39
保存力（conservative force） 107, 116
ポテンシャルエネルギー（potential energy） 107, 109, 114

ま

摩擦力（friction） 57
マッハ数（Mach number） 264

み

密度（density） 199

め

面積速度一定の法則（law of constant areal velocity） 160

や

ヤング率（Young's modulus） 171

ゆ

有効数字（significant figure） 18

よ

陽子（proton） 71
横波（transverse wave） 237
弱い力（weak force） 71

り

力学的エネルギー（mechanical energy） 101
力学的エネルギー保存の法則（law of conservation of mechanical energy） 101
力学的平衡状態（mechanical equilibrium） 74
力積（impulse） 124
離心率（eccentricity） 162
理想流体（ideal fluid） 210
流体（fluid） 199
量子化（quantization） 276
臨界減衰（critical damping） 228

れ

レイリーの条件（Rayleigh's condition） 273
連続の式（equation of continuity） 211

わ

ワット（watt） 111

著者の現職
末廣　一彦　北海道大学大学院理学研究院講師
斉藤　　準　帯広畜産大学農学情報基盤センター准教授
鈴木　久男　北海道大学大学院理学研究院教授
小野寺　彰　北海道大学名誉教授

カラー版　レベル別に学べる
物　理　学　I　改訂版

平成 27 年 2 月 25 日　発　　行
令和 5 年 11 月 30 日　第 8 刷発行

著作者　末 廣 一 彦，斉 藤　　準
　　　　鈴 木 久 男，小 野 寺　彰

発行者　池　田　和　博

発行所　丸善出版株式会社
〒101-0051 東京都千代田区神田神保町二丁目17番
編集：電話(03)3512-3267 ／ FAX(03)3512-3272
営業：電話(03)3512-3256 ／ FAX(03)3512-3270
https://www.maruzen-publishing.co.jp

組版印刷・製本／藤原印刷株式会社

ISBN 978-4-621-08910-1 C 3042　　Printed in Japan